全国科学技术名词审定委员会

公　布

科学技术名词·自然科学卷（全藏版）

5

古 生 物 学 名 词

（第二版）

CHINESE TERMS IN PALAEONTOLOGY

（Second Edition）

古生物学名词审定委员会

国家自然科学基金资助项目

科 学 出 版 社

北 京

内 容 简 介

  本书是全国科学技术名词审定委员会审定公布的第二版古生物学名词，内容包括总论，古无脊椎动物学，古脊椎动物学与古人类学，古植物学，古生态学、埋藏学、遗迹学，地球生物学与分子古生物学 6 部分，共 2846 条。本书对 1991 年公布的第一版古生物学名词做了少量修改、增加了一些新词、每条名词都给出了定义或注释。这些名词是科研、教学、生产、经营以及新闻出版等部门应遵照使用的古生物学规范名词。

图书在版编目（CIP）数据

  科学技术名词. 自然科学卷：全藏版 / 全国科学技术名词审定委员会审定.
—北京：科学出版社，2017.1
  ISBN 978-7-03-051399-1

  I. ①科⋯　II. ①全⋯　III. ①科学技术–名词术语 ②自然科学–名词术语
IV. ①N61

  中国版本图书馆 CIP 数据核字（2016）第 314947 号

责任编辑：邬　江 / 责任校对：陈玉凤
责任印制：张　伟 / 封面设计：铭轩堂

科 学 出 版 社 出版

北京东黄城根北街 16 号
邮政编码：100717
http://www.sciencep.com

北京厚诚则铭印刷科技有限公司印刷
科学出版社发行　各地新华书店经销
*
2017 年 1 月第 一 版　开本：787×1092 1/16
2017 年 1 月第一次印刷　印张：16 1/4
字数：400 000

定价：5980.00 元（全 30 册）

（如有印装质量问题，我社负责调换）

全国科学技术名词审定委员会
第五届委员会委员名单

特邀顾问：吴阶平　　钱伟长　　朱光亚　　许嘉璐

主　　任：路甬祥

副 主 任(按姓氏笔画为序)：

王　杰　　刘　青　　刘成军　　孙寿山　　杜祥琬　　武　寅

赵沁平　　程津培

常　　委(按姓氏笔画为序)：

王永炎　　李宇明　　李济生　　汪继祥　　沈爱民　　张礼和

张先恩　　张晓林　　张焕乔　　陆汝钤　　陈运泰　　金德龙

宣　湘　　贺　化

委　　员(按姓氏笔画为序)：

马大猷	王　夔	王大珩	王玉平	王兴智	王如松
王延中	王虹峥	王振中	王铁琨	卞毓麟	方开泰
尹伟伦	叶笃正	冯志伟	师昌绪	朱照宣	仲增墉
刘　民	刘　斌	刘大响	刘瑞玉	祁国荣	孙家栋
孙敬三	孙儒泳	苏国辉	李文林	李志坚	李典谟
李星学	李保国	李焯芬	李德仁	杨　凯	肖序常
吴　奇	吴凤鸣	吴兆麟	吴志良	宋大祥	宋凤书
张　耀	张光斗	张忠培	张爱民	陆建勋	陆道培
陆燕荪	阿里木·哈沙尼		阿迪亚	陈有明	陈传友
林良真	周　廉	周应祺	周明煜	周明鑑	周定国
郑　度	胡省三	费　麟	姚　泰	姚伟彬	徐　僖
徐永华	郭志明	席泽宗	黄玉山	黄昭厚	崔　俊
阎守胜	葛锡锐	董　琨	蒋树屏	韩布新	程光胜
蓝　天	雷震洲	照日格图	鲍　强	鲍云樵	窦以松
蔡　洋	樊　静	潘书祥	戴金星		

古生物学名词审定委员会名单

第一届委员会(1985~2006)

顾　问：王鸿祯　　杨遵仪　　贾兰坡　　穆恩之
主　任：周明镇
副主任：李星学
委　员(按姓氏笔画为序)：

　　　　刘玉海　　安泰庠　　李积金　　杨式溥　　张日东
　　　　张璐瑾　　赵修祜　　赵喜进　　项礼文　　胡长康
　　　　俞剑华　　蓝琇
秘　书：李积金　　胡长康

第二届委员会(2006)

顾　问：王鸿祯　　张弥曼　　殷鸿福　　张永辂　　吴新智
　　　　戎嘉余
主　任：李星学
副主任：李传夒
委　员(按姓氏笔画排列)：

　　　　万晓樵　　王永栋　　王伟铭　　王向东　　邓　涛
　　　　朱　敏　　朱怀诚　　朱祥根　　刘　武　　孙　革
　　　　李锦玲　　杨　群　　杨湘宁　　沈树忠　　张　翼
　　　　张云翔　　张兆群　　季　强　　周忠和　　郝守刚
　　　　袁训来　　童金南
秘　书：王永栋　　张　翼

编 写 专 家

总 论：方宗杰 杨 群

古无脊椎动物学

  原生动物门：万晓樵 杨湘宁 史宇坤 罗 辉

  多孔动物门：邓占球

  古杯动物门：章森桂

  腔肠动物门：王向东

  蠕形动物：黄迪颖

  节肢动物门：袁文伟 曹美珍 李 罡 张海春

  软体动物门：冯伟民 潘华璋 蓝 琇 徐均涛 张允白

  苔藓动物：夏凤生

  腕足动物门：沈树忠 张志飞

  棘皮动物门：廖卓庭

  半索动物门：张元动

  分类位置未定：王成源 耿良玉

古脊椎动物学与古人类学

  鱼   类：朱 敏

  两 栖 类：王 原

  爬 行 类：李锦玲

  恐 龙 类：吕君昌 季 强

  鸟   类：周忠和

  哺 乳 类：李传夔 邓 涛 张兆群

  古人类学：刘 武

古植物学

  藻类学、微体古生物学：袁训来 曹瑞骥 尹磊明 王启飞 祝幼华 何承全

  早期陆生植物：郝守刚 薛进庄

蕨类和裸子植物：王永栋

被子植物：孙　革　周浙昆

孢粉和植硅体：王伟铭　朱怀诚

古生态学、埋藏学、遗迹学：朱茂炎　詹仁斌

地球生物学：童金南

分子古生物学：刘德明　李春香

路甬祥序

　　我国是一个人口众多、历史悠久的文明古国,自古以来就十分重视语言文字的统一,主张"书同文、车同轨",把语言文字的统一作为民族团结、国家统一和强盛的重要基础和象征。我国古代科学技术十分发达,以四大发明为代表的古代文明,曾使我国居于世界之巅,成为世界科技发展史上的光辉篇章。而伴随科学技术产生、传播的科技名词,从古代起就已成为中华文化的重要组成部分,在促进国家科技进步、社会发展和维护国家统一方面发挥着重要作用。

　　我国的科技名词规范统一活动有着十分悠久的历史。古代科学著作记载的大量科技名词术语,标志着我国古代科技之发达及科技名词之活跃与丰富。然而,建立正式的名词审定组织机构则是在清朝末年。1909 年,我国成立了科学名词编订馆,专门从事科学名词的审定、规范工作。到了新中国成立之后,由于国家的高度重视,这项工作得以更加系统地、大规模地开展。1950 年政务院设立的学术名词统一工作委员会,以及 1985 年国务院批准成立的全国自然科学名词审定委员会(现更名为全国科学技术名词审定委员会,简称全国科技名词委),都是政府授权代表国家审定和公布规范科技名词的权威性机构和专业队伍。他们肩负着国家和民族赋予的光荣使命,秉承着振兴中华的神圣职责,为科技名词规范统一事业默默耕耘,为我国科学技术的发展做出了基础性的贡献。

　　规范和统一科技名词,不仅在消除社会上的名词混乱现象,保障民族语言的纯洁与健康发展等方面极为重要,而且在保障和促进科技进步,支撑学科发展方面也具有重要意义。一个学科的名词术语的准确定名及推广,对这个学科的建立与发展极为重要。任何一门科学(或学科),都必须有自己的一套系统完善的名词来支撑,否则这门学科就立不起来,就不能成为独立的学科。郭沫若先生曾将科技名词的规范与统一称为"乃是一个独立自主国家在学术工作上所必须具备的条件,也是实现学术中国化的最起码的条件",精辟地指出了这项基础性、支撑性工作的本质。

　　在长期的社会实践中,人们认识到科技名词的规范和统一工作对于一个国家的科技发展和文化传承非常重要,是实现科技现代化的一项支撑性的系统工程。没有这样一个系统的规范化的支撑条件,不仅现代科技的协调发展将遇到极大困难,而且在科技日益渗透人们生活各方面、各环节的今天,还将给教育、传播、交流、经贸等多方面带来困难和损害。

全国科技名词委自成立以来,已走过近20年的历程,前两任主任钱三强院士和卢嘉锡院士为我国的科技名词统一事业倾注了大量的心血和精力,在他们的正确领导和广大专家的共同努力下,取得了卓著的成就。2002年,我接任此工作,时逢国家科技、经济飞速发展之际,因而倍感责任的重大;及至今日,全国科技名词委已组建了60个学科名词审定分委员会,公布了50多个学科的63种科技名词,在自然科学、工程技术与社会科学方面均取得了协调发展,科技名词蔚成体系。而且,海峡两岸科技名词对照统一工作也取得了可喜的成绩。对此,我实感欣慰。这些成就无不凝聚着专家学者们的心血与汗水,无不闪烁着专家学者们的集体智慧。历史将会永远铭刻着广大专家学者孜孜以求、精益求精的艰辛劳作和为祖国科技发展做出的奠基性贡献。宋健院士曾在1990年全国科技名词委的大会上说过:"历史将表明,这个委员会的工作将对中华民族的进步起到奠基性的推动作用。"这个预见性的评价是毫不为过的。

科技名词的规范和统一工作不仅仅是科技发展的基础,也是现代社会信息交流、教育和科学普及的基础,因此,它是一项具有广泛社会意义的建设工作。当今,我国的科学技术已取得突飞猛进的发展,许多学科领域已接近或达到国际前沿水平。与此同时,自然科学、工程技术与社会科学之间交叉融合的趋势越来越显著,科学技术迅速普及到了社会各个层面,科学技术同社会进步、经济发展已紧密地融为一体,并带动着各项事业的发展。所以,不仅科学技术发展本身产生的许多新概念、新名词需要规范和统一,而且由于科学技术的社会化,社会各领域也需要科技名词有一个更好的规范。另一方面,随着香港、澳门的回归,海峡两岸科技、文化、经贸交流不断扩大,祖国实现完全统一更加迫近,两岸科技名词对照统一任务也十分迫切。因而,我们的名词工作不仅对科技发展具有重要的价值和意义,而且在经济发展、社会进步、政治稳定、民族团结、国家统一和繁荣等方面都具有不可替代的特殊价值和意义。

最近,中央提出树立和落实科学发展观,这对科技名词工作提出了更高的要求。我们要按照科学发展观的要求,求真务实,开拓创新。科学发展观的本质与核心是以人为本,我们要建设一支优秀的名词工作队伍,既要保持和发扬老一辈科技名词工作者的优良传统,坚持真理、实事求是、甘于寂寞、淡泊名利,又要根据新形势的要求,面向未来、协调发展、与时俱进、锐意创新。此外,我们要充分利用网络等现代科技手段,使规范科技名词得到更好的传播和应用,为迅速提高全民文化素质做出更大贡献。科学发展观的基本要求是坚持以人为本,全面、协调、可持续发展,因此,科技名词工作既要紧密围绕当前国民经济建设形势,着重开展好科技领域的学科名词审定工作,同时又要在强调经济社会以及人与自然协调发展的思想指导下,开展好社会科学、文化教育和资源、生态、环境领域的科学名词审定工作,促进各个学科领域的相互融合和共同繁荣。科学发展观非常注重可持续发展的理念,因此,我们在不断丰富和发展已建立的科技名词体系的同时,还要进一步研究具有中国特色的术语学理论,以创建中国的术语学派。研究和建立中国特色的术语学理论,也是一种知识创新,是实现科技名词工作可持续发展的必由之路,我们应当为此付出更大的努力。

当前国际社会已处于以知识经济为走向的全球经济时代,科学技术发展的步伐将会越来越快。我国已加入世贸组织,我国的经济也正在迅速融入世界经济主流,因而国内外科技、文化、经贸的交流将越来越广泛和深入。可以预言,21 世纪中国的经济和中国的语言文字都将对国际社会产生空前的影响。因此,在今后 10 到 20 年之间,科技名词工作就变得更具现实意义,也更加迫切。"路漫漫其修远兮,吾今上下而求索",我们应当在今后的工作中,进一步解放思想,务实创新、不断前进。不仅要及时地总结这些年来取得的工作经验,更要从本质上认识这项工作的内在规律,不断地开创科技名词统一工作新局面,做出我们这代人应当做出的历史性贡献。

2004 年深秋

卢嘉锡序

科技名词伴随科学技术而生,犹如人之诞生其名也随之产生一样。科技名词反映着科学研究的成果,带有时代的信息,铭刻着文化观念,是人类科学知识在语言中的结晶。作为科技交流和知识传播的载体,科技名词在科技发展和社会进步中起着重要作用。

在长期的社会实践中,人们认识到科技名词的统一和规范化是一个国家和民族发展科学技术的重要的基础性工作,是实现科技现代化的一项支撑性的系统工程。没有这样一个系统的规范化的支撑条件,科学技术的协调发展将遇到极大的困难。试想,假如在天文学领域没有关于各类天体的统一命名,那么,人们在浩瀚的宇宙当中,看到的只能是无序的混乱,很难找到科学的规律。如是,天文学就很难发展。其他学科也是这样。

古往今来,名词工作一直受到人们的重视。严济慈先生60多年前说过,"凡百工作,首重定名;每举其名,即知其事"。这句话反映了我国学术界长期以来对名词统一工作的认识和做法。古代的孔子曾说"名不正则言不顺",指出了名实相副的必要性。荀子也曾说"名有固善,径易而不拂,谓之善名",意为名有完善之名,平易好懂而不被人误解之名,可以说是好名。他的"正名篇"即是专门论述名词术语命名问题的。近代的严复则有"一名之立,旬月踟蹰"之说。可见在这些有学问的人眼里,"定名"不是一件随便的事情。任何一门科学都包含很多事实、思想和专业名词,科学思想是由科学事实和专业名词构成的。如果表达科学思想的专业名词不正确,那么科学事实也就难以令人相信了。

科技名词的统一和规范化标志着一个国家科技发展的水平。我国历来重视名词的统一与规范工作。从清朝末年的科学名词编订馆,到1932年成立的国立编译馆,以及新中国成立之初的学术名词统一工作委员会,直至1985年成立的全国自然科学名词审定委员会(现已改名为全国科学技术名词审定委员会,简称全国名词委),其使命和职责都是相同的,都是审定和公布规范名词的权威性机构。现在,参与全国名词委领导工作的单位有中国科学院、科学技术部、教育部、中国科学技术协会、国家自然科学基金委员会、新闻出版署、国家质量技术监督局、国家广播电影电视总局、国家知识产权局和国家语言文字工作委员会,这些部委各自选派了有关领导干部担任全国名词委的领导,有力地推动科技名词的统一和推广应用工作。

全国名词委成立以后,我国的科技名词统一工作进入了一个新的阶段。在第一任主任委员钱三强同志的组织带领下,经过广大专家的艰苦努力,名词规范和统一工作取得了显著的成绩。1992年三强同志不幸谢世。我接任后,继续推动和开展这项工作。在国家和有关部门的支持及广大专家学者的努力下,全国名词委15年来按学科共组建了50多个学科的名词审定分委员会,有1800多位专家、学者参加名词审定工作,还有更多的专家、学者参加书面审查和座谈讨论等,形成的科技名词工作队伍规模之大、水平层次之高前所未有。15年间共审定公布了包括理、工、农、医及交叉学科等各学科领域的名词共计50多种。而且,对名词加注定义的工作经试点后业已逐渐展开。另外,遵照术语学理论,根据汉语汉字特点,结合科技名词审定工作实践,全国名词委制定并逐步完善了一套名词审定工作的原则与方法。可以说,在20世纪的最后15年中,我国基本上建立起了比较完整的科技名词体系,为我国科技名词的规范和统一奠定了良好的基础,对我国科研、教学和学术交流起到了很好的作用。

在科技名词审定工作中,全国名词委密切结合科技发展和国民经济建设的需要,及时调整工作方针和任务,拓展新的学科领域开展名词审定工作,以更好地为社会服务、为国民经济建设服务。近些年来,又对科技新词的定名和海峡两岸科技名词对照统一工作给予了特别的重视。科技新词的审定和发布试用工作已取得了初步成效,显示了名词统一工作的活力,跟上了科技发展的步伐,起到了引导社会的作用。两岸科技名词对照统一工作是一项有利于祖国统一大业的基础性工作。全国名词委作为我国专门从事科技名词统一的机构,始终把此项工作视为自己责无旁贷的历史性任务。通过这些年的积极努力,我们已经取得了可喜的成绩。做好这项工作,必将对弘扬民族文化,促进两岸科教、文化、经贸的交流与发展做出历史性的贡献。

科技名词浩如烟海,门类繁多,规范和统一科技名词是一项相当繁重而复杂的长期工作。在科技名词审定工作中既要注意同国际上的名词命名原则与方法相衔接,又要依据和发挥博大精深的汉语文化,按照科技的概念和内涵,创造和规范出符合科技规律和汉语文字结构特点的科技名词。因而,这又是一项艰苦细致的工作。广大专家学者字斟句酌,精益求精,以高度的社会责任感和敬业精神投身于这项事业。可以说,全国名词委公布的名词是广大专家学者心血的结晶。这里,我代表全国名词委,向所有参与这项工作的专家学者们致以崇高的敬意和衷心的感谢!

审定和统一科技名词是为了推广应用。要使全国名词委众多专家多年的劳动成果——规范名词,成为社会各界及每位公民自觉遵守的规范,需要全社会的理解和支持。国务院和4个有关部委[国家科委(今科学技术部)、中国科学院、国家教委(今教育部)和新闻出版署]已分别于1987年和1990年行文全国,要求全国各科研、教学、生产、经营以及新闻出版等单位遵照使用全国名词委审定公布的名词。希望社会各界自觉认真地执行,共同做好这项对于科技发展、社会进步和国家统一极为重要的基础工作,为振兴中华而努力。

值此全国名词委成立15周年、科技名词书改装之际,写了以上这些话。是为序。

卢嘉锡

2000年夏

钱 三 强 序

　　科技名词术语是科学概念的语言符号。人类在推动科学技术向前发展的历史长河中,同时产生和发展了各种科技名词术语,作为思想和认识交流的工具,进而推动科学技术的发展。

　　我国是一个历史悠久的文明古国,在科技史上谱写过光辉篇章。中国科技名词术语,以汉语为主导,经过了几千年的演化和发展,在语言形式和结构上体现了我国语言文字的特点和规律,简明扼要,蓄意深切。我国古代的科学著作,如已被译为英、德、法、俄、日等文字的《本草纲目》、《天工开物》等,包含大量科技名词术语。从元、明以后,开始翻译西方科技著作,创译了大批科技名词术语,为传播科学知识,发展我国的科学技术起到了积极作用。

　　统一科技名词术语是一个国家发展科学技术所必须具备的基础条件之一。世界经济发达国家都十分关心和重视科技名词术语的统一。我国早在 1909 年就成立了科学名词编订馆,后又于 1919 年中国科学社成立了科学名词审定委员会,1928 年大学院成立了译名统一委员会。1932 年成立了国立编译馆,在当时教育部主持下先后拟订和审查了各学科的名词草案。

　　新中国成立后,国家决定在政务院文化教育委员会下,设立学术名词统一工作委员会,郭沫若任主任委员。委员会分设自然科学、社会科学、医药卫生、艺术科学和时事名词五大组,聘任了各专业著名科学家、专家,审定和出版了一批科学名词,为新中国成立后的科学技术的交流和发展起到了重要作用。后来,由于历史的原因,这一重要工作陷于停顿。

　　当今,世界科学技术迅速发展,新学科、新概念、新理论、新方法不断涌现,相应地出现了大批新的科技名词术语。统一科技名词术语,对科学知识的传播,新学科的开拓,新理论的建立,国内外科技交流,学科和行业之间的沟通,科技成果的推广、应用和生产技术的发展,科技图书文献的编纂、出版和检索,科技情报的传递等方面,都是不可缺少的。特别是计算机技术的推广使用,对统一科技名词术语提出了更紧迫的要求。

　　为适应这种新形势的需要,经国务院批准,1985 年 4 月正式成立了全国自然科学名词审定委员会。委员会的任务是确定工作方针,拟定科技名词术语审定工作计划、实施方案和步骤,组织审定自然科学各学科名词术语,并予以公布。根据国务院授权,委员会审定公布的名词术语,科研、教学、生产、经营以及新闻出版等各部门,均应遵照使用。

全国自然科学名词审定委员会由中国科学院、国家科学技术委员会、国家教育委员会、中国科学技术协会、国家技术监督局、国家新闻出版署、国家自然科学基金委员会分别委派了正、副主任担任领导工作。在中国科协各专业学会密切配合下,逐步建立各专业审定分委员会,并已建立起一支由各学科著名专家、学者组成的近千人的审定队伍,负责审定本学科的名词术语。我国的名词审定工作进入了一个新的阶段。

这次名词术语审定工作是对科学概念进行汉语订名,同时附以相应的英文名称,既有我国语言特色,又方便国内外科技交流。通过实践,初步摸索了具有我国特色的科技名词术语审定的原则与方法,以及名词术语的学科分类、相关概念等问题,并开始探讨当代术语学的理论和方法,以期逐步建立起符合我国语言规律的自然科学名词术语体系。

统一我国的科技名词术语,是一项繁重的任务,它既是一项专业性很强的学术性工作,又涉及到亿万人使用习惯的问题。审定工作中我们要认真处理好科学性、系统性和通俗性之间的关系;主科与副科间的关系;学科间交叉名词术语的协调一致;专家集中审定与广泛听取意见等问题。

汉语是世界五分之一人口使用的语言,也是联合国的工作语言之一。除我国外,世界上还有一些国家和地区使用汉语,或使用与汉语关系密切的语言。做好我国的科技名词术语统一工作,为今后对外科技交流创造了更好的条件,使我炎黄子孙,在世界科技进步中发挥更大的作用,做出重要的贡献。

统一我国科技名词术语需要较长的时间和过程,随着科学技术的不断发展,科技名词术语的审定工作,需要不断地发展、补充和完善。我们将本着实事求是的原则,严谨的科学态度做好审定工作,成熟一批公布一批,提供各界使用。我们特别希望得到科技界、教育界、经济界、文化界、新闻出版界等各方面同志的关心、支持和帮助,共同为早日实现我国科技名词术语的统一和规范化而努力。

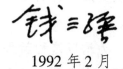

1992 年 2 月

第二版前言

古生物学是研究地史时期中的生物及其演化，阐明生物界发展历史，借以确定地层年代和推断古地理、古气候和古环境演变等规律的学科，是地质科学的基础学科。一套完整、规范的古生物学名词既是学科发展的基础，又是学科成熟的标志。因此，审定和公布古生物学名词是国家赋予的一项重要基础性工作，对促进古生物学和相关学科的学术交流和学科发展具有重要的意义。

1991 年，由全国自然科学名词审定委员会（现称"全国科学技术名词审定委员会"）公布了由古生物学名词审定委员会审定的《古生物学名词》（第一版），对于促进古生物学的学科发展、教学科研和学术交流等发挥了重要作用。随着近年来古生物学研究的迅猛发展，涌现出了许多新的学术名词和概念，原有的第一版《古生物学名词》已经不能体现和满足当今古生物学学术交流的需要，因此，为了反映目前古生物学研究的新进展和现状，重新审定古生物学名词十分必要。

2006 年 6 月，第二届古生物学名词审定委员会经全国科学技术名词审定委员会批准正式成立，并在北京大学召开了首次工作会议。该委员会由著名古生物学家李星学院士担任主任，李传夔研究员任副主任，委员由 22 人组成，来自中国科学院南京地质古生物所、古脊椎古人类所，北京大学，南京大学，吉林大学，西北大学，中国地质大学（北京、武汉）以及中国地质科学院等九个研究机构和大学。另外，还聘请王鸿祯、张弥曼、殷鸿福、张永辂、吴新智和戎嘉余等六位院士和专家担任委员会顾问。该委员会的任务是承担国家审定第二版古生物学名词的任务，即在1991 年出版的第一版基础上，对古生物学名词进行系统的梳理，反映目前古生物学研究的现状和新进展，重点补充和增加新的学科名词，统一有关名词的使用，并加注定义或注释。代表国家最高权威和水平的《古生物学名词》（第二版）的审定和公布出版，将对古生物学和相关学科的教学、科研、科学普及和学术交流等发挥重要而积极的作用。

在随后的两年多时间内，第二届古生物学名词审定委员组织专家进行了广泛的讨论，分别制定了编写和审定工作计划，对各学科、门类的名词做了大体的梳理和编写分工，统一了选词标准、编写注释格式和体例，还建立了名词审定的专门网页。委员会先后在北京、南京等召开了多次编写、审定工作会议。另外，有关编写单位和学科组也分别召开了多次编写工作会议，及时交流了编写和审定工作的进展，并对编写工作中出现的问题进行有益的讨论。编写专家于 2007 年 12 月底提交了名词初稿，共计 3000 余条。随后在古生物学名词审定委员会第三次工作会议上，与会专家对已提交的名词稿件举行了初审，并提出了进一步的修改和审定意见。之后在学科组、研究组、学术会议以及国内同行之间进行不同范围的会审、咨询或者通信评议，广泛征求意见，以达到权威性和普遍性的有机结合。在此基础上于 2008 年 4 月 1 日之前提交了所有学科全部的名词稿件，并按照类别对初稿进行统编，然后提交给古生物学名词审定委员会顾问和权威专家及院校、科研机构等进行审阅。根据审阅意见进行再次的修改和完善，2008 年年底前完成上报稿并提交全国科学技术名词审定委员会。全国科学技术名词审定委员会委托殷鸿福、张永辂、吴新智和戎嘉余四位先生对上报稿进行了认真细致的复审，提出了具体的复审意见。古生物学名词审定委员会对这些复审意见进行了讨论并对上报稿做了适当修改后，共计 2846 条古生物学名词于 2009 年 4 月提交全国科学技术名词审定委员会。

值得指出的是，由于古生物学科近年来发展迅速，新名词的不断出现，过时旧名词的废弃，为避免与相关学科名词重复，加之编写专家来自不同的单位，对学科进展的了解和把握程度不同，因此对名词的选词、定义或注释也存在着一定的差异，甚至不同理解，尽管《古生物学名词》(第二版)力求权威性、科学性，但也很难做到面面妥帖。基于以上原因，第二版古生物学名词也会存在不尽人意的地方，我们恳请广大读者批评和指正，并提出改进和修订意见，以便今后加以完善。

在《古生物学名词》(第二版)编写过程中，始终得到了全国科学技术名词审定委员会的大力支持和指导，邬江同志多次就学科名词的审定工作提出具体意见和建议。另外，中国科学院南京地质古生物研究所、古脊椎动物与古人类研究所，北京大学，中国地质大学以及中国地质科学院等单位对本项工作提供了不少支持。第二届古生物学名词审定委员会的各位委员以及编写专家和学者为本项工作付出了辛勤劳动。审定委员会的各位顾问和专家也在百忙之中，对学科名词进行了逐条细致的审定并提出了诸多宝贵的修改建议，在此一并致谢。

第二届古生物学名词审定委员会

2008 年 11 月

第一版前言

古生物学名词是古生物学知识的传播、文献的编纂、出版和检索，以及国内外学术交流的重要工具和媒介，对古生物学的开拓与发展具有重要意义。解放前，国立编译馆负责编订的地质学名词，原本包括古生物学名词在内，但始终未能完成。1956年中国科学院编译出版委员会名词室编订了第一本《英俄中古生物学名词》，但列词较少，难以满足当代我国古生物学发展的需要。

40多年来，古生物学发展很快，开拓了许多新的理论和学科，反映这些新理论、新学科的名词有了大幅度的增加。为了促进我国古生物学的发展，古生物学名词的审定和统一日益迫在眉睫。

鉴于此，全国自然科学名词审定委员会(以下简称全国委员会)在中国古生物学会大力支持下，于1985年2月在北京召开了古生物学名词审定委员会(以下简称本委员会)成立大会。会上就古生物学名词的审定条例进行了认真讨论，并对审定程序作了具体安排。1987年2月召开了第一次审定会，对各名词审定小组提出的2300余条古生物学基本名词初稿进行了认真地审定，初步确定1100余条名词作为古生物学名词征求意见稿。相继印发全国有关地学单位和古生物学专家征求意见。1988年各审定小组对反馈的意见，分别作了认真的讨论和研究。同时还对与动物学、植物学等相关学科的交叉词进行了多次协调。1989年3月在第二次审定会上确定了1500余条古生物学名词作为第一批上报审批稿。讨论中对其中一些新出现的、概念易混淆的名词补作简明注释。1990年4月在北京、南京两地分别召开定稿会，就稿中遗留的问题作了最后的审定。特别是对某些长期争议而难以统一的名词，委员们展开了热烈的讨论，既遵循约定俗成，又注重科学性，根据这些原则，解决了一批疑难名词。例如："牙形石"和"牙形刺"经广泛讨论定名为"牙形石"，又称"牙形刺"，试图经过一段时间的实际应用，逐步统一为"牙形石"。"几丁虫"和"胞石"长期用法不一，经认真讨论，委员们认为这两个名词都有其不确切的一面，决定废弃"几丁虫"一名，重新定名为"几丁石"，又称"胞石"。"金臂虫"和"高肌虫"定名为"金臂虫"，又称"高肌虫"。王鸿祯教授、杨遵仪教授、张永辂教授和张忠英教授受全国委员会委托，对本批名词进行复审，提出了宝贵意见。对复审中提出的意见，本委员会再次进行了研究处理。1990年8月将第一批古生物学名词1439条上报全国委员会，现经全国委员会批准公布。

在五年的审定过程中，得到全国古生物学界的有关专家、学者的热情支持，得到全国自然科学名词审定委员会、中国古生物学会、中国科学院南京地质古生物研究所、中国科学院古脊椎动物与古人类研究所的关心和支持，在此一并致谢！希望古生物学界同行在使用本书时，多提宝贵意见，以便今后再版时补充修订。

古生物学名词审定委员会

1990年9月

编 排 说 明

一、本书公布的名词是古生物学基本名词。

二、全书正文按主要分支学科分为总论，古无脊椎动物学，古脊椎动物学与古人类学，古植物学，古生态学、埋藏学、遗迹学，地球生物学与分子古生物学 6 部分。

三、正文中的汉文名按学科的相关概念排列，并附有与其概念相同的符合国际习惯用法的英文名或其他外文名。

四、每个汉文名都附有相应的定义或注释。当一个汉文名有两个不同的概念时，则用"(1)""(2)"分开。

五、一个汉文名对应几个英文同义词不便取舍时，英文同义词之间用"，"分开。对应的外文词为非英文时，用"（ ）"注明文种。

六、英文名首字母大、小写均可时，一律小写。英文名除必须用复数者，一般用单数。

七、主要异名和释文中的条目用楷体。其中"又称"、"全称"、"简称"可继续使用，"曾称"为不再使用的旧名。

八、条目中"[ ]"内的字使用时可以省略。

九、正文后所附的英汉索引按英文字母顺序排列；汉英索引按汉语拼音顺序排列。所示号码为该词在正文中的序码。索引中带"*"号者为规范名的异名和释文中的条目。

目　　录

01. 总 论

01.0001 古生物学 palaeontology
研究地史时期中的生物及其演化，阐明生物界的发展历史，确定地层层序和时代，推断古地理、古气候环境的演变等的学科。

01.0002 化石生物学 palaeobiology
视化石为地史时期的生物实体，强调从生物学的角度，运用生物学的原理和方法来研究化石，并注重探讨生物与其生活环境关系的学科。

01.0003 古生物化学 palaeobiochemistry
应用生物化学和地球化学的原理和方法研究保存在化石和地层中的各种有机物成分（如氨基酸、烃类、多糖、嘌呤等）的学科。

01.0004 应用古生物学 applied palaeontology
此学科将古生物学不同领域的研究成果应用于其他学科的研究和经济活动领域，如地球自转速率的变化、大陆漂移和板块构造、区域地质调查、矿产的普查勘探等。

01.0005 古动物学 palaeozoology
古生物学的一个分支学科，研究地史时期动物的形态、构造、分类、分布、演化关系及历史等。分为古脊椎动物学和古无脊椎动物学。

01.0006 古无脊椎动物学 invertebrate palaeontology
古生物学的一个分支学科，是专门研究无脊椎动物化石的学科。

01.0007 古昆虫学 palaeoentomology
以昆虫化石为研究对象，是专门研究地史时期昆虫的形态、构造、分类、分布、演化关系及历史等的学科。

01.0008 古脊椎动物学 vertebrate palaeontology
以脊椎动物化石为研究对象的古生物学的一个分支学科。

01.0009 古人类学 palaeoanthropology
又称"人类古生物学（human palaeontology）"。通过化石研究人类及其近亲的祖先起源与演化的学科。广义的古人类学研究，涉及体质人类学、旧石器考古学、年代学、古哺乳动物学、地质学，以及与研究古环境有关的学科等。

01.0010 古植物学 palaeobotany
古生物学的一个分支学科，研究地史时期植物的形态、构造、分类、分布、演化关系及历史等。

01.0011 古藻类学 palaeoalgology
古植物学的一个分支学科，专门研究藻类（如红藻、绿藻、硅藻、轮藻、沟鞭藻等）和菌藻类（如蓝菌藻）化石。

01.0012 古种子学 palaeocarpology
对新生代泥炭中聚集的种子进行比较形态学和系统分类学研究，用以恢复古植物群落和古植被。

01.0013 微体古生物学 micropalaeontology
近几十年来迅速发展的古生物学的一个新兴分支学科，研究形体微小的化石门类或大型生物的某些微小器官或组分。

01.0014 古病理学 palaeopathology
根据化石推断和研究古代生物（如古人类）的病理现象，是古生物学与病理学之间的交叉学科。

01.0015 古生物地理学 palaeobiogeography
研究地质时期生物的地理分布和迁徙，并探讨它们的时空分布格局及其演变历史等的学科。

01.0016 古动物地理学 palaeozoogeography
研究地质时期动物的地理分布和迁徙，并探讨它们的时空分布格局及其演变历史等的学科。

01.0017 古植物地理学 palaeophytogeography
研究地质时期植物的地理分布和迁徙，并探讨它们的时空分布格局及其演变历史等的学科。

01.0018 经济古生物学 economic palaeontology
此学科将古生物学不同领域的研究成果应用于人类的经济活动领域，如化石燃料和矿产的普查勘探，以及有关化石的商业活动等。

01.0019 生物层积学 biostratinomy
主要研究生物自死亡后至埋葬前这一阶段所经受的种种作用和过程的学科。

01.0020 生物矿物学 biomineralogy
应用矿物学、结晶学和生物化学等原理和方法来研究生物骨骼和硬体的学科。

01.0021 生物矿化作用 biomineralization
在生物的控制或诱导影响下，使溶液中的离子转变为固相矿物的作用。有的完全受生物的生理活动控制，如骨骼、牙齿和贝壳；有的属诱导型，如微生物岩，因微生物的生命活动引起周围微环境的物理化学条件发生改变而导致矿物的沉淀。

01.0022 功能形态学 functional morphology
探讨生物形态、构造与其功能的关系，研究它们对不同环境的适应和相关规律的学科。

01.0023 达尔文学说 Darwinism
又称"达尔文主义"。由达尔文创建的关于生物界演化一般规律的学说，以自然选择学说为核心，这一学说虽经不断地修正和补充，仍然充满了活力。

01.0024 新达尔文学说 neo-Darwinism
又称"新达尔文主义"。以种质连续学说为基础，强调种质的变异以及自然选择在演化过程中所起的主导作用，这是达尔文学说经历的第一次大修正。

01.0025 均变论 uniformitarianism
否认灾变的发生，认为当今正在进行的地质过程也以同样的方式发生于地史时期，它们的速率和强度基本相同，主张"现在是解释过去的钥匙"的理论。均变论在地质学领域曾长期占据着统治地位。

01.0026 种系渐变论 phyletic gradualism
一种有关演化型式的理论，认为生物演化大多是前进演化，而非种系分裂，即整支种系处于缓慢而渐进的演化进程。

01.0027 渐进律 progression rule
又称"递进法则"。最原始的物种应最靠近起源中心，较高级的物种则逐渐依次向外扩展，据之可帮助确定生物散布的方向。

01.0028 灾变论 catastrophism
与均变论相对立，此理论认为在地球历史上发生过多次巨大的灾变事件，每经一次灾变，原有生物被毁灭，新的则被创造出来(特创论)。

01.0029 新灾变论 neocatastrophism
认为地球历史上确实发生过一系列规模和大小不等的自然灾变事件和生物灭绝事件的理论，它与居维叶灾变论的区别在于完全抛弃了特创论。

01.0030 生物发生律 biogenetic law
又称"重演律(recapitulation law)"。认为生物个体发育是其所在类群系统发育的简单而迅速的重演。本名词含义与"重演"不同。

01.0031 渐变论 gradualism

此理论认为生物演化是一个长期、平稳而缓慢的渐变过程，漫长的时间足以使微小的渐变逐渐积累，产生惊人的效果，而化石记录中出现的明显变化和突变现象则是由地层缺失造成的。

01.0032　点断平衡　punctuated equilibrium
又称"间断平衡"。主张生物演化的型式为迅速变化的短暂的成种期与成种后的漫长停滞期这两种不同状态的交替，即物种一般都处于长期稳定平衡的状态，直到新的成种事件打断这一平衡状态为止。

01.0033　现代综合论　Modern Synthesis
又称"综合论(synthetic theory)"。由于居群遗传学的发展引起对自然选择学说以及与其相关概念的修正，在综合细胞学、居群生态学、分类学、古生物学、发育生物学等学科的成就的基础上逐渐形成的现代生物演化理论。这是达尔文学说经历的第二次大修正。

01.0034　演化发育生物学　evolutionary developmental biology，evo-devo
研究发育和演化相互关系的学科。胚胎发育是一个从祖先基因到新近基因的依次表达过程，个体发育不可能完全重演系统发育的进程，却能显示其中的某些特征。

01.0035　演化古生态学　evolutionary palaeoecology
主要研究地质时期所发生的各种古生态方面的转变，尤其是生物演化的重大转变与生态学之间相互关系的学科。如寒武纪底质革命、时错相等。

01.0036　艾伦法则　Allen's rule
又称"艾伦律"。生活在寒冷地区的恒温动物，与温暖地区的同种个体或近缘异种相比，其耳、肢、翼、尾等突出的部分显示缩短的倾向，以减少体表面积，有利于保持体温。

01.0037　贝格曼法则　Bergmann's rule
又称"贝格曼律"。恒温动物在寒冷地区体型趋向于大，在温暖地区则趋向于小，因为随着个体增大，相对体表面积变小，其单位体重的散热量随之变小。

01.0038　科普法则　Cope's rule
某些生物在其系统发育过程中具有个体增大的演化趋势。

01.0039　物种形成　speciation
简称"成种"。由于种系的分裂促使不同分支之间产生生殖隔离，导致新物种的形成。是生物演化研究中的第二个层次，但也有人将成种归入宏演化的范畴。

01.0040　滞域成种　stasipatric speciation
因染色体重组而形成生殖隔离机制，由此而导致新种在原地产生的成种方式。

01.0041　边域成种　peripatric speciation
由于创始者效应和遗传革命而在边缘隔离居群中发生的成种方式。

01.0042　聚量成种　quantum speciation
聚量演化的种级层次，或由聚量演化导致新种形成的一种方式。

01.0043　机遇种　opportunistic species
又称"机会种"。指那些在动荡而不稳定的环境中得到机遇性发展的物种。一般为生态位幅度较宽的广适性分子，通常具有生活史短，个体小，增殖率高、居群规模变化大等特点。

01.0044　雏形种　incipient species
指处于成种过程，正在形成之中的新生物种。

01.0045　避难种　refugia species
集群灭绝发生时，由于种种原因得以在避难所躲避恶劣的灾变环境而幸存的物种。

01.0046　复活种　Lazarus species

集群灭绝期间甚或其后的一段时间在原生活区"失踪"，随着环境的重新改善复又出现的物种。有时也泛指那些存在有原因不明的长期化石记录间断的生物物种。

01.0047 近缘种集群 species flock, species swarm
近代某些湖泊、岛屿中，相当数目的近缘土著种呈同域分布的现象。如夏威夷群岛的果蝇，东非裂谷湖中的丽鱼类等。

01.0048 居群 population
又称"种群"。在某一特定时间内，由占据某一特定空间的同种个体所组成的群集，它们享有共同的基因库，具有大致均等的配育机会。

01.0049 居群动态学 population dynamics
主要研究一定时期内居群大小、年龄组成和成分、结构等方面变化的学科。包括出生率、生长率和死亡率等。

01.0050 隔离分化 vicariance
同一居群或物种由于内部隔障的产生而被分割成不同的部分，它们各自分化产生生殖隔离，从而形成异域姐妹种。

01.0051 散布 dispersal
生物由一地向另一地的迁徙扩散活动。

01.0052 边缘隔离居群 peripherally isolated population
在物种分布区的边缘地带处于隔离状态的小居群，新种易于在这样的居群中形成。

01.0053 创始者效应 founder effect
当一个大居群的少数个体或单个受精母体迁入新环境建立一个新的居群时，往往只携带亲本居群基因库中的一小部分基因组合，较易导致新种的形成。

01.0054 同域成种 sympatric speciation
同一地区同种居群在没有地理隔离的情况下，由于生态、寄主、繁殖季节、杂交等因素导致生殖隔离机制和新种的形成。

01.0055 异域成种 allopatric speciation
又称"地理成种(geographic speciation)"。发生在两个异地居群中的成种过程，因地理隔离导致两者间生殖隔离机制的形成。

01.0056 邻域成种 parapatric speciation
发生在两个相邻居群中的成种过程，在毗连地带存在一定的基因流动，却未影响两个种的分化和形成。

01.0057 歧域成种 dichopatric speciation
又称"隔离分化成种(vicariance speciation)"。同一居群或物种由于隔障的产生被分割成不同的部分，它们各自隔离分化，形成生殖隔离而产生异域姐妹种。

01.0058 前进演化 anagenesis
指在单支种级谱系内所发生的演化变化，无成种作用发生。

01.0059 亲缘同形种 sibling species
又称"同胞种"。成对或成群在形态上一致或几乎一致，但在生殖上却彼此隔离的亲缘物种。

01.0060 土著种 endemic species, indigenous species, native species
指分布仅局限于某一特定地理区域的物种。

01.0061 危机先驱种 crisis progenitor species
新生于集群灭绝期间的高压力灾变环境并延续至复苏期和辐射期的物种，后来成为生物复苏与辐射的源泉之一。

01.0062 灾后泛滥种 disaster species
在集群灭绝后残存期繁盛一时的机遇型分子，但随着环境的恢复和生态系的复苏，它们又被迫回撤到原先生活的高压力边缘环境，以早三叠世的叠层石最为典型。

01.0063 重演 recapitulation
指后裔的幼体特征或发育期的出现与祖先

成体的特征或发育期相同的生物学现象。

01.0064　趋异　divergence
曾称"离异"。与"趋同"相对应，指生物在形态和生理上发生分化，以适应不同环境的分歧演化现象。如中生代的恐龙、鱼龙和翼龙便是趋异演化的结果。

01.0065　趋同　convergence
由于生活习性或环境相似，导致亲缘关系较远的生物获得形态相似或功能相同的特征的演化现象。如翼龙、鸟类和蝙蝠的翅膀。

01.0066　同功　analogy
不同类群生物的器官虽来源和结构不同，却功能相似的现象。如蝙蝠和蝴蝶的翅膀。

01.0067　同塑　homoplasy
不同生物之间由于演化趋同或平行演化而造成的相似器官或相似构造特征的生物学现象。

01.0068　系统发育　phylogeny
指生物谱系的分支演化历史；可以指生命自起源后的整个发展演变历史；或指某一类群的形成发展历史。包括较高分类单元的起源和演化等。

01.0069　分支系统学　cladistics
又称"支序系统学"。当今的三大分类学派之一，主张通过对衍生性状相似性的分析，恢复和建立生物之间的分支演化关系，进而重建系统发育树，以形成严格的单系分类系统。

01.0070　分支　clade
源于单一共同祖先的一群物种，由一个祖先种与所有它的后裔种组成。与"单系群"同义。

01.0071　支序图　cladogram
又称"分支图"。采用分支系统学原理和方法，以共同衍征为依据所得出的一种直观的等级分支图解。

01.0072　单系[性]　monophyly
在分支系统学只指一个具有共同衍征的类群，是源自一个共同祖先并包括其所有已知后裔的自然类群。有时也指某一类群生物的单源状况。

01.0073　并系[性]　paraphyly
指一个祖先类型加上其部分后裔的不完整类群，并非真正的自然类群。

01.0074　多系[性]　polyphyly
又称"复系"。具趋同特征的类群，包括了两个或更多祖先类型所产生的后裔，不是自然类群。

01.0075　冠群　crown group
一个共同祖先及其所有后裔组成的单系群，即构成一个冠部类群。形成于一次分支发生事件，其识别依据是共同衍征。

01.0076　干群　stem group
所有先于某冠部类群的共同祖先出现，并与该冠部类群密切相关的化石种，它们构成该冠部类群的基干类群。

01.0077　姐妹群　sister group
两个类群共有一个不为第三者所有的祖先，即为姐妹群。

01.0078　外群比较　out-group comparison
与已知姐妹群或近缘类群的同源特征序列中的有关特征进行比较，以帮助确定一个特征序列的极向。

01.0079　同源[性]　homology
指同类生物的对应器官之间的相似，它们来自一个共同的祖先。

01.0080　同源特征　homologue
由同一祖先遗传而来的特征，按照它们发生的相对顺序，相对原始者为祖征，反之为衍征。

01.0081　祖征　plesiomorphy

在同源特征中出现相对较早，较原始者。

01.0082　共同祖征　symplesiomorphy
两个以上支系共同具有的祖征。

01.0083　共祖相似性　patristic similarity
因同一祖先而造成生物间的相似性，难以区别较原始的和较衍生的特征。

01.0084　共祖距离　patristic distance
根据同一祖先不同后裔的特化程度的不同，确定它们与祖先之间在歧异层次上的不同。

01.0085　衍征　apomorphy，derived characteristic
在同源特征中出现相对较晚者，由祖征派生而来。

01.0086　共同衍征　synapomorphy
两个以上支系共同具有的衍征，是判别单系群的依据。

01.0087　独有衍征　autapomorphy
只为某一分支所独有的衍征。

01.0088　极向　polarity
确定一个特征序列的祖裔顺序，即其演化方向，这是分支系统学派进行性状分析时必须解决的基本问题之一。

01.0089　简约法　parsimony
又称"奥卡姆剃刀(Ockham's razor)"。将最简略的演化梯级数用作建立分支图解的一种标准。

01.0090　表型单元　phenon
又称"表征群"。在分类研究中指由表征一致或近于一致的个体所组成的样品，一个物种通常由若干个表型单元组成。从居群的角度研究化石，可避免将表型单元等同于分类单元。

01.0091　表型　phenotype
又称"表现型"。在特定环境中，一个生物个体所表现的生理、形态和行为等所有特征

的总和。相同基因型的个体在不同环境中可显示不同的表型。

01.0092　表征图　phenogram
以生物的表征总体相似度为依据而得出的一种表示分类关系的树状图解。

01.0093　特征镶嵌现象　heterobathmy of character
相关物种或类群中不同级别的同源特征(祖征态和衍征态)在分支图中镶嵌分布的现象。

01.0094　双形现象　dimorphism
一个种具有两种不同特征类型的现象。如雌雄个体的特征不同，有孔虫的显球型和微球型明显不同等。

01.0095　形体构型　body plan，Bauplan(德)
生物及其骨骼的基本形态结构和造型。后生动物各主要门类在形体构型方面存在显著差异，同源异形框(homeobox，hox)基因在其中起着关键的控制作用。

01.0096　原型　archetype
原始的类型或形体构型，其他类型或形体构型由它演化而来。

01.0097　双名法　binominal nomenclature
物种的正式名称必须由两个拉丁词构成，属名在前，种名在后，后面还常常附有定名人的姓名和定名年代等信息。

01.0098　优先律　law of priority
一个分类单元的有效学名应当是符合"国际动(植)物命名法规"规定的最早的可用学名，它对于所有在它之后提出的名称来说，拥有优先权。

01.0099　模式属　type genus
据以命名一个科、亚科或超科的一个属，是该科级分类单元的载名模式。

01.0100　模式种　type species

据以命名一个属级分类单元的一个命名的种，是该属级分类单元的载名模式。

01.0101　模式标本　type specimen
"国际动物命名法规"第一版将本名词的使用局限于种级载名模式（正模、选模、新模或共模系列），1999年第四版"法规"认为本名词还可普遍应用于模式系列（一个种级分类单元建立时，据以命名该分类单元的所有标本）中的任何标本。

01.0102　正模　holotype
当某个命名的种级分类单元建立时，被确定为该种级分类单元的载名模式的单独标本。

01.0103　共模　syntype
据以命名一个种或亚种的若干标本，原命名者未从中指定正模时，这些标本便集体组成了该种或亚种的共模系列。

01.0104　新模　neotype
若一个种或亚种的载名模式（正模、共模或选模）确已遗失或损毁，当认为有必要为该分类单元客观地确定载名模式时，可选择一个新标本作为该种或亚种的载名模式，新模应尽量从地模中选择。

01.0105　选模　lectotype
原命名者在建立一个新种或新亚种时未指定正模，后人从共模系列中选择一个标本作为该种或亚种的载名模式，此标本即为选模，其余标本则为副选模。

01.0106　副模　paratype
一个新种或新亚种发表时据以命名的除正模以外的所有标本。

01.0107　地模　topotype
从某个种或亚种的原始产地采获的该种或亚种的标本，无论它是否属于模式系列。本名词并非法规正式规定的名词。

01.0108　近模　plesiotype
新种或新亚种发表以后，再次描述该种或亚种时所依据的标本。

01.0109　独模　monotype
一个属级分类单元建立时只包括一个下属的种级分类单元，即为独模；有时也指根据单一标本建立新的种级分类单元却未明确指定正模的情况。

01.0110　载名模式　name-bearing type
包括模式属、模式种、正模或与之相当的选模、新模或共模系列。它们在每个命名的科、属或种级分类单元与其名称之间建立起固定不变的联系，为这些分类单元名称的正确使用提供客观的参考标准。

01.0111　分类阶元　category
在级序分类系统中，每个分类单元都被确定为其中某个级别的分类阶元。例如，物种和属都是生物界最基本的分类阶元之一。

01.0112　α 分类学　alpha taxonomy
研究种级分类单元的识别、鉴定、记述和命名的分类学。

01.0113　β 分类学　beta taxonomy
将物种配置安排到种以上分类阶元并建立分类系统的分类学。

01.0114　γ 分类学　gamma taxonomy
研究种内居群的变异和演化及种下阶元问题的分类学。

01.0115　分类单元　taxon
一群生物因特征分明而被命名，它们共同组成了一个分类单元，并被归为某个等级的分类阶元。本名词与"分类阶元"之不同在于不包含等级或级序的概念。

01.0116　形态属　form genus
有些化石只是生物的某一组分，如叶化石、鱼鳞等，往往难以确定它们的自然分类位置，只好仅根据其形态特点而建立形态属，尽管其成员有可能分属不同的科。

01.0117 器官属 organ genus

生物的各个器官部分因为分散地保存为化石，往往难以确定它们的自然分类位置，只好分别建立器官属，各给属名。

01.0118 同物异名 synonym

同一分类单元先后被给于两个或更多的不同学名，它们名称虽异，却实指同物。

01.0119 [同物]异名录 synonymia

又称"同义名录"。分类学研究中某一分类单元的同、异名名单，即将与此分类单元同义的所有学名按发表先后顺序排列的名单，它反映了此分类单元的命名历史及其分类意见的变化情况。

01.0120 异物同名 homonym

同一分类级别内的不同分类单元被冠以相同的名称，它们名称虽同，却含义各异。

01.0121 异物同形 homeomorph

外形特征相似而基本构造特征有所不同的现象；或由不同类别生物趋同演化，或由亲缘关系相近的生物平行演化而成。

01.0122 化石 fossil

由于自然作用在地层中保存下来的地史时期生物的遗体、遗迹，以及生物体分解后的有机物残余(包括生物标志物、古 DNA 残片等)等统称为化石。分为实体化石、遗迹化石、模铸化石、化学化石、分子化石等不同的保存类型。

01.0123 化石化作用 fossilization

泛指将地史时期的生物遗体、遗迹保存为化石的各种自然作用。尤以石化作用最为常见，其他如模铸形成、碳化作用等，还有密封、干化、冷冻等特例。

01.0124 化石记录 fossil record

一般用于泛指人类当前所拥有的有关化石知识的总和。

01.0125 化石库 Fossil-Lagerstätten (德)

通常指化石保存特别精美，甚至保存有软体组织的沉积建造。如含热河生物群、澄江化石群的地层。来自德文，其中 Fossil 往往被省略。

01.0126 活化石 living fossil

狭义的活化石指某些生物曾经繁盛于某一地史时期，种类多，分布广泛，后大为衰退，现仅在个别地区残留个别孑遗分子。广义的活化石则泛指出现于地史时期而至今犹存的任何生物。

01.0127 实体化石 body fossil

泛指由生物遗体本身保存而成的化石，大多是生物的硬体部分，原有物质成分一般已被交代或填充。

01.0128 压型化石 compression

植物的茎干和叶子在沉积物中被压实而呈扁平状态的化石，可保存表皮、气孔等细胞形态。

01.0129 印痕化石 impression

生物遗体被完全埋葬前在沉积物中留下的印迹，由于埋葬时遗体业已消失，岩层中并未留下除印痕外的其他痕迹。

01.0130 铸型 cast

生物遗体的内外均被沉积物充填，其后遗体本身被地下水溶蚀，所留空隙又为其他物质填充而形成铸型。

01.0131 内核 core，steinkern

生物遗体中空部分的充填物。如双壳类和腕足类常形成内核化石，其表面即外壳的内模。

01.0132 内模 internal mould

在生物遗体的内部充填物上留下的印痕。其凹凸情况与原物正好相反，常见于内核的表面。

01.0133 木化石 fossil wood

石化了的植物次生木质部，原物质成分已被

氧化硅、方解石、白云石、磷灰石或黄铁矿等交代。

01.0134　渗矿化化石　permineralization
又称"矿化化石"。由渗矿化作用形成，被埋藏的植物组织经含矿溶液浸泡，矿液渗入细胞腔及细胞间隙而矿化。

01.0135　亚化石　subfossil
保存于较新地层，石化程度较低的生物遗体化石。

01.0136　假化石　pseudofossil
成因与生物无关却易被误认为化石的无机成因的结构构造。

01.0137　乳胶复型　latex replica
以乳胶作为填充物在外模或内模标本上制作而成的人工复型或模型。

01.0138　大化石　macrofossil
泛指一般不需要显微镜即可研究的化石。虽然它们的微细构造可能需要借助于显微镜进行观察。

01.0139　植物大化石　megafossil plant
肉眼可见的植物化石。包括其整体，根、茎、叶、果实、种子，或其生殖器官部分。

01.0140　小壳化石　small shelly fossil
寒武纪最早期海相地层中大量涌现的个体微小的原始带壳动物化石。包括软舌螺类、单板类、腹足类、喙壳类等，分化程度甚高，还有许多分类位置不明的类群。

01.0141　微体化石　microfossil
利用显微镜才能进行研究的微小化石，包括个体微小的生物遗体化石，大型生物的幼体类型或器官之类的微小组分等。

01.0142　超微化石　nannofossil, ultramicro-fossil
一般需要在电子显微镜下进行研究的微小化石的总称。

01.0143　粪化石　coprolite
石化的脊椎动物的排泄物。

01.0144　硅化木　silicified wood
硅化了的植物次生木质部，原物质成分已被氧化硅交代，是最为常见的木化石类型。

01.0145　复合模　composite mould
成岩过程中由于原壳体被完全溶蚀，内模和外模被挤压到一起，以致内模表面程度不同地保存了一些外壳面的形态特征。如生长线之类，此类标本被称作复合模。

01.0146　外模　external mould
生物遗体外部形态在围岩上留下的印痕，其凹凸情况与原物正好相反。

01.0147　复型　replica
外模之间的生物遗体被地下水溶蚀后，其空隙又被沉积物充填而形成复型，其外表与原物一致但没有内部构造。

01.0148　化学化石　chemical fossil
泛指保存在地层中的各种地史时期生物体分解后的有机物残余。如氨基酸、烃类、多糖、嘌呤等。

01.0149　带化石　zone fossil
用以划分或定义生物带的重要标志化石。

01.0150　标志化石　index fossil
能据以确定其产出地层的时代的化石(如带化石)，可帮助阐明其生活环境的化石(指相化石)，有时也指某段地层或某一组合带中最为特征的化石。

01.0151　指相化石　facies fossil
能够指示生物生活环境特征的标志化石。

01.0152　大块浸解　bulk maceration
又称"块体浸解"。对含化石的岩石，采用化学剂浸解使其破碎从而分离出植物各种器官的碎片以便进行研究的方法。

01.0153　个体发育　ontogeny

多细胞生物体从受精卵开始到成体为止的整个生长发育过程。

01.0154　世代交替　alternation of generation
在生活史中无性与有性两个世代有规律地相互交替的现象。

01.0155　过型形成　peramorphosis
异时发育的一种形态表现类型。个体发育中表现为形态发育的增速，或在发育方面比祖先走得更远，致使后裔的早期阶段与祖先的成体相似。包括超期发生、加速发生和前移三种类型。

01.0156　超期发生　hypermorphosis
过型形成的一种发生类型。因成熟期的推迟延长了幼体异速生长阶段，导致祖先时期并不存在的器官或构造出现和发展。一般后裔成年个体较大。

01.0157　加速发生　tachygenesis
过型形成的一种发生类型。指异时发育中形态发育速率明显加快，一般后裔成年个体较大。

01.0158　前移　pre-displacement
过型形成的一种发生类型。指异时发育中因某些特征或器官的生长起始时间提前，导致后裔形态变大。

01.0159　幼型形成　paedomorphosis
异时发育的一种形态表现类型。个体发育中表现为形态发育速率减缓，致使后裔的成体与祖先的幼体相似。包括幼态延续、性早熟和后移三种类型。

01.0160　幼态延续　neoteny
幼型形成的一种发生类型。由于形态发育速率下降，使成体保留祖先幼期的形态特征，一般后裔成年个体较大。

01.0161　性早熟　progenesis
幼型形成的一种发生类型。由于性成熟期提前，缩短了幼体异速生长阶段，一般后裔成年个体较小。

01.0162　后移　post-displacement
幼型形成的一种发生类型。指异时发育中某些特征或器官的生长起始时间的推迟，导致后裔形态变小。

01.0163　延迟发育　retardation
由于发育速率的减低，导致后裔个体发育中某一特征的出现比在祖先个体发育中要晚。

01.0164　异时发育　heterochrony
在个体发育中，后裔由于生物形态特征的出现时间或发育速率与祖先不同而发生演化变化的现象。

01.0165　地质时代　geological age
一个地层单位或地质事件的时代和年龄。包括相对时代和绝对年龄。

01.0166　地质时期　geological time
又称"地史时期"。地球形成以来的漫长时期，一般以最古老的岩石记录作为开始的依据。

01.0167　相对时代　relative age
以化石为主要依据，利用地层学方法确定地层或地质事件在时间上的新老顺序，却无法确定其确切的年龄。

01.0168　生态时间　ecological time
生态学研究中所涉及的时间尺度，一般都属于人类历史中可观察的范围(<1万年)。

01.0169　时错相　anachronistic facies
某些沉积相类型，如叠层石和极薄的风暴层等，一般仅限于寒武纪以前的正常浅海环境，但在集群灭绝后的残存期，它们往往在正常浅海环境短暂地"复辟"，被称为"时代上错位的相"。

01.0170　同位素年龄　isotopic age
又称"绝对年龄(absolute age)"。根据岩石中放射性元素蜕变产物的含量计算而来的岩石生成距今的年龄。

01.0171　演化时间　evolutionary time
生物演化过程研究中所涉及的时间尺度。它明显超出了人类历史可观察的范围。

01.0172　古生物钟　palaeontological clock
研究保存有反映周期性生长变化(生物节律)的饰纹等特征的化石，如珊瑚、双壳类、叠层石等。可利用它们计算生物的年龄，研究地球自转速率的变化等。

01.0173　雪球假说　snowball Earth hypothesis
此假说认为距今 8 亿~6 亿年期间，地球曾经历数次极端寒冷的冰期事件，冰期时，整个海洋包括赤道地区在内，都覆盖着 2~3 km 厚的冰层，地球就像一个"大雪球"。

01.0174　寒武纪大爆发　Cambrian explosion
发生在寒武纪早期的海洋后生动物的爆发性辐射事件，以小壳化石群、澄江化石群和伯吉斯(Burgess)化石群作为标志，遗迹化石也同时出现大分化，当今人们熟悉的大多数动物门类都始现于这一时期。

01.0175　寒武纪底质革命　Cambrian substrate revolution
海洋底质状态在寒武纪曾发生重大转变，即显生宙型混合基底逐渐取代元古代型微生物席基底，这是垂向生物扰动出现和发展的结果。

01.0176　寒武纪演化动物群　Cambrian Evolutionary Fauna
显生宙三大演化动物群之一，繁盛于寒武纪，以三叶虫、无铰腕足类、软舌螺等为代表。

01.0177　古生代演化动物群　Palaeozoic Evolutionary Fauna
显生宙三大演化动物群之一，繁盛于古生代，主要由表栖固着生活的滤食生物组成，包括钙质壳腕足类、四射珊瑚、窄唇苔藓动

物、海百合等。

01.0178　现代演化动物群　Modern Evolutionary Fauna
显生宙三大演化动物群之一，繁盛于中、新生代，以双壳类、腹足类、六射珊瑚、海胆、裸唇苔藓动物等为代表。

01.0179　席基底　matground
晚元古代的浅海底质在正常情况下为微生物席所覆盖，即席基底。寒武纪以后，席基底一般仅局限于缺乏生物扰动的高压力环境。

01.0180　混合基底　mixground
寒武纪大爆发后，沉积物的顶层由于生物扰动而充分混合，变得更为均质化，原始的成层特点不复存在，出现厚度不等的混合层，此类基底被称为混合基底。

01.0181　生物扰动革命　bioturbation revolution
曾称"农艺革命(agronomic revolution)"。前寒武纪—寒武纪过渡时期底栖动物的生活方式出现重大转变，内栖(底内)动物从无到有，影响逐渐增强。

01.0182　瓮安动物群　Weng'an fauna
发现于贵州省瓮安埃迪卡拉纪陡山沱组，以保存大量精美的磷酸盐化胚胎化石和最古老的两侧对称动物化石为特色，是探索早期后生动物起源与演化的化石库。

01.0183　澄江生物群　Chengjiang biota
这一举世闻名的的特异化石库发现于云南澄江帽天山，距今约 5.3 亿年，包括有大量栩栩如生的奇异化石，还有不少保存精美的软躯体化石，它们是寒武纪大爆发的直接证据。

01.0184　埃迪卡拉动物群　Ediacara fauna
曾称"伊迪卡拉动物群"。距今 6 亿~5.43 亿年期间广泛分布于世界各地的一个独特生

物群，有关它们的分类位置争议颇多。通常保存于砂岩中，其中包括有真正的动物化石。

01.0185　热河生物群　Jehol biota
发现于辽西中生代晚期热河群的世界级化石库，种类繁多，保存精美，最初以东方叶肢介–三尾类蜉蝣–狼鳍鱼为代表，20世纪90年代带毛恐龙和原始鸟类等化石的大量出土震惊了世界。

01.0186　植物大化石群　megaflora
分布于某地区、同层位或时代，具有相近似内涵的若干所有植物大化石组合的总称。

01.0187　奥陶纪大辐射　Ordovician radiation
发生在奥陶纪的一次规模宏大遍及全球的海洋生物辐射事件，尤以古生代演化动物群的兴起和繁盛为特征。

01.0188　宏演化　macroevolution
又称"宏观进化"。种以上分类单元的演化。如大尺度的生物演化趋势、规律和大型生物演化事件等，是生物演化研究中的第一个层次。

01.0189　微演化　microevolution
又称"微观进化"。物种内部（居群和个体）所发生的种种演化变化，是生物演化研究中的第三个层次。

01.0190　聚量演化　quantum evolution
又称"量子式进化"。由于小居群内的迅速演化，导致全新种类的产生，与分支成种无关。辛普森（Simpson）认为它与较高级分类单元的起源相关。

01.0191　协同演化　coevolution
两个或多个无亲缘关系的物种共同生活，在各自演化的过程中相互影响，包括它们的演化方向、速率等。

01.0192　直向演化　orthogenesis
生物沿着一个预定的直线方向演化，此方向由生物内在倾向所决定，与自然选择无关。

01.0193　平行演化　parallel evolution
两个或多个相关但不同种系的生物，因生活在相似环境而发育了相似的形状。

01.0194　演化新质　evolutionary novelty
由先存性状承继变化而来的具有重要演化意义的新性状。

01.0195　遗传革命　genetic revolution
特指小型创始者居群中可能发生的剧烈遗传重组，它比地方居群正常出现的遗传变化要大好几个数量级。

01.0196　性状替代　character displacement
生活在同一区域的两个形态上相似的近缘种，往往在与利用食物资源或与居住有关的性状方面出现歧异，以减少生态位的重叠部分。

01.0197　灭绝　extinction
曾称"绝灭"。某支生物谱系的演化终结或整支谱系的消亡。

01.0198　正常灭绝　normal extinction
又称"背景灭绝（background extinction）"。地质历程中生物由于自身的原因在正常环境状况下的灭绝，与集群灭绝无关。

01.0199　模糊效应　Signor-Lipps effect
灭绝事件后期的模糊现象，由于沉积记录的局限，导致物种在完全灭绝前最后出现的证据未被记载。

01.0200　集群灭绝　mass extinction
又称"大灭绝"。大量物种和若干较高级的分类群在相对短暂的时间内几乎同时灭绝。

01.0201　集群死亡　mass mortality
由于环境的变化而导致整个居群的突然死亡。

01.0202　灾后泛滥　disaster
集群灭绝后原生态系统受到极大破坏，进入

最萧条时期，少数能以特殊对策适应高压力灾变环境的机遇型分子则由于竞争压力的大大降低，反而繁盛一时。

01.0203　假灭绝　pseudoextinction
祖先种因被由它演化而来的后裔种所取代而造成的灭绝假象。

01.0204　先驱　forerunner
某一生物类群在繁盛期之前即已出现的该类群的少数代表。

01.0205　幸存先驱种　survivor-progenitor species
集群灭绝的幸存者，它们在集群灭绝后迅速分异成种，占领多种生境，成为该类生物复苏、辐射的源泉。

01.0206　幸存者　survivor
经历了集群灭绝的灾变时期而仍在原生活区存活下来的分类单元。

01.0207　孑遗　relic，relict
某一地史时期的生物群(如大熊猫－剑齿象动物群)或类群(如银杏纲)，后来几乎完全灭绝，现仅残留的个别分子。如大熊猫、银杏等。

01.0208　死支漫步　dead clade walking
死支指某些单系群虽然侥幸地越过集群灭绝，但它们却未能捱磨至复苏期，仍未逃脱灭绝的厄运。本名词源自电影"死囚漫步"。

01.0209　避难所　refuge
集群灭绝或重大灾变事件发生时，某些生物得以在其中栖身而得到幸存的栖息地。

01.0210　复活效应　Lazarus effect
生物对环境灾变事件的一种效应，它们因灾变事件而"消失"，但事件后复又出现。

01.0211　适应辐射　adaptive radiation
简称"辐射(radiation)"。在较短时期内，单一世系成员的演化趋异和大规模多样化，并因此而占据了一系列不同的生态位或适应带的现象。

01.0212　生态区　biome
一组地理上共生的群落，反映了特定的气候、植被和土壤等生态条件，以具有一批独特的顶极物种为特征，如热带雨林、沙漠等生态域。同一生态区在不同地区物种成分有所不同。

01.0213　生物量　biomass
在某一特定时间内，单位面积或体积内所含的生物个体总量，或其总重量。

01.0214　扩展适应　exaptation
曾经行使过某种功能的结构，在进入一个新生境后，又被用于另一个不同功能的现象。

01.0215　前适应　preadaptation
生物的原有性状或构造在未发生明显改变或调整的情况下，仍然能很好地适应改变了的新环境，尽管其功能可能与原先不同。

01.0216　物种选择　species selection
由于差异成种和差异灭绝导致对不同物种的筛选，是决定宏演化趋势的主要因素之一。

01.0217　r 选择　r-selection
r 指生物内在的自然增殖速率，采用 r 对策的生物通常具有生活史短，个体小，产卵力和增殖率高等特点，一般更为适应动荡而不稳定的环境。

01.0218　K 选择　K-selection
K 指环境的容纳量或负荷能力，采用 K 对策的生物通常具有生活史较长，个体较大，产卵力和增殖率低等特点，一般更为适应比较稳定或较有规律的环境。

01.0219　希望畸形　hopeful monster
又称"希望怪物"。戈尔德施密特(Goldschmidt)认为，系统突变(染色体重排)和发育大突变是宏演化的主要机制；而发育大突变所产生

的同源异形 (homeotic) 突变型，即"希望畸形"，其中个别的有可能获得良好的适应性，成为新的演化谱系的起点。

01.0220 生物群 biota
生活在一定区域内的所有生物。包括动物和植物。

01.0221 动物群 fauna
分布于一定地区、环境、层位或时代，历史上形成的各种动物的总和。

01.0222 植物群 flora
分布于一定地区、环境、层位或时代，历史上形成的各种植物的总和。

01.0223 残体群落 liptocoenosis
生物尸体堆积和生物活动遗迹的集合体。

01.0224 化石群落 oryctocoenosis
保存为化石的埋藏群落。

01.0225 群集 association
特定环境下生活在一起的生物联合，暂时不清楚其时空分布范围。

01.0226 组合 assemblage
特定地区特定层位中发现的所有化石的联合，不一定具有生态含义。

01.0227 变异 variation
同一物种内个体之间形态和生理特征的差异。

01.0228 附生生物 epibiont
附着于附着基生物的体表或其遗体表面生活的表栖生物。古生物学中有时也泛指生活于水底任何基底（无机和有机）表面的底表生物。

01.0229 附着基生物 basibiont
为附生生物提供附着基底的表栖生物。

01.0230 表栖附生 epibiosis
由附生生物和附着基生物共同组成的一种非共生性质的表栖（底表）生活方式。即使是同一种生物，有时可在同一生境同时出现附生和被附生的情况。

01.0231 包壳 encrustation
表栖生物包覆水底任何基底（无机和有机）表面的行为或作用。

01.0232 大西洋陆桥 Atlantic land bridge
地史时期生物区系成分横跨大西洋地区交流的通道。

01.0233 白令陆桥 Bering land bridge
地史时期亚洲和北美洲大陆生物区系成分在白令海峡地区交流的通道。

01.0234 间断分布 disjunction
同类生物分布于两个或更多相互分离的区域，其间被高山、海洋等地理障碍所隔离。

02. 古无脊椎动物学

02.01 原生动物门

02.0001 原生动物门 Protozoa
一类最低等的真核单细胞动物。原生动物的个体由一个细胞组成，但它是一个能够独立生活的有机体，具有新陈代谢、刺激感应、运动、繁殖等机能。

02.0002 有孔虫 foraminifera
一类微小的真核单细胞动物。由一团原生质构成，原生质分化为两层：薄而透明的外层称为外质；深色的内层称为内质。从外质伸出许多根状或丝状伪足，它们常分叉、分支，横向或斜向相连而成网状。外质和伪足分泌壳质构成有孔虫壳。营浮游与底栖生活，以海相为主。

02.0003 壳 test
由分泌物或由分泌物胶结其他外来颗粒而成，用于包裹并保护软体部分。

02.0004 胶结壳 agglutinated test
又称"砂质壳 (arenaceous test)"。壳壁由自身分泌物胶结外来物质而成。外来物质有石英、长石、方解石等矿物颗粒，火山玻璃及碳酸钙颗粒等，还有生物骨骼碎屑等。

02.0005 似瓷质壳 porcellaneous test
又称"钙质无孔壳"。由分泌的极细的碳酸钙颗粒组成，外观细腻光亮，如同上了釉的磁器。

02.0006 钙质壳 calcareous test
由有孔虫分泌的碳酸钙组成，通常结晶为方解石。是大多数有孔虫的壳质类型。

02.0007 初房 proloculus
又称"胎壳"。有孔虫最早形成的房室。

02.0008 房室 chamber, loculus
壳壁围绕而成、原生质停留的空腔，为多房室类型的一个短暂的生长阶段。壳内各个房室始终由隔壁孔或者其他通道相通，并通过口孔、次生口孔与壳面相通。

02.0009 脐 umbilicus
壳体两侧(平旋)或一侧(螺旋)中央部分形成的下凹。

02.0010 脐塞 umbilical plug
轮虫类脐部壳壁明显加厚而成，有的完整如：仿轮虫；有的呈裂隙状如：卷转虫；有的其中有脐管穿通而呈筛状如：假轮虫等。

02.0011 口孔 aperture
房室顶端的圆形或其他形状的向外开口。

02.0012 小盖 tegillum

某些浮游有孔虫在脐部发育的唇的小板状覆盖物，由越过脐部的房室延伸物组成，完全覆盖了口孔。

02.0013 辅助口孔 accessory aperture
浮游有孔虫中，从次生构造(小泡、小盖)下面的空腔通向外界的开孔，与口孔不直接相通。

02.0014 隔壁 septum
壳内隔开两个相邻房室的壳壁。

02.0015 隔壁通道 septal canal
又称"隔壁管"。是盘旋管在隔壁面和相邻的隔壁盖之间的隔壁间隙处伸出的管系，位于后脊之下。如希望虫。

02.0016 缝合线 suture，suture line
相邻房室或壳圈之间的愈合线。

02.0017 口面 oral face
又称"前壁"。口孔周围的壳壁。

02.0018 边缘索 marginal cord
货币虫科壳缘表面下加厚的螺旋状构造。

02.0019 微球型壳 microspheric test
有性世代个体的壳，初房小，成年壳大于显球型壳。

02.0020 显球型壳 megalospheric test
无性世代个体的壳，初房大，成年壳小。

02.0021 扭旋式壳 streptospiral，plectogyral
有孔虫房室的排列方式之一，房室在不同平面上旋卷生长。

02.0022 平旋式壳 planispiral test
有孔虫房室的排列方式之一，全部房室在一个平面上环绕初房盘旋。分包旋和露旋。

02.0023 螺旋式壳 trochospiral test
房室由初房开始围绕一轴线呈螺旋式排列生长。

02.0024 绕旋式壳 streptospiral test

房室沿一条长轴或若干个方向在以一定角度相交代平面上绕旋排列。分为小滴虫式和小粟虫式两种。

02.0025 双玦虫式 biloculine
小粟虫式壳型之一，相继生长的两个房室的绕旋平面夹角为180°，壳面可见两个房室，如双玦虫。

02.0026 三玦虫式 triloculine
小粟虫式壳型之一，相继生长的两个房室的绕旋平面夹角为120°，壳面可见三个房室，如三玦虫。

02.0027 五玦虫式 quinqueloculine
小粟虫式壳型之一，相继生长的两个房室的绕旋平面夹角为144°，相邻两个房室的旋转面夹角为72°，壳面可见五个房室，如五玦虫。

02.0028 单元期 haploid
有孔虫生活周期中，配子母体的核只含有裂殖体核的染色体数一半，从配子母体形成、成熟到配子形成的过程。

02.0029 配子 gamete
核含单元期染色体数的生殖细胞。成对地合并成的新个体（合子）。有孔虫中可以观察到变形虫配子、双鞭毛配子和三鞭毛配子，为划分属或科的特征。

02.0030 配子母体 gamont
有性生殖中产生配子的世代。其壳初房较大为显球型壳（a型）。

02.0031 合子 zygote
由两个配子交合而成。其核含染色体数为配子核的两倍。

02.0032 中切面 median section
垂直旋轴，通过初房的切面。

02.0033 单房室壳 unilocular test
由一个房室组成，房室上具有一个或多个口孔。单房室壳形态变化很大，常见的有圆球形、梨形、瓶形、直管形等。

02.0034 双房室壳 bilocular test
一般由一个球形的初房和一个管形的第二房室组成，口孔常位于第二房室的末端。由于第二房室的生长方式的变化可以使壳体呈现各种各样的形态。常见的如圆管形壳、圆盘形壳、球形壳、螺锥形壳等。

02.0035 多房室壳 multilocular test
由两个以上的房室构成。每一个房室代表个体发育的一个阶段。所以房室排列的方式也是壳体生长的方式。由于房室形状和排列方式的不同，壳体形态可以有很大的变化。房室的排列方式可以归纳为单列式、平旋式、螺旋式、绕旋式、双卷式等。

02.0036 假几丁质壳 pseudochitinous
某些原始单室有孔虫的有机质壳壁呈糖类反映，成分为黏蛋白，柔软而致密，不易保存为化石。胶结壳、钙质壳都具有一个假几丁质的基层。

02.0037 脊带 carina
壳棱较宽厚的凸缘。如截球虫科。

02.0038 胚壳 embryonic chamber
有孔虫胚胎的外壳。个体较大，形状、排列与其他房室不同，如位于壳中央的货币虫科胚壳等。

02.0039 包囊 cyst
由胶结碎屑而成的，覆盖整个有孔虫的抗害层，在房室形成时或无性繁殖期间起防护作用；或在有性繁殖时包裹2个以上个体。

02.0040 䗴 fusulinid
又称"纺锤虫"。现已灭绝的一类有孔虫动物，多壳室，钙质微粒壳，形态通常为纺锤形或椭圆形。生活于石炭纪至二叠纪。

02.0041 中轴 axis
一个假想的轴，由䗴类壳体的一极通过初房

到达另一极。大多数鏳类自始至终以同一个方向绕中轴旋卷，少数鏳类早期与晚期壳圈的中轴斜交或正交。

02.0042　轴切面　axial section
鏳类平行于中轴、通过初房的切面。切面中多呈现初房居中，两侧对称，中轴的两极互相包裹的形态。

02.0043　中切面　sagittal section，median section
鏳类垂直于中轴、通过初房的切面。大多呈圆形，由内向外，依次作螺旋状扩卷。

02.0044　轴率　axial ratio，form ratio
在轴切面上可以测定鏳壳的壳长和壳宽。壳长/壳宽即为轴率。

02.0045　轴积　axial fillings
某些鏳类沿中轴方向、尤其是初房两侧，具有的黑且不透明的钙质物。

02.0046　旋脊　chomata
通道两侧的两条脊状突起，绕中轴旋卷。

02.0047　拟旋脊　parachomata
介于列孔之间，断面呈三角形或半圆形的脊状堆积物，数目多，绕中轴旋转，形态、功能似旋脊。

02.0048　假旋脊　pseudochomata
在通道两侧，绕中轴旋卷的不连续脊状堆积物，仅在各个隔壁附近见到，只见于一些隔壁褶皱强烈的鏳类中。

02.0049　旋壁　spirotheca
又称"外壁"。由各个壳室壁在外面的部分相互连接而成。旋壁的结构繁简不一，是鉴定鏳类的重要依据之一。

02.0050　致密层　tectum
为一层薄而致密的黑色物质，显微镜下不透光，呈连续的线状。几乎所有的鏳类都具有这种构造，是旋壁的主要组成部分，属原生构造。

02.0051　透明层　diaphanotheca
位于致密层之下，为一无色透明而较明亮之层，成分大多为方解石。

02.0052　疏松层　tectorium
位于致密层上下方(具透明层者则在透明层之下)的一层疏松而不均匀的灰黑色物质，在显微镜下半透光。

02.0053　蜂巢层　keriotheca
位于致密层之下，在薄片中呈梳齿状，排列不整齐，间距较大，实体标本中呈蜂窝状，断面为多角形。蜂巢层在较低等鏳类中多呈单一的多边形管状(如麦粒鏳)，在高等鏳类中常有分叉现象(如希瓦格鏳)。

02.0054　原始层　protheca
是低等鏳类旋壁的一种原始构造，浅灰色、不透明，较致密层浅，但较透明层略深的疏松物质。

02.0055　膜壁　phrenotheca
形状不规则的薄膜状构造，常见于褶皱的隔壁之间。在薄片中，其颜色较隔壁略浅，厚度较隔壁略薄。

02.0056　隔壁沟　septal furrow
隔壁的顶端即旋壁开始向中心转折处，因凹陷而成的浅沟，沿中轴方向由壳体一端通达另一端，这种沟只有在鏳壳表面才能看见。

02.0057　副隔壁　septulum
位于两个隔壁之间，由蜂巢层向下延伸部分聚集而成，形似隔壁的结构。副隔壁一般比隔壁短，比蜂巢层稍长。

02.0058　旋向副隔壁　spiral septulum
与中轴方向垂直的副隔壁。长者称第一旋向副隔壁，短者称为第二旋向副隔壁。

02.0059　轴向副隔壁　axial septulum
与中轴方向平行的副隔壁，也可分为第一轴

向副隔壁和第二轴向副隔壁。

02.0060 通道 tunnel
在鏇壳中部，由于隔壁底部收缩，留下一个半圆形、新月形或长方形孔道，沟通各个壳室，为原生质流经之交通孔道。

02.0061 列孔 foramen，foramina
在某些较进化的鏇类中，隔壁底部的一排圆形小孔。其功效与通道相同。列孔的两侧常常分布有脊状堆积物。

02.0062 串孔 cuniculus，cuniculi
某些高级的鏇类，如拟纺锤鏇等的隔壁褶皱非常强烈，相邻两隔壁相向凹凸，还未到达壳室的底部就相互连接，以致形成一系列与中轴垂直的旋向拱形孔道。

02.0063 放射虫 radiolaria
具有轴伪足的海生单细胞浮游生物，属原生动物门辐足纲放射虫亚纲。形体微小，一般直径为 0.1~0.5mm，少数可超过 1mm。细胞内有一中心囊，分细胞质为囊外、囊内部分。伪足从囊外部分伸出。一般为无性生殖；少数放射虫分裂后的细胞附连在母细胞上，形成单细胞群体。

02.0064 放射刺 radial spine
放射状细长的针状骨骼，一端附连在壳体上。

02.0065 翼壳 patagium
在许多辐射状泡沫虫类中环绕在放射脊（臂）周围或仅分布于脊（臂）之间的精致的海绵状网格结构。

02.0066 表壳 cortical shell
又称"皮壳"。在具多个壳层的放射虫壳体中，最外面的球壳。

02.0067 壳框 frame
又称"孔构"。壳表面上围绕在孔附近的脊。壳框可能为圆形或者是多边形（五边形、六边形等）。

02.0068 髓壳 medullary shell
一些泡沫虫类中表壳之内的 1~2 层同心壳。

02.0069 辅刺 by-spine
壳孔之间的结点上伸出的小刺，其可能与次一级壳结合。

02.0070 格孔壳 lattice shell
由散布排列在一层的多孔状网格结构所形成的壳体。

02.0071 窗孔管 fenestrated tubule
具张大开口的细管。

02.0072 海绵状壳 spongy shell
由棒状骨骼结合形成的、松散的或泡沫状的一种复杂结构所形成的壳体。

02.0073 筛板 sieve plate
某些泡沫虫类的扁平状圆孔板。

02.0074 放射梁 radial beam
放射虫骨骼中，连接同心壳层的棒状骨骼。

02.0075 缝合孔 sutural pore
罩笼虫中的隐头、隐胸类的胸室与头室或腹室结合处占有一定位置的、形状或大小与一般孔不同的孔。

02.0076 矢环 sagittal ring
在罩笼虫顶室的纵切面中部，由壳底中桁，顶刺，腹刺以及一个连接穹隆组成的环状结构。它可以与骨骼网格分离也可以包埋其中。

02.0077 僧帽环 mitral ring
在篓虫亚目中，位于与基环平行，与矢环垂直的一个平面上的骨骼环。

02.0078 臂 arm
盘状放射虫中的一个骨骼分支或辐射状外延骨骼。

02.0079 腰带 girdle
门孔虫超科中的多种壳形之一。在门孔虫超

科骨架中三个相互垂直平板上排列的圆形或者椭圆形骨格穿孔板。腰带的基本形状在一个系统的科或超科以及目中变化很大。

02.0080　原生孔　primary pore
古网冠虫科和假网冠虫科中某些属种在生长中保持开放的孔。

02.0081　中心囊　central capsule
在放射虫细胞内，包裹了细胞内质和细胞核的几丁质或假几丁质的囊。它将细胞质分隔为内质和外质两部分。

02.0082　头室　cephalis
罩笼虫壳中的第一节壳室。

02.0083　胸室　thorax
罩笼虫壳中的第二节壳室。

02.0084　腹后室　post-abdominal segment
罩笼虫中腹壳之后一个或多个壳室。

02.0085　腹室　abdomen
罩笼虫壳中的第三节壳室。

02.0086　顶角　apical horn
罩笼虫中位于头壳顶点的主刺或角，一般与头室内的顶刺相连。

02.0087　遗迹孔　relict pore
由后来壳质增生而掩埋，仅在受剥蚀的标本上可以见到的孔。

02.0088　缢　stricture
在罩笼虫壳中，以显著向外延伸的收缩沟或者一个内在的环为明显特征，在两个连续的壳室（节）之间的收缩结构。

02.0089　外质内网　sarcoplegma
为蛛网状结构，内方与外质基层相连，外方与外质表网相连，构造变化、形状不规则，常常包覆着一些大泡构成网状膜或聚结在一起成为变形虫状小体或外质小体。外质内网是营养和运动的细胞器。

02.0090　浮泡　calymma
又称"中心囊外果浆状物"。中心囊外的细胞质。常常十分发达，其体积比中央囊要大，整个浮泡常为中心囊的 3~6 倍，浮泡内通常充满空泡或液泡，无特别的膜壁。

02.02　多孔动物门

02.0091　多孔动物门　Porifera
曾称"海绵动物门（Spongia）"。最低等、多细胞、几乎是集群的后生动物，也是全部水生族群和固着的滤食者，身体有众多通水的小孔和沟道，骨针有或无。典型者是由两层联系松散的细胞构成体壁，围绕着中央海绵腔所构成管状体，体壁穿有众多的小孔和沟道。除此之外，也有缺乏中央腔而身体穿有众多的孔和沟道的类型。现生的多孔动物见之于海洋或湖泊，化石主要为保存在地质时期沉积岩内的骸体和骨针。生存于寒武纪—现代。

02.0092　多孔动物　poriferans
又称"海绵动物（sponges）"。

02.0093　海绵　sponge
多孔动物的通称。

02.0094　普通海绵类　demospongians
由海绵丝或由海绵丝和硅质骨针或由不是六射海绵那样对称的硅质骨针等组成骨骼的海绵。生存于寒武纪—现代。

02.0095　六射海绵类　hexactinellids
骨骼含有三轴硅质针，彼此直角相交形成六射体的海绵。生存于寒武纪—现代。

02.0096　钙质海绵类　calcareans
含有钙质骨针或钙质骨骼的海绵。生存于寒武纪—现代。

02.0097　硬海绵类　sclerospongians
骨骼含有碳酸钙和硅氧的海绵。生存于晚古生代—现代。

02.0098　刺毛海绵类　chaetetids
一类已灭绝的多孔动物。床板、管室和群体形态似床板珊瑚，具细小蜂巢状钙质骨骼，无壁孔，残留骨骼上有骨针，表面有瘤状突起，丘状隆起和星根沟。生存于古生代。

02.0099　层孔海绵类　stromatoporoids
一类已灭绝的营群体海生的无骨针的底栖多孔动物，具重叠的网格状钙质骨骼，表面及内部有一个集中的中心发出放射状分布通水的管道系统。生存于奥陶纪—白垩纪。

02.0100　古杯动物　Archaeocyatha
一类具套锥状双层壁的海绵动物，无骨针。目前一般将古杯动物视为多孔动物门的一个纲。生存于寒武纪，世界性分布。

02.0101　规则古杯类　regulares
具隔板的古杯动物，大致相当于隔板古杯类（septoidea）加单壁古杯类（monocyathea）。

02.0102　不规则古杯类　irrregulares
具曲板的古杯动物，大致相当于曲板古杯类（taenioidea）加管壁古杯类（aphrosalpin-gidea）。

02.0103　环圈　annulus
古杯体壁的一种类型，断面呈人字形或 S 状。

02.0104　棒　bar，rod
中腔和壁间内的一种棒状小骨片。

02.0105　苞片　bract
外壁或内壁外部的一种叶状小骨片。

02.0106　骨架　carcass
古杯的骨骼构造的总称。

02.0107　中腔　central cavity
又称"中央腔"。古杯内壁围起来的腔。

02.0108　杯体　cup
古杯的动物体。

02.0109　固着根　holdfast，epitheca
古杯用以固着在基底的组织。

02.0110　内壁　inner wall
古杯的内层壁。

02.0111　横板间室　intertabulum
由内壁、外壁和横板围成的空间。

02.0112　壁间　intervallum
内壁和外壁围成的空间。

02.0113　壁间室　interseptum
由内壁、外壁和隔板围成的空间。

02.0114　外壁　outer wall
古杯的外层壁。

02.0115　隔板　septum
内壁、外壁之间放射状纵向排列的板。

02.0116　表膜　pellicle
古杯外表的一层薄膜。

02.0117　孔　pore
古杯骨骼上的洞，它可以分布在外壁、内壁、隔板或横板上。

02.0118　骨棒　synapticula
隔板之间横向联接的棒状骨骼。

02.0119　横板　tabula
分布在壁间的横向排列的平直或微拱的薄板。

02.0120　曲板　taenia
内壁、外壁之间强烈弯曲或分叉状的纵向排列的板。

02.0121　壁外生长物　tersoid
分布在表膜外的组织。

02.0122 瘤泡 tumula
外壁表面的小包块，上面可以有孔。

02.0123 泡沫板 vesicle
分布在壁间或中腔下部的泡沫状的薄板。

02.0124 钙质海绵 calcareous sponges
骨针或骨骼为碳酸钙成分的海绵。

02.0125 硅质海绵 siliceous sponges
骨骼中有硅质骨针或有海绵丝和硅质骨针的海绵。

02.0126 海绵骨针 spicules
简称"骨针"。海绵的矿物骨骼单元，小针状。

02.0127 钙质骨针 calcareous spicules
由碳酸钙质组成的骨针叫钙质骨针。

02.0128 硅质骨针 siliceous spicules
由硅质组成的骨针。

02.0129 初针 crepis
最初的骨针，在它周围分泌网状骨针。

02.0130 网状骨针 desma
又称"韧枝骨针"，"瘤枝状骨针"。带有矿物沉积物的形态不规则的骨针。

02.0131 大骨针 megasclere
较大的骨针，尤其是构成支撑海绵主要骨骼的那种基本骨针。

02.0132 小骨针 microsclere
细小的骨针，特别是指分散遍及一个海绵体内或者集中在皮层或其他部位的那些细小次生的骨针。

02.0133 单轴式骨针 monaxon
一字型的大骨针。包括两头尖骨针，单尖骨针，搅棒状骨针，大头针状骨针，两头球状骨针，带刺单尖骨针，蛇曲状骨针和大韧状骨针等类型。

02.0134 三轴式骨针 triaxons

三轴方向的大骨针。包括三射枝状骨针，六射枝状骨针，五射枝状骨针和十字射枝状骨针等。

02.0135 四轴式骨针 tetraxons
四轴方向的大骨针。包括匀四射状骨针，顶三叉杆状骨针，三头网状骨针等。

02.0136 多轴式骨针 polyaxons
多轴方向的大骨针。包括八射枝状骨针，匀六射枝状骨针，多射枝状骨针和球网状骨针等。

02.0137 泄殖腔 cloaca
又称"海绵腔(spongocoel)"，"里腔(atrum)"，"中央腔(central oscule)"。毗连出水孔大的出水腔。

02.0138 单沟型 ascon
由一个较大的中央腔室构成的海绵构造。

02.0139 双沟型 sycon
体壁内有一层房室的海绵构造。

02.0140 复沟型 rhagon
体壁内有多房室的海绵构造。

02.0141 钝肛道类 amblyproct
中央腔呈荷叶状的海绵体。

02.0142 宽肛道类 euryproct
中央腔呈阔锥状的海绵体。

02.0143 狭肛道类 stenoproct
中央腔呈圆筒状的海绵体。

02.0144 扁平肛道类 platyproct
出水面差不多或完全平的海绵体。

02.0145 内室海绵 thalamid sponges
体内有多样小室的海绵。

02.0146 无孔类 aporatids
体表面无小孔的内室海绵。

02.0147 有孔类 poratids

体表面有小孔的内室海绵。

02.0148 有腔型 cloacates
有中央腔或大的腔室的海绵。

02.0149 入水孔 prosopore
引导水流进入入水管道区的小孔，分布在海绵体的外表面。

02.0150 入水管道区 prosochete
又称"入水前庭区"。引导水流进入鞭毛室入水孔的管道地带。位于入水孔与鞭毛室入水孔之间。

02.0151 鞭毛室入水孔 prosopyle
引导水流进入鞭毛室的小孔。位于入水管道区与鞭毛室之间。

02.0152 鞭毛室 flagellate chamber
内有活动的鞭毛细胞的小室。

02.0153 鞭毛室出水孔 apopyle
从鞭毛室排出水流的小孔。位于鞭毛室与出水管道区之间。

02.0154 出水管道区 apochete
又称"出水后院区"。从鞭毛室出水口到出水孔之间的管道地带。

02.0155 出水孔 apopore
从出水管道区排出水流的小孔。常位于海绵体的中央腔壁面上，有时为相当的腔口。

02.0156 进水小孔 ostium
真孔或入水孔的通称。

02.0157 出水口 oscule
较大的出口，常指是泄殖腔或中央腔的腔口或指较大的出水口。

02.0158 外墙 exowall
海绵体体壁的外壁。

02.0159 外墙孔 exopore
分布在外墙上面的小孔。

02.0160 内墙 endowall
海绵体体壁的里壁。

02.0161 内墙孔 endopore
分布在内墙上面的小孔。

02.0162 间隔墙 interwall
两相邻房室之间的隔墙。

02.0163 间隔墙孔 interpore
间隔墙上的小孔。

02.0164 房室 chamber
海绵体内的小空腔或小室。

02.0165 房室带 thalamidarim
呈带状分布的房室。

02.0166 腔壁出水口 parietal oscules
含有出水管的中央腔的腔口。

02.0167 筛状出水口 cribriform oscules
内有筛板的出水口。

02.0168 束式腔 fascicolates
含有一捆出水管的中央腔。

02.0169 放射状出水管道区 radial apochete
又称"放射后院出水区"。放射分布的出水管道地带。

02.0170 星根沟 astrorhizal canal
一批放射分枝状的沟和脊通达内部，在顶端生长表面形成一套星状系统。

02.0171 放射杆 radial trabecula
内室海绵房室内的杆状充填物。

02.0172 嘴状管 exaulos
体壁上伸出壶嘴状的出水管。

02.0173 共骨 coenosteum
层孔海绵的构造骨架主要由虫体不断分泌钙质碳酸盐而成，一层骨架形成后又继续向上生长，周而复始最后形成的大小形状各异的骨架。

02.0174 星根 astrorhiza
又称"星状沟"。在共骨表面上或是弦切面中见到的呈放射状或星状分布的沟槽。

02.0175 细层 lamina
呈同心状相互平行排列的横向骨骼。

02.0176 粗层 latilamina
细层密集合并成的骨骼。

02.0177 支柱 pillar
垂直于细层的纵向骨骼。

02.0178 虫室 gallery
两细层和支柱之间的空间，是层孔海绵虫体居住的地方。

02.0179 室孔 foramen
两个层间空隙或虫室之间的细层或泡沫板上的孔。

02.0180 假虫管 pseudozooidal tube
支柱之间直立延伸的管孔，因无充分证据说明其中是否居住过虫体，故称假虫管。

02.0181 环柱 ring pillar
由细层向上弯曲形成的圆环状孔洞。

02.0182 网格 reticulate
由支柱和细层组成的网格状骨骼结构。

02.03 腔肠动物门

02.0183 萼部 calice
珊瑚体的顶（末）端部位，中央常有杯状凹陷，为珊瑚虫生长栖息之所。

02.0184 萼盖 operculum
萼上的盖板。

02.0185 外壁 epitheca
又称"表壁"。包在软体外围的骨骼。

02.0186 全壁 holotheca
块状复体珊瑚具有的一层共同的鞘膜。

02.0187 底板 basal plate
珊瑚虫最初分泌的骨骼，位于始端或底盘之下，一般甚小，不易见到。

02.0188 单体珊瑚 solitary coral
单体分泌的骨骼。

02.0189 复体珊瑚 compound coral
群体珊瑚的骨骼。

02.0190 珊瑚个体 corallite
又称"单体"。一个单体珊瑚虫或群体珊瑚虫中一个个体所分泌的骨骼。

02.0191 丛状 fasciculate
复体珊瑚个体彼此分离的外形。

02.0192 块状 massive
复体珊瑚个体间紧密相接的外形。

02.0193 枝状 dendroid
松散分枝的单体组成的丛状。

02.0194 笙状 phacelloid
平行排列的单体组成的丛状。

02.0195 多角柱状 ceroid
块状珊瑚外壁完整者，每一个体横断面呈多角形。

02.0196 互通状 thamnasterioid
块状珊瑚个体外壁消失，相邻个体的隔壁相互联通，在个体轴部之间排成磁力线形。

02.0197 星射状 astreoid
块状珊瑚个体外壁消失，相邻个体的隔壁成交错排列。

02.0198 互嵌状 aphroid
块状珊瑚个体外壁消失，相邻个体以泡沫板

相接。

02.0199 拖鞋状 calceoloid
一面扁平，一面凸起的单体珊瑚的形状。

02.0200 曲柱状 scolecoid
向上方向不规则的圆筒状单体的形状。

02.0201 荷叶状 patellate
顶角增长到 120°左右的锥状单体的形状。

02.0202 隔壁 septum
珊瑚虫底部体壁向上褶皱部分的外胚层所分泌的插入于隔膜内腔和外腔的纵向排列的板状骨骼。

02.0203 原生隔壁 protoseptum
最初产生的隔壁，发生在首级隔膜的内腔中。

02.0204 主隔壁 cardinal septum
最初在珊瑚个体近始端中央的对称面上先产生一个连续隔壁，接着在两侧生出一对隔壁的一端对应的隔壁。

02.0205 对隔壁 counter septum
与主隔壁相对一端的隔壁。

02.0206 侧隔壁 alar septum
主隔壁两侧的一对隔壁。

02.0207 对侧隔壁 counter-lateral septum
对隔壁两侧的一对隔壁。

02.0208 一级隔壁 major septum
发生在次级隔膜内腔中的隔壁，常与原生隔壁等长。

02.0209 二级隔壁 minor septum
在一级隔壁(包括原生隔壁)之间、多在隔膜外腔中发生的隔壁，长度通常较一级隔壁短。

02.0210 三级隔壁 tertiary septum
大多发生在隔膜外腔中的隔壁，长度较二级隔壁短。

02.0211 主部 cardinal quadrant
在对侧隔壁产生后，主、对隔壁开始断开，同时侧隔壁向对隔壁方向位移，与主隔壁之间留下的较大空间。

02.0212 对部 counter quadrant
对侧隔壁紧靠对隔壁，与侧隔壁之间留下的较大空间。

02.0213 主内沟 cardinal fossula
在一级隔壁发生的后期，主隔壁常萎缩，加之晚生的一级隔壁常发育不全，使主隔壁内端及其附近形成的明显凹陷。

02.0214 对内沟 counter fossula
对隔壁在内缘或顶缘退缩，使对隔壁内端及其附近形成的凹陷。

02.0215 侧内沟 alar fossula
侧隔壁在内缘或顶缘退缩，使侧隔壁内端及其附近形成的凹陷。

02.0216 隔壁沟 septal groove
隔壁的产生引起体壁内陷，因此在外壁上呈现出的垂直于生长纹的纵沟。

02.0217 间隔壁脊 interseptal ridge
隔壁沟之间隆起的纵脊。

02.0218 刺状隔壁 acanthine septum
隔壁内缘部分羽榍没有联结，其间留有空隙而发育成的刺状羽榍。

02.0219 棒锤状隔壁 rhopaloid septum
隔壁轴端膨大，横切面呈棒锤状的隔壁。

02.0220 穿孔型隔壁 perforate septum
隔壁穿孔，在横切面上呈不连续的片段。

02.0221 隔壁厚结带 septal sterozone
隔壁加厚剧烈时，相邻隔壁相接形成的厚结带。

02.0222 脊板 carina
隔壁的两侧因羽榍加厚产生垂直于隔壁表

面的小板。

02.0223　连接孔　connecting pore
接连块状复体的个体之间的孔。

02.0224　壁孔　mural pore
位于外壁上的连接孔。

02.0225　角孔　corner pore
位于外壁棱角上的连接孔。

02.0226　鳞板　dissepiment
底部边缘体壁分泌的小型穹窿状板片。

02.0227　同心型鳞板　concentric dissepiment
在横切面上呈同心状排列，凹面指向珊瑚体
轴心的鳞板。

**02.0228　人字型鳞板　herringbone dissepi-
ment**
在横切面上相邻隔壁间呈人字形交错排列
的鳞板。

02.0229　马蹄型鳞板　horseshoe dissepiment
横切面上呈一环形带状，纵切面上呈上下叠
覆的特殊鳞板。

**02.0230　泡沫状鳞板　cystose dissepiment,
cystosepiment**
简称"泡沫板"。形似鳞板的泡沫状小板，
隔断或穿越隔壁。

02.0231　鳞板带　dissepimentarium
鳞板在珊瑚个体内所占的部位。

02.0232　喷口构造　naotic structure
隔壁边缘部分由多列紧密叠覆的小鳞板组
成的构造。

02.0233　内墙　endotheca
珊瑚体内的一种次生钙质壁。

02.0234　隔壁内墙　phyllotheca
隔壁中部或靠近末端加厚，彼此侧向连接形
成的内墙。

02.0235　鳞板内墙　sclerotheca
鳞板带的内缘因鳞板密集或增厚形成的内
墙。

02.0236　床板内墙　cyathotheca
床板呈倒杯状，下垂的外缘部分相叠形成的
内墙。

02.0237　轴部构造　axial structure
珊瑚个体中心部分各种纵向分布的骨骼的
总称。

**02.0238　复中柱　axial column, central col-
umn**
一种疏松复杂的网状骨骼，由大隔壁在轴部
脱离后形成的辐板和床板在轴部分化形成
的斜板组成。

02.0239　辐板　septal lamella
由大隔壁在轴部脱离后形成的位于复中柱
内呈放射状的板。

02.0240　中板　median plate
辐板中常有一个穿越中心，有时还显著膨
胀，将复中柱分为两个对称部分的辐板。

02.0241　斜板　tabella
床板在轴部分化形成的板。

02.0242　轴管　aulos
隔壁末端向同一方向转折，彼此连接而形成
的管子。

02.0243　中轴　columella
由一种坚实致密的钙质柱状体形成的轴部
构造。

02.0244　床板　tabula
又称"横板"。底部体壁分泌的平直、上拱
或下凹的板状骨骼。

02.0245　斜床板　clinotabula
拉长下倾的床板。

02.0246　床板带　tabularium

床板在珊瑚个体内所占的部位。

02.0247 羽簇 fascicle
一群具钙化集中点的放射状钙质晶针（羽针）。

02.0248 羽榍 trabecula
羽簇沿一定方向排列形成的柱状结构。

02.0249 单羽榍 monacanth
所有羽针均出自一个钙化中心并向上辐射的简单羽榍。

02.0250 复羽榍 rhabdacanth
以一群没有固定钙化中心的羽针聚集在一个主要轴部周围的羽榍。

02.0251 单带型 monozonal
仅有隔壁和床板的构造类型。

02.0252 双带型 bizonal
除隔壁外兼有床板和鳞板的构造类型。

02.0253 三带型 trizonal
除隔壁、床板、鳞板外，还具有中轴或复中

柱的构造类型。

02.0254 回春 rejuvenescence
一个珊瑚个体的直径突然收缩并遗留原来的萼缘外露，而后直径又行增大的现象。

02.0255 隔壁肋 costa
隔壁外端向外突出形成的脊状物。

02.0256 内隔壁 entosepta
发生于隔膜内腔的隔壁。

02.0257 外隔壁 exosepta
发生于隔膜外腔的隔壁。

02.0258 横梁 synapticula
连接相邻隔壁的棒状物。

02.0259 隔壁外壁 septotheca
隔壁外端加厚并侧向相连而成的次生外壁。

02.0260 拟外壁 paratheca
鳞板密集而成的次生外壁。

02.0261 横梁外壁 synapticulotheca
横梁纵向排列而成的次生外壁。

02.04 蠕 形 动 物

02.0262 蠕形动物 vermes
泛指无脊椎动物的一大类，包括很多门，如扁形动物、线虫动物、曳鳃动物、星虫动物、环节动物等。一般身体延长，左右对称，多数柔软无附肢，蠕动运移。

02.0263 环节动物门 Annelida
无脊椎动物的一个门，具真分节，裂生真体腔，多具疣足或刚毛的蠕虫状动物，多为潜穴者，分布于海洋、淡水、土壤中，少数寄生，如沙蚕、蚯蚓、蚂蟥等。

02.0264 多毛类 polychaete
环节动物的一大类，基本海生，体长，由很多体节组成，身体每节具疣足一对，端部多

刚毛。环节动物化石一般是多毛类虫颚，也有一些呈印模保存。

02.0265 虫颚 scolecodont
环节动物多毛类咽部的齿状颚化石。形态大小各异，属于微体古生物研究领域，常见于奥陶、志留、泥盆系地层中。

02.0266 虫颚原始集群 scolecodont natural assemblage
各类虫颚化石按虫体咽部的原有组成保存下来的集合体。

02.0267 角管虫类 cornulites
一类分类位置不清的骨化管状化石，分布于

奥陶至石炭纪，一般认为与多毛类有关。通常具环脊，向一端渐细，呈单体或群体固着在无脊椎动物外骨骼表面。

02.0268　吻　proboscis
一般泛指动物的口或口周可伸缩的管状构造。其构造和机能在不同动物中有很大差异。

02.0269　曳鳃动物门　Priapulida
无脊椎动物一小门，海洋底栖性动物，呈长筒形，外形分为翻吻及躯干，有的种类具尾附器，化石多见于早古生代。

02.0270　古蠕虫类　palaeoscolecidians
一大类灭绝的曳鳃动物，身体呈长管状，翻吻不发育，末端通常为成对的小钩。化石分布于早古生代，多为表皮及装饰单元。

02.0271　翻吻　introvert
一些蠕虫(如曳鳃动物、星虫动物)虫体前部可伸缩，内翻的构造。表面多具成排或成列的吻刺。

02.0272　尾附器　caudal appendage
一些曳鳃动物身体后部的器官。形态变化大，也见于其他蠕虫中，如星虫。

02.05　节肢动物门

02.0273　节肢动物门　Arthropoda
种类最多的一个动物门。

02.0274　三叶虫　trilobite
已灭绝的一类节肢动物，身体纵向、横向都三分，故名三叶虫。

02.0275　头部　cephalon
外甲前部，体节愈合的部分。

02.0276　头盖　cranidium
头部面线以内的部分。

02.0277　头鞍　glabella
头部的轴部。

02.0278　头鞍沟　glabellar furrow
头鞍侧沟和头鞍横沟的总称。

02.0279　头鞍侧沟　lateral glabellar furrow
头鞍上成对的沟。

02.0280　头鞍横沟　transglabellar furrow
贯通的头鞍侧沟。

02.0281　头鞍前沟　preglabellar furrow
界定头鞍的前部的沟。

02.0282　头鞍前叶　frontal glabellar lobe
头鞍上最前部一对头鞍侧(横)沟之前的部分。

02.0283　头鞍侧叶　lateral glabellar lobe
两对头鞍侧沟之间的部分。

02.0284　头鞍基叶　basal glabellar lobe
位于头鞍后侧部，三角形或梨形的部分。

02.0285　前坑　anterior pit, fossula
头鞍前侧角附近，轴沟上的小凹陷。

02.0286　双分结合　bicomposite
某些三叶虫头鞍两节侧叶愈合成突起状。

02.0287　三分结合　tricomposite
某些三叶虫头鞍三节侧叶愈合成突起状。

02.0288　颈环　occipital ring, lo
头部轴部最后的一节。

02.0289　颈沟　occipital furrow, so
将颈环和头鞍其余部分分开的横沟。

02.0290　眼叶　palpebral lobe, eye lobe
固定颊上眼沟以外的近半圆形突起部分。

02.0291 眼沟 palpebral furrow
固定颊上将眼区和眼叶分开的沟。

02.0292 眼脊 eye ridge
突起的条带，从眼叶的前端到头鞍的前侧角或前侧角之后。

02.0293 眼台 eye socle
眼睛以下的部分，和活动颊的其余部分以倾斜度变化或沟区分。

02.0294 眼台沟 eye socle furrow
区分眼台和活动颊其余部分的沟。

02.0295 复眼 compound eye，holochroal eye
由许多小眼体紧密结合组成，全部被极薄的眼角膜覆盖。

02.0296 聚合眼 aggregate eye，schizochroal eye
由许多小眼体紧密结合组成，各自被极薄的眼角膜覆盖。

02.0297 前区 frontal area
头部面线前支，头鞍前沟和眼脊以内的部分。

02.0298 前翼 anterior wing
唇瓣前侧角的延伸部分。

02.0299 前边缘 anterior border
面线前支切头部边缘的部分。

02.0300 边缘沟 border furrow
界定头部，尾部和唇瓣边缘的沟。

02.0301 内边缘 preglabellar field
头鞍前沟和边缘沟之间的部分。

02.0302 鞍前区 preglabellar area
头鞍之前的内边缘和前边缘总称。

02.0303 颊部 genal region
头部轴沟外侧的部分。

02.0304 固定颊 fixed cheek，fixigena
头盖上轴沟和头鞍前沟以外的部分。

02.0305 固定颊前区 anterior area of fixigena
固定颊头鞍前沟和眼脊以前的部分。

02.0306 固定颊眼区 palpebral area of fixigena
固定颊上眼脊和眼叶后端横向延伸线之间的部分。

02.0307 面线 facial suture
经过眼睛内侧边缘的线，区分活动颊和头盖。

02.0308 面线前支 anterior branch of facial suture
眼叶之前的面线分支。

02.0309 面线后支 posterior branch of facial suture
眼叶之后的面线分支。

02.0310 边缘面线 marginal suture
面线前支在头部前缘汇合而成。

02.0311 背边缘内面线 dorsal intramarginal suture
汇合处在背面的边缘面线。

02.0312 后颊类面线 opisthoparian suture
面线后支在颊角之后。

02.0313 前颊类面线 proparian suture
面线后支在颊角之前。

02.0314 角颊类面线 gonatoparian suture
面线后支切于颊角。

02.0315 活动颊 free cheek，librigena
头部面线以外的部分。

02.0316 颊角 genal angle
头部后侧角。

02.0317 颊刺 genal spine
颊角处边缘向后延伸出的刺。

02.0318　间颊刺　intergenal spine
头部颊、角内侧的边缘向后延伸出的刺。

02.0319　后侧翼　posterior area of fixigena
固定颊上眼叶之后的部分。

02.0320　后边缘　posterior border
头部边缘颊角和颈环之间的部分。

02.0321　唇瓣　hypostome
头鞍前部下方的腹面甲板。

02.0322　唇瓣线　hypostomal suture
唇瓣前缘的线，用以和腹边缘分开。

02.0323　悬挂式唇瓣　natant hypostome
和腹边缘板或活动颊腹边缘之间无唇瓣线
相连，仅两端在前翼处相连。

02.0324　接触式唇瓣　conterminant hypostome
和腹边缘板或活动颊腹边缘之间有唇瓣线
相连。

02.0325　腹边缘　doublure
背甲向腹面的延伸部分。

02.0326　腹边缘板　rostral plate
头部中部腹面的边缘。

02.0327　腹边缘线　rostral suture
腹边缘板前端的线，将其和头部区分。

02.0328　胸部　thorax
三叶虫头尾之间的部分，胸部体节之间有关
节相连。

02.0329　胸节　thoracic segment
胸部的各体节。

02.0330　轴环节　axial ring
胸部或尾部体节轴区的部分。

02.0331　轴沟　axial furrow
外甲表面界定头部、胸部和尾部轴区的沟。

02.0332　肋部　pleural region
又称"肋叶"。胸部和尾部轴沟以外的部分。

02.0333　肋节　pleural segment
肋部的各体节。

02.0334　间肋沟　interpleural furrow
尾部从轴沟向两侧横向延伸的沟，指示尾部
愈合的各体节。

02.0335　大肋节　macropleural segment
向两侧变宽(纵向)，外端呈长刺的肋节。其
前后的肋节并不如此。

02.0336　关节面　facet，articulating facet
肋节前外侧急剧向下倾斜的部分。

02.0337　关节沟　articulating furrow
关节半环和轴环节本体之间的沟。

02.0338　关节半环　articulating half-ring
轴环节前端半椭圆形或半圆形的关节部分。

02.0339　尾部　pygidium
三叶虫后部若干体节愈合而成的部分。

02.0340　尾轴　pygorachis
尾部的轴沟界定的部分。

02.0341　尾肋　pygopleura
尾轴以外的部分。

02.0342　小尾型三叶虫　micropygous
尾部比头部小很多的三叶虫。

02.0343　等尾型三叶虫　isopygous
尾部和头部大小大致相等的三叶虫。

02.0344　大尾型三叶虫　macropygous
尾部大于头部的三叶虫。

02.0345　尾轴末节　terminal axial piece
尾部中轴的后段，光滑无节的部分。

02.0346　肋刺　pleural spine
胸部或尾部肋节向两侧延伸出的刺。

02.0347　介形类　ostracods
介形类属于节肢动物门甲壳纲(Crustacea)。
个体微小，一般壳长 0.5~4.0mm 左右。动物

体被包在左、右大小不等或相等的两外壳内。壳体的形状多样，侧视有椭圆形、圆形、半圆形、菱形、肾形等。壳面有的光滑，有的饰以各种不同的花纹。壳的主要成分为钙质和几丁质。地理分布很广，能适应海水、淡水等多种生活环境，以底栖类群最常见。地质历程长，生存于寒武纪—现代。

02.0348 高肌介目 Bradoricopida
海生，壳薄，由几丁质、磷酸盐质或微弱钙化的物质组成。背缘直、长，腹缘凸。无铰合。壳面光滑或具细斑点、脊、隆起等纹饰。生存于寒武纪—? 早奥陶世。

02.0349 豆石介目 Leperditicopida
壳大，壳壁厚，背缘长而直，背角明显，前背角较锐，后背角钝；腹缘凸。铰合锯齿型。眼点及眼结节位于前背部。肌痕大，由密集成群、数量众多的圆形肌痕点组成，位于壳中心的前方。多数壳面光滑，有些具突起等。生存于奥陶纪—泥盆纪。

02.0350 古足介目 Palaeocopida
背缘长而直，腹缘多外弯。无钙化内薄板。壳面光滑或具瘤、槽及腹部边缘构造等。两性双形现象明显或无。生存于奥陶纪—三叠纪。

02.0351 速足介目 Podocopida
背缘外弯或直，短于壳长；腹缘通常内凹，部分直或外弯。两壳通常不等大，或左壳大或右壳大。有的具眼结节，壳饰多样或无。铰合构造复杂，无齿型、半分化型、双齿型均有。钙化壁在平足介亚目(Platycopina)和后足介亚目(Metacopina)中较窄，在速足介亚目(Podocopina)中较宽。闭[壳]肌痕数量及排列是变化的，较原始类型的肌痕点多、多排列成圆形；较进化类型肌痕点减少，排列各种各样。生存于奥陶纪至现代。

02.0352 丽足介目 Myodocopida
两壳近等大，背、腹缘一般外凸，壳面光滑或具壳饰，凹星介超科具前喙及喙痕，足介超科具一条中央沟。现代类型具基节粗大的第二触角，为游泳器官；尾叉粗大。有的具心脏、两性双形等。铰合构造为无齿型。闭[壳]肌痕数量及排列是变化的。生存于奥陶纪至现代。

02.0353 壳 carapace
按照身体运动前进的方向分左、右两瓣。从壳的侧面观察称侧视，从背面观察称背视，从腹面观察称腹视。壳的主要成分为钙质或几丁质。

02.0354 肌痕 muscle scar
又称"筋痕"。肌痕位于壳体内侧的中部，或偏前方。肌痕是闭壳肌(adductor muscle)和颚肌(mandibular muscle)的附着点。它具有闭合壳瓣，连接软体和调节运动等功能。介形类的肌痕是区别科的主要特征。根据肌痕的位置可以鉴别介形类壳瓣的前、后位置。

02.0355 铰合 hinge
介形类两壳瓣背边缘铰链的部分，由铰齿、铰窝、铰脊、铰槽等构成。分为简单铰合和复杂铰合。简单铰合：在铰合边上只有一条简单的脊和相对壳上的一条槽。复杂铰合：根据铰合单元又分三元型和四元型。三元型：包括前部、中部、后部三个铰合单元。四元型：由四个铰合单元构成，即前部、前中部、后中部和后部。海相介形类较复杂，陆相介形类较简单。

02.0356 无齿型 adont
两壳瓣的接触关系是叠复或有简单的铰脊和铰槽。古生代的介形类大多数属无齿型铰合，这些介形类的背边缘是直的。

02.0357 冠齿型 lophodont
三元型。前、后部为齿或齿窝，中部为脊或槽。

02.0358 栉齿型 merodont

三元型。前、后部分分成齿型或叉型，中部光滑或具有小齿状的脊。

02.0359　细齿型　entomodont
四元型。前、后部为齿状的脊，中部分化成两部分，前中部是齿状突起；后中部是光滑或细齿状突起。

02.0360　叶齿型　lobodont
四元型。前部和前中部成叶状突起，后部是齿状脊，后中部为光滑的或细齿状的铰棒。

02.0361　裂齿型　schizodont
四元型。前部和前中部是双裂型的齿，后部为叶状或肾型的齿，后中部为细齿状的铰棒。

02.0362　异齿型　heterodont
四元型。包括裂齿型和叶齿型。中部又分为简单的前齿及一后铰棒或后脊。

02.0363　圆齿型　gongylodont
四元型。前部、后部和后中部均为圆柱状齿，中部为锯齿状铰棒。

02.0364　锯齿型　prionodont
两壳瓣的接触关系有简单的锯齿铰脊和铰槽构成。

02.0365　孵育囊　brood pouch
雌性个体的前腹部或近中腹部具明显膨胀物，呈球型或椭圆型。如瘤石介类。

02.0366　镶边　fringe margin
镶在活动边缘上的缘膜构造，雌性个体的镶边最宽。如荷尔介。

02.0367　距　spur
雄性个体无镶边，叶状突起延伸超过自由边缘而成距。

02.0368　缘膜构造　velate structure
平行于活动边缘的菌状隆起构造。

02.0369　壳瓣构造　valve structure

现代介形类的壳瓣构造分为表皮层和外薄板两部分。外薄板又分为三层：内几丁质层、外几丁质层及介于二者之间的钙质层。内、外几丁质层很薄，不易保存，只有钙质层能保存为化石。

02.0370　外薄板　outer lamella
由表皮层分裂增生而产生的。当介形类蜕壳时，由表皮层先分泌钙质几丁膜，接着分泌钙质层和几丁质层。

02.0371　内薄板　inner lamella
现代介形类的表皮层几丁膜，除背部与软体汇合外，其前、腹及后部均与钙化襞融合，形成动物体的包裹物。

02.0372　钙化襞　duplicature
壳的两端表皮层的边缘和外薄板接触处由钙质物组成。在壳的前端比后端宽。

02.0373　前厅　vestibules
介于外薄板和内薄板的钙化襞之间的空腔。

02.0374　垂直毛细管　normal pore canal
与壳面垂直，穿过外薄板开口于外表面，其基部通常膨大成小圆球形。

02.0375　放射毛细管　radial pore canal
与壳面平行，穿过黏合带向外放射。管的排列有稀有密。管的形状分叉、膨胀的、漏斗状的、弯曲的和直的。

02.0376　壳饰　ornamentation
介形类的壳面通常有光滑的和饰有各种不同的纹饰。

02.0377　自由边缘　free margin
又称"活动边缘"。介形类壳体的边缘分为背缘、前缘、腹缘和后缘，后三者统称为自由边缘。

02.0378　背角　dorsal angle
又称"基角（cardinal angle）"。背缘的两端与前缘及后缘所交成的角。在壳体前背部称前背(基)角，在后背部称后背(基)角。同样在腹缘的前、后部称前腹角和后腹角。

02.0379 网纹 reticulation
壳面由线条相互连成规则或不规则的网格。

02.0380 条纹 striate
壳面上的线条状突起，相互平行或呈环形。

02.0381 斑点 punctate
壳面密布的小坑。

02.0382 痘痕 pit
又称"粒痕"。壳面近中上部的圆形或近圆形的凹坑。

02.0383 喙 beak
在壳体前腹部成钩状突起，形似鸟喙。

02.0384 凹痕 notch
在喙后的缺口或小凹陷。

02.0385 球状突起 knob
壳面上圆形高大的突起。

02.0386 叶状突起 lobe
壳面上的长形隆起。

02.0387 冠状突起 crest
近弧形的脊状突起。

02.0388 脊状突起 ridge
长圆形棒状突起。在腹部的脊状突起称腹脊（ventral ridge）。在背部的脊状突起称背脊（dorsal ridge）。

02.0389 翼状突起 alar process
壳体腹侧的膨大部分向下延伸形成三角形侧翼。

02.0390 刺 spine
在壳的内侧成空心状，在壳外为尖锥形的突起。

02.0391 槽 sulcus
大而深的沟。

02.0392 叠覆 overlap
介形类两壳不等大者，较大壳瓣常以自由边缘叠覆于较小壳上。

02.0393 眼节点 eye tubercle
位于壳体前背部的圆形小结节，为感光和视觉的器官。

02.0394 孤雌生殖 parthenogenesis
介形类常以单性生殖产生后代的生殖方式。

02.0395 叶肢介 clam shrimp，conchostracans
又称"介甲类"。是节肢动物门甲壳纲双甲目的成员。包括光尾类、棘尾类、李氏叶肢介类，分布时代泥盆纪至今。

02.0396 李氏叶肢介类 leaiids
叶肢介壳瓣上有不同数目的放射脊，是分布于泥盆纪—三叠纪的一个叶肢介化石类群。

02.0397 壳瓣 carapace
包裹在叶肢介身体两侧的壳，由外几丁质层和内膜质层两部分组成。

02.0398 壳腺 shell gland，maxillary gland
又称"小腭腺"。围绕闭壳肌的外围，在壳瓣上显示不规则圆形或椭圆形的同心线数条，此即壳腺。

02.0399 渔乡蚌虫形 limnadiform
叶肢介的后缘在靠近背缘时向后反曲的壳瓣外形。

02.0400 圆贝形 cycladiform
叶肢介壳瓣的背缘与后缘的交角呈钝角及前背角不明显的壳瓣外形。

02.0401 樱蛤形 telliniform
叶肢介壳顶前后的生长线与背缘没有明显交角的壳瓣外形。

02.0402 字母形 ipsiloform
叶肢介的前、后缘在与背缘相交时各自向外反曲的壳瓣外形。

02.0403　翼状突出　aliform apophysis
字母形叶肢介壳瓣发育后期生长线前后端的内曲。

02.0404　生长线瘤　tubercles on growth line
叶肢介壳瓣生长线上的瘤状装饰。

02.0405　滨生长线瘤　tuberculate enlargement along upper margin of growth line
叶肢介壳瓣生长带上网壁或线脊在向下接近生长线时膨胀成三角形的瘤状突起构造。

02.0406　粒状装饰　granular sculpture
叶肢介壳瓣生长带上饰有细小的小点粒。

02.0407　针孔状装饰　punctate sculpture
叶肢介壳瓣生长带上饰有细小的小针孔装饰。

02.0408　网状装饰　reticulate sculpture
叶肢介壳瓣生长带上饰有网格状的装饰。根据网格孔径大小分为小网、中网、大网及巨网。

02.0409　叠网状装饰　superimposed sculpture，overlapping sculpture
在网状或线状装饰之上还叠覆有一层更大的网状装饰，这种网孔一般较大，而且常常沿水平方向伸长。

02.0410　放射线脊装饰　radial lirae sculpture
叶肢介壳瓣生长带上垂直于生长线的细线状装饰。

02.0411　横耙　cross bar
叶肢介壳瓣生长带上放射线装饰之间的横向连接物。

02.0412　鳞状装饰　scaled sculpture
叶肢介壳瓣生长带上具有像鱼鳞状排列的小坑状装饰。

02.0413　链状装饰　chain-like sculpture
叶肢介壳瓣生长带上网格垂直于生长线密集排列，纵向的网壁加粗，网孔变窄长，如同锁链孔一样。

02.0414　凹坑状装饰　cavernous sculpture
叶肢介壳瓣生长带上饰有大小不等、排列不规则的凹坑，在壳瓣外模上表现为不规则的瘤状突起。

02.0415　树枝状装饰　dendritic sculpture
叶肢介壳瓣生长带上较大的不规则网状装饰，像一排树向上多次分枝所连接而成。

02.0416　放射脊　radial ridge，radial carina
李氏叶肢介类从壳顶或中部生出的一条或数条粗线脊，穿过生长线伸向腹缘。

02.0417　前脊角　angle of the anterior carina
李氏叶肢介中壳瓣前脊与背缘之间的夹角。

02.0418　后脊角　angle of the posterior carina
李氏叶肢介中壳瓣后脊与背缘之间的夹角。

02.0419　壳肋　carapace costa
小李氏叶肢介科壳瓣上粗或细的放射脊。此脊在靠近壳顶时减弱，并不延伸到壳顶之上。

02.0420　后背角　postero-dorsal angle
叶肢介壳瓣后缘与背缘的夹角。

02.0421　锯齿构造　serration
具有锯齿状轮廓的一种构造特征，常见于叶肢介生长线下缘。一般是刚毛的印痕。

02.0422　昆虫　insect
属于昆虫纲的小型节肢动物。成年期有三对足，体躯由一系列环节即体节所组成，进一步集合成3个体段(头、胸和腹)，通常具两对翅。

02.0423　古网翅目　Palaeodictyoptera
昆虫纲古翅类中已灭绝的一个目，体中等大小到大型，具喙状的口器，一般前后翅形状和脉序相似，前胸具一对翅状的侧叶。翅主脉清晰、不合并，主脉之间具网状结构或具横脉。生存于晚石炭世—二叠纪。

02.0424 头 head
体躯的第一体段，由几个体节愈合而成。外壁坚硬，形成头壳，着生有主要的感觉器官和口器。

02.0425 额 frons, front
头壳两个颊区与唇基之间的部分。

02.0426 头顶 vertex
又称"颅顶"。额区之上、两复眼之间和后头之前，即头壳的背面部分。

02.0427 颊 gena, cheek
头壳侧面在复眼之下至外咽缝的部分。

02.0428 唇基 clypeus
额区之下的一块方形骨片，其下与上唇相接。

02.0429 口器 mouthparts
又称"取食器(feeding apparatus)"。着生于头部的取食器官。由上唇，以及头部的三对附肢，即上颚、下颚和下唇组成。

02.0430 上唇 labrum
悬于唇基下方、盖在口腔前面的一块可活动的骨片。

02.0431 上颚 mandible
昆虫的第一对颚，位于上唇后方。在咀嚼式口器中，为一对坚硬且不分节的锥状构造。

02.0432 下颚 maxilla
昆虫的第二对颚，位于上颚之后，分为多节。

02.0433 下唇 labium
位于下颚后面、后头孔下方的一个片状构造。结构与下颚相似。

02.0434 下口式 hypognathous type
口器向下，头的纵轴与体躯纵轴大致垂直。

02.0435 前口式 prognathous type
口器向前，头的纵轴与体躯纵轴成一钝角或

近于平行。

02.0436 后口式 opisthognathous type
口器伸向体躯后方，大多数具有刺吸式口器昆虫的头式属于此型。如古蝉。

02.0437 咀嚼式口器 biting mouthparts, chewing mouthparts
昆虫最原始的口器类型，适合取食固体食物，上颚发达以嚼碎固体食物。常见于昆虫化石。

02.0438 刺吸式口器 piercing-sucking mouthparts
上颚或下颚特化为针状的口器类型，适于刺入动、植物组织中，吸取液体食物。在昆虫化石中常见。

02.0439 复眼 compound eye
着生于头部侧上方的视觉器官，多成对、呈圆形。由多数小眼集合组成。

02.0440 单眼 ocellus
着生于头顶中央或两侧、仅具一个小眼面的视觉器官。

02.0441 触角 antenna
昆虫头部的一对起感觉作用的分节附肢，着生于额区，复眼之前或之间。

02.0442 柄节 scape
触角的第一节，与触角窝相连，一般较粗大。

02.0443 梗节 pedicel
触角的第二节，位于柄节和鞭节之间，通常较短小。

02.0444 鞭节 flagellum
触角的第三节，位于梗节之后，常分为若干亚节(flagellomere)，是触角变化最大的部分。

02.0445 胸部 thorax
昆虫体躯的第二体段，由三个紧密相连的体节组成，不能自由活动。每个胸节各有1对附肢(胸足)。

02.0446 中躯 mesosoma
体躯中间的部分，一般指胸部。在膜翅目细腰亚目中，指由胸部和并胸腹节构成的部分。

02.0447 前胸 prothorax
胸部的第一节，着生有足 1 对(前足)，无翅。

02.0448 中胸 mesothorax
胸部的第二节、位于前胸之后，着生有足 1 对(中足)，常具翅 1 对。

02.0449 后胸 metathorax
胸部的第三节、位于中胸之后，着生有足 1 对(后足)，常具翅 1 对。

02.0450 具翅胸节 pterothorax
又称"翅胸"。有翅昆虫的中胸和后胸。

02.0451 背板 tergum，notum
体节背面的骨化区。

02.0452 腹板 sternum
体节腹面的骨化区。

02.0453 侧板 pleuron
体节侧面的骨化区。

02.0454 胸足 thoracic leg
着生在各胸节侧腹面的成对附肢，是昆虫的行走器官。成虫的足由 6 节组成，节与节之间常有一两个关节相连接。

02.0455 前足 fore leg
着生于前胸侧腹面的 1 对足。

02.0456 中足 median leg
着生于中胸侧腹面的 1 对足。

02.0457 后足 hind leg
着生于后胸侧腹面的 1 对足。

02.0458 基节 coxa
足近基部的第一节，使足与躯体相连，多为

圆筒形或圆锥形。

02.0459 转节 trochanter
足的第二节，位于基节和股节(腿节)之间，一般较小，有时分为两节。

02.0460 股节 femur
又称"腿节"。足的第三节，位于转节和胫节之间，通常粗壮。

02.0461 胫节 tibia
足的第四节，位于胫节和跗节之间，通常细长。

02.0462 跗节 tarsus
足的第五节，位于跗节和前跗节之间，成虫的跗节常多由 2~5 个亚节，即跗分节(tarsite，tarsomere)组成。

02.0463 基跗节 basitarsus
跗节最基部的一节。

02.0464 前跗节 pretarsus
足最末端的构造，常由两个侧爪和中垫(arolium)等中央构造组成。

02.0465 翅 wing
着生于中、后胸两侧的膜状物，为昆虫的飞行器官。是昆虫较易保存为化石的部分。

02.0466 前翅 fore wing
生于中胸的一对翅。

02.0467 后翅 hind wing
生于后胸的一对翅。

02.0468 膜翅 membranous wing
翅膜质，薄而透明，翅脉明显可见，为昆虫中最常见的一类翅。

02.0469 覆翅 tegmen
质地较坚韧似皮革，翅脉大多可见，但不司飞行，平时覆盖在体背和后翅上，有保护作用。易保存为化石。

02.0470 鞘翅 elytron

翅质地坚硬，角质化，翅脉一般不可见；不司飞行，起保护作用。常见于甲虫类的前翅。易保存为化石。

02.0471 半鞘翅 hemielytron
翅基半部革质加厚，翅脉一般不可见；端半部膜质，翅脉清晰可见。具飞行功能。常见于半翅目昆虫的前翅。易保存为化石。

02.0472 平衡棒 halter
双翅目昆虫后胸两侧的棒状构造，由后翅特化而形成。

02.0473 翅脉 vein
翅面上纵横分布的管状加厚的构造，对翅面起着支架的作用。在印痕化石中，往往易于识别。

02.0474 纵脉 longitudinal vein
从翅基部伸向翅边缘的脉。

02.0475 横脉 crossvein
横列在两条纵脉之间的短脉。

02.0476 脉序 venation
又称"脉相"。翅脉在翅面的分布形式。不同类群的脉序存在一定的差别，而同类昆虫的脉序相对稳定和相似。是研究昆虫分类和系统发育的重要依据。

02.0477 前缘脉 costa
位于翅最前缘一条纵脉，一般较强壮，并与翅的前缘合并。用"C"表示。

02.0478 亚前缘脉 subcosta
位于前缘脉之后并紧靠前缘脉的一条纵脉，通常再次分支。用"Sc"表示。

02.0479 径脉 radius
第三条纵脉，位于亚前缘脉之后，通常是最强壮的一条脉。用"R"表示。

02.0480 中脉 media
径脉之后，近于翅的中部的一条纵脉。往往再次分支。用"M"表示。

02.0481 肘脉 cubitus
位于径脉之后的纵脉，一般分为 2 支。用"Cu"表示。

02.0482 臀脉 anal vein
位于肘脉之后的纵脉，分布于臀区内，通常有 3 条。有的昆虫臀脉可多至 10 余支。用"A"表示。

02.0483 轭脉 jugal vein
在臀脉之后、轭区内的短脉，通常 1~2 条。用"J"表示。

02.0484 翅痣 pterostigma, stigma
位于某些昆虫的翅前缘端半部的深色斑。

02.0485 翅室 cell
被翅脉(或翅脉和翅缘)所包围的区域。

02.0486 腹部 abdomen
体躯的第三体段，与其后的胸部紧密连接。通常由 9~11 个体节组成，附肢大多已消失。

02.0487 并胸腹节 propodeum
膜翅目细腰亚目昆虫的第一腹节，它向前移并与后胸合并，成为胸部的一部分。

02.0488 后躯 metasoma
体躯最后的部分，一般指腹部。在膜翅目细腰亚目中，指并胸腹节以后的部分。

02.0489 产卵器 ovipositor
雌虫的外生殖器，着生于第 8、9 腹节上，是昆虫用以产卵的器官。一般为管状或瓣状构造，通常由 3 对产卵瓣(valvulae)组成。

02.0490 交配器 copulatory organ
雄虫的外生殖器，着生于第 9 或第 10 腹节上，一般由将精子输入雌体的阳具(phallus)及交配时挟持雌体的 1 对抱握器(harpagones)组成。

02.0491 螫针 sting
膜翅目针尾类昆虫的特化为针状的产卵器。在保存为印痕化石时，常因受到挤压而伸出体外。

02.06 软体动物门

02.0492 软体动物门 Mollusca
是仅次于节肢动物的第二大门类。身体柔软不分节，一般可分为头、足、内脏团和外套膜四部分。具口的头部位于身体前端。除双壳类外，其他各类软体动物口腔内有颚片和舌齿。

02.0493 单板类 Monoplacophora
原始海洋软体动物。具一枚钙质壳，呈低锥形、帽形、瓢形，一般两侧对称，壳表饰有同心纹、肋等，壳内面具 2~8 对肌痕。早寒武世至现代。古代单板类生活于浅海，有些甚至是礁体或近礁体的居住者，而现生单板类均为深海生活。

02.0494 新碟贝 *Neopilina galathea*
第一个现生单板类，奠定了单板类在软体动物中纲的分类位置。

02.0495 扬子目 Yangtzeconioidea
壳体小，方锥形、帽形，具一对粗大肌痕，壳顶钝圆，悬于前端，壳口椭圆或亚圆形，壳面饰有生长线、脊。中国扬子区早寒武世。

02.0496 罩螺目 Tryblidioidea
壳低，帽形、匙形，壳顶近壳中央或近壳前缘，两侧对称，壳口平，侧视浅弧状。肌痕呈环形，壳顶处在肌痕外侧。壳饰由同缘脊和放射纹组成。生存于早寒武世至现代。

02.0497 弓锥目 Cyrtonellidea
单壳，弓锥形，两侧对称，开放式平旋，约一个半螺旋，螺环通常两侧压扁，壳口平，无凹角。近壳顶发育凹坑。壳饰包括粗同缘脊和旋纹，以优势的同缘脊为主。生存于早寒武世早期至中泥盆世。

02.0498 高锥目 Hypseloconidea
壳高，稍弯曲，弓锥形，壳口椭圆形，饰有同缘脊和放射纹。生存于寒武纪。

02.0499 钥孔喊螺超科 Archaeotremariacea
壳小，帽形、匙形、弓锥形，两侧对称，背侧具一排管状孔。生存于寒武纪。

02.0500 壳顶 apex
壳体顶部突出部位。

02.0501 壳口 aperture
壳体开口部位，通常呈圆形、椭圆形、长圆形。

02.0502 肌痕 muscle scar
在内壳面上由肌肉吸附留下来的痕迹。

02.0503 背部 dorsal part
壳顶至壳口弓突部分。

02.0504 腹部 ventral part
壳顶至壳口凹入部分。

02.0505 背脊 dorsal ridge
壳体背侧中央突起的部分。

02.0506 腹缘 ventral edge
壳体腹部中央凹缘。

02.0507 外腹旋 exogastric
壳在背侧或前部方向螺旋。大多数原始单锥形软体动物属于外腹旋型。

02.0508 内腹旋 endogastric
壳在腹部或后部方向螺旋。太阳女神螺类、早期的头足类和腹足类属于内腹旋型。

02.0509 进水管 inhalant siphon
水管为外套膜的褶，沿此水管含氧和食物的水进入外套腔。

02.0510 出水管 exhalent siphon
由外套膜一个褶形成的短出水口，水和排泄物沿此出口流出。

02.0511 平旋 planispiral
壳沿一个平面螺旋。

02.0512 弓锥状 cyrtoconic
壳体呈弓形状弯曲。

02.0513 两侧对称 bilateral symmetry
壳体左右对称。

02.0514 压扁状 compressed
壳体两侧扁平，又高又窄。

02.0515 管状突起 tubular projection
壳体背部呈管状的突起部分。

02.0516 孔口 tremata
壳体背部管状突起的口。

02.0517 孔洞 pore
壳体表面分布的细小的孔。

02.0518 层状纤维结构 lamello-fibrillar structure
每层排列一排方向相同的纤体，相邻层纤体彼此呈一定角度叠复。

02.0519 柱状文石结构 prismatic aragonite structure
柱体横截面呈六边形，柱体短。

02.0520 多板类 Polyplacophora
原始海洋软体动物。壳体扁平，背部中央覆有8块壳板，每个壳板具成对肌痕，壳板大小、形状、表面雕刻及花纹多样。壳板通常是由前向后覆瓦状连在一起，也有少数种类后面几块不与前面的壳片相连。生存于寒武纪至现代。

02.0521 古有甲目 Palaeoloricata
原始多板类，壳板由表壳层、盖层和壳底层组成，缺失连接层，因而没有嵌入板和缝合片。壳板一般厚大。生存于晚寒武世至晚白垩世。

02.0522 新有甲目 Neoloricata
壳板由表壳层、盖层、连接层和壳底层组成，一些更高级的类群还具有筋基层。除了一些较原始的科以外，具分裂成齿的嵌入板和缝合片。生存于石炭纪至现代。

02.0523 头板 cephalic plate
最前面的一块呈半月形的板。

02.0524 中间板 intermediate plate
介于头板和尾板之间的6块壳片，它们的大小略有差异，形状和构造基本近似。

02.0525 尾板 tail plate
最后一块呈元宝形的板。

02.0526 环带 girdle
身体背面贝壳周围的一圈外套膜。环带上装饰有各种类型的小鳞、小棘、小刺、针束等附属物。

02.0527 表壳层 periostracum
壳板最外层，极薄，由有机物组成。

02.0528 盖层 tegmentum
壳板上层，具各种颜色与雕刻，露于体外。

02.0529 连接层 articulamentum
下层白层，被盖层和环带遮被不外露。

02.0530 壳底层 hypostracum
壳板最下面具叶状文石质层。

02.0531 缝合片 sutural lamina
除头板外，每一板的前部两侧由连接层生出的片状物。

02.0532 嵌入片 insertion-plate
处在头板的腹面前方，中间板的腹面后方二侧和尾板的后部的片状物。

02.0533 裂齿 slit
嵌入片上的裂纹。

02.0534 颗粒 granule
环带上的各种细小的粒状物。

02.0535 鳞片 scale
环带上的各种形态的光滑或具细纹的微小钙质物。

02.0536 钙质小刺 calcareous spine
环带上的各种小刺状物。

02.0537 小棘 mucro
环带上的各种小棘体。

02.0538 针束 spiculose fringe
环带上的各种针形物。

02.0539 喙部 beak
中间板后缘中心点。

02.0540 尾壳顶 mucro
尾板后端的中点。

02.0541 后凹 posterior sinus
由盖层形成的尾板后缘中部凹入部分。

02.0542 中部 central area
中间板中部的上表面，通常在雕纹上与侧部不同。

02.0543 侧部 lateral area
中间板上表面的部分，在两侧呈三角形。

02.0544 腹足类 gastropods
因为它的足特别发达，位于身体的腹面，故称腹足类，通常它有一个螺旋形的壳。由前鳃类，后鳃类和肺螺类所组成，多为海生属种，一部分为淡水属种，一部分为陆生属种。

02.0545 海娥螺类 nerineids
壳体呈高锥形的腹足类。根据壳的内部构造来鉴定，壳口具轴旋褶，壁旋褶和腭旋褶。分布于侏罗－白垩纪时的特提斯海区。

02.0546 捻螺类 actaeonellids
壳为异旋壳的腹足类。根据壳的内部构造来鉴定，分布于白垩纪时的特提斯海区。

02.0547 神螺类 bellerophontids
壳为内旋壳，可分为壳两侧对称或不对称，具裂带的腹足类。分布于世界各地的古生代地层中，石炭－二叠纪最繁盛，二叠纪末绝大部分的属种灭绝，仅极少数属种可延至中三叠纪。

02.0548 异旋壳 heterostrophic
形成胎壳的螺环旋转方向与成年壳体的螺环旋转方向相反的壳体。如后鳃类的捻螺。

02.0549 上旋壳 hyperstrophic
包括极左旋和极右旋的两类壳体。

02.0550 内旋壳 involute
末螺环包裹前面的所有螺环而在脐孔内多少可见内螺环的壳体。如神螺类。

02.0551 多旋壳 multispiral
具有很多螺环的壳体。

02.0552 少旋壳 paucispira
具有相对少的螺环的壳体。

02.0553 塔螺型 turriculate, turrestes
尖锥形的螺塔由很多平的螺环组成。如塔螺（*Turritella*）。

02.0554 极右旋 ultradextral
壳是似乎左旋，但软体是右旋。

02.0555 极左旋 ultrasinistral
壳是似乎右旋，但软体是左旋。

02.0556 全口螺形 holostomatous
口缘连续不中断。

02.0557 沟口螺形 siphonostomatous
由于沟、刺和缺凹使口缘不连续而中断。

02.0558 隐脐型 anomphalous
开放的脐孔完全被堵塞。

02.0559 假脐 pseudoumbilicus
在螺壳的底部具有凹陷或腔，但这个凹陷或腔仅在体环可见，它不是一个真的脐孔。

02.0560 显脐型 phaneromphalous
完全开放的脐孔(有宽，窄或缝)。

02.0561 半脐型 hemiomphalous
开放的脐孔部分被堵塞。

02.0562 蛾螺型 bucciniform
壳的形状像蛾螺(*Buccinum*)。

02.0563 蝾螺型 turbiniform
螺塔宽圆锥形，底部凸。如蝾螺(*Turbo*)。

02.0564 内唇 inner lip
与螺环邻接的口缘部分。

02.0565 壁唇 parietal lip
内唇上部与螺环面相连的部分。

02.0566 轴唇 columellar lip
内唇下部与壳轴相连的部分。

02.0567 外唇 outer lip
与螺环相离的口缘部分。

02.0568 指状突起 digitation
某些种类向外突出呈指状的外唇。

02.0569 口缘 peristome
为壳口的周缘。凡具有缺凹或前、后沟的口缘称为不全缘式；反之则称为全缘式。

02.0570 轴旋褶 columellar fold
位于壳轴上的褶皱。常见于捻螺类和海娥螺类。

02.0571 壁旋褶 parietal fold
位于壁唇上的褶皱。常见于捻螺类和海娥螺类。

02.0572 腭旋褶 palatal fold
位于外唇上褶皱。常见于捻螺类和海娥螺类。

02.0573 结茧 callus
厚的加厚壳质堆积在壁唇或从内唇延伸至底部的粗厚的壳质。结茧部分或全部地盖复在脐孔之上。

02.0574 加厚壳质 inductura
沿着内唇或向壳面广泛堆积的光滑壳质。

02.0575 前沟 anterior canal
位于壳口前端，呈半管状的沟。

02.0576 后沟 posterior canal
位于壳口后端的沟。

02.0577 裂带 selenizone
随着动物的生长，螺壳的增大，外唇上的裂口逐渐为壳质填补，而呈的旋带。它具有明显的上、下界线，裂带内饰有新月形弯曲的生长线。

02.0578 缺凹 sinus
外唇的凹陷部分，但凹陷两侧不相平行，呈V字形或U字形。

02.0579 裂口 slit
肛管出口在外唇上所遗留的深凹裂口，其两侧近平行，并能形成裂带。

02.0580 新月形曲线 lunula
裂带上呈新月形弯曲的生长线。

02.0581 缝合线 suture
各螺环的外接触线。缝合线深浅不一，深凹者称缝合沟；位于脐孔内侧的缝合线，称脐缝合线。

02.0582 上斜面 ramp
缝合线之下倾斜部分的螺环面。

02.0583 肩 shoulder
介于螺环的上斜面与下壳之间的角状旋棱。

02.0584 周缘 periphery
螺环距离壳轴最远的部分。

02.0585 壳口 aperture
为螺壳的开口，亦是动物体的伸缩口。

02.0586 翻转 reflected
口缘向外和向后翻转，与外唇和轴唇有关。

02.0587 水管沟 siphonal canal
口缘前部管状或像沟状的延伸。

02.0588 轴向粗脊 varix
又称"横粗脊"。轴向的比脊更明显粗壮的突起，有一个很厚外唇装饰，这是停止生长发育的标志。

02.0589 生长线 growth line
壳体增长的条纹。生长线与口缘相平行，因此生长线的粗细和弯曲的形状，往往可以反应出壳口的轮廓。

02.0590 生长皱 growth rugae
壳表面不规则的脊，壳体增长的皱纹。

02.0591 肋 costa
壳表面中等宽和中等突起，上部圆的轴向装饰。

02.0592 棱 carina
突起旋向脊。

02.0593 刺状饰纹 spine
壳面上的规则或不规则的棘刺或鳞片状装饰。

02.0594 瘤状饰纹 pustule
又称"结节"。壳面上的圆形瘤或粒点。旋瘤或旋节有旋向或轴向排列。

02.0595 脊 keel
壳表面似角状、线状的旋向突起。

02.0596 网状饰纹 reticulate，cancellate
轴向壳饰与旋向壳饰相交则成网状。

02.0597 同心壳饰 concentric sculpture
以壳顶为中心，与壳边近于平行，呈同心状排列的纹饰（笠状壳的常见壳饰）。

02.0598 放射壳饰 radial sculpture
以壳顶为中心，向口缘发出的放射状排列的纹饰（笠状壳的常见壳饰）。

02.0599 厣 operculum
又称"口盖"。某些腹足动物的一种保护器官，它位于肉足后部的背面，当动物体缩进壳内之后，它就盖住壳口。口盖一般为角质

或石灰质的片状物，它上表面具有同心状或螺旋状的生长纹和核。

02.0600 双壳类 bivalves
又称"瓣鳃类(lamellibranchs)"、"斧足类(pelecypods)"、"无头类(acephala)"。身体左右扁平，有左右两壳。足呈斧状。头部退化，无齿舌。鳃常呈瓣状。

02.0601 壳嘴 beak
两壳最先发生的尖端部分。

02.0602 壳顶 umbo
壳体背侧围绕纵向最高点的曲面区。

02.0603 壳顶腔 umbonal cavity
壳内面在壳顶和壳嘴相应位置的空腔。

02.0604 壳顶角 umbonal angle
前后壳顶脊所交成的角。

02.0605 壳顶褶曲 umbonal fold
壳顶与其前后壳面连接处的褶曲。

02.0606 铰齿 hinge tooth
在铰板上或铰边下方使两壳铰合的齿状突起。

02.0607 齿窝 socket
与铰齿相嵌合的凹穴。

02.0608 主齿 cardinal tooth
紧邻壳嘴下方的铰齿。

02.0609 中央小齿 median denticle
壳嘴正下方的小主齿。

02.0610 假主齿 pseudocardinal tooth
形成上紧邻壳嘴的不规则铰齿。如在某些珠蚌(*Unio*)中。

02.0611 侧齿 lateral tooth
起始于韧带区之外，而非始于壳顶之下的齿。

02.0612 假侧齿 pseudolateral
末端接近于壳嘴的侧齿。

02.0613 片状齿 lamellar tooth
铰边上壳嘴下前后方排列的长片状铰齿。如展齿蛤(*Tanaodon*)。

02.0614 齿系 dentition
铰齿和齿窝的集合名称。

02.0615 齿式 dental formula
铰齿和齿窝的不同排列方式。它反映了不同种类之间的亲缘关系和系统演化。

02.0616 铰合部 hinge
又称"铰合区"。在壳嘴和铰边之间的平面或曲面部分。前后两端通常有锐角状边缘与壳面的其余部分互相分开。

02.0617 铰边 hinge margin
两壳在背边铰合的曲线或直线。近似铰轴。

02.0618 铰板 hinge plate
壳内铰边下延成小台状的壳板。有铰齿时铰齿大多位于铰板上,这一壳板多与接合面平行。

02.0619 铰棱 cardinal crura
曾称"铰带"。海扇超科(Pectinacea)的某些种类,壳内面从壳嘴向前向后并平行于背边射出的棱状突起。

02.0620 古栉齿型 palaeotaxodont
两壳铰边的壳顶前后各有一列数目较多而彼此近于相等的小齿与小齿窝。如梳齿蛤(*Ctenodonta*),似栗蛤(*Nuculana*)。

02.0621 异齿型 heterodont
在壳嘴之下具有放射状排列的主齿,及位于前后两侧的侧齿。如满月蛤(*Lucina*),篮蚬(*Corbicula*)。

02.0622 新栉齿型 neotaxodont
两壳铰边上前后各有一列数目较多而彼此近于相等的小齿与小齿窝,但铰边之上与壳嘴之间,有明显而常具三角形的韧带区。如蚶蜊(*Glycymeris*),粗饰蚶(*Anadara*)和并齿蚶(*Parallelodon*)等。

02.0623 裂齿型 schizodont
在壳嘴下的中央主齿增大并分叉,没有侧齿或侧齿退化消失。如裂齿蛤(*Schizodus*)、三角蛤(*Trigonia*)。

02.0624 射齿型 actinodont
两壳铰边有一列自壳嘴向两侧和下方放射状排列的齿和齿窝,前后两侧尤其是后侧的齿多长于中部的齿。如射齿蛤(*Actinodonta*),展齿蛤(*Tanaodon*)。

02.0625 弱齿型 dysodont
铰齿很不发育,仅有齿状突起,或完全消失。如壳莱蛤(*Mytilus*),英蛤(*Gervillia*),类贝英蛤(*Bakevelloides*),海扇(*Pecten*)。

02.0626 厚齿型 pachyodont
齿的形状短圆而强大。如伟齿蛤(*Megalodon*),斜厚蛤(*Plagioptychus*)。

02.0627 贫齿型 desmodont
无真正的铰齿,很少具有一枚以上的齿,或完全无齿,一般具有内韧托和外套湾。如海螂(*Mya*),海笋(*Pholas*)。

02.0628 小月面 lunule
壳顶前方壳面的心形或短卵形的凹陷。

02.0629 盾纹面 escutcheon
壳顶后方壳面的盾形或披针形的凹陷。

02.0630 足丝 byssus
营附着生活的双壳类的特殊器官,一束似发丝的丝状物,用以附着外物,伸出的部位因种类而不同。如海扇(*Pecten*)、蚶(*Arca*)。

02.0631 足丝凹口 byssus notch
某些种类,如海扇超科的右壳,前耳下方与壳边相交处的缺口。供足丝伸出壳外。

02.0632 足丝凹曲 byssus sinus
左壳前耳与壳边相交处很浅的凹曲。

02.0633 丝梳 ctenolium
足丝凹口的壳内边上的一列梳齿状突起。

02.0634 韧带 ligament
韧带的作用与闭壳肌正好相反，闭壳肌是使两壳关闭，而韧带是使两壳张开。当闭壳肌收缩时，外韧带伸张，内韧带收到压缩，两壳就关闭。当闭壳肌松弛时，外韧带紧缩，使两壳张开，仅具内韧带的种类则以其压缩弹力将壳张开。

02.0635 外韧带 external ligament
位于背边之上的甲壳质薄片或纤维，从外部能清楚看到，具张开壳子的作用。

02.0636 内韧带 internal ligament
在部分双壳类中位于铰边之下的甲壳质韧带。从外部不能清楚看到，有弹开两壳的作用。

02.0637 弹体窝 resilifer
供弹回体附结的槽穴。许多弹回体属于内韧带。

02.0638 内韧托 chondrophore
某些种类的内韧带，一端附结在弹体窝内，另一端附结在发育于另一壳的壳顶腔内的匙形凹板内，该凹板称为内韧托。

02.0639 韧带肩 bourrelet
位内韧带两侧之片状韧带生长痕迹。见于牡蛎类。

02.0640 石带片 lithodesma
在弹体窝或内韧托上的薄片状突起。其作用是加强弹回体的附着。

02.0641 闭[壳]肌痕 adductor scar
前后闭壳肌在壳内面附结处留下的略显下凹的痕。在前方的称前闭[壳]肌痕，在后方的称后闭[壳]肌痕。

02.0642 双柱类 dimyarian
有前、后两个闭壳肌的双壳类。

02.0643 等柱类 homomyarian, isomyarian
前、后两闭壳肌相等的双壳类。

02.0644 异柱类 anisomyarian, hetero-
myarian
前、后两闭壳肌不等的双壳类。

02.0645 单柱类 monomyarian
仅有后闭壳肌的双壳类。

02.0646 附肌痕 accessory muscle scar
除闭[壳]肌痕和伸缩足肌痕外，其他肌肉在壳内面附结处的痕迹。如悬鳃痕(suspensary scar)。

02.0647 外套线 pallial line
两闭[壳]肌痕之间，近于平行腹边的曲线，为外套膜附结在壳内面的痕迹。

02.0648 外套湾 pallial sinus
外套线在后部向内弯曲而形成的小湾。

02.0649 横脊 chomata, choma
牡蛎类中，位近铰合部两壳结合架上，相对应的小脊和小坑的统称。

02.0650 上横脊 anachomata
位于牡蛎类右壳上的横脊。

02.0651 下横脊 catachomata
位于牡蛎类左壳上的横脊。

02.0652 鳃迹 branchitellum, branchitella
牡蛎类中外套膜鳃瓣在壳内边后腹缘上的融合点，通常在左壳的后腹端形成明显的突起。

02.0653 附属板 accessory plate
仅见于双壳类中穴居的种类，双壳不能完全闭合软体，常在壳外突出部分产生副壳。如海笋(*Pholas*)等。

02.0654 原板 protoplax
覆于两壳顶前方向外翻转壳边之上的石灰质片。

02.0655 中板 mesoplax
覆于两壳顶向外翻转的壳边之上，位于原板之后的一个衡板。

02.0656 后板 metaplax

覆于两壳顶后方向外翻转的壳边之上，紧接中板或原板之后的一个披针状长板。

02.0657 腹板 hypoplax
覆于两壳腹部不闭合的部分，为左右两片相互愈合而成的梭形板。

02.0658 水管板 siphonoplax
覆于两壳后部水管基部之上左右连接成管形的板。

02.0659 小柱 pillar
下壳的外壳层向内突出的纵向延伸的部分。仅见于固着蛤类。

02.0660 吻孔 oscule
上壳接近边缘的两个孔口。仅见于固着蛤类。

02.0661 外套渠 pallial canals
又称"外套管道"。外壳壁上纵向的薄壁渠（管道）。仅限于固着蛤的某些种类。在羚角蛤科（Caprinidae）中，外套渠是壳壁特征的标志物。

02.0662 漏斗板 funnel plate
固着蛤的辐射蛤类（Radiolitid）之下壳，沿着轴向往下具漏斗形的薄片，并与放射状的薄片相交形成细格子状。

02.0663 铠 pallet
在极长水管末端分叉处的两枚石灰质小片。当水管收缩时，这对小片即覆于其上。限于船蛆科（Terellinidae）。

02.0664 固着蛤 rudists
马尾蛤目（Hippuritoida）的成员通常被称作固着蛤。它们是单或群体的双壳类软体动物，通常以一个壳的顶端附着在基底上生活，高度特化的外部和内部形态使之易于与不管化石或现生双壳类所有其他代表区分。自晚侏罗世罗拉克亚阶至晚白垩世末期马斯特里赫特期广泛分布于古地中海区，最北是瑞典南部而最南为马达加斯加之间带状沿展的纬度地区。在我国仅见于西藏和新疆南部。

02.0665 喙壳类 rostroconchs
软体动物门喙壳纲（Rostroconchia）化石的总称。与双壳类的基本区别是在个体发育过程中，只是由一个胎壳发育成假双壳形壳体，不同于双壳类由两个胎壳发育形成左、右壳瓣，因而没有铰合构造，包括肌系等，在总体上显示了较双壳类原始的特征。生存于早寒武世至晚二叠世海洋中，全球性分布。

02.0666 利培壳目 Ribeirioida
喙壳类中较原始的一类。个体发育过程中，全部壳层都连续地通过背边缘；具前部连结板；肌系由左右侧相连的前、后中央缩足肌组成；部分属有外套线。生存于早寒武世至二叠纪。

02.0667 强壮壳目 Ischyrinioida
有前、后连结板的喙壳类。斧形壳体；胎壳位于壳体中部或靠后；壳面具放射饰。生存于早奥陶世至晚奥陶世，仅见于北美和欧洲。

02.0668 锥鸟壳目 Conocardioida
壳形、壳铆等构造相对复杂的喙壳类。壳面及内壳面都具放射脊，并可在内壳面后部边缘接合处形成齿状突起；壳体前部有张开，背部有裂口。生存于早奥陶世至晚二叠世。

02.0669 头足类 cephalopods
软体动物门头足纲所有种类的统称，包括具有外部壳体的鹦鹉螺类、菊石类、杆石等非正式分类群和壳体位于软体内部的剑鞘亚纲（Coleoidea）的分子（如箭石、章鱼、乌贼等）。头足纲内亚纲级的分类意见尚未统一。海生，从浅海到大洋皆有分布。生存于寒武纪芙蓉世至现代。

02.0670 鹦鹉螺类 nautiloids
属于软体动物门头足纲。壳形包括直锥形、不同弯曲度的弓形、卷曲程度不同的旋卷形。缝合线比较简单。海生。目前已知的最早的鹦鹉螺类化石发现于华北寒武系芙蓉统上部凤山组。现生的鹦鹉螺类只有鹦鹉螺属(*Nautilus*)。

02.0671 住室 living chamber，body chamber
壳体前部包容鹦鹉螺类主要软组织的部分。

02.0672 闭锥 phragmocone
又称"气壳"。壳体被隔壁分割成不同气室的部分。

02.0673 气室 camera，air chamber，gas chamber
由外壳、体管和相邻的两个隔壁包围的空间。

02.0674 腹湾 hyponomic sinus
又称"漏斗湾"。壳口前缘腹部的凹痕。

02.0675 直角石式壳 orthoceracone
直的成年壳。

02.0676 直壳 orthocone
壳形直的壳。

02.0677 弓角石式壳 cyrtoceracone
呈弓形的成年壳。

02.0678 弓形壳 cyrtocone
壳形呈弓形的壳。

02.0679 环角石式壳 gyroceracone
呈环形的成年壳。

02.0680 环形壳 gyrocone
壳形呈环形的壳。

02.0681 锥角石式壳 trochoceroid conch
旋环不在同一平面上的旋卷壳。

02.0682 塔螺式壳 torticone
塔螺形的旋卷壳，旋环不在同一平面上。

02.0683 鹦鹉螺式壳 nautilicone
强烈包卷的旋卷壳。

02.0684 触环角石式壳 tarphyceracone
曾称"塔飞角石式壳"。其中"塔飞"两字为音译。成年壳外卷。

02.0685 蛇卷壳 serpenticone
具有多个旋环的外卷壳。

02.0686 喇叭角石式壳 lituiticone，lituicone
外壳早期旋卷，后期变直，类似于喇叭角石属(*Lituites*)的外壳。

02.0687 短粗壳 brevicone
壳短，扩大快，住室前部收缩。

02.0688 袋角石式壳 ascoceroid conch
袋角石类的壳，壳体早期部分常有截切现象。

02.0689 螺卷状壳 helicoid
螺旋形，螺旋角稳定的壳体。

02.0690 透镜状壳 oxycone
两侧收缩、腹缘尖锐的旋卷壳。

02.0691 板状壳 platycone
腹部平、壳形呈板状的旋卷壳。

02.0692 内腹弯 endogastric
壳体向腹侧弯曲。

02.0693 外腹弯 exogastric
壳体向背侧弯曲。

02.0694 体管 siphuncle
壳体内部从始端开始贯穿所有气室的管状构造，由隔壁颈、连接环、体管沉积和体管索构成。

02.0695 盲管 caecum
又称"盲壳"。体管始端的囊状构造。

02.0696 外体管 ectosiphuncle，ectosiphon
由隔壁颈和连接环组成。

02.0697 内体管 endosiphuncle，endosiphon
外体管之内的所有软组织和硬组织。

02.0698 隔壁颈 septal neck
隔壁的一部分，通常向壳体后部弯曲。

02.0699 隔壁孔 septal foramen

隔壁颈着生之处。

02.0700　连接环　connecting ring
连接相邻隔壁颈的管状构造。

02.0701　无颈式　achoanitic，aneuchoanitic
隔壁颈缺失或微弱。

02.0702　斜颈式　loxochoanitic
隔壁颈向体管内部倾斜。

02.0703　直颈式　orthochoanitic
隔壁颈直，长度小于一个气室长度的 1/2。

02.0704　亚直颈式　suborthochoanitic
隔壁颈直、短，尖端微外弯。

02.0705　弯颈式　cyrtochoanitic
又称"弓颈式"。隔壁颈短，向外弯。

02.0706　全颈式　holochoanitic
隔壁颈长度达一个气室的长度。

02.0707　半颈式　hemichoanitic
隔壁颈长度介于一个气室长度的 1/2 与一个气室长度之间。

02.0708　长颈式　macrochoanitic
隔壁颈长度超过一个气室的长度。

02.0709　触区　adnation area，adnated area
又称"垫区"。连接环与隔壁前面的接触区域。

02.0710　体管沉积　endosiphuncular deposits
体管内的原生沉积。

02.0711　内锥　endocone
体管内的锥状钙质沉积。常见于内角石类的体管之内。

02.0712　内锥管　endosiphuncular tube，endosiphotube
连接内锥顶端的管状构造。

02.0713　内体房　endosiphocone
体管内最后一个内锥前面的锥状空间。

02.0714　体隙　blade，endosiphoblade，en-

dosiphuncular blade
内角石类体管内穿越不同内锥的纵向膜状构造。

02.0715　横隔板　diaphragm
体管内的横向隔膜。

02.0716　环节珠沉积　annulosiphonate
体管内隔壁孔内侧的环状的体管沉积。

02.0717　附壁沉积　parietal deposits
体管内沿外体管内侧分布的体管沉积。

02.0718　星节状沉积　actinosiphonate deposits
体管内放射状的体管沉积。

02.0719　气室沉积　cameral deposits
气室内的原生沉积。

02.0720　壁前沉积　episeptal deposits
分布在隔壁前面的气室沉积。

02.0721　壁后沉积　hyposeptal deposits
分布在隔壁后面的气室沉积。

02.0722　壁侧沉积　mural deposits
分布在隔壁侧部的气室沉积。

02.0723　环颈沉积　circulus，supporting ring
在弯颈式隔壁颈外侧的环状气室沉积。

02.0724　假隔壁　pseudoseptum
壁前沉积与壁后沉积之间的接触面。

02.0725　气室膜　cameral mantle
在气室内分泌气室沉积的软组织。

02.0726　菊石类　ammonoids，ammonites
属于软体动物门头足纲。壳形以旋卷形占绝大多数，缝合线复杂，海生。生存于泥盆纪至白垩纪。

02.0727　两侧收缩旋环　compressed whorl
横断面上旋环高度大于宽度。

02.0728　背腹压缩旋环　depressed whorl
横断面上旋环宽度大于高度。

02.0729　口盖　aptychus
用于关闭壳口的钙质薄片。

02.0730　单口盖　anaptychus
壳口只有一个薄片。

02.0731　双口盖　diaptychus
由一对大致呈三角形微向外凸的薄片组成，两薄片的中间有一条直的绞合线。

02.0732　合口盖　synaptychus
由两片的双口盖结合而成。

02.0733　脐孔　umbilical perforation
旋环的旋卷轴处的空隙。

02.0734　脐线　umbilical seam
相邻旋环的交线。

02.0735　脐缘　umbilical shoulder
旋环侧部与脐壁的交汇处。

02.0736　脐壁　umbilical wall
脐缘与脐线之间的区域。

02.0737　棱　carina，keel
腹部壳表上较强而尖的脊状旋向装饰。

02.0738　纵棱　strigation，longitudinal ridge
壳表上的旋向脊、槽状装饰。

02.0739　纵旋纹　lira
壳表上旋向的细线纹。

02.0740　横瘤　bulla
放射状排列的瘤状装饰。

02.0741　纵瘤　clavus
旋向分布的瘤状装饰。

02.0742　横肋　pila，rib，costa
放射状分布的肋状装饰。

02.0743　腹鞘　rostrum
菊石壳体口端腹缘的伸长部分。

02.0744　勺形耳垂　spatulate lappet
又称"勺形侧垂"。菊石壳体口端侧缘的伸长部分。

02.0745　外缝合线　external suture
旋卷壳脐线之间旋环腹部和侧部之间的缝合线。

02.0746　内缝合线　internal suture
旋卷壳脐线之间旋环接触区的缝合线。

02.0747　腹叶　ventral lobe
又称"外叶(outer lobe)"，"体管叶(siphonal lobe)"。旋环的腹部的叶。

02.0748　侧叶　lateral lobe
位于旋环两侧的叶。

02.0749　脐叶　umbilical lobe
位于脐线附近的叶。

02.0750　背叶　dorsal lobe
旋环的背部的叶。

02.0751　小叶　lobule
叶的次级褶曲。

02.0752　附加叶　accessory lobe
原生缝合线上的次生叶。

02.0753　偶生叶　adventitious lobe
在腹鞍与第一侧叶之间的次生叶。其大小几乎与原生的腹叶和侧叶相等。

02.0754　助叶　auxiliary lobe
脐线外边的助线系分化而成的独立的叶。

02.0755　悬叶　suspensive lobe
脐叶在脐线外边可见的部分。

02.0756　助线系　auxiliary series
脐叶在脐线外边可见的部分分化的次生叶和鞍。

02.0757　腹鞍　ventral saddle
位于旋环腹部的鞍。

02.0758　背鞍　dorsal saddle
位于旋环背部的鞍。

02.0759　侧鞍　lateral saddle
位于旋环两侧面的鞍。

02.0760 小鞍 foliole
鞍的次级褶曲。

02.0761 附加鞍 accessory saddle
原生缝合线上的次生鞍。

02.0762 助鞍 auxiliary saddle
脐线外边的助线系分化而成的独立的鞍。

02.0763 菊石式缝合线 ammonitic suture
鞍部和叶部都分出许多次级褶曲。

02.0764 齿菊石式缝合线 ceratitic suture
鞍部完整，叶部分出许多次级褶曲。

02.0765 棱菊石式缝合线 goniatitic suture
鞍、叶的数目较多，完整而且呈尖棱状的鞍部和叶部。

02.0766 无棱菊石式缝合线 agoniatitic suture
鞍、叶数目较少，鞍部和叶部完整，侧叶较宽。

02.0767 短颈式 ellipochoanitic
隔壁颈向后弯曲，短于全颈式。

02.0768 前颈式 prochoanitic
隔壁颈向前弯曲。

02.0769 后颈式 retrochoanitic
隔壁颈向后弯曲。

02.0770 箭石 belemnitids，belemnites
属于软体动物门头足纲。位于软体组织之内的壳体包括前甲、闭锥和鞘三个部分。通常只有鞘保存为化石。海生。生存于石炭纪（?）、二叠纪至古近纪，繁盛于侏罗纪至白垩纪。

02.0771 鞘 guard，rostrum
壳体后部圆锥状、柱状硬体。

02.0772 前甲 proostracum
壳体前部呈舌片状的部分。

02.0773 腔区 alveolar region
位于鞘前部的空腔。

02.0774 干区 stem region
鞘的后部，没有空腔。

02.0775 腹沟 ventral groove
鞘腹部的纵向沟槽。

02.0776 杆石 bactritoids
属于软体动物门头足纲。壳形直锥形为主，少数弓形。体管细小，位于腹边缘；缝合线具有 V 字形腹叶。海生。生存于志留纪（?）、泥盆纪至二叠纪。

02.07 苔 藓 动 物

02.0777 苔藓动物 Bryozoa
又称"苔藓虫"，"苔虫"。苔藓动物高级分类单元名称，"门"或"超门"。水生底栖动物，除内肛类中少数为单体外，均为群体，由彼此有生命联系的许多个虫和个虫外骨骼组成。除极少的内肛类外，几乎都为外肛类。因此，苔藓动物有时也称外肛动物，归原口动物演化谱系。广泛分布在除寒武纪外的显生宙的各个地质时期的海相地层中，唇口类是现代海洋污损生物群落的主要成员。

02.0778 内肛动物 Endoprocta
苔藓动物次级分类单元名称，"门"或"亚门"。有属于假体腔的腹腔，肛在触手环外。除极个别的为单体外，一般都为群体。仅有柄萼虫类（pedicellinds）。绝大部分为海生，极少为淡水生，世界各地。没有典型的苔藓动物的个虫，目前还没有化石记录。

02.0779 外肛动物 Ectoprocta
苔藓动物次级分类单元名称，"门"或"亚门"。有属于真体腔的内脏腔，肛在触手环外。全为群体。少数生活在淡水中，绝大部分生活在海水中。包括三个纲(狭唇纲、宽唇纲和被唇纲)和七个目(栉口目、变口目、隐口目、窗孔目、泡孔目、唇口目和管孔目)。有成千上万种化石种和现生种。最老的化石发现于中国的早奥陶世地层，除寒武纪外的显生宙的各个地质时期都有丰富的化石记录。其中唇口目高居现代海洋污损生物群落重要位置。

02.0780　被唇纲　Phylactolaemata
苔藓动物纲一级分类单元名称。有明显地呈U形、或偶尔为环形、但基本形状仍为肾形的触手冠。群体皮壳纤细丝状网状体，由相对孤立的、短而宽的个虫组成。个虫有几丁质的非钙化的体壁。仅有羽苔虫类(plumatellids)。淡水生。首次出现于晚白垩世，仅有微不足道的似植物复制构造的化石记录。

02.0781　宽唇纲　Eurystomata
苔藓动物纲一级分类单元名称。个虫管状，群体外形和体型结构多种多样。个虫有胶质、几丁质或钙质的体壁。包括栉口目、唇口目和窗孔目。

02.0782　栉口目　Ctenostomida
苔藓动物目一级分类单元名称。群体附生、匍匐生或蔓生。个虫管状，顶端有口。绝大多数生活在海水中，少数在淡水中。个虫没有钙质骨骼，但偶尔因附生在其他钙质骨骼或矿化的生物或基质上形成生物铸模形式保存的化石。世界各地，晚奥陶世至现代。

02.0783　窗孔目　Fenestrida
又称"窗格目(Fenestellida)"。苔藓动物目一级分类单元名称。群体多种多样，绝大部分为网状。群体由分叉结合枝或枝以及联合横枝组成。枝上自个虫两列或多列，横枝上有或没有自个虫。个虫体壁一层或两层，上层网体为"保护网"。"保护网"没有自个虫。全为海生，中奥陶世至晚二叠世，但早三叠

世和中侏罗世的地层中也偶尔见及。

02.0784　狭唇纲　Stenolaemata
又称"窄唇纲"。苔藓动物纲一级分类单元名称。群体大小和形状变化很大。单个的个虫为长的细圆柱状或棱柱状。个虫可以被松散地捆绑，或紧密融合一起。个虫体壁一般都是钙质的。包括管孔目、变口目、隐口目和泡孔目。除管孔目有现生种外，其余三目除在中生代仅有少数幸存种外，现均已灭绝。

02.0785　管孔目　Tubuliporida
又称"环口目(Cyclostomida)"。苔藓动物目一级分类单元名称。群体为薄的皮壳状或被覆状，直立的丛生枝状，由松散地捆绑或紧密地捆扎在一起的比较简单的长的细管状的个虫组成。除自个虫或摄食个虫外，有有限的个虫多形。虫室体壁在整个群体内一般都很薄，由被充填以软体组织的很小的孔穿透的钙质物质组成。全为海生。绝大部分都是化石种，但也有少量的现生种。包括古生代管孔亚目和后古生代管孔亚目。前者首次出现于中奥陶世，后者首次出现于晚三叠世。

02.0786　变口目　Trepostomida
苔藓动物目一级分类单元名称。群体有各种形状。自个虫棱柱状，长、直，横切面为不规则多边形或棱形。室口多边形、圆角多边形，没有月牙构造。虫室体壁均匀或不均匀加厚，粒状或细片层结构，没有联通孔(communication pore)。自个虫内有如横板和半隔板等各种横向骨质构造。全为海生，早奥陶世至晚三叠世。

02.0787　泡孔目　Cystoporida
苔藓动物目一级分类单元名称。群体各种各样，有板状、团块状、枝状、叶状和网状。叶状和网状群体有中板。个虫管状、圆柱状，或长，或短，没有半横板或泡沫横板，但一般都有泡状的个虫外骨骼。体壁粒状或细片

层结构，有联通孔，但通常缺失。室口圆，绝大部分有月牙构造。全为海生，早奥陶世至晚三叠世。

02.0788　隐口目　Cryptostomida
苔藓动物目一级分类单元名称。群体各种形状，有中板。自个虫为管状，圆柱状或棱柱状，直，或短，或长，体壁普遍钙化，细片层结构，没有联通孔和假孔，有或没有横板、半横板、泡沫横板和半隔板。室口卵形，少数圆形、圆直角形和多边形，没有月牙构造、口围和口盖。全为海生，早奥陶世至晚二叠世。

02.0789　群体　colony
系形态和功能单位，与环境配合，作为一个生物整体，由一个或多个类型的、均匀一致的、有自然联系的个虫、多个虫部分，以及个虫外构造部分组成。骨骼部分即硬体。

02.0790　硬体　zoarium
群体的骨骼部分。

02.0791　个虫　zooid
普通的个虫。单个的个虫的体积一般为$0.045mm^3$，由囊状体和虫体组成。前者是固定的、箱状的或瓶状的，它由外面的、无生命的、坚硬的虫室和内面有生命的体壁的软组织组成。包容在囊状体内的活动的软体部分又统称为虫体。个虫也可分成虫室、躯干和触手冠或触手环三部分。

02.0792　虫室　zoecium
个虫的骨骼部分。

02.0793　自个虫　autozooid
为占优势的和必不可少的摄食个虫，利用伸出的器官有履行其所有的最基本的生命功能。

02.0794　自虫室　autozooecium
自个虫的骨骼部分，是构成硬体的最基本的部分。

02.0795　初个虫　primary zooid

狭唇纲和绝大部分宽唇纲，构建群体的幼虫变态形成的个虫，是比较原始的个虫。其骨骼部分为初虫室或祖虫室。

02.0796　祖虫室　ancestrula
初个虫的骨骼部分。

02.0797　异个虫　heterozooid
明显不同于正常的自个虫的一些缩小的和形态强烈变异的为履行有益于群体的特殊功能的个虫的统称。

02.0798　异虫室　heterozooecium
异个虫的骨骼部分。

02.0799　间隙孔　mesopore
又称"间虫室（mesozooecium）"。自个虫间个虫外的充填空间的构造。在个体发生系列中，被密集分布的泡状体或横板分隔。一般出现在群体内带的边缘和外带，或者群集在斑点或尖峰上。

02.0800　多形　polymorph
形态上明显不同于群体内同一个体发生阶段和同一无性世代的普通或正常自个虫的个虫。履行诸如有性生殖、清扫、防卫或其他功能的特化的个虫，如生殖个虫（gonozooid）、鸟头体等。它们的骨骼部分即为相应的生殖虫室（gonozooecium）或卵室（ooecium）和鸟头体室（aviculoecium）等。

02.0801　鸟头体　avicularium
又称"鸟头器"。自个虫的口盖演变的形似鸟的头的一种特殊的个虫多形，由易弯曲的突出的上喙骨（upper beak）和能活动的突出的下颚骨（lower mandible）组成。有防卫、可能也有捕食和缓慢爬行的功能。

02.0802　室口　aperture
个虫末端的骨质开口部分，是诸如触手冠等软体组织履行其生命功能伸出体外的通道。

02.0803　口围　peristome
个虫向外的管状延伸部分，或一般超出群体表面的个虫体壁的边缘，既是裸壁群体内纵向壁的延伸，也是固定壁群体内外前壁的延伸。

02.0804　中壁　medial wall
又称"中板(mesotheca)"，"中细片层(median lamina)"。平行于群体生长方向的直立群体的体壁。内部的多个虫由此背对背长出，形成叶状群体。

02.0805　中瘤刺　median rod
隐口类中位于中板粒状带内的纵向呈长瘤状的个虫外的骨骼构造。

02.0806　底层　basal layer
又称"同心层底膜(coenelasma)"。狭唇类中被覆群体的体壁。个虫由此发育形成。

02.0807　中棱　carina
窗孔类中因纵向中板突出硬体表面形成的中央脊状隆起。

02.0808　尖峰　monticule
由尚不知其功能的非正常的或大或小的自个虫组成的不规则的空间的簇状体，像低丘状或脊状突起，突出于群体表面之上。

02.0809　斑点　macula
曾称"突起"。由尚不知其功能的非正常的或大或小的自个虫组成的不规则的空间的簇状体，光滑平坦，或微微凹下，低于群体表面。

02.0810　横板　diaphragm
虫室内的横向骨质分隔部分，穿越整个虫室，是虫体生命即退化和再生周期的标志。

02.0811　半隔板　hemiseptum
虫室内的骨质突出部分，一般由近端壁上，或一对或两对由近端壁和远端壁上交替长出，但它们都不达对壁。

02.0812　上半隔板　superior hemiseptum
又称"近端半隔板(proximal hemiseptum)"。个虫内的骨质突出部分，由近端体壁上长出，但不达对壁(远端壁)。

02.0813　下半隔板　inferior hemiseptum
又称"远端半隔板(distal hemiseptum)"。个虫内的横向骨质分隔部分，由远端体壁上长出，但不达对壁(近端壁)。

02.0814　泡状板　cystiphragm
又称"泡孔板"。虫室内的骨骼构造，形成环状的骨质突出部分，它们由自个虫体壁或其他泡孔板向内弯曲，部分或完全包围自个虫活虫房。包括初生泡状板(primary cystiphragm)、次生泡状板(secondary cystiphragm)、虫体泡状板(polypide cystiphragm)和开放泡状板(open cystiphragm)。

02.0815　泡状组织　vesicular tissue
又称"泡状体(vesicle)"，"泡孔(cystopore)"。个虫外的骨骼构造，通常发育于泡孔类中，由相邻的或叠覆的小泡骨质组成。

02.0816　月牙构造　lunarium
发育于绝大部分的泡孔类，位于自虫室和尖锋上的大的虫室的近端壁上。在无破损的情况下，一般突出于硬体的表面以及自虫室口部边缘和口围之上。

02.0817　柱突　style, stylet
群体表面生长的个虫外的刺或结节，大致平行相邻的虫室，由致密的骨质柱状体或一般没有特色的方解石的核部及其包绕的环状支撑的细鞘片层组成。一般集中在个虫界壁内。

02.0818　刺柱突　acanthostyle
又称"刺孔(acanthopore)"。个虫外的骨骼部分，由核部光滑的柱状方解石和外面的鞘片层组成，刺状，一般位于虫室交角处的界壁内，明显突出于群体的表面。

02.0819　边缘孔　marginal pore
又称"侧壁孔(areole, areola, areolar pore, lateral punctation)"。一些唇口目有囊类中，位于前壁的边缘，连接内膜和外膜的斑点状小孔。

02.0820　自虫室界壁　autozooecial wall boundary
相邻自个虫间的分界壁，由细片层微细构造组成，与其他的共生特征一起，具有分类学上的重要价值。

02.0821　卵胞　ovicell
生殖个虫形成的胚胎生成物或配子，在其释放进入海水之前进行孵育的虫房。古生代窗孔目中的钙化卵胞也时有发现。

02.08　腕足动物门

02.0822　腕足动物门　Brachiopoda
腕足动物是一类海洋动物，它是一种触手冠类动物(lophophorate)，有两壳包容软体，通常有肉茎，靠纤毛腕滤食生活。

02.0823　腹壳　ventral valve
又称"茎壳(pedicle valve)"。包容腕足动物软体壳之一，通常较大，为肉茎所在。

02.0824　背壳　dorsal valve
又称"腕壳(brachial valve)"。包容腕足动物软体壳之一，通常较小，具有腕骨。

02.0825　铰合线　hinge line
腕足类的两壳在后方开闭时相互连接的线，或长或短，或直或曲。

02.0826　主端　cardinal extremities
后缘的两端，有浑圆、方、尖锐和翼状伸展等类型。

02.0827　耳翼　ears
两壳主端附近比较平坦或低凹的壳面，与体腔区壳面往往分界明显。

02.0828　体腔　visceral cavity
腕足动物贝体内部的后方容纳软体的空腔。

02.0829　体腔区　visceral disc
长身贝目壳面膝曲线的后方，除去耳翼以外的壳面。

02.0830　拖曳部　trail
长身贝目膝曲线前方的壳面。

02.0831　壳顶　umbo
壳体后部凸隆的最高点。

02.0832　壳喙　beak
胚壳形成的部分。

02.0833　喙脊　beak ridge
由喙尖至主端的壳面隆脊，有时略作菱形。

02.0834　前接合缘　anterior commissure
两壳在前方相互接合的缘线。

02.0835　中隆　fold
沿壳体纵轴部发育的凸隆，多见于背壳。

02.0836　中槽　sulcus
沿壳体纵轴部发育的凹沟，多见于腹壳。

02.0837　壳纹　costellae
壳面上各种放射状的纹线，细弱的称壳纹。

02.0838　壳线　costae
壳面上各种放射状的纹线，较粗强的称壳线。

02.0839　壳刺　spine
壳面上各种针刺状的装饰物。

02.0840　主壳刺　cardinal spine
腕足动物沿铰合缘向后方伸展的壳刺。

02.0841　内刺　endospine
壳体内部表面各种细的、中空的刺状物。

02.0842　壳褶　plication
壳面上各种放射状隆褶，影响到壳体内部。

02.0843　壳皱　ruga, concentric wrinkle
壳面上的同心状褶皱。

02.0844 同心线 concentric line
又称"生长线(growth line)"。壳面上各种同心状纹线。

02.0845 同心层 concentric lamella
又称"壳层"。壳面上粗细不等的同心状装饰,成层状相间出现。

02.0846 肉茎 pedicle
腕足动物固着于外物用的肌肉质器官。

02.0847 茎孔 foramen
肉茎伸缩时所经过的孔洞,多位于腹壳铰合面的中央或壳喙部。

02.0848 肉茎领 pedicle collar
茎孔内部的钙质衬托物,自三角孔覆盖物的下方,向内伸展。

02.0849 铰合面 interarea
贝体生长时,铰合缘移动的轨迹,是三角孔、喙脊和后缘所环绕的壳面。

02.0850 后转面 palitrope
与铰合面相似,是铰合缘移动所形成的壳面。但在各个方面都是弯曲的,与其余壳面间没有明显的界限,也没有装饰上的区别。

02.0851 正倾型 anacline
腹壳在下,壳喙位于观察者的左方,将两壳的接合面视为坐标的横轴,铰合面位于第四象限内。

02.0852 直倾型 orthocline
铰合面与横轴平行。

02.0853 斜倾型 apsacline
铰合面位于第三象限内。

02.0854 下倾型 catacline
铰合面与纵轴平行。

02.0855 前倾型 procline
铰合面位于第二象限内。

02.0856 超倾型 hypercline
背壳铰合面位于第一象限内。

02.0857 腹三角孔 delthyrium
腹壳铰合面中央的三角形孔洞。

02.0858 背三角孔 notothyrium
背壳铰合面中央的三角形孔洞。

02.0859 背三角板 chilidium
背壳三角孔上,一切覆盖的板状壳质。

02.0860 腹三角板 deltidium
泛指一切覆盖腹壳三角孔的板状壳质。

02.0861 假窗板 pseudodeltidium
在正形贝目与扭月贝目中,覆盖腹壳三角孔的板状壳质。多先自三角孔的顶端或后侧缘出现,向前方扩展,它的微细构造与壳体不同。

02.0862 铰齿 teeth
腹壳内三角孔两侧的一对突起,与背壳铰窝相铰合,作为腕足动物两壳开闭的支点。

02.0863 齿板 dental plate
指铰齿之下、支持铰齿的板状支撑物,有时悬空,有时与壳底相连,多数向前方倾斜。

02.0864 中隔板 median septum
腹壳或背壳内沿纵轴面高隆的板状构造。

02.0865 中隔脊 median ridge
腹壳或背壳内沿纵轴面发育的低阔的隆脊。

02.0866 侧隔板 lateral septum
背壳内部位于中隔板两侧的其他隔板。

02.0867 铰窝 socket
背壳内三角孔两侧的凹窝,为承纳铰齿之处。

02.0868 外铰窝脊 outer socket ridge
围绕铰窝外缘与铰合缘斜交的低脊。

02.0869 内铰窝脊 inner socket ridge
围绕铰窝内缘隆脊状的壳质,向壳顶延伸,与壳壁成较大的交角。

02.0870 主脊 cardinal ridge
背壳内部沿后缘发育的隆脊。

02.0871 主穴 alveolus
为部分扭月贝类和长身贝类背壳主突起基部顶腔内的凹窝。

02.0872 主突起 cardinal process
背壳内部后方的一个耸突状构造，为开壳肌附着之处。

02.0873 铰板 hinge plate
背壳三角腔内各种类型的平板状壳质，位于两个腕棒基前方中央的部分称内铰板(inner hinge plate)，位于铰窝与腕棒之间的部分称外铰板(outer hinge plate)。

02.0874 腕棒 crura
小嘴贝目背壳内部的棒状腕骨，穿孔贝目的腕棒基与初带之间的腕骨。

02.0875 围脊 marginal ridge
扭月贝类和长身贝类沿体腔区前缘发育的隆脊。

02.0876 腕痕 brachial scar
长身贝目中背壳内后部的耳状隆脊。

02.0877 隔板槽 septalium
小嘴贝目的背壳内，中隔板的后方分叉所形成的凹槽。

02.0878 纤毛环 lophophore
具有纤毛的几丁质环状物，当纤毛颤动，壳内外的海水循环，动物体得于摄食，也是腕足类的呼吸器官。

02.0879 腕基 brachiophore
又称"腕器官(brachial apparatus)"。背壳三角腔内两侧的棍状构造，是纤毛环附着之处。

02.0880 腕基支板 brachiophore plate
位于腕基背方的支板，与背壳壳底相连。

02.0881 腕锁 jugum
石燕贝类将初带或降带连接于中隔板上的腕骨。

02.0882 腕骨 brachidium
腕足动物支持纤毛环的构造。有腕棒、腕环、腕螺等类型。

02.0883 腕环 loop
穿孔贝目中支持纤毛环的环状腕骨。

02.0884 腕螺 spiralium
无洞贝目、无窗贝目和石燕贝目支持纤毛环的螺旋状腕骨。

02.0885 无窗贝型 athyroid
腕螺的初带自主基向前方伸展一个短距离后，即折向后方，螺旋顶角指向两侧。

02.0886 无洞贝型 atrypoid
腕螺的初带沿壳体的两侧缘向前伸展，螺旋顶角指向背方。

02.0887 石燕贝型 spiriferoid
腕螺的初带自主基的前方向前展伸，达体腔中部后，即转向两侧旋进，螺旋的两个顶角指向两主端。

02.0888 匙形台 spondylium
腹壳窗腔内匙形的壳质构造，由齿板汇合生长而成，为体肌固着区。

02.0889 空悬匙形台 free spondylium
齿板相向展伸，彼此联合，但其下没有中隔板支撑，而空悬于壳腔内的匙形台。

02.0890 单柱匙形台 spondylium simplex
仅有单一的中隔板支撑的匙形台。

02.0891 双柱匙形台 spondylium duplex
有双板支撑的匙形台。

02.0892 三柱匙形台 spondylium triplex
除中央一个简单的中隔板外，两侧还各有一个辅助隔板支撑的匙形台。

02.0893 疹质壳 punctate shell
具各种形式微细管孔的壳质。疹又分为内疹(endopunctae)和外疹(exopunctae)两种。内疹穿通内层及部分外层，但不穿出外层的疹孔；外疹是穿通外层但不穿入内层的疹孔。

02.0894 假疹壳 pseudopunctate shell
具多数排列无规则的微细突起，次生壳质弯曲，但没有微细管孔的壳质。

02.0895 无疹壳 impunctate shell
仅有纤维状结构，无任何管孔或微细突起的壳质。

02.0896 固着痕 attachment scar
腕足动物生活时，由于附着外物，在壳面上形成的痕迹。通常位于壳喙上，为圆凹的断口或平面。

02.0897 肌痕 muscle scar
体肌在壳内留下的各种痕迹。有闭[壳]肌痕（adductor scar）、开肌痕（diductor scar）和调整肌痕（adjustor scar）等。

02.0898 膜痕 pallial marking
又称"脉管痕（vascular marking）"。体膜穴窦部分所遗留的痕迹，往往出现于开肌痕的前侧方。

02.0899 磷酸盐质壳 phosphatic-shell
腕足动物磷酸盐质化学成分的壳体。

02.0900 钙质壳 calcareous-shell
腕足动物钙质化学成分的壳体。

02.0901 表壳层 periostracum
乳孔贝幼壳上保存为镶嵌紧密堆积蜂窝状构造的有机质（几丁质、蛋白质）薄膜。

02.0902 原生层 primary layer
位于外壳层之下，决定外壳形状和纹饰类型，是生物矿化过程中出现最早的壳层，是产生次生层的基础。

02.0903 次生层 secondary layer
在腕足动物壳层中变化最大，已知有 6 种类型，如柱状和棒状等，在腕足动物系统分类中有重要意义。

02.0904 胚壳 protegulum shell
又称"原始壳（first-formed shell）"。在胚胎期和幼虫期，外套膜最初分泌形成的壳体部分，通常直径为 50~60μm。

02.0905 假铰合面 pseudointerarea
无铰类腕足动物壳体后方呈斜坡状加厚的壳面。

02.0906 曲面 proparea
舌形贝类腹壳肉茎沟或中间沟两侧两个三角形的壳面。

02.0907 交互沟 intertrough
一些乳孔贝类腕足腹壳假铰合面中间狭窄的三角形沟槽。

02.0908 交互脊 interridge
腹壳假铰合面中线上的脊。

02.0909 肉茎沟 pedicle groove
舌形贝类肉茎伸出壳体的简单通道

02.0910 外茎管 exterior pedicle tube
乳孔贝类或干群腕足类腹壳的幼壳在肉茎孔开口处向上或向外延伸的管状物。

02.0911 内茎管 interior pedicle tube
乳孔贝类或舌形贝类肉茎向后延伸时腹内加厚形成的管状物。如舌孔贝类（lingulello-tretids）和部分乳孔贝类（acrotretids）。

02.0912 肉茎神经 pedicle nerve
化石舌形贝类内脏区后端中央向前延伸的两条叉状线痕。

02.0913 肉茎腔 pedicle cavity, pedicle lumen
舌形贝类肉茎中央的管状通道，含有体腔向后延伸的体腔液，在肉茎中具有流水动力作用。

02.0914 半缘型壳 hemiperipheral shell
壳质沿壳体前缘与侧缘增长。如圆贷贝类（obolids）。

02.0915 全缘型壳 holoperipheral shell

壳质沿壳体周缘增长，胚壳位于壳中央部位。如平圆贝类（discinids）。

02.0916　混缘型壳　mixoperipheral shell
壳质沿壳体周缘增长，但后缘部分向前形成后转面，胚壳仍位于贝体后端成壳喙。

02.0917　铰窝板　socket plate
背壳三角腔内两侧的脊或板状构造，是纤毛环附着之处。如扭月贝目（Strophomenida）。

02.09　棘皮动物门

02.0918　棘皮动物门　Echinodermata
动物界中的一门体腔动物，具独特水管系统，体形辐射对称，骨骼发达，是无脊椎动物中进化地位很高的后口动物，各纲动物体形态变化很大，但主要器官的基本构造十分相似。

02.0919　棘皮动物　echinoderms
海生无脊椎动物，除部分营底栖游泳或假漂浮生活外，多数营底栖固着生活，常是某些底栖群落中的优势种，化石类别和种类极多，除现生 6 纲外，另有 15 纲之多，始见于早寒武世。

02.0920　海林檎[类]　cystoids
棘皮动物门中最古老、骨骼组织最简单的一纲，具萼和腕，萼部骨板多达 13~200 块，萼板上具板孔，沟孔系统复杂，有茎或无。全为化石，约 100 属左右，奥陶纪至晚泥盆世。

02.0921　海蕾[类]　blastoids
萼部较小，多为梨形，有茎和腕羽，底板 3 块，辐板 5 块，是棘皮动物门中数量较少的一纲，约有近 90 个属。全为化石，志留纪至二叠纪，超过一半的属发现于早石炭世。

02.0922　海百合[类]　crinoids
根、茎、萼、腕发育完备的一纲，萼部花冠状，茎环的断面形态多样，腕可分叉或呈羽枝状，棘皮动物门中种类最多的一纲。化石属超过 1000，已描述的种在 6000 个左右，中寒武世至现代。

02.0923　海胆[类]　echinoids
胆壳球形、半球形或心形，由排列规则的多角形骨板构成，壳外多棘刺，无茎、无外伸的腕，口在壳下方。始自晚奥陶世，有近千属之多，主要分布于中、新生代地层中。

02.0924　海星[类]　stelleroids
体扁，五角星状，中央盘和腕区分界不明显，腕由多排骨板组成，脏器伸入腕内，口位于腹面中央。约有 500 属，始见早奥陶世。

02.0925　蛇尾[类]　ophiuroids
体五角星形，中央盘和腕分界明显，腕细长，通常 5 个，少数可多次分枝，但脏器不伸入腕内，口孔位于腹面，无肛门。超过 400 属，始自早奥陶世。

02.0926　海参[类]　holothuroids
体蠕虫状，无腕，口在前，肛门在后，不具硬壳，骨片埋入体壁，有锚状骨针和窗孔状小骨片。所见化石除极少数外，均为零散的骨针和骨片，始见寒武纪。

02.0927　海果[类]　carpoids
棘皮动物中一类形体特化而古老的类群。主要有海柱族（stylophora）、海笔族（homostelea）、海箭族（homoiostelea）等，头部由萼和腕茎两部分组成，形状不规则。多见于早古生代，泥盆纪后未见。

02.0928　花瓣海百合　petalocrinus
一类高度特化的海百合，萼很小，茎细，腕畸形呈扇状。出现于早、中志留世，我国特发育，出层位特低。

02.0929　创口海百合　traumatocrinus

生活于特殊生境和在特定条件下保存的一类海百合，幼年个体多营假浮游生活。晚三叠世关岭生物群的主体类群，数量之丰富、保存之完美世界罕见。

02.0930　步带板　ambulacral plate
组成步带的骨板的总称。多数棘皮动物都有自口向外5辐排列的步带，是食物沟所处位置。

02.0931　口面　apertural face
定向化石，有口的一面为口面，活体棘皮动物口的朝向，有向上、向下或朝前。

02.0932　反口面　abactinal surface
与口面相对的一面。

02.0933　萼板　thecal plate
构成萼部的骨板，数量从数块至数百块。

02.0934　侧板　side plate
泛指步带区辐板外侧的小骨片，描述海蕾类化石时，指部分叠加在剑板之上的骨片，又分内侧板和外侧板。

02.0935　肛管　anal tube
细长的锥状或筒状骨骼构造，顶端为肛口，海百合类的圆顶目、可曲目和有铰目较发育。

02.0936　水孔　spiracle
萼杯顶缘的入水孔，直接与内部水管相连。

02.0937　孔菱　pore rhomb
海林檎类相邻萼板上出现的成群细沟，菱形排列，之下有穿越萼板缝合线的小管。

02.0938　栉孔菱　pectinirhomb
见于雕囊海林檎类（glyptocystitida）的形态为梳状的孔菱。

02.0939　剑板　lancet plate
又称"尖板"。位于步带区中央，长矛形，中间有食物沟，两侧为侧板，之下有下剑板（under lancet plate）。

02.0940　叉板　forked plate
海蕾类萼部骨板第二圈的5块辐板，形似音叉而得名。

02.0941　冠部　crown
口所在区域，由萼和腕两部分组成。

02.0942　萼　calyx
动物体的头部，侧视为杯状骨骼的总称，萼由内部所有骨板组成，但不包括腕骨。

02.0943　萼杯　dorsal cup，aboral cup
定向用名，指位于反口面一侧，除萼盖而外的杯状体。

02.0944　筛板　madreporite
具有筛状小孔的盖板，是水流进入动物体的过滤闸口。

02.0945　萼盖　tegmen
位于腕与萼杯之间，可能是覆盖肛门的构造，棱锥状、管状或囊形，钙化或非钙化。

02.0946　底板　basal
冠部与茎的连接板，在辐板的内侧，3~5块。是海百合、海蕾类科、属级分类的重要鉴定要素。

02.0947　内底板　infrabasal
位于底板之下的派生小板，在较高级的双环式海百合中，内底板处于辐板位置，底板处于间辐板位置。

02.0948　肛孔　anispracle
口部周围5个排水孔中最大的一个。

02.0949　口　mouth
消化道的出口，位于萼部顶端，肛孔的斜对方。

02.0950　口视　oral view
定向名，从口部上方直视，相对一侧称反口视（aboral view）。

02.0951　对底板　zygous basal plate
底板中较大的两块称对底板，位于萼部反口

视辐板 bd 和 da 内侧位置。

02.0952　异底板　azygous basal plate
三块底板中最小的一块，通常位于辐板的内侧位置。

02.0953　肛板　anal plate
插入于辐板近顶部一圈之间的板，形态与辐板不一致，其上不生长腕板。

02.0954　辐板　radial
萼杯上的主要骨骼之一，位于底板之上与口面之间。海蕾类是音叉状，海百合类是六边形的。

02.0955　辐肛板　radianal
位于 3 级辐板之间，肛板 X 下侧方的小板。

02.0956　三棱板　deltoid plate
海蕾类萼部第三圈辐板上方的三角形小板，两侧为步带区的侧板挟持。

02.0957　肛尖板　anideltoid
位于肛孔下方的三棱板。

02.0958　腕板　brachial
组成腕的钙质骨板总称，生长于辐板之上，单列或多列，分叉产生羽枝。

02.0959　分腕板　axillary
支撑腕二分的基板，以 ax 表示，因腕多次分枝依次可分出 i、ii、iii 多级分腕板。

02.0960　一级腕板　primibrach costal
腕羽数量很多时，位于辐板之上，二分枝之前的腕板。可以是一块或多块。

02.0961　二级腕板　secundibrach distichal
一级腕板最上一块至下次分枝之前的次级腕板。依次还有三级、四级腕板。

02.0962　固有腕板　fixed brachial
萼部骨板的一部分，着生于辐板之上，不包括萼部之外羽枝板之下的腕板。

02.0963　主腕板　main axil
一级腕板最上部的那块腕板，由它生出二

叉腕板。

02.0964　间腕板　interbrachial
固有腕板之间的骨板。

02.0965　茎　column
支撑动物体的主要骨骼构造，由一系列茎板组成，有的茎上可长出蔓枝或锚状固着物。

02.0966　茎板　columnal
组成茎的骨板，中央有小孔，形态多样。

02.0967　羽枝　pinnule
由腕板侧方长出的羽状枝骨，活体海百合为食物沟所在位置。

02.0968　羽枝板　pinnular
羽枝基部的骨板，参与组成萼部。

02.0969　固着羽枝板　fixed pinnular
萼部骨板的组成部分，由固有腕板上长出，自身不再分叉。

02.0970　间羽枝板　interpinnular
类型与间腕板相似，但出现于固着羽枝板之间。

02.0971　关节面　articulum
茎板之间的铰合面，铰合面上纹饰多样。

02.0972　对关节　syzygy
腕羽的铰合构造，即腕板与萼部骨骼的连接部，对关节面或平、或凹或具槽脊。

02.0973　单环式　monocyclic
海百合萼部反口面观，仅有一圈底板与辐板连接的形式。

02.0974　双环式　dicyclic
海百合萼部反口面观，底板与辐板之间有底内板分开的形式。

02.0975　冠部　corona, corona system
海胆石灰质骨板构造的全部。包括顶系、步带、间步带和围口部的骨板。

02.0976　赤道部　ambitus
从口面或反口面观察，壳体最大圆周线附

近的区域。

02.0977 花瓣区 petaloid area
步带发育形态不规则，变形膨大或不对等，管足孔对常排列成花瓣状的部分。

02.0978 叉棘 pedicellaria
又称"叉刺"。海胆壳体上棘刺的总称。刺由头和柄两部分组成，式样大小很多，头部构造复杂，有2~4个瓣叶。

02.0979 带线 fasciole
心形海胆棘刺排列的迹线。据分布部位有内带线、侧带线、肛带线等，为分类上的重要依据。

02.0980 疣突 boss
叉状棘刺基部的突起。按大小可分为大、中、小三种类型，中心可有乳头突、疣轮、环沟等构造。

02.0981 孔对 pore pair
海胆管足穿透步带板的孔洞。是水流食物进入的通道。

02.0982 有孔带 poriferous zone
孔对只分布于步带板的近侧缘区域。

02.0983 鳃孔 phyllode
步带区口缘位置上的膨大孔对。

02.0984 唇板 labrum
心形海胆围口部后缘的一块特别发达的间步带板。

02.0985 盾板 plastron, sternum
又称"胸板"。唇板后方较大而鼓凸的骨板。数量为1块或1对。

02.0986 眼板 ocular plate
处于辐位，在筛板和围肛部外缘的5块多边形骨板。板上有眼孔。

02.0987 眼孔 ocular pore
眼板上的狭窄小孔，是辐水管的出口。

02.0988 生殖板 genital plate
处于间辐位，与眼板接邻，各有一生殖孔的骨板。右前侧的一块特大，密布细孔，兼营筛板的作用。

02.0989 生殖孔 genital pore
生殖板上的醒目小孔。正形海胆为五个，歪形海胆2~4个不等。

02.0990 花形口缘 floscelle
包围围口部的星状区域，由鳃孔和间步带区的对孔形成。

02.0991 顶系 apical system
海胆背面中央区，包括围肛部、5个生殖板和5个眼板在内的区域。

02.0992 围肛部 periproct
位于海胆背面中央区，由肛门和附近的多块围肛板组成。较大的一块称肛上板(suranal plate)。

02.0993 围口部 peristome
海胆腹面中央区，口所在位置，通常有5对规则口板。

02.0994 眼殖系统 oculogenital system
正形海胆背面中央区顶端的眼板和生殖板系统。

02.0995 插入式 insert
眼板与围肛部的外缘直接接触的形式。

02.0996 外围式 exsert
眼板插入在生殖板之间，而不与围肛部的外缘接触的形式。

02.0997 中央盘 central disc
又称"体盘(body disc)"。海星类个体的中央区，由此伸出5或10个腕。

02.0998 腕 arm
由体盘辐射伸出的部分。活体的腕可再生。

02.0999 次辐板 secondary radial
由辐板向腕端方向延伸的步带板。

02.1000 上缘板 superomarginal

次辐板外缘两侧的骨板。由间辐板向腕端方向长出。

02.1001　下缘板　inferomarginal
由间辐板向腕端方向长出骨板。若是两列，邻近次辐板的称上缘板，处于腕边缘的称下缘板。

02.1002　龙骨板　carinal
反口面位置，沿辐射肋突起的一列小骨片。

02.1003　皮鳃骨　papura
海星口面与反口面间的皮鳃突起（有呼吸和排泄功能），其所处位置的细小骨片。

02.1004　中背板　centrodorsal plate
又称"中原板(primary plate)"。蛇尾类中央盘背面中心的圆形大板。

02.1005　口盾　oral shield
位于中央盘腹面，间辐部外缘的 5 块大骨板。而其中一块具细孔的为筛板。

02.1006　辐盾　radial shield
位于中央盘背面辐部外缘的 5 对大骨板。

02.1007　侧口盾　adoral plates
位于口外，口盾内侧之间的一对呈八字形的骨板。

02.1008　背腕板　dorsal arm plate
组成蛇尾类腕节的一列骨板，处于反口面（背面）自辐板向腕端辐射的中央部位。

02.1009　腹腕板　ventral arm plate, ambulacral
处于口面（腹面）自辐板向腕端辐射的中央部位。

02.1010　侧腕板　lateral arm plate
处于背腕板与腹腕板外侧的一对骨板。

02.1011　触手　tentacle
自口缘和腕伸出的摄食器官。在腹腕板与侧腕之间，残留 2 列触手孔(tentacle pore)。

02.1012　颚　jaw
中央盘腹面口缘细齿的二分状基骨。每块颚骨的总体形态呈楔状。

02.1013　鳞片　scale
覆盖于腕和中央盘背腹面上的细小骨片。触手孔边缘的鳞片称触手鳞(tentacle scales)。

02.1014　腕栉　arm comb
位于中央区背面，辐盾外缘的栉状骨片。上端具栉棘(comb-papillae)。

02.1015　骨片　sclerite
灰质内骨骼的总称。很小，形状、大小随种类而异，性状十分稳定，是海参分类上的最重要依据。

02.1016　锚形体　anchor
由锚和锚板两部分组成，之间以锚关节连接的一类特殊骨片。

02.1017　锚板　anchor plate
锚形体中的板状骨片。形态、大小和穿孔型多样，海参活体的板体方向与身体长轴平行。

02.1018　锚柄　anchor stock
锚形骨片的组成部分，指锚与锚板连接处的柄端部。

02.1019　锚干　shaft, shank
锚形骨片的组成部分，指锚臂与柄端之间的干状部分。

02.1020　锚臂　anchor arms
锚形骨片的组成部分，指锚形弯曲的两臂，臂端有细小锯齿。

02.1021 半索动物门 Hemichordata
介于非脊索动物与脊索动物之间的一个门，其主要特征是具有背神经索、腮裂和口索。下分三个纲：肠腮纲(Enteropneusta)、翼腮纲(Pterobranchia)、笔石纲(Graptolithina)

02.1022 笔石纲 Graptolithina
半索动物门下的一个纲，属海生群体生物，固着或浮游生活，软体结构特征未知，硬体由胞管排列组成。下分六个目(或八个目)，其中重要而常见的目有树形笔石目和正笔石目。中寒武世—早石炭世，全球分布。

02.1023 笔石 graptolite
对笔石纲化石的统称。笔石是一类已灭绝的海洋群体生物，通常隶属于半索动物门，存在于中寒武世—早石炭世。

02.1024 树形笔石类 dendroids
对树形笔石目化石的统称，主要特征包括：笔石体含相对较多的笔石枝，由三种胞管(正胞管、副胞管、茎胞管)组成，以三分岔式出芽，分枝方式多为均分枝或不规则，营固着海底生活。中寒武世—早石炭世，全球分布。

02.1025 正笔石类 graptoloids
对正笔石目化石的统称，主要特征包括：笔石体含相对较少的笔石枝，仅由一种胞管(正胞管)组成，未见硬化的茎系，笔石枝下垂到上攀，营漂浮或浮游生活。奥陶纪—早泥盆世，全球分布。

02.1026 反称笔石类 anisograptids
对反称笔石科(树形笔石目)化石的统称，具游离线管，营飘浮或浮游生活，笔石体多为下垂或平伸，具正胞管、副胞管和茎胞管，始端呈四射、三射或两侧对称。早奥陶世，全球分布。

02.1027 均分笔石类 dichograptids
对均分笔石超科(均分笔石亚目)化石的统称，具游离线管，营飘浮或浮游生活，笔石体多枝或少枝，仅具正胞管，无胎管刺。早奥陶世晚期—晚奥陶世早期，全球分布。

02.1028 舌笔石类 glossograptids
对舌笔石超科(均分笔石亚目)化石的统称，主要特征：具双列胞管，单肋式排列，无胎管刺，始端胎管与第一个胞管(th1^1)左右对称，营漂浮或浮游生活。中奥陶世—早泥盆世，全球分布。

02.1029 双笔石类 diplograptids
对双笔石超科(胎管刺亚目)化石的统称，主要特征是具胎管刺，双列胞管，双肋式排列，营漂浮或浮游生活。中奥陶世—早泥盆世，全球分布。

02.1030 笔石枝 stipe
许多胞管相连接形成的一条枝。

02.1031 多枝笔石体 multiramous rhabdosome
具有多次分枝的笔石体。

02.1032 少枝笔石体 pauciramous rhabdosome
分枝次数相对较少的笔石体。

02.1033 笔石体 rhabdosome
又称"复体"。整个笔石群体的硬化外骨骼。包括带幼枝的类型，但不包括笔石簇。

02.1034 笔石簇 synrhabdosome
曾称"笔石综体"。由许多笔石体用线管或中轴连在一起组成。

02.1035 笔石体复杂化 complication of rhabdosome
笔石体的主枝又生出若干次生枝，即从少枝笔石体变为多枝笔石体。

02.1036 上攀式 scandent

在正笔石类的笔石体中，笔石枝向上直立生长，包围线管（或中轴）。

02.1037 上斜式 reclined
在正笔石类的笔石体中，笔石枝向斜上方直或近直生长。

02.1038 上曲式 reflexed
与上斜式相似，但枝的末端转为平伸。

02.1039 平伸式 horizontal
在正笔石类的笔石体中，笔石枝水平伸展，与胎管成直角。

02.1040 下曲式 deflexed
与下斜式相似，但枝的末端转为平伸。

02.1041 下斜式 declined
在正笔石类的笔石体中，笔石枝向斜下方直或近直生长。

02.1042 下垂式 pendent
笔石枝自胎管向下近于垂直、平行生长。

02.1043 四列 quadriserial
在部分上攀的正笔石中，笔石体由四排胞管"背靠背"组成。如叶笔石（*Phyllograptus*）。

02.1044 双列 biserial
上攀的正笔石类笔石体，由两列胞管包围中轴（或线管）组成。

02.1045 单列 uniserial
正笔石类的笔石体或笔石枝，仅由一排胞管组成。

02.1046 单肋式 monopleural type
两枝上攀，侧面重叠，在一面仅能看到一排完整的胞管。

02.1047 双肋式 dipleural type
两枝上攀，背靠背攀合，两边对称。

02.1048 中隔壁 median septum
又称"中间缝合线（median suture）"。在双列的、双肋式正笔石中，分隔两列胞管的隔膜，有直、波曲和"之"字形等多种形态。可以

起始于笔石体的任何高度位置，也可能完全缺失。

02.1049 隐中隔壁 cryptoseptate
在部分双列笔石中，中隔壁由索状表皮排列组成，但缺少表皮隔膜。

02.1050 无中隔壁 aseptate
双列笔石体中缺失中隔壁。

02.1051 原始枝 primary stipe
由胎管生出的第一级枝。

02.1052 横索 funicle
多枝笔石中的两个原始枝的总称。

02.1053 次生枝 secondary branch
后来生出的枝。

02.1054 侧分枝 lateral branching
分枝的一种方式，主枝生长方向不变，侧枝与主枝构成一定的夹角。

02.1055 主枝 main stipe
派生出侧枝和幼枝的笔石枝。如见于线笔石（*Nemagraptus*）和弓笔石（*Cyrtograptus*）。

02.1056 幼枝 cladium
从笔石的胞管或胎管口部生出的笔石枝。自胞管口部生出的称为胞管幼枝（thecal cladium），自笔石胎管口部生出的幼枝称为胎管幼枝（sicular cladium）。

02.1057 原幼枝 procladium
带幼枝之笔石体的主枝。正常的幼枝就称为亚幼枝（metacladium）。

02.1058 假幼枝 pseudocladium
缺少胎管之双向笔石体的再生部分。

02.1059 绞结 anastomosis
树形笔石中相邻笔石枝因作波状折曲而相互连接处。

02.1060 横靶 dissepiment
树形笔石中相邻笔石枝间的相连物。

02.1061 胞管间壁 interthecal septum

相邻胞管之间的隔壁。

02.1062 大网 clathria
由笔石体壁退化、局部胶原蛋白质集中形成的网状骨架。

02.1063 细网 reticula
大网之间更细的网状构造。

02.1064 刺网 lacinia
口刺末部相联接而成的网状构造。

02.1065 胎管 sicula
笔石群体最初虫体的骨骼，由锥状的原胎管和管状亚胎管组成。

02.1066 原胎管 prosicula
胎管的始部，即尖端部分。

02.1067 亚胎管 metasicula
胎管的末部，即口端部分。

02.1068 胎管刺 virgella
由胎管口侧向下垂伸的刺状物。

02.1069 胎管口刺 sicular apertural spine
从胎管口部延伸出来的、胎管刺以外的刺状物。

02.1070 线管 nema
自胎管尖端伸出之丝状体，露出体外，一般细弱。

02.1071 螺旋纹 spiral thread
沿原胎管表面呈螺旋状排列的线形构造。

02.1072 纵线 longitudinal line
又称"纵脊"。在发育完整的原胎管上沿纵向平行排列的线形构造或脊状构造。

02.1073 胎顶 apex of sicula
胎管的顶端（胎锥与线管的交接部位）。

02.1074 胎锥 conus
原胎管顶部的实心锥体部分

02.1075 原胎腔 cauda
具中空腔的原胎管部分，通常下与亚胎管相

连，顶部以囊状横膈与胎锥相连。

02.1076 胎管口尖 rutellum
笔石胎管口部腹侧向下的舌状或铲状延伸物。也有专家认为胞管口部腹侧的向外的舌状或铲状延伸物是同一种结构，但需要进一步证实。

02.1077 拟胎管 parasicula
从胎管口部沿胎管刺向下延伸一段距离、包围胎管刺的一种管状体。

02.1078 共通沟 common canal
原胞管相联串贯通的地方。

02.1079 中轴 virgula
笔石体中硬直的丝状物。

02.1080 假中轴 pseudovirgula
胞管幼枝或胎管幼枝的中轴，由原先的胞管口刺或胎管口刺转变而来。

02.1081 横管 crossing canal
胞管始部横过胎管的一段。

02.1082 始芽 initial bud
又称"初芽"。第一个胞管虫体刚从胎管壁上伸出时形成的芽状物。

02.1083 胞管 theca
笔石虫体的居室。

02.1084 正胞管 autotheca
树形笔石中雌性个体的居室，一般较大。

02.1085 副胞管 bitheca
树形笔石中雄性个体的居室，一般较小。

02.1086 茎胞管 stolotheca
树形笔石中无开口于外、无个体居住之鞘状体。由其以三分岔式派生出下一轮的三种胞管（即茎胞管、正胞管、副胞管）。

02.1087 双芽胞管 dicalycal theca
衍生出两个芽的正笔石类胞管。

02.1088 原胞管 protheca
正笔石中胞管之始端部分，相当于树形笔石

中的茎胞管。

02.1089　亚胞管　metatheca
正笔石中胞管之末端部分，相当于树形笔石中的正胞管。

02.1090　原胞管褶　prothecal fold
原胞管部分（通常是起始部分）的 U 形褶曲，导致在笔石枝背侧形成瘤状外观。

02.1091　亚胞管褶　metathecal fold
亚胞管部分的 U 形褶曲。如中国笔石（*Sinograptus*）的胞管。

02.1092　横沟　horizontal groove
假栅笔石中胞管始部折曲形成的横向小沟。

02.1093　膝角　geniculum
部分正笔石类胞管在生长方向上形成的角状弯曲。常见于栅笔石类或毛笔石类等。

02.1094　膝刺　genicular spine
从膝角上生出的刺。常见单个，偶见成双。

02.1095　膝上腹缘　supragenicular wall
膝角之上的胞管腹缘。

02.1096　膝下腹缘　infragenicular wall
膝角之下到前一个胞管口之见的胞管腹缘。

02.1097　胞管口　thecal aperture
胞管末端的向外开口，通常用于笔石虫体的摄食、活动等。早期称为袖口（orifice）（该术语现专指细网笔石类锚状袖上的开口）。

02.1098　口穴　excavation
在部分正笔石体中，由胞管口部与其后一个胞管的膝下腹缘围成的区域。

02.1099　腹刺　mesial spine
从胞管腹缘露出部分的中间生出的刺。

02.1100　底刺　basal spine
双笔石类笔石体始部所伸出的刺状构造。

02.1101　胞管束　thecal grouping
刺笔石中正胞管和副胞管集合成一束的细枝。

02.1102　剑柄构造　manubrium
在部分舌笔石类（超科）笔石体的反面由强烈向下生长的笔石体始端胞管形成的、明显具有肩部的复杂构造，形若剑柄。

02.1103　维曼规律　Wiman rule
前一代茎胞管的口部同时芽生出一个正胞管、一个副胞管和一个茎胞管。

02.1104　三分岔式　triad
树形笔石类和甲壳笔石类的出芽方式，每轮产生三个虫体，形成规则排列的胞管。

02.1105　围芽式　pericalycal type
又称"包芽式"。单肋式双列笔石（舌笔石类）的一种发育型式，胎管在笔石体的正面和反面均被包围，通常 th1^2（即第 2 列胞管中的第 1 个胞管）为双芽胞管。

02.1106　扁芽式　platycalycal type
又称"宽芽式"。双肋式双列笔石（舌笔石类）的一种发育型式，所有的出芽均集中在笔石体的反面，笔石体正面胎管大部分出露。

02.1107　卷芽式　streptoblastic
双笔石类的一种胞管发育方式，胞管通常呈横卧 S 形，最初的始部向上生长，中间一段向下生长，末端又转向上。

02.1108　近芽式　prosoblastic
双笔石类的一种胞管发育方式，胞管通常横卧 J 形，始部近于水平方向生长，中部略微向下生长，末端显著向上。

02.1109　浮胞　floating vesicle
中轴或线管末端所附连的囊状物。

02.1110　轴囊　virgular sac
中轴及其延伸部分膨胀形成的囊状物。

02.1111　底盘　basal disc
又称"固着盘（disc of attachment）"。从笔石体胎管顶端衍生出的盘状物。用于固着类笔石的附着，如树形笔石。

02.1112　中央盘　central disc

简称"中盘"。多枝无轴笔石始部的膜状构造。

02.1113　表皮　periderm
组成翼腮纲和笔石纲群体外骨骼的硬蛋白物质，通常由纺锤层（内）和外皮层（外）构成。

02.1114　网索　list
正笔石类强化表皮的索状骨架，是构成大网的单元。

02.1115　锚状构造　ancora
细网笔石类的初期生长阶段，呈锚状，由胎管刺及其末端的两个分岔组成。

02.1116　纺锤组织　fusellar tissue
笔石表皮的内层（纺锤层），通常由左右互生的纺锤条或生长层叠置而成。纺锤条之间的缝合线即为生长线（纹）。

02.1117　纺锤条　fuselli
由笔石或翼腮类虫体的头盘分泌形成的硬蛋白物质，单个呈半环状或全环状，是构成笔石体或翼腮类硬体的基本单元。

02.1118　纺锤结构　fusellar fabric
纺锤组织的内部结构，通常由细长纤维随机相互交错组成。

02.1119　外皮组织　cortical tissue
笔石表皮的外层组织，由一系列外皮条带组成。

02.1120　外皮条带　cortical bandage
组成笔石外皮组织的条带状构造，条带很薄，直或弯曲，上下不规则交错叠置，由平行排列的细长纤维组成。

02.1121　外胞管组织　extrathecal tissue
（部分专家推测）覆盖在整个笔石体外表的一个分泌组织软质层。

02.1122　轴角　axial angle
上斜笔石两枝背部之间的夹角。

02.1123　分散角　angle of divergence
两个原始枝间的分散角度。

02.1124　反面　reverse view
笔石体遮掩胎管的一面。

02.1125　正面　obverse view
笔石体露出胎管的一面。

02.1126　腹侧　ventral
笔石枝上胞管口所在或对应位置的一侧。

02.1127　背侧　dorsal
腹侧的对侧。

02.1128　始端　proximal end
笔石体最先形成的部分，通常指靠近胎管的一端。

02.1129　末端　distal end
笔石体最后形成的部分，通常指远离胎管的一端。

02.1130　胞管掩盖　thecal overlapping
相邻胞管间的重叠现象，通常用胞管腹缘的掩盖部分占整个腹缘（分掩盖部分和露出部分）的多少来衡量掩盖程度。

02.1131　胞管倾角　inclined angle
胞管轴向与笔石枝轴向之间的夹角。

02.1132　胞管密度　thecal spacing
胞管排列的紧密程度，通常以一定长度内所含的胞管数量来衡量。近年来，一些专家建议使用两个胞管重复的距离（2 TRD）来衡量。

02.1133　口视标本　scalariform
一种笔石体保存状态，胞管口部朝向或背向观察者（通常见于双列笔石类）。

02.1134　原牙形刺目　Proconodontida
单成分骨骼器官，由锥形分子构成，有大而深的基腔，表面光滑，断面不对称，有前后龙脊。寒武纪至泥盆纪，世界各大洲。

02.1135　针刺目　Bellodellida
4 分子或 5 分子骨骼器官，由薄壁的、表面光滑的锥状分子构成，基腔深。前后缘脊或侧缘脊有龙脊、肋脊，或发育成针状锯齿或细齿。奥陶纪、志留纪和早泥盆世，世界各大洲。

02.1136　原潘德尔刺目　Protopanderodontida
骨骼器官由单分子或多分子的纵向有线纹、侧向无沟槽的锥形分子组成。寒武纪、奥陶纪，世界各大洲。

02.1137　潘德尔刺目　Panderodontida
骨骼器官由 3~7 分子组成，分子为纵向有线纹、侧向有沟槽的锥形分子或耙形分子。晚寒武世至早泥盆世，世界性分布。

02.1138　锯齿刺目　Prioniodontida
6 分子或 7 分子骨骼器官，P 位置被三角锥形分子，梳形分子或台形分子所占据。奥陶纪、志留纪和泥盆纪，世界各大洲。

02.1139　锯片刺目　Prioniodinida
6 分子或 7 分子器官，在两个 P 位置有明显的指掌状分子，所有分子强壮，大小相近，具有分离的、钉状的细齿，白色物质发育。奥陶纪至三叠纪，世界各大洲。

02.1140　奥泽克刺目　Ozarkodinida
6 分子或 7 分子骨骼器官；P 位置为三角形分子，梳形分子或台形分子；S，M 分子发育。中奥陶世至早三叠世，世界各大洲。

02.1141　腔齿刺纲　Cavidonti
单分子至 5 分子器官；由齿壁薄、基腔深、表面光滑的单锥分子构成。缺少 p 分子。晚寒武世至泥盆纪，世界各大洲。

02.1142　牙形刺纲　Conodonti
由寒武纪的仅有纵脊的基部短、基腔浅的分子进化成 6 分子或 7 分子器官，所有的 S，M 分子都是有细齿的枝状分子，而 P 分子为刷形分子。晚寒武世至晚三叠世，世界各大洲。目前，多数牙形刺专家认为牙形动物是最早期的脊椎动物。

02.1143　近脊沟　adcarinal groove
又称"隆脊侧沟"。固定齿脊两侧长的、光滑的凹陷或槽，多见于台型牙形刺的前部。

02.1144　横脊　transverse ridge
在齿台口方表面的与长轴垂直延伸的脊或冠脊。

02.1145　前槽缘　anterior trough margin
在某些多颚刺(*Polygnathus*)中，齿台两侧膝折点前方的齿台部分。

02.1146　前基角　anterobasal corner
牙形刺分子前缘与底缘连接的区域。

02.1147　顶尖　apex
基腔或主齿的顶尖。

02.1148　齿拱　arch
多数是两侧对称的构造，由主齿和两个向后或向下突伸的齿片或齿耙构成，齿片或齿耙与主齿基部相连并带有细齿。

02.1149　集群　assemblage
又称"组合"。几个分离的牙形刺分子(发现于页岩层面上)，代表牙形动物的骨骼器官。

02.1150　附着痕　attachment scar
牙形刺反口面凸或凹的表面，通常由基底凹窝、齿槽和包围他们的地缘退缩带组成。

02.1151 齿轴 axis

台型牙形刺前后方之中线。在单锥牙形刺中可见到的白色物质的中线或向顶端延伸的齿层空间的连线。刺体，细齿，齿突和主齿的中线亦称齿轴。

02.1152 齿耙 bar

在复合牙形刺中，向前后方和侧方的突起，一般带有细齿。

02.1153 反基腔 basal cavity inverted

新形成的齿层没有达到先形成的齿层的底缘，而向口方退缩形成的迭附带。

02.1154 底锥 basal cone

又称"基锥"。锥状、磷灰质底板，常常套入基腔，由层状构成。红褐色或暗褐色。常见于单锥牙形刺和复合牙形刺中。

02.1155 基坑 basal pit

又称"基底凹窝"。有时同基腔，但相当小，在台型牙形刺中，仅早期个体发育阶段中增大；有时仅指大的基腔中凹入最深的小圆坑。

02.1156 底板 basal plate

附在台型牙形刺下面，形状为宽大的板。

02.1157 基部 base

牙形刺本体接近反口面的部分。通常用于单锥牙形刺。

02.1158 齿片 blade

侧方扁的构造：在复合牙形刺中分为前部和后部通常带有细齿；在窄颚齿刺分子中，齿片是具细齿的长的构造；早台型牙形刺中，指位于基底凹窝前的长轴部分，分为固定齿片和向前方伸出的自由齿片。

02.1159 齿脊 carina

又称"隆脊"。台型牙形刺轴部的齿列或低的细齿列，侧边为齿台。单锥牙形刺侧面的粗的中脊。

02.1160 底缘退缩带 zone of recessive basal margin

同反基腔。固着面上纤细的线条部分，包围基底凹窝。新的齿层底缘不超过先前形成的底缘，底缘层层退缩而形成退缩带。

02.1161 刺串 cluster

又称"齿串"。几个牙形刺在一起的自然组合，代表一牙形器官或仅为牙形器官的一部分。

02.1162 牙形刺 conodonts

又称"牙形石"。曾称"牙形虫"，"牙形类"，"锥齿"，"锥齿类"。一类早已灭绝的海生的、游泳的、两侧对称的、最原始的脊椎动物头部的微体骨骼化石。形态可分三大类：单锥型、复合型和台型。主要功能为捕捉、切割、研磨、过滤、吞咽食物颗粒。主要矿物成分由磷灰石组成。生活在寒武纪到三叠纪末期的海洋中。

02.1163 牙形动物 conodont animal

带有牙形刺骨骼的动物。

02.1164 放射脊 radial ridge

在齿台口方表面由齿台长轴向边缘放射状延伸的脊。与纵脊和横脊不同。

02.1165 肋脊 costa

单锥牙形刺长而窄的凸起的区域或锐利的脊(沿主齿主轴方向)。

02.1166 冠脊 crest

冠状齿脊。

02.1167 皱边 crimp

台型牙形刺下面光滑的边缘带，由牙形刺的最后齿层构成。

02.1168 齿冠 crown

同牙形刺本体，即全牙形刺去掉底板和底锥的部分。

02.1169 杯腔 cup

又称"齿杯"。在某些牙形刺的下方强烈膨大的基腔。如颚齿刺(*Gnathodus*)，拟颚齿刺

（*Paragnathodus*）。

02.1170　主齿　cusp

又称"齿锥"。基腔顶尖上方刺状的、牙状的或锥状的大的构造。在单锥牙形刺中，主齿代表整个牙形刺本体；在复合和某些台型牙形刺中，这种构造通常被称为主齿。

02.1171　细齿　denticle

刺状，针状构造，与主齿相似，但多数是较小的。

02.1172　双龙脊　double keel

反口面有中槽的龙脊。

02.1173　凸棱　flange

又称"凸缘"。在复合牙形刺中，指齿耙或齿片侧方的长的棱状凸起；在台型牙形刺中，指齿台边缘向上（口方）高起的边缘。

02.1174　齿沟　furrow

牙形刺生长表面长的槽或沟。

02.1175　生长轴　growth axis

主齿或细齿的齿层顶尖连线，常有白色物质。

02.1176　全刺　holoconodont

全称"全牙形刺"。牙形刺本体和基底充填（底板和底锥）的总称。

02.1177　龙脊　keel

在台型牙形刺口面上的脊状或肋状的构造。主龙脊与齿片-齿脊相对应，次龙脊通常由基部开口或生长中心延伸到侧齿叶。

02.1178　齿层　lamella

形成牙形刺本体和基部充填的层状构造，每一层都是由细小的磷酸钙晶体组成。

02.1179　齿叶　lobe

叶片状的突伸，多见于台型牙形中。通常形成在龙脊的周围，如掌鳞刺（*Palmatolepis*）的齿叶，也可能是分叉的，如变形颚刺（*Amorphognathus*）和锚颚刺（*Ancyrognathus*）的齿叶。窄颚齿刺（*Spathognathodus*）向

侧方平伸的膨大的基腔亦称齿叶（内齿叶，外齿叶）。

02.1180　纵脊　longitudinal ridge

齿台口方表面与牙形刺齿轴平行延伸的脊，与横脊和放射脊不同。

02.1181　纵脊沟　longitudinal furrow

在潘德尔刺（*Panderodus*），新潘德尔刺（*Neopanderodus*）和似针刺（*Belodina*）牙形刺本体侧面深的纵向齿沟。

02.1182　环台面　loop

在舟刺（*Gondolella*）和新舟刺（*Neogondolella*）中围绕基底凹窝的环形台面。

02.1183　漏斗腔　lumen

基底漏斗的中央凹陷。

02.1184　齿台　platform

台形牙形刺后方后方膨大的台状构造。

02.1185　齿突　process

复合型和台型牙形刺具齿脊或齿片的构造。如前齿突，后齿突，侧齿突，后侧齿突等。

02.1186　假龙脊　pseudokeel

管刺（*Siphonodella*）某些种的反口面平凸起的区域，以底缘退缩带为边界。

02.1187　瘤齿　node

牙形刺口方表面装饰，突起部，瘤或结节。有些细齿，特别是齿脊的细齿是瘤状的。

02.1188　缺刻　notch

底板或底锥的凹刻，同样用于牙形刺本体任何边缘部位的凹刻。

02.1189　齿垣　parapet

台型牙形刺齿台上的墙状的凸起构造，通常在齿台前部。在复合牙形刺的侧边也有齿垣构造。

02.1190　齿坡　ramp

齿台上高起的坡状构造，连接齿台上较高和较低的部分。

02.1191　脊　ridge

全称"齿脊"。齿台上长而窄的凸起的构造。

02.1192　吻脊　rostral ridge

由瘤齿构成的脊或冠脊由齿台前部向后延伸。吻脊构成吻部和近脊沟。吻脊可能是平行的，衣领状的或波纹状的。

02.1193　吻部　rostrum

在大多数管刺（*Siphonodella*）和多颚刺（*Polygnathus*）中，齿台前部窄的领状、嘴状构造。

02.1194　自然集群　natural assemblage

同集群，在层面上的牙形刺的自然组合，属于同一器官。

02.1195　指掌状分子　digyrate element

排列不紧密的细齿，每一细齿与邻近的细齿是分离的，侧方不愈合。

02.1196　锄形分子　dolabrate element

由主齿和后齿突组成的枝形分子，侧视锄形。

02.1197　台形分子　planate element

具明显侧方凸缘、边缘或齿台的刷形分子。反口面有底缘退缩带。

02.1198　枝形分子　ramiform element

复合牙形刺，指主齿侧缘或底缘延伸出具细齿的齿突的分子。

02.1199　单锥　simple cone

全称"单锥牙形刺"。简单的锥状的牙形刺。

02.1200　单齿片分子　segminate element

仅有一个前齿突的梳形分子。

02.1201　单齿片台形分子　segminiplanate element

有侧方齿台的单齿片分子，具台状刷形分子的反口面。

02.1202　单齿片舟形分子　segminiscaphite element

有侧方齿台的单齿片分子，具舟状刷形分子的反口面。

02.1203　三突分子　pastinate element

具有前齿突、后齿突和侧齿突共三个齿突的刷形分子。

02.1204　三突台分子　pastiniplanate element

有侧方齿台的三突分子，具台状梳齿形分子所特有的附着面。

02.1205　刷形分子　pectiniform element

主要指片形、梳形牙形刺分子，也包括台形的，有几个齿突。

02.1206　舟形分子　scaphite element

指台形牙形刺，后方反口面有宽阔的脊腔。

02.1207　翼状分子　alate element

两侧对称的枝状分子，无前齿突，有后齿突，主齿两侧各有一侧齿突。

02.1208　三角形分子　angulate element

拱曲的梳形分子，仅有前后齿片，侧视近三角形。

02.1209　三角台形分子　anguliplanate element

具有侧齿台的三角形分子，具台状梳形分子附着面。

02.1210　三角舟形分子　anguliscaphite element

具齿台的三角形分子，具舟状梳形分子附着面。

02.1211　梳状分子　carminate element

有前后两个初级齿突的刷状分子，长轴直。

02.1212　梳状台形分子　carminiplanate element

有侧方齿台的梳状分子，具舟状刷形分子所特有的附着面。

02.1213　梳状舟形分子　carminiscaphite element

有侧方齿台的梳状分子，具舟状刷形分子所特有的附着面。

02.1214 多分枝分子 multiramate element
有 4 个以上的基本齿突的枝形分子。

02.1215 多成分 multielement
又称"多分子"。依据两个或两个以上不同形态的牙形刺分子建立的类别。多成分种推断是代表单个牙形动物的骨骼。牙形器官是依据统计或经验恢复的多成分组合。集群是在层面上发现的自然的多成分组合。

02.1216 器官 apparatus
成对的（单成分）或几种（多成分）类型的分离牙形刺组合的复原。代表一个牙形动物个体的骨骼。一个牙形动物的器官可能由一种（单成分）或几种（多成分）的牙形刺分子构成。

02.1217 单分子[骨骼]器官 unimembrate [skeletal] apparatus
仅由一种分离形态的骨骼分子构成的骨骼器官。

02.1218 多分子[骨骼]器官 multimembrate [skeletal] apparatus
由一种以上的分离形态分子组成的骨骼器官的总称。

02.1219 双分子器官 bimembrate apparatus
由两种形态分子组成的牙形刺骨骼器官。

02.1220 三分子[骨骼]器官 trimembrate [skeletal] apparatus
由三种分离形态分子构成的骨骼器官。

02.1221 四分子[骨骼]器官 quadrimembrate [skeletal] apparatus
由四种分离形态分子构成的牙形刺骨骼器官。

02.1222 四分枝分子 quadriramate element
有前齿突、后齿突和两侧各有一侧齿突的枝形分子。

02.1223 五分子[骨骼]器官 quinmembrate [skeletal] apparatus
由五种分离的形态分子组成的牙形刺骨骼器官。

02.1224 六分子[骨骼]器官 seximembrate [skeletal] apparatus
由六种分离形态分子构成的牙形刺骨骼器官。

02.1225 七分子[骨骼]器官 septimembrate [skeletal] apparatus
由七种分离形态分子构成的牙形刺骨骼器官。

02.1226 三脚状分子 tertiopedate element
不对称枝形分子，具后齿突和主齿两侧的侧齿突，后齿突有细齿。

02.1227 星状分子 stellate element
不对称枝形分子，具后齿突和主齿两侧的侧齿突，后齿突有细齿，星状分子——有四个齿突的牙形分子，其中一个是前齿突，另一个是侧齿突。

02.1228 星状台形分子 stelliplanate element
有侧方齿台的星状分子，具台状刷形分子的反口面。

02.1229 星状舟形分子 stelliscaphite element
有侧方齿台的星状分子，具舟状刷形分子的反口面。

02.1230 对称过渡系列 symmetry-transition series
三种或四种形态不同但逐渐过渡的锥形或枝形分子在它们的对称平面中所显示的变化。在骨骼器官中占据 s 位置。

02.1231 P 位置 P position
又称"P 分子（P element）"。牙形刺器官骨骼位置的代号。P 位置（P 分子）指被刷形分子占据的位置，有两种特征的刷形分子，分别为 Pa 和 Pb。

02.1232　M 位置　M position
又称"M 分子(M element)"。牙形刺器官中位置的代号，多为锄形分子，双羽状分子和指掌状分子。

02.1233　S 位置　S position
又称"S 分子(S element)"。牙形刺骨骼器官位置代号。S 位置被构成过渡系列的枝状分子所占据。Sa 为两侧对称翼状分子；Sb 位置为指掌状分子或三角状分子；Sc 位置为双羽状或锄状分子；Sd 位置为四分枝分子。

02.1234　几丁石　chitinozoans
又称"胞石"。曾称"几丁类"，"几丁虫"。常见于下古生代海洋沉积中的一类具有有机质壳壁的海洋微体化石。基本形状为扁壶形、长棒形、酒瓶形。壳体辐射对称，一端开口一端封闭，大小介于 50~2 000 μm。生存于早奥陶世至晚泥盆世的世界各大陆。

02.1235　口盖目　Operculatifera
口塞为口盖的几丁石类群。

02.1236　前体目　Prosomatifera
口塞为前体的几丁石类群。

02.1237　壳体　vesicle
几丁石个体，包括体室、颈(和领)以及口塞。

02.1238　壳壁　wall
围成几丁石的有机壁。

02.1239　领　collarette，collar
颈部或(无颈的)壳体变薄的或向外扩展的部分。

02.1240　颈　neck
从体室向开口端延伸的管状结构，常以领结束。

02.1241　体室　chamber
颈或领之下的壳体部分。

02.1242　底缘　margin
底和侧缘的过渡带，可以是不明显、圆、钝或尖锐。

02.1243　底　base
与开口相对的壳体的一部分。

02.1244　肩　shoulder
侧缘顶部凸起的区域，紧临颈曲之下；当肩和颈曲都存在时，体室上部呈 S 形。

02.1245　侧缘　flank
位于颈或领与底缘之间的体室部分。

02.1246　颈曲　flexure
颈和侧缘之间的凹陷带。

02.1247　唇　lip
围绕开口的领(或颈)的最远端部分。

02.1248　口极　apertural pole
人为确定的壳体的上端。

02.1249　反口极　antiapertural pole
人为确定的壳体下端，与口孔相对。

02.1250　口孔　aperture
壳体一端大张的开口，以唇或领、或体室边缘围绕而成。

02.1251　口塞　apertural plug
泛指用于封闭开口的塞子，即口盖和前体。

02.1252　口盖　operculum
在无颈的壳体中封闭开口的碟形口塞，常见一膜状物向反口极方向呈喇叭状延伸。

02.1253　前体　prosome
位于颈底部的内口塞。结构简单(碟状)或者复杂，前体不参与壳体成链过程。

02.1254　刺　spine
长度至少是宽度的 2 倍且长度大于 2μm，大多是中空的。

02.1255　裙边　carina
壳体外层围绕体室的环状伸展膜，可位于底缘之上、底缘或底缘之下。

02.1256　联桁　copula
壳体外层围绕顶点延伸成的膜状细管。如漠胞石(*Eremochitina*)、线胞石(*Linochitin*)、缸胞石（*Urnochitina*）、环胞石（*Cingulochitina*）。

02.1257　膜管　bulb，siphon
壳体外层在底部向反口极方向延伸成膜状管。如管胞石（*Siphonochitina*）。

02.1258　茎梗　peduncle
从顶点向反口极方向延伸成的细圆柱形构造。如珍珠胞石（*Margachitina*）、尾胞石（*Urochitina*）。

02.1259　脊　crest
独立的或相互连在一起的纵向成行排列的刺状纹饰，或者是破网至完整的纵向成行排列的膜。

02.1260　褶　ridge
壳壁上的纵向线状加厚。

02.1261　底突　mucron
围绕顶点的直立的厚边。

02.1262　无刺　glabrous
壳表面无刺状纹饰的状态。包括完全光滑、粗糙、蠕虫状、穴状、毡子状、海绵状、微粒（高度低于2μm）状。

02.1263　附肢　appendices
底缘上或附近的呈冠状分布的简单或复杂的刺。附肢常中空，有小室构造。附肢不与体腔相通。

03.　古脊椎动物学与古人类学

03.01　鱼　类

03.0001　无颌类　agnathans
最原始的脊椎动物，为并系类群。没有上、下颌，无成形的脊椎，脊索终生存在，通常无偶鳍，内耳只有一个或两个半规管。现生者已不多，但化石种类很多，最早记录可追溯到云南昆明早寒武世的昆明鱼（*Myllokunmingia*）和海口鱼（*Haikouichthys*）。

03.0002　圆口类　cyclostomes
无颌类中七鳃鳗类和盲鳗类的统称。体呈鳗形，裸露无鳞；口位于由环状软骨支持的口吸盘的深处；口内无真正的齿，只有许多角质小齿；鼻孔一个；生活在海洋或淡水里，营寄生或半寄生的生活。

03.0003　盲鳗类　hagfishes
最原始的无颌类，尚未形成真正的脊椎。鼻垂体囊开口于咽腔，鳃囊6~15对，鳃笼骨骼不发达，背鳍退化，内耳只有1对半规管。最早化石记录可追溯到美国伊利诺斯州早石炭世的似盲鳗（*Myxinikela*）。

03.0004　七鳃鳗类　lampreys
原始的无颌类，已有髓弓包围着骨髓。鼻垂体囊不通咽腔，鳃囊7对，鳃笼骨骼发达，2对背鳍，内耳具2对半规管。最早化石记录可追溯到南非晚泥盆世的古七鳃鳗（*Priscomyzon*），内蒙古宁城早白垩世的中生鳗（*Mesomyzon*）是该类群中生代的唯一代表。

03.0005　甲胄鱼类　ostracoderms
处于七鳃鳗类和有颌类之间的无颌类，为并系类群。头部与身体披有甲胄或鳞片。无颌，无成形的脊椎，脊索发达，通常无偶鳍。最早出现于晚寒武世，繁盛于志留纪与泥盆纪，泥盆纪末灭绝。

03.0006　阿兰德鱼类　arandaspids
最早的甲胄鱼类，眼睛位于背甲前端的一个椭圆形缺刻中。发现于澳大利亚、玻利维亚和阿根廷的奥陶纪海相地层。澳大利亚上寒武统中发现的甲片非常类似阿兰德鱼类的外骨骼，代表甲胄鱼类的最早记录。

03.0007 星甲鱼类 astraspids

仅有星甲鱼属（*Astraspis*），可能包括坚甲鱼属（*Pycnaspis*），过去基于其无细胞骨等特征被归入异甲鱼类。外骨骼具蘑菇状瘤点，每个瘤点皆有一个厚的类釉质帽。仅见于北美中奥陶世至志留纪兰多维列世地层中。

03.0008 异甲鱼类 heterostracans

无颌类的一个重要支系，头胸部为数块骨板所包围，无偶鳍，反歪型尾，口腹位或端腹位，眼侧位，鳃区常被一排鳃板所掩盖，由总鳃孔与外界相通。发现于北美、北欧、俄罗斯（包括西伯利亚、图瓦）等地的志留系与泥盆系。

03.0009 缺甲鱼类 anaspids

个体较小的化石无颌类，头部背面有单鼻孔，身体呈纺锤形，比较善于游泳，没有厚的骨甲，仅有较薄的像鳞片一样的骨板。主要发现于北美和欧洲的志留纪海相地层中，最晚化石记录的时代为晚泥盆世法拉期。

03.0010 花鳞鱼类 thelodonts

个体较小的化石无颌类，身体扁平，眼侧位，头与身体外表覆盖着细小的刺状、齿质密鳞，各鳞互不掩叠。全球分布，最早出现于晚寒武世，繁盛于志留纪晚期和早泥盆世，晚泥盆世法拉末灭绝。

03.0011 骨甲鱼类 osteostracans

与有颌类具有最近亲缘关系的无颌类。头和躯干的前部为一块头甲所覆盖，其上有发电区或感觉区，眼背位；一般有胸鳍，其上被鳞而无膜质鳍条。繁盛于志留纪晚期和早泥盆世，少数成员延续至晚泥盆世。仅分布于欧洲、北美和俄罗斯西伯利亚、图瓦等地。

03.0012 茄甲鱼类 pituriaspids

发现于澳大利亚昆士兰早泥盆世晚期地层中的化石无颌类，仅有茄甲鱼属（*Pituriaspis*）和尼亚巴鱼属（*Neeyambaspis*）两个属。头甲很长，背部不具鼻孔。

03.0013 盔甲鱼类 galeaspids

无颌类的一个重要支系，头甲一块，具腹甲，无发电区，感觉沟发育，胸角一对或两对。化石很丰富，地区性色彩极浓，产于中国南方地区、塔里木盆地西北缘、宁夏和越南北部的志留系与泥盆系，具有重要的生物地层和古动物地理意义。

03.0014 有颌类 gnathostomes

又称"颌口类"。包括了4个大的类群，即盾皮鱼类、棘鱼类、软骨鱼类和硬骨鱼类。具有上下颌和两对附肢。由鳃弓演变过来的上下颌提高了脊椎动物的取食和咀嚼功能，增强了它们的生存竞争能力。志留纪兰多维列世至今。

03.0015 盾皮鱼类 placoderms

原始有颌类，头部与躯干的前段一般都披有"甲胄"，头甲与躯甲通常可以活动的关节相连接，具胸、腹鳍，歪型尾。最早出现于志留纪兰多维列世，晚泥盆世末灭绝。志留纪的化石仅发现于我国，泥盆纪全球分布。

03.0016 节甲鱼类 arthrodires

盾皮鱼类属种最多的一个支系。具两对上齿板，与一对下齿板相咬合。以辐纹鱼类（actinolepidoids）为代表的原始类型没有头－躯甲关节，而菲力克鱼类（phlyctaeniids）和短胸节甲鱼类（brachythoracids）具头－躯甲关节。泥盆纪全球分布。

03.0017 瓣甲鱼类 petalichthyids

盾皮鱼类的一个支系。头甲、躯甲和脑颅的很多方面与节甲鱼类相似，但其枕区大大加长，颈片细长且与松果片接触，具两对副颈片，感觉管埋得很深。泥盆纪全球分布，我国下泥盆统中有该类群的原始类型。

03.0018 胴甲鱼类 antiarchs

盾皮鱼类的一个高度特化、全球分布的支系。躯甲上有一对棘状的胸附肢，被覆有一定数目的小骨甲片。在进步种类中，附肢与躯甲形成一种复杂的关节。最早出现于志留纪兰多维列世，晚泥盆世末灭绝。以云南鱼类为代表的原始种类见于中国南方和越南北部的志留系与下泥盆统。

03.0019　软骨鱼类　chondrichthyans
有颌类的一个支系，其内骨骼全系软骨，外骨骼不发达或退化，体被盾鳞，无膜成骨；不具肺和鳔，卵通常是在体内受精；歪型尾。志留纪兰多维列世至今。

03.0020　板鳃类　elasmobranchs
软骨鱼类的最大类群，包括鲨类、鳐类、魟类和若干化石类型。鳃间隔发达，鳃裂一般5对，直接开口体表。

03.0021　裂口鲨类　cladoselachids
体形如现代鲨鱼，鳍基部很宽，腹鳍无鳍脚，有两背鳍，牙齿具高耸的中尖及两侧低矮而对称的一或二侧尖。在美国晚泥盆世克利夫兰页岩中发现的裂口鲨（*Cladoselache*）可作为其代表。

03.0022　旋齿鲨类　edestids
一个奇特的灭绝类群，其牙齿在上、下颌左、右两块颌骨接合处向下向内卷曲成环圈状，生长方式非常特殊。旋齿的形状为扁平的螺旋形，在内部的旋环上是最小的牙齿，在外面的旋环上则是最大的牙齿。石炭纪至早三叠世。

03.0023　全头类　holocephalans
软骨鱼类的一个支系，种类较少，包括银鲛类，现代仍生活在深海中。上颌以自接型的悬接式与脑颅愈合，鳃部每侧有一片皮肤褶盖住全部咽裂，有大的扇状胸鳍，尾巴长，尖端如鞭状。早石炭世至今。

03.0024　棘鱼类　acanthodians
原始有颌类，因鳍前端有硬棘而得名。个体不大，歪型尾；胸鳍和腹鳍之间有"额外"的偶鳍，或附加鳍；体被细小菱形鳞片。最早出现于志留纪兰多维利世，泥盆纪较繁盛，之后逐渐衰落直至早二叠世时灭绝。

03.0025　栅棘鱼类　climatiforms
原始棘鱼类，原始属的身体短，鳞片厚，冠部高，具发育的辅助鳃盖，鳍棘宽，雕纹深，具一长列中间棘。以栅棘鱼（*Climatius*）为代表，志留纪晚期至石炭纪。

03.0026　锉棘鱼类　ischnacanthiforms
身体细长的棘鱼类，具棘鱼型鳞。以锉棘鱼（*Ischnacanthus*）为代表，志留纪晚期至石炭纪。

03.0027　棘鱼目　Acanthodiformes
棘鱼类中最晚出现并最晚灭绝的种类，早泥盆世—早二叠世。没有牙齿或肩带腹面的膜质板，仅具一个背鳍，具棘鱼型鳞。

03.0028　硬骨鱼类　osteichthyans
有颌类的一个支系，骨骼全部骨化或部分骨化为硬骨，体被硬鳞或骨鳞，鳃间隔退化，具鳃盖骨，鳃裂不直接开口于体外，鳔常存在，鼻孔一对，口位于头的前端，无鳍脚，体外受精，尾多为正尾。志留纪晚期至今。

03.0029　辐鳍鱼类　actinopterygians
硬骨鱼类的一个支系，是脊椎动物中多样性最高的一个类群。鱼鳍内骨骼近端由前、中和后鳍基骨多块骨骼构成。按演化阶段分为"软骨硬鳞鱼类"、"全骨类"和"真骨类"。前两类为并系类群。志留纪晚期至今。

03.0030　软骨硬磷鱼类　chondrosteans
原始辐鳍鱼类，为并系类群。其内骨骼主要是软骨，体表一般披有菱形的厚重鳞片，现生代表有多鳍鱼（*Polypterus*）和鲟鱼（*Acipenser*）。志留纪晚期至今。

03.0031　古鳕类　palaeoniscoids
最原始的软骨硬鳞鱼类，为并系类群。鱼体小，身披硬鳞，歪型尾。泥盆纪至三叠纪是古鳕类的繁盛时期，典型代表有中泥盆世的鳕鳞鱼（*Cheirolepis*）和二叠纪古鳕鱼

（*Palaeoniscus*）。

03.0032　多鳍鱼类　polypteriforms
比较低等的辐鳍鱼类，种类很少，体被硬鳞，胸鳍有小的肉质叶，鳍基骨不直接和肩胛骨连接，背鳍分为许多分离的小鳍，尾鳍几乎是对称的，基本上是圆型。现生代表为多鳍鱼（*Polypterus*），产于非洲的刚果河和尼罗河。

03.0033　鲟形类　acipenseriforms
软骨硬鳞鱼类的一个重要类群，从早白垩世延续至今。具长吻，脊索发达终生保留，无椎体，鳔位于消化道背侧，软骨脑颅与鲨鱼相似，鳍不呈叶状，歪型尾。我国鲟形鱼类化石非常丰富，大多为早期类型。

03.0034　新鳍鱼类　neopterygians
按演化阶段分为全骨鱼类和真骨鱼类。晚二叠世至今。

03.0035　全骨鱼类　holosteans
为并系类群，包括了新鳍鱼类中真骨鱼类之外的所有鱼类。其体表虽然仍披有菱形硬鳞，但体内已有不少软骨骨化，尾鳍一般是半歪型尾，有的已是正型尾，喷水孔消失。现生代表有弓鳍鱼和雀鳝。晚二叠世至今。

03.0036　弓鳍鱼类　amiiforms
具双凹型椎体，体被圆鳞，正型尾，螺旋瓣和动脉圆锥极度退化，出现动脉球。现仅存一种，为弓鳍鱼（*Amia*）。在华南、华北上侏罗统中发现的中华弓鳍鱼（*Sinamia*）可作为该类群的代表。

03.0037　雀鳝类　lepisosteiforms
产于北美洲淡水中的一种肉食性鱼类，具后凹型椎体和硬鳞，背鳍靠近尾鳍。代表是雀鳝（*Lepisosteus*）。

03.0038　真骨鱼类　teleosts
现代海洋与大陆上的水域中最为成功的脊椎动物类群，其主要特征是头骨骨化，舌接式，脊椎骨完全骨化，鳞片为骨鳞，正型尾。

中三叠世至今，从晚侏罗世起逐渐取代全骨鱼类，新生代时演化辐射，并成为水域的真正征服者。

03.0039　肉鳍鱼类　sarcopterygians
拥有肉质叶状鳍，偶鳍为原鳍型的硬骨鱼类，从中衍生出四足动物。志留纪晚期至今。我国南方是肉鳍鱼类的起源地和早期辐射中心，云南曲靖发现的斑鳞鱼（*Psarolepis*）为迄今所知最早的肉鳍鱼。

03.0040　空棘鱼类　actinistians
肉鳍鱼类的一个支系，通常个体不大。在科摩罗群岛和印度尼西亚附近水域发现的拉蒂迈鱼（*Latimeria*）为现存唯一的属，被称为活化石。早泥盆世至今，我国空棘鱼类化石主要发现于二叠纪、三叠纪海相地层中。

03.0041　肺鱼形类　dipnomorphs
包括化石和现生的肺鱼及其近亲。现生的肺鱼只有 3 属 6 种，都分布在南半球，主要特征是牙齿特化为扇形齿板。该类群的早期代表包括在云南下泥盆统中发现的杨氏鱼（*Youngolepis*）和奇异鱼（*Diabolepis*）。该次亚纲还包括一类已灭绝的类群——孔鳞鱼类（porolepiforms）。早泥盆世至今。

03.0042　四足形类　tetrapodomorphs
具内鼻孔的肉鳍鱼类，包括根齿鱼类、骨鳞鱼类、三列鳍鱼类、潘氏鱼类和四足动物。云南早泥盆世的肯氏鱼（*Kenichthys*）是最原始的四足形动物，处于后外鼻孔向内鼻孔过渡的阶段。加拿大晚泥盆世的真掌鳍鱼（*Eusthenopteron*）与早期两栖类已很相似，尤其是头骨模式和偶鳍结构，可以看作是两栖类较近的鱼类祖先。早泥盆世至今。

03.0043　肺鱼类　dipnoans
上颌愈合于脑颅，具特化的扇形齿板，主要以压食软体动物为生。我国云南下泥盆统中发现的奇异鱼是最早、最原始的肺鱼，现生的有三属，分别是澳洲肺鱼、美洲肺鱼以及南美肺鱼。

03.0044　总鳍鱼类　crossopterygians

过去认为肉鳍鱼类包括肺鱼类和总鳍鱼类，后者又包括空棘鱼类和扇鳍鱼类。近来的研究将肺鱼类归入到扇鳍鱼类，这样总鳍鱼类就等同于肉鳍鱼类。

03.0045　扇鳍鱼类　rhipidistians

过去定义为孔鳞鱼类和骨鳞鱼类的总称。现在一般认为孔鳞鱼类与肺鱼类有更近的亲缘关系，它们共同组成肺鱼形动物，而骨鳞鱼类隶属四足形类。目前定义为四足形类和肺鱼型类的总称。

03.0046　似釉质　enameloid

又称"似珐琅质"。低等脊椎动物位于牙齿、鳞片和其他皮肤骨表层的薄而坚硬的结构，由皮肤外胚层来源的表皮细胞和神经外胚层来源的外胚间充质细胞共同形成。其内可见齿质小管。

03.0047　齿质　dentine

由生齿质细胞发育而成，化学成分几乎与硬骨相似，间叶细胞形成齿质中的小管。传统上认为生齿质细胞为中胚层来源的间充质细胞，现在认为此类间充质细胞为外胚间充质细胞，来源于神经脊衍生的神经外胚层。

03.0048　正齿质　orthodentine

典型的齿质，不具生齿质细胞窝。生齿质细胞在髓腔中沿齿质内侧排列成一层，细胞突起伸入到齿质中形成大致平行排列的齿质小管。

03.0049　中齿质　mesodentine

广义齿质的一种特殊类型。不规则生齿质细胞窝被包裹其中，相互之间齿质小管呈蜘蛛状连接。见于骨甲鱼类、花鳞鱼类和棘鱼类的皮肤骨。

03.0050　半齿质　semidentine

广义齿质的一种特殊类型，为盾皮鱼类所特有。滴水状生齿质细胞窝被包裹其中。

03.0051　无细胞骨　aspidine

硬骨的一种类型，不含骨细胞窝。见于星甲鱼类、异甲鱼类和盔甲鱼类等甲胄鱼类和一些棘鱼类、软骨鱼类和硬骨鱼类的皮肤骨。

03.0052　整列质　cosmine

又称"齿鳞质"。肉鳍鱼类所独有的硬组织结构，位于膜骨或鳞片表面。标准的整列层结构由孔管系统和单层的釉质－齿质结构组成。

03.0053　硬鳞质　ganoine

又称"闪光质"。硬鳞最上层发亮的釉质结构。见于软骨硬磷鱼类和全骨鱼类。传统上认为其来源于中胚层，为一种特殊的似釉质结构。最近研究表明，硬鳞质来源于皮肤外胚层，属于釉质结构。

03.0054　顶质　acrodine

一种特殊的似釉质结构，为部分辐鳍鱼类的牙齿所特有。其构成的牙齿尖端表面光滑，呈半透明状，似帽盖。可见放射状的齿质小管。

03.0055　硬鳞　ganoid scale

辐鳍鱼类鳞片的一种类型，见于软骨硬磷鱼类和部分全骨鱼类。由真皮形成的骨质板，表面覆有坚硬的硬鳞质。硬鳞质通常为多层结构。鳞多呈菱形，成对角线排列。

03.0056　骨鳞　bony scale

硬骨鱼类鳞片的一种类型，由真皮性骨板形成。一般为圆形或椭圆形，薄而略透明，其上有完整或不完整的同心圆环纹和辐射线。一般可分为两种：鳞面光滑的圆鳞和鳞面有小棘的栉鳞。

03.0057　圆鳞　cycloid scale

骨鳞的一种类型。鳞片光滑，略呈圆形，前端倾斜插入真皮内，后端游离，前后鳞片彼此作覆瓦状排列于表皮的下面，游离的一端圆滑。

03.0058　栉鳞　ctenoid scale

骨鳞的一种类型。和圆鳞相似，只是游离缘

有数排锯齿状突起。见于比较高等的真骨鱼类，如鲈形目的大多数鱼类。

03.0059　整列鳞　cosmoid scale
又称"齿质鳞"。肉鳍鱼类特有的鳞片，其表层由整列质所构成。整列质的孔－管系统在鳞片的表面形成密集而均匀分布的小孔。

03.0060　盾鳞　placoid scale
又称"皮齿(dermal denticle)"。软骨鱼类的鳞片，常为圆锥形，由棘突和基板两部分组成，内面有一个髓腔。基板的成分为硬骨，棘突主要由齿质组成，外面是一薄层像釉质一样坚硬的物质。传统上认为盾鳞与牙齿同源。

03.0061　韦氏线　Westoll-line
将早期肺鱼类鳞片和其他皮肤骨表面的整列质层分割成若干同心圆环，可能是整列鳞的再吸收过程所形成。

03.0062　钙化软骨　calcified cartilage
软骨的一种特殊类型。软骨细胞形成的基质内有钙盐沉淀，形成硬而脆的、不透明的、表面似硬骨的一种组织。钙化使软骨变坚硬并易于保存为化石。

03.0063　膜成骨　membrane bone
由间充质直接形成。所有真皮内的硬骨都是这种方式形成的。

03.0064　软骨内成骨　endochondral bone
通过逐渐替代胚胎软骨而形成的硬骨。见于传统定义上硬骨鱼类和四足动物。盾皮鱼类也被认为具有该类型的硬骨。

03.0065　软骨外成骨　perichondral bone
通过在软骨表面直接增加而形成的硬骨。

03.0066　等列层　isopedin
硬鳞或整列鳞最下面一层致密组织，为板状密骨。

03.0067　棘鱼型鳞　*Acanthodes* type scale
按组织学结构划分，棘鱼类鳞片的一种类型。其齿冠为正齿质，无生齿质细胞窝，基层为无细胞骨。

03.0068　背棘鱼型鳞　*Nostolepis* type scale
按组织学结构划分，棘鱼类鳞片的一种类型。其齿冠为中齿质，有血管穿入，基层具有骨细胞窝。

03.0069　鳍棘　fin spine
位于鳍前端的棘刺状硬骨。

03.0070　鳍条　fin ray
鱼鳍远端的支持结构，由真皮产生或由骨质鳞演变而来，为真皮衍生物。硬骨鱼类中，骨质鳞变为细棒状，彼此首尾相接，形成鳞质鳍条(lepidotrichia)。软骨鱼类中的鳍条为纤维状结缔组织，被称为角质鳍条(ceratotrichia)。

03.0071　鳍基骨　basal
鱼鳍基部的内骨骼。在软骨鱼类和低等辐鳍鱼类等的偶鳍中，依位置不同分为前鳍基骨、中鳍基骨和后鳍基骨。真骨鱼类仅保留前鳍基骨，而肉鳍鱼类的中轴骨骼属于后鳍基轴(metapterygial axis)。

03.0072　原鳍　archipterygium
主要见于肺鱼类叶状、基部较细的胸、腹鳍。其鳍的内骨骼由中轴骨骼和在中轴骨骼两侧向外呈辐射排列的较小骨骼组成，末端长有骨质的鳍条。

03.0073　倒歪型尾　reversed heteocercal tail
脊柱尾端向下弯，尾鳍上下两叶不对称，尾上叶(epichordal lobe)小，尾下叶(hypochordal lobe)大。见于部分甲胄鱼类。

03.0074　正型尾　Homocercal tail
脊柱尾端向上弯，但仅达尾鳍基部，尾鳍的外形上下两叶是对称的，但内部不对称，内部椎骨仍上翘。见于真骨鱼类。

03.0075　圆型尾　Diphycercal tail
脊柱尾端平直，将尾鳍平分为上下对称的两叶。见于多鳍鱼类和现代肺鱼类和空棘鱼类。

03.0076　歪型尾　heterocercal tail
脊柱尾端向上弯，尾鳍上下两叶不对称，上叶狭小、下叶宽大。常见于软骨鱼类和鲟类。

03.0077　肩胛乌喙骨　scapulocoracoid
肩带内骨骼，愈合的肩胛骨和乌喙骨，常呈V形或U形，是组成肩带的主要部分，见于鱼类及低等四足类中。

03.0078　感觉管　sensory canal
鱼类和水生两栖类或两栖类幼体很发达而陆生脊椎动物所没有的感觉器官。管内有许多感觉细胞形成的神经丘。

03.0079　凹线沟　pit-line
鱼类头部许多孤立的但排列为线状的神经丘在皮肤骨上留下的浅沟。颅顶甲上通常有前、中和后凹线沟。颊部皮肤骨和下颌上也有按一定方式排列的凹线沟。

03.0080　松果孔　pineal foramen
低等脊椎动物中松果体在颅顶甲上的开口。松果体由间脑顶部向前上方伸出，为低等脊椎动物的第三个眼。

03.0081　口鳃腔　oralobranchial chamber
无颌类口腔与鳃室的合称。在骨甲鱼类和盔甲鱼类中，口从前端进入口鳃腔。在口鳃腔的两侧，通常有多对鳃孔分别开向外界。口鳃腔的顶部由鳃间嵴分隔为成对的鳃室。

03.0082　镶嵌片　tesserae
头甲部位相互不愈合的多边形或鳞片状的膜质小骨片。

03.0083　中区　median field
骨甲鱼类头甲的特有构造。位于头甲中轴线上松果孔之后的一个纵长凹陷区，覆盖相互不愈合的多边形的膜质小骨片，并以管道与迷路腔相连。其或为发电器官，或为感觉器官，目前尚无定论。

03.0084　侧区　lateral field

骨甲鱼类头甲的特有构造。位于头甲两侧的凹陷区，覆盖相互不愈合的多边形的膜质小骨片，并以管道与迷路腔相连。

03.0085　颅顶甲　skull roof
位于脑颅顶面外骨骼的总称。

03.0086　吻片　rostral plate
盾皮鱼类颅顶甲中轴线上的一块骨片。位于颅顶甲鼻囊之上。

03.0087　鼻间片　internasal plate
盾皮鱼类颅顶甲中轴线上的一块骨片。位于鼻孔之间。

03.0088　松果片　pineal plate
盾皮鱼类颅顶甲中轴线上的一块骨片。位于吻片之后。腹侧有一或两个附着松果体的凹陷，有的表面附着松果孔。

03.0089　后松果片　postpineal plate
盾皮鱼类颅顶甲中轴线上的一块骨片。位于松果片之后，见于棘胸鱼类和胴甲鱼类。眶上感觉管经常在后松果片上汇聚。

03.0090　颈片　nuchal plate
盾皮鱼类颅顶甲中轴线上的一块骨片。位于颅顶甲最后端。

03.0091　前中片　premedian plate
盾皮鱼类颅顶甲中轴线上的一块骨片。见于棘胸鱼类和胴甲鱼类，位于鼻孔之前。

03.0092　侧片　lateral plate
胴甲鱼类颅顶甲的成对骨片。位于眶孔两侧。

03.0093　缘片　marginal plate
盾皮鱼类颅顶甲的成对骨片。颅顶甲侧边缘的一部分，在后缘感觉管与侧线管连接的部位。

03.0094　后缘片　postmarginal plate
盾皮鱼类颅顶甲的成对骨片。颅顶甲后侧角的小骨片，位于缘片之后。

03.0095 后鼻片 postnasal plate

盾皮鱼类颅顶甲的成对骨片。从外侧或腹侧包围外鼻孔，被眶上感觉管横穿。

03.0096 眶前片 preorbital plate

盾皮鱼类颅顶甲的成对骨片。位于眼眶前内侧边缘，有眶上感觉管通过。

03.0097 眶后片 postorbital plate

盾皮鱼类颅顶甲的成对骨片。位于眼眶后内侧边缘，眶下感觉管和侧线管在骨片上相遇。

03.0098 副颈片 paranuchal plate

盾皮鱼类颅顶甲的成对骨片。位于颈片两侧，颅顶甲最后端，通常与躯甲形成关节。

03.0099 中央片 central plate

盾皮鱼类颅顶甲的成对骨片。位于后松果片之后，听囊之上。

03.0100 眶下片 suborbital plate

盾皮鱼类颊部骨片。颅顶甲中央的骨片。

03.0101 后眶下片 postsuborbital plate

盾皮鱼类颊部骨片。位于眶下片之后，有眶后感觉管穿过。

03.0102 下缘片 submarginal plate

盾皮鱼类颊部骨片。在原始盾皮类中是鳃腔的主要覆盖物。

03.0103 前侧片 prelateral plate

胴甲鱼类颊部骨片，夹在侧片与下缘片之间。

03.0104 颐片 mental plate

胴甲鱼类颊部骨片，腭方软骨附着其上，与节甲鱼类的眶下片同源。

03.0105 上颌片 superognathal plate

成对位于上颌的骨片，在节甲鱼类中很发达。

03.0106 下颌片 inferognathal plate

成对位于下颌的骨片，在节甲鱼类中很发达。

03.0107 颈缺 nuchal gap

颈片后面躯甲前面的空隙。

03.0108 额外肩胛骨 extrascapular plate

颈缺位置的一块或两块骨片，见于一些节甲鱼类。

03.0109 躯甲 trunk shield

躯干部位骨片的总称。为外骨骼。

03.0110 中背片 median dorsal plate

盾皮鱼类躯甲背侧中线位置的一块骨片。

03.0111 前中背片 anterior median dorsal plate

胴甲鱼类躯甲背侧中线位置有前后两块骨片，前面的一块被称为前中背片。

03.0112 后中背片 posterior median dorsal plate

胴甲鱼类躯甲紧接前中背片之后的一块骨片。

03.0113 前背侧片 anterior dorsolateral plate

盾皮鱼类躯甲的成对骨片。位于中背片或前中背片两侧，为侧线感觉管贯穿，前端通常与颅顶甲的副颈片构成关节。

03.0114 后背侧片 posterior dorsolateral plate

盾皮鱼类躯甲的成对骨片。位于前背侧片之后，中背片或后中背片两侧，为侧线感觉管贯穿。

03.0115 前侧片 anterolateral plate

盾皮鱼类躯甲的成对骨片。位于前背侧片的两侧，参与形成后鳃叶（postbranchial lamina）。内面附着肩胛乌喙骨后侧部。

03.0116 后侧片 posterolateral plate

盾皮鱼类躯甲的成对骨片。位于前侧片之后，后背侧片的两侧。

03.0117 间侧片 interolateral plate

盾皮鱼类躯甲的成对骨片。位于前腹侧片之前，参与形成后鳃叶。

03.0118　前腹片　anterior ventral plate
盾皮鱼类躯甲的单一骨片。位于躯干腹侧中线最前端。

03.0119　前腹侧片　anterior ventrolateral plate
盾皮鱼类躯甲的成对骨片。位于躯甲腹面前方。

03.0120　后腹侧片　posterior ventrolateral plate
盾皮鱼类躯甲的成对骨片。位于躯甲腹面后方。

03.0121　中腹片　median ventral plate
盾皮鱼类躯甲的单一骨片。位于前、后腹侧片中间的骨片。在节甲鱼类中有前后两块骨片，被称为前中腹片和后中腹片。

03.0122　棘片　spinal plate
盾皮鱼类躯甲的成对骨片。夹在前侧片和前腹侧片之间，构成胸窗的外侧缘。

03.0123　半月片　semilunar plate
胴甲鱼类躯甲位于两个前腹侧片中间或前缘的骨片，单块或成对。

03.0124　混合侧片　mixilateral plate
胴甲鱼类躯甲的成对骨片。一般认为是由后背侧片与后侧片愈合而成。

03.0125　胸窗　pectoral fenestra
躯甲上的开口，肩胛乌喙骨与胸鳍内骨骼通过该窗相连接，胸附肢的神经管也由此穿过。

03.0126　头－躯甲关节　cranio-thoracic joint
盾皮鱼类头甲与躯甲的关节。

03.0127　间鳍棘　intermediate spine
棘鱼类身体腹面位于胸鳍与腹鳍之间的一组中间棘。有时多达 6 对。

03.0128　舌鳃盖　hyoidean gill-cover
棘鱼类头部覆盖鳃区的一组长条形的小皮肤骨。

03.0129　辅助鳃盖　ancillary gill-cover
棘鱼类位于舌鳃盖之后、肩胛乌喙骨之前的一些类似身体鳞片的小皮肤骨。在进步种类中通常消失。

03.0130　巩膜片　sclerotic plate
巩膜内部的一圈小骨片，以加强巩膜的支持能力，保护眼球。早期鱼类的巩膜骨环由 4 块骨片组成。在早期四足动物中，骨片数大大增加，常达到 12 块或更多，爬行类和鸟类还保持着较多的骨片。

03.0131　软颅　chondrocranium
又称"内颅(endocranium)"。保护脑及感觉器官的内骨骼。无颌类和软骨鱼类停留在软骨阶段。其他脊椎动物在胚胎发生上要经历软骨阶段，以后再为硬骨所替代，因而属软骨内成骨。

03.0132　脏颅　splanchnocranium
支持上、下颌和鳃裂的内骨骼，为软骨内成骨。包括颌弓、舌弓与鳃弓。

03.0133　膜颅　dermatocranium
由间充质细胞直接产生的硬骨，不经过软骨阶段，覆盖在软颅和脏颅上。属于头骨的膜成骨部分。

03.0134　合弓　synarcual
由脊柱前端几个脊椎骨愈合在一起而形成，经常是脊柱和头部的关节部位。

03.0135　筛蝶区　ethmosphenoid
内颅的前半部分，可细分为前面的筛区和后面的蝶区。筛区由索前软骨(prechordal cartilage)之前、鼻软骨囊附近的软筛骨板骨化而成。蝶区由索前软骨骨化而成。

03.0136　耳枕区　otico-occipital
内颅的后半部分，可细分为耳区和枕区。耳区由耳鼻软骨囊骨化而成。枕区由索旁软骨(parachordal cartilage)、软骨盖以及枕软骨(occipital cartilage)骨化而成。

03.0137　颅间关节　intracranial joint
在早期肉鳍鱼类中，内颅前部的筛蝶区与后部的耳枕区之间形成的活动关节。

03.0138　内鼻孔　choanal
鼻囊在口腔内部的开口。见于四足型类。我国发现的早泥盆世肯氏鱼(*Kenichthys*)提供一个由鱼类后外鼻孔向内鼻孔过渡的实例。

03.0139　膜颅间关节　dermal intracranial joint
在早期肉鳍鱼类中，膜颅前部的顶甲与后部的后顶甲之间形成的活动关节。

03.0140　耳枕裂　otico-occipital fissure
又称"侧枕裂(lateral occipital fissure)"。内颅后部耳区和枕区的接缝。

03.0141　内颅腹裂　ventral cranial fissure
内颅腹面蝶区和耳区的裂缝。

03.0142　犁骨　vomer
又称"锄骨"。内颅筛区底壁紧贴在中筛骨腹面的一对膜质骨。

03.0143　副蝶骨　parasphenoid
内颅蝶区底壁紧贴在基蝶骨腹面的一块膜质骨。

03.0144　口垂体孔　buccohypophysial foramen
位于副蝶骨中下部，是口垂体的开口。

03.0145　侧联合　lateral commissure
内颅耳枕区侧部包围颈静脉的部分

03.0146　顶甲　parietal shield
位于膜颅间关节之前的颅顶甲部分。其后端中间的成对骨骼为顶骨。

03.0147　前上颌骨　premaxillary bone
顶甲最前端的一对长形小骨，着生最前的缘齿。

03.0148　上颌骨　maxillary bone
位于前上颌骨后方的长形膜质骨，着生上颌的缘齿。

03.0149　后顶甲　postparietal shield
位于膜颅间关节之后的颅顶甲部分。其前端中间的成对骨骼为后顶骨。

03.0150　舌接型　hyostylic
颌连接的常见类型。颌除前端外不与脑颅连接，颌关节完全依赖舌颌骨支持。以舌颌骨作为悬器，将颌弓与脑颅连接。见于多数鱼类。

03.0151　双接型　amphistylic
除靠舌颌骨连接外，上颌也直接与脑颅关节。见于部分软骨鱼类。

03.0152　自接型　autostylic
上颌骨与脑颅愈合，其上的方骨与下颌的关节骨相连接。陆生脊椎动物多属此型。

03.0153　颅接型　craniostyly
上颌骨与脑颅愈合，其方骨与关节骨变为中耳听小骨，下颌的齿骨直接连颞骨。哺乳动物属于此型。

03.0154　麦氏软骨　Meckelian cartilage
颌弓的下段。在软骨鱼类中，构成其下颌。到了硬骨鱼类，这种下颌只残留最后端一小块变为软骨性硬骨关节骨，其余大部分为齿骨和隅骨所代替。至哺乳类，关节骨转变为一块听小骨——锤骨。

03.0155　舌颌骨　hyomandibular bone
舌弓最上端骨骼。从四足动物开始，该骨不再执行颌弓悬器的功能，成为传导声波的听骨，即耳柱骨(columella)或镫骨(stapes)。

03.0156　腭方软骨　palatoquadrate cartilage
颌弓的上段。在软骨鱼类中，构成其上颌。到了硬骨鱼类，这种软骨上颌为硬骨前颌骨和上颌骨所代替。至哺乳类，方骨转变为一块听小骨——砧骨。

03.0157　咽喉齿　pharyngeal tooth
简称"咽齿"。又称"下咽齿"。着生于退化的第5对鳃弓的下咽骨(也称下鳃骨)内侧的牙齿。见于鲤科鱼类。

03.02 两 栖 类

03.0158 四足类 tetrapods
又称"四足动物"。具四肢、最早登陆的脊椎动物。多陆生。包括两栖类、爬行类、鸟类和哺乳类。晚泥盆世从肉鳍鱼类中演化出来。

03.0159 两栖类 amphibians
脊椎动物一纲，处于从水生到陆生过渡阶段的四足动物。头骨扁平，具双枕髁，一荐椎。个体发育过程中一般经过变态过程。现生种类皮肤腺体发育，早期化石种类体表常有坚厚骨板或皮膜、鳞片等。按传统分类包括迷齿、壳椎和滑体两栖三个亚纲。

03.0160 坚头类 stegocephalians
两栖纲的一目，包括所有侏罗纪以前灭绝的和部分侏罗纪以后灭绝的大蝾螈形两栖动物。因头骨多具有坚硬的骨甲而得名。坚头类的起源不晚于晚泥盆世。

03.0161 迷齿类 labyrinthodontians
两栖纲传统分类中的一亚纲，因具迷路齿而得名。包括鱼石螈目、离片椎目和石炭蜥目。为复系类群，已弃用。

03.0162 鱼石螈类 ichthyostegids
原始四足类动物。具四肢，肺呼吸。从鱼类向陆生四足动物过渡的类型。晚泥盆世分布于格陵兰（如鱼石螈、棘鱼石螈）、英国、美国、加拿大、俄罗斯、中国（宁夏的中国螈）、澳大利亚、拉脱维亚和爱沙尼亚等地。

03.0163 离片椎类 temnospondyls
两栖纲一目。因椎体由腹面的间椎体和背侧的侧椎体多块椎体构成而得名。早石炭世至早白垩世全球分布。包括块椎类（rachitomes）和全椎类（stereospondyls）两亚目，前者具有大的间椎体和小的侧椎体，多陆生；后者只有间椎体，而侧椎体消失，多水生。

03.0164 大头鲵类 capitosaurids
全椎类一（超）科。多大型，半水生或水生，食肉。头相对较大而得名。三叠纪时全球繁盛。但有人提出乳齿鲵超科（Mastodonsauroidea）应为先占名。我国代表如中三叠世湖北的远安鲵（*Yuanansuchus*）。

03.0165 壳椎类 lepospondyls
两栖类一亚纲。因保留脊索，椎体呈线轴状而得名。无耳凹、无迷路齿，多小型、水生。早石炭世至早二叠世，见于欧洲、北美和北非。如美国晚石炭世至早二叠世的笠头螈（*Diplocaulus*）。

03.0166 滑体两栖类 lissamphibians
两栖类一亚纲，旧译无甲亚纲。包括所有现生两栖类及与它们亲缘关系密切的化石类型。早三叠世出现。全球分布。现生类型归入无尾类、有尾类和无足类三目。

03.0167 无尾类 anurans
滑体两栖类一目，统称蛙类。与原无尾类（proanurans）共同构成跳行超目（Salientia）。成体无尾。多数半水生，变态显著。全球分布。最早代表为美国早侏罗世的前跳蟾（*Prosalirus*）。包括古蛙、中蛙、新蛙三亚目。辽宁早白垩世的丽蟾（*Callobatrachus*）是中国的古蛙类代表。

03.0168 有尾类 urodeles
滑体两栖类一目，统称蝾螈类。与基干有尾类（stem caudates）共同构成有尾超目（Caudata）。因个体发育各阶段都有一尾部而得名。我国代表如晚侏罗世内蒙古的初螈（*Chunerpeton*），早中新世山东的原螈（*Procynops*）等。

03.0169 无足类 apodans
又称"蚓螈类"。滑体两栖类一目。与基干

无足类，共同构成裸蛇超目（Gymnophiona）。因无四肢，体形似蚯蚓而得名，多数种类皮肤下保留有真骨性鳞片。化石仅见于北美洲下侏罗统、北非白垩系和南美洲古新统。

03.0170　阿尔班螈类　albanerpetontids
一类已灭绝的陆生蝾螈形动物。有学者认为其代表滑体两栖类的第四个类群。产自北美、欧洲、中亚和北非的中侏罗世至中新世。

03.0171　石炭蜥类　anthracosaurians
曾作为两栖类一目，现在被认为与羊膜类关系更近。并系类群。产自北美、欧洲、亚洲的晚石炭世至晚二叠世。典型代表如早二叠世美国的西蒙螈（*Seymouria*）。我国代表如晚二叠世新疆的乌鲁木齐鲵（*Urumqia*）。

03.0172　变态　metamorphosis
脊椎动物中，仅两栖类所特有的一种生命过程。其幼体具鳃，多水栖，而成体一般用肺呼吸，多陆生。变态过程伴随骨骼系统、呼吸系统等一系列身体形态和结构的巨大变化。

03.0173　幼型　pedomorphosis, paedomorphosis
指成体动物保留幼体特征。如保留外鳃（external gill）。见于古老型的两栖类、有尾两栖类、哺乳动物等。

03.0174　额顶骨　frontoparietal
由额骨与顶骨愈合形成的真皮骨，常见于无尾两栖类。

03.0175　耳凹　otic notch
头骨颊部后缘的港湾状凹口。由鳞骨（squamosal）和棒骨（tabular）构成，可支持鼓膜。见于古老型的两栖类和爬行类。

03.0176　额顶窗　frontoparietal fenestra
两栖类头顶面的软骨开口。由筛板（前）、眶软骨（侧）和综耳软骨盖（后）围成。多数蛙类成体时该窗被真皮骨覆盖，但部分原始类型裸露。

03.0177　犁骨齿列　vomerine tooth row
头骨腭面犁骨上，呈列排列的犁骨齿。常作为有尾两栖类高级类元的分类依据。

03.0178　腭骨齿　palatal tooth
腭骨上的牙齿。多见于古老型的两栖类和爬行类。

03.0179　基座型齿　pedicellate tooth
滑体两栖类典型牙齿类型。齿冠与基部间被一结缔组织区域分隔。与蛙类起源相关的部分离片椎类也具基座型齿。

03.0180　迷路齿　labyrinthodont tooth
因齿冠横切面呈迷路构造而得名。肉鳍鱼类和迷齿两栖类特有的牙齿类型。

03.0181　慉夹板骨　angulosplenial bone
无尾两栖类下颌中位于齿骨内后侧的真皮骨。与齿骨构成下颌主体。

03.0182　颐骨　mentomeckelian bone
无尾两栖类下颌中位于齿骨前内侧的小型软骨成骨。由麦氏软骨的前端骨化而成。两侧下颌骨在颐骨处相关节。

03.0183　荐前椎　presacral vertebra
位于荐椎骨前面的脊椎。其数目和椎体类型常常是无尾两栖类分类的重要依据。

03.0184　间椎体　intercentrum
椎体的组成部分。位于脊椎腹面中央，多呈马鞍形。见于古老型两栖类和原始的爬行类。在全椎类和现生无尾类中椎体全由间椎体构成。

03.0185　侧椎体　pleurocentrum
椎体的组成部分。位于间椎体的背面两侧。见于古老型两栖类和原始的爬行类。在进步的爬行类、鸟类和哺乳类中椎体全由侧椎体构成。

03.0186　双凹型椎体　amphicoelous centrum
椎体类型一种。椎体前后两端均向内凹入。常见于鱼类、有尾类、无足类、部分无尾类和白垩纪之前的化石爬行类中。

03.0187　前凹型椎体　procoelous centrum
椎体类型一种。椎体前凹后凸。见于多数无尾类、翼龙、真鳄类和蜥蜴中。

03.0188　后凹型椎体　opisthocoelous centrum
椎体类型一种。椎体前凸后凹。见于部分无尾类、一些恐龙的颈椎和蜥脚类恐龙的荐前椎中。

03.0189　变凹型椎体　anomocoelous centrum
椎体类型一种。属于前凹型椎体的变化类型。椎体前凹后凸，间或有双凹、双凸型。见于锄足蟾类无尾类。

03.0190　参差型椎体　diplasiocoelous centrum
椎体类型一种。属于前凹型椎体的变化类型。第 8 枚椎体为双凹，荐椎椎体双凸型。见于蛙科无尾类。

03.0191　双平型椎体　amphiplatyan centrum
脊椎椎体的前后表面均平的椎体类型。多见于中生代的化石爬行类和哺乳类。

03.0192　平凹型椎体　platycoelous centrum
椎体类型一种，其脊椎椎体中的脊索通道封闭，前后两端稍凹入。发现于一些中生代的化石爬行类中。

03.0193　壳状脊椎　lepospondylous vertebra
指脊索被圆柱状椎体包围的脊椎类型。脊椎发生不经过软骨阶段，且神经弧多愈合到椎体上。见于壳椎两栖类。

03.0194　弓状脊椎　apsidospondylous vertebra
脊椎发育经过软骨阶段，由侧椎体、间椎体和神经弧组成。最早见于扇鳍鱼类、鱼石螈类，后从中演化出离片椎类和早期羊膜类支系的脊椎类型。与壳状脊椎相区别。

03.0195　荐椎横突　sacral diapophysis
荐椎的横突。其形态(如圆柱状、短斧状、蝶翅状等)常作为无尾两栖类分类的重要依据。

03.0196　脉弧　chevron
位于尾椎椎体腹面的保护其内血管、神经的 V 形骨。动物学名词中称为"人字骨"。

03.0197　尾杆骨　urostyle
脊柱后方的杆状骨。由荐后椎发育变化而成。

03.0198　自由肋　free rib
不与脊椎横突愈合的独立的肋骨。在无尾两栖类中见于原始种类的除寰椎外的前部荐前椎，其数目和位置是分类特征之一。

03.0199　单头肋　unicapitate rib，monocephalous rib
近端为单头的肋骨。

03.0200　荐肋　sacral rib
荐椎(sacrum)上的肋骨。因连接腰带骨骼，所以多较其他肋骨强壮。

03.0201　双头肋　bicapitate rib，dichocephalous rib
近端为双头的肋骨。

03.0202　钩状突　uncinate process
肋骨上的钩状突起。相邻肋骨间的支柱状结构，防止脊椎和肋骨的前后滑动。多出现在后部颈椎和前部背椎上，是轴肌的附着处。见于部分无尾两栖类、喙头类、鳄类、一些化石爬行类和鸟类中。

03.0203　弧胸型肩带　firmisternal pectoral girdle
无尾两栖类肩带类型的一种。肩带两侧骨骼在腹面不愈合，形成可活动的连接。见于原始无尾类和蟾蜍科无尾类。

03.0204　固胸型肩带　arciferal pectoral girdle
无尾两栖类肩带类型的一种。肩带两侧骨骼在腹面愈合形成不活动的连接。见于蛙科无尾类。

03.0205 指式 phalangeal formula

四足动物前肢指骨的数目和排列方式。具有一定的分类学意义。

03.0206 趾式 phalangeal formula

四足动物后肢趾骨的数目和排列方式。具有一定的分类学意义。

03.0207 胫腓骨 tibiofibula

后肢骨骼，由胫骨和腓骨愈合而成。在无尾两栖类中，其与股骨的长度比例具有一定功能学和分类学意义。

03.0208 胫侧跗骨 tibiale

后肢骨骼的一种，由内侧近端跗骨延长形成。其与腓侧跗骨两端是否愈合在无尾两栖类中具有一定分类学意义。

03.0209 腓侧跗骨 fibulare

后肢骨骼的一种，由外侧近端跗骨延长形成。其与胫侧跗骨两端是否愈合在无尾两栖类中具有一定分类学意义。

03.0210 吻臀距 snout-pelvis length

又称"吻肛距(snout-vent length)"。从吻端到腰带后部(或肛门)的距离。两栖类体长的一种常用的测量方式。

03.03 爬 行 类

03.0211 爬行类 reptiles

传统上认为爬行类是两栖类进化到哺乳类的中间环节。它包括无孔类、双孔类(调孔类)和下孔类爬行动物。近年以支序分类学为基础的分类方案中，下孔类(包括哺乳动物)被认为是羊膜类的一支，和爬行类形成姐妹群关系。

03.0212 副爬行类 parareptiles

爬行类中的一个单系类群。一般认为它包括原始的前棱蜥类、锯齿龙类、中龙类等。近年有人将龟鳖类归入其中。

03.0213 无孔类 anapsids

头骨不具颞孔的爬行动物。传统上包括大鼻龙类、锯齿龙类、前棱蜥类、中龙类和龟鳖类。近年以支序分类学为基础的分类方案中，大鼻龙类和龟鳖类的位置发生了变化，有的研究者甚至建议取消无孔亚纲(Anapsida)的分类级别。

03.0214 大鼻龙类 captorhinids

原始小型的无孔类。上颞骨缩小或缺失。棒骨缺失。枕面垂直，不具耳凹。上门齿伸长，颊齿可能是多列的。新的观点认为大鼻龙类不是无孔亚纲的成员，而是双孔亚纲的外类群。生存于二叠纪，化石发现于北美、非洲、欧洲和中国。

03.0215 锯齿龙类 pariasaurids

大型植食性的无孔类。体长而笨重，四肢粗壮。头骨表面有厚重的结瘤和纹饰。牙齿叶片状，具边缘锯齿。下颌隅骨向下伸出一腹突。背椎上方有骨质的鳞片。它和前棱蜥类是龟鳖类最近的姐妹群。仅生存于晚二叠世，化石发现于非洲、欧洲和中国。

03.0216 前棱蜥类 procolophonids

小型的以植物和昆虫为食的无孔类。大而宽的头骨上有大的眼孔(眶颞孔)，其后部可容纳下颌收肌。早期类型的牙齿钉状；进步类型的颊齿横宽，方颧骨上向外伸出多个棘突。生存于晚二叠世至晚三叠世，化石发现于北美、非洲、欧洲和中国。

03.0217 中龙类 mesosaurians

营完全水生生活的小型副爬行类。身体细长，脊椎神经弓粗大。吻长，牙齿多而尖锐。尾长且侧扁，四肢纤细，桡足宽阔，肩带及腰带细弱。仅发现于南非和巴西早二叠世的湖相沉积中。

03.0218　龟鳖类　testudines

无孔类中惟一有现生代表的类群。上、下颌上无齿，具角质喙。大部分成员具由骨质板和角质板组成的背甲与腹甲。最早出现于三叠纪，晚侏罗世以后繁盛于世界各大陆，直至现代。最新的形态学和分子生物学研究认为龟鳖类是双孔类爬行动物。

03.0219　双孔类　diapsids

头骨具两对颞孔的爬行动物。包括鳞龙型类和初龙型类。晚石炭世至现代。双孔类是中生代占统治地位的爬行动物，足迹遍布于当时的陆地、天空和海洋。

03.0220　离龙类　choristoderes

营两栖生活的基干双孔类。头骨后缘向内凹入，颞区向后外侧扩展。顶孔缺失。椎体平凹型。包括鳄龙类(champsosaurids)，满洲鳄类(monjurosuchids)和潜龙类(hyphalo-saurs)。生存于三叠纪至新近纪早期，化石发现于北美、欧洲和东亚。

03.0221　鳞龙型类　lepidosauromorphs

双孔类中重要的组成部分。牙齿为端生型或侧生型，体外被鳞片。和早期四足类一样具身体呈侧向波动的原始的运动方式，胸骨加大使前肢的力量和步幅增加。包括始鳄类、有鳞类、楔齿蜥类和鳍龙类。生存于晚二叠世－现代的世界各大陆。

03.0222　始鳄类　eosuchians

原始的鳞龙型类。体小，结构轻巧，行动迅速。方轭骨保存，下颞弓至少部分保存。方骨不具活动性。脊椎双凹型－平凹型。锁骨棒状，间锁骨T形。腰带呈板状。在晚二叠世－早三叠世时生存于非洲。始鳄类不构成一个单系类群。

03.0223　有鳞类　squamates

头骨具两对颞孔，但侧颞孔下方不封闭。鳞骨降支和方轭骨完全退化，方骨具活动性，

下颌和头骨间形成两处活动的链状关节。牙齿侧生型、端生型或亚槽生型。脊椎前凹型或双凹型。肩带和四肢原始，在一些门类中四肢缩小或缺失。晚二叠世—现代的世界各大陆。

03.0224　楔齿蜥类　sphenodontids

原始小型的陆生双孔类。化石种类中下颞孔大多不封闭；在进步的类型中下颞弓由轭骨、方轭骨和鳞骨形成。方骨与鳞骨，方轭骨和翼骨形成不动关节。牙齿端生型。坐骨具后突。晚三叠世—现代。化石发现于欧洲、北美、非洲和中国，现生种仅残存于新西兰。

03.0225　鱼龙类　ichthyosaurians

中生代高度适应海洋生活的双孔类爬行动物。身体纺锤型，外表见不到严格意义的颈部。眼大，吻部特长，牙齿多且尖锐。脊椎简化成带髓突的扁平的碟状体。尾鳍大，尾椎骨下弯。四肢呈浆状。卵胎生。生存于早三叠世—晚白垩世的北美、南美、欧洲、澳洲和中国。

03.0226　海龙类　thalattosaurians

三叠纪海洋中一类非常特殊的双孔类。吻部主要由前颌骨组成，牙齿尖锐或呈纽扣状。眶后骨和后额骨愈合。上颞孔缩小甚至完全关闭，下颞弓不完整。头后骨骼保留了陆生四足类的一些结构特征。生存于中－晚三叠世的北美、欧洲和中国。

03.0227　湖北鳄类　hupehsuchians

仅发现于中国下三叠统的海生爬行类，与鱼龙类有较近的亲缘关系。身体呈侧扁的纺锤形或浑圆的长条形。头骨具伸长而不长牙齿的吻部和下颌。颈椎和背椎神经棘上方有膜质骨板。肋骨加粗，腹肋由中板和一列小的侧板组成。四肢呈鳍状；有的种类四足超过五指(趾)。

03.0228　鳍龙类　sauropterygians

双孔类中的一个单系类群。它包括三叠纪的楯齿龙类、肿肋龙类和幻龙类，及侏罗纪、

白垩纪的蛇颈龙类和上龙类。

03.0229　楯齿龙类　placodontians
鳍龙类基干类群。头骨短，鼻孔位置靠后，下颌有高的冠状突。上颌骨齿和齿骨齿数目减少，与腭齿一样呈扁平的豆状或磨石状。身体宽而扁平，部分成员具厚重的膜质背甲和腹甲。四肢成桨足状。生存于中-晚三叠世，化石发现于欧洲、北非、西亚和中国。

03.0230　始鳍龙类　eosauropterygians
除楯齿龙类外的原始鳍龙类。其成员肿肋龙类的吻部短而宽，颞孔小，眼孔大。一般具小而尖的同型齿。卵胎生。成员幻龙类有小而扁平的头骨，长的颈部和伸长的四肢。鼻孔位置靠后，眼孔小于颞孔。长的颌骨边缘有为数众多尖利的牙齿。生存于三叠纪的欧洲、西亚和中国。

03.0231　蛇颈龙类　plesiosaurians
鳍龙类晚期代表。其成员蛇颈龙类（狭义）的头小，颈部伸长，体躯变短。肢带的腹侧部分很大，背侧部分的肩胛骨和肠骨大为退化，四肢呈桨状。成员上龙类（pliosauroids）的头骨加长，颈部较短。生存于早侏罗世—晚白垩世，化石发现于北美、南美、欧洲、澳洲和中国。

03.0232　初龙型类　archosauromorphs
双孔类中的进步类群。原始的类型具眶前孔。牙齿槽生型，侧扁。进步类型姿势更加直立，四肢前后向运动。包括植龙类（phytosaurians）、古鳄类（proterosuchians）、原龙类、鳄类、翼龙和恐龙（包括鸟类）等。生存于二叠纪—现代的世界各大陆。

03.0233　原龙类　protorosaurians
初龙型类的早期成员。二叠纪的原龙类为小型蜥蜴状的陆生爬行动物。具一对上颞孔，下颞弓缺失。方骨被鳞骨的腹突所支撑，不具活动性。原龙类的颈部有伸长的趋势。生存于二叠纪—早侏罗世的北美、欧洲、非洲、亚洲和澳洲。

03.0234　槽齿类　thecodontians
包括传统上分类位置不定的，具槽生齿的初龙型类动物。槽齿类不构成一单系类群，在现代爬行动物分类学中大多废弃不用这个名字了。

03.0235　鳄类　crocodilians
有现生代表的初龙型类。头骨表面具纹饰，躯干和四肢覆有角质的鳞和骨板。以鳞骨降支消失和拉长的近侧腕骨为主要特征。进步类型具狭长着生利齿的颌部，长而高的尾部是游泳的推进器。生存于晚三叠世—现代的世界各大陆。

03.0236　下孔类　synapsids
头骨具一对下颞孔的爬行动物（传统意义）。祖先类群称似哺乳爬行类，包括特征相差悬殊的盘龙类和兽孔类。按照支序分类学的概念，下孔类是羊膜类的一支，是爬行类的姐妹群，哺乳动物是下孔类的冠群。

03.0237　盘龙类　pelycosaurians
下孔类的基干类群。包括蛇齿龙类（opiacodontians）、基龙类（edaphosaurians）和楔齿龙类（sphenacotontians）。楔齿龙类头骨窄而高，牙齿分化，犬齿加大，下颌关节位置低于齿列。为兽孔类的祖先类型。仅生存于晚石炭世—早二叠世的北美、欧洲和非洲。

03.0238　兽孔类　therapsids
下孔类中的进步类群。颞孔扩大，方骨和方轭骨缩小。牙齿分化显著。有的具有与哺乳动物同样的两个枕髁。包括始巨鳄类、恐头兽类、二齿兽类、丽齿兽类、兽头类和犬齿兽类。生存于世界各大陆的中二叠世—早侏罗世。

03.0239　始巨鳄类　eotitanosuchians
兽孔类中的原始类群。头骨保存了许多盘龙类的原始特征，但上颞骨缺失，隔颌骨暴露在头骨表面，犬齿大而强壮。肩臼和髋臼稍面向腹侧，显示了较进步的运动姿态。生存于俄罗斯和中国的中－晚二叠世。

03.0240　恐头兽类　dinocephalians
兽孔类中的原始类群。头骨骨片趋于粗壮，未发育次生腭。上下门齿前伸且互相交叉，颞孔增大，下颌齿骨中等大小，冠状骨缺失。包括肉食性的巨鳄兽类（titanosuchians）和植食性的貘头兽类（tapinocephalians）。生存于俄罗斯、南非和中国的中－晚二叠世。

03.0241　丽齿兽类　gorgonopsians
肉食性的兽孔类。犬齿加大，颊齿缩小。间颞区宽，颞孔向侧后方扩展。前肢姿势原始，肱骨基本为水平状；后肢可以仍为趴伏状，也可以使股骨呈 45°角，使后肢在副矢状面（parasagittal plane）中运动。生存于南非和俄罗斯的中－晚二叠世。

03.0242　二齿兽类　dicynodontians
兽孔类中的进步类群。身体短而宽，头大，颈及尾均短。大多数类型仅上颌骨上有一对大的犬齿。头骨及下颌前部狭窄，呈喙状，盖有角质，以植物为食。包括二齿兽类（狭义）、水龙兽类（lystrosaurids）和肯氏兽类（kannemeyeriids）等。生存于世界各大陆的中二叠世—晚三叠世。

03.0243　兽头类　therocephalians
兽孔类中高度分化的类群。包括掘兽类（scaloposaurids）、锯颌兽类（pristerognathids）和包氏兽类（baurids）等。早期类型具窄的矢状脊。次生腭由犁骨、前颌骨和上颌骨组成，腭骨处于背方的位置。生存于晚二叠世至中三叠世。化石发现于中国、俄罗斯、非洲和南极。

03.0244　犬齿兽类　cynodontians
兽孔类中最进步的类群。犬齿大而突出，颊齿结构复杂多尖。次生腭发育。颞孔加大，间颞部形成深的矢状脊。齿骨大，冠状突高而宽。开始发育双枕髁。缩小的环椎椎体与枢椎愈合。生存于中三叠世—早侏罗世，化石发现于非洲、欧洲、亚洲、北美和南美。

03.0245　无孔型头骨　anapsid skull
眼眶之后不具颞孔的爬行类头骨。如龟类头骨。

03.0246　双孔型头骨　diapsid skull
眼眶之后具两对颞孔的爬行类头骨。眶后骨和鳞骨连接，形成隔开上颞孔和侧颞孔的上颞弓。如鳄类的头骨。

03.0247　下孔型头骨　synapsid skull
眼眶之后具一对侧（下）颞孔的爬行类头骨。眶后骨和鳞骨在孔的上方连接，组成侧（下）颞孔的上缘。

03.0248　调孔型头骨　euryapsid skull
眼眶之后具一对上颞孔的爬行类头骨。眶后骨和鳞骨在孔的下方连接，组成上颞孔的下缘。如鱼龙类。调孔型头骨是双孔型演变来的。

03.0249　侧颞孔　lateral temporal fenestra
头骨后部外侧下方的一对孔。其上缘由眶后骨和鳞骨，下缘由轭骨组成。

03.0250　眼睑骨　palpebral bone
鳄类等爬行动物中眼眶上方的 1~2 块膜成骨片。它不是严格意义上的头骨骨片，与眼框上缘呈松散连接。

03.0251　眶前窗　antorbital fenestra
又称"眶前孔"。初龙型类动物眼眶前方的一个孔。由上颌骨、泪骨和轭骨所包围，进步的类型中鼻骨可伸达孔的边缘。

03.0252　眶下孔　infraorbital foramen
又称"眶下窗（suborbital fenestra）"。在爬行动物中头骨腭面被腭骨、翼骨、外翼骨和上颌骨包围的一个孔。哺乳动物中在上颌骨颧突侧面有一裂孔，为眶下神经、血管、甚至肌肉的通路，也称眶下孔，与爬行动物的并非同源。

03.0253　次生腭　secondary palate
头骨原生腭的下方，由上颌骨的腭支、腭骨和翼骨组成的第二层腭板。它隔开鼻通道和口腔，使动物进食和呼吸互不影响。

03.0254　颊齿　cheek teeth
在具异齿型齿列的爬行动物中，犬齿之后的牙齿。在哺乳动物中颊齿包括前臼齿和臼齿。

03.0255　槽生齿　thecodont teeth
以齿根着生于颌骨的齿槽（alveolar）中的牙齿。见于哺乳动物和部分爬行动物。

03.0256　端生齿　acrodont teeth
直接牢固地愈合在颌骨顶端的牙齿。见于鱼类和部分爬行类。

03.0257　侧生齿　pleurodont teeth
牙齿固结在颌骨的内侧的牙齿。见于蜥蜴和蛇类。

03.0258　副枕骨突　paroccipital process
从枕骨大孔向外上方伸出的主要由后耳骨组成的粗壮骨棒。远端可能保留为软骨，在有些早期类型中，棒骨也参与其形成。

03.0259　前寰椎　proatlas
由一对或一块呈倒置的 V 字形骨组成。前方在枕骨大孔上方与头骨的外枕骨，后方与寰椎神经弓相关节。

03.0260　冠状突　coronoid process
下颌背方的突起。爬行类中通常由冠状骨，也可能包括齿骨形成；为下颌收肌的一个主要止点。哺乳动物中完全由齿骨组成，为颞肌的止点。

03.0261　基关节　basal articulation of braincase and palate
脑颅上由基蝶骨和副蝶骨组成的基翼突与上翼骨内表面的凹之间形成的活动关节。为早期硬骨鱼类和早期陆生四足类所特有。

03.0262　脊索型椎体　notochordal centrum
脊椎椎体前后两端为漏斗形的空腔，两空腔间以细管相连，脊索从中空的管道中通过。存在于一些现生两栖类、化石爬行类，所有

现生爬行类的胚胎期，和某些成体的蜥蜴、龟类和喙头蜥中。

03.0263　前关节突　prezygapophysis
自脊椎椎弓前缘伸出的一对突起。其上的关节面不同程度地向背内侧倾斜，与相邻脊椎的后关节突相关节。

03.0264　后关节突　postzygapophysis
自脊椎椎弓后缘伸出的一对突起。其上的关节面不同程度地向腹外侧倾斜，与相邻脊椎的前关节突相关节。

03.0265　椎体下突　hypapophysis
自脊椎椎体的腹中线向下伸出的突起，出现在某些门类的后部颈椎及前部背椎中。为轴下肌的附着处。

03.0266　肱骨内髁　entepicondyle of humerus
肱骨远端后（内）侧的骨髁，与尺骨相连，为前肢曲肌的附着处。其近侧具一通过血管和神经的内髁孔（entepicondylar foramen）。

03.0267　肱骨外髁　ectepicondyle of humerus
肱骨远端前（外）侧的骨髁，与桡骨相连，为前肢伸肌的附着处。其近侧具一旋后肌突。当旋后肌突和外髁相连，它们与骨体之间形成通过桡神经和血管的外髁孔（ectepicondylar foramen）。

03.0268　股骨滑车间窝　intertrochanteric fossa of femur
股骨腹面，股骨头下方的一凹陷区，为部分耻坐股外肌的附着处

03.0269　股骨内转子　internal trochanter of femur
股骨腹面，滑车间凹前（内）缘上的一突起，为部分耻坐股外肌的附着处

03.0270　股骨收肌脊　adductor crest of femur
股骨滑车间凹两侧的脊在远端汇聚，并向下方延伸，呈 Y 字形，下面的部分称为收肌脊。为收肌的附着处。

03.0271　股骨第四转子　fourth trochanter of femur
股骨腹面收肌脊近端，一表面多皱的凸起区域称为第四转子。为强有力的尾股长肌的附着处。

03.0272　跗间关节　intratarsal joint
在一些爬行类中，小腿和足部间的主要活动关节。位于跟骨和距骨间（鳄类），或距骨和跟骨与远侧列跗骨间（楔齿蜥、恐龙）。

03.04　恐　龙　类

03.0273　恐龙型类　dinosauromorphs
1984 年由本顿（Benton）创名，本类群包括麻雀（*Passer domesticus*）以及所有与麻雀亲缘关系比古老翼手龙（*Pterodactylus antiquus*）、伍氏鸟鳄（*Ornithosuchus woodwardi*）和尼罗鳄（*Crocodylus niloticus*）更近的所有物种。它包括了恐龙以及恐龙的直接姐妹群。生存于中三叠世至今。

03.0274　恐龙类　dinosaurs
英国古生物学家欧文（Owen）1842 年创名，意为"恐怖的蜥蜴"。1888 年，西利（Seeley）将其分为两个目：蜥臀目和鸟臀目。近年来恐龙被定义为三角龙（*Triceratops*）和现生鸟类的最近共同祖先的所有后代。确切无疑的化石记录出现于晚三叠世，除鸟类外至晚白垩世灭绝。它们是中生代陆相生态系统中最主要的脊椎动物，主宰地球 1 亿 6 千多万年。

03.0275　蜥臀类　saurischians
与霸王龙（*Tyrannosaurus*）亲缘关系比三角龙更近的所有恐龙。为恐龙两大类群之一，包括蜥脚型类与兽脚类。其腰带结构为三射式，即类似于蜥蜴腰带结构。既有肉食恐龙又有植食恐龙。生存于晚三叠世至今。

03.0276　兽脚类　theropods
与麻雀亲缘关系比鲸龙（*Cetiosaurus oxoniensis*）更近的所有恐龙。主要以两足行走。最早出现于晚三叠世，非鸟兽脚类于晚白垩世灭绝，而鸟类生存至今。

03.0277　角鼻龙类　ceratosaurians
与角鼻龙（*Ceratosaurus nasicornis*）亲缘关系比鸟类更近的所有兽脚类恐龙。因鼻骨上骨质片状突起而得名。其枢椎神经棘向前延伸超过前关节突，枢椎以后神经棘低，背椎横突背视呈三角形，荐肋与髂骨愈合。为晚三叠世及早侏罗世全球最常见的兽脚类恐龙，也是白垩纪冈瓦纳大陆占优势的捕食者。

03.0278　坚尾龙类　tetanurans
戈捷（Gauthier）1986 年创名，包括麻雀以及所有与麻雀享有比角鼻龙类更近的最近共同祖先的所有类群。全球分布，早侏罗世至今。

03.0279　鸟兽脚类　avetheropods
由虚骨龙类和肉食龙类组成的一类兽脚类恐龙。自中侏罗世至晚白垩世均有分布。其中，鸟类由一支个体较小的虚骨龙类演化而来。

03.0280　肉食龙类　carnosaurs
大型食肉的兽脚类恐龙，包括异龙（*Allosaurus*）以及其近亲。头骨窄长、牙齿巨大、眼眶也大，前肢相对较短，两足行走，股骨长于胫骨。侏罗纪和白垩纪全球分布。

03.0281　虚骨龙类　coelurosaurs
包括鸟类以及所有与鸟类亲缘关系比肉食龙类更为接近的兽脚类恐龙，以骨骼中空而得名。主要类群包括霸王龙类、似鸟龙类以及手盗龙类。主要生存于晚侏罗世至晚白垩世，全球分布。

03.0282　霸王龙类　tyrannosauroids

虚骨龙类中一支凶猛的类群。头骨粗大、颈部短而有力、前肢两指，身表可能覆盖原始羽毛。生存于晚侏罗世至晚白垩世的北美、欧洲、蒙古和中国。

03.0283 手盗龙形类 maniraptoriforms
包括似鸟龙类和手盗龙类。除鸟类外的类群生存于晚侏罗世至晚白垩世，分布于欧洲、北美洲及亚洲（蒙古和中国）。

03.0284 似鸟龙类 ornithomimosaurs
中到大型、结构轻巧的兽脚类恐龙。头短而轻巧，前肢加长、爪弱，后肢长。原始的类群具有牙齿，进步的类群牙齿退化。主要分布于白垩纪晚期的中亚和北美西部。

03.0285 手盗龙类 maniraptorans
包括鸟类以及与鸟类亲缘关系比似鸟龙（*Ornithomimus*）更近的恐龙。以加长的手臂和半月形腕骨、较短的尾部，以及正羽等为特征。首次出现于侏罗纪，除鸟类以外的其他手盗龙类灭绝于晚白垩世。分布于欧洲、北美洲、南美洲及亚洲（蒙古和中国）。

03.0286 阿瓦拉慈龙类 alvarezsaurids
手盗龙类的最基干类群。为小型，腿长，善于奔跑的恐龙。它具有管状的吻部，长的上下颌，细小的牙齿，前肢短而粗壮以及一个大型指爪等特征。主要生存于晚白垩世的南美（阿根廷）和亚洲（蒙古和中国）。

03.0287 窃蛋龙类 oviraptorosaurs
手盗龙类中的一个类群。通常以头骨高、吻短、多孔、下颌外孔大，具喙和尾椎数量较少等特征区别于其他恐龙类。原始的种类具有牙齿，进步的种类在腭面上只发育一对齿状突起。主要生存于早白垩世至晚白垩世的北美和亚洲（蒙古和中国）。

03.0288 驰龙类 dromaeosaurids
手盗龙类中的一个常见类群。为小到中型、具有羽毛的食肉恐龙。其额骨短，为T形；背椎椎体横突凸起呈柄状；尾部因尾椎脉弧

和前关节突延长跨越几个椎体而变得僵直。生存于早白垩世至晚白垩世；主要发现于北美、亚洲（蒙古，中国和日本），有争议的材料还发现于欧洲、非洲、澳洲、南美洲以及南极洲。

03.0289 伤齿龙类 troodontids
手盗龙类中的一个常见类群。具有大的眼眶和脑腔，被认为是最聪明的恐龙。通常被认为与鸟类具有十分密切的关系。生活于白垩纪的北美、俄罗斯、蒙古和中国。

03.0290 蜥脚型类 sauropodomorphs
与萨尔塔龙（*Saltasaurus*）亲缘关系比兽脚类更近的所有恐龙。包括原蜥脚类和蜥脚类。头小而轻巧、颈长、尾长、四足行走。植食性。生存于晚三叠世至晚白垩世，全球分布。

03.0291 原蜥脚类 prosauropods
蜥脚型类中较原始的一类。前肢短于后肢，具有大的拇指的早期植食性恐龙。多数为双足行走。主要生存于晚三叠世和早侏罗世的北美、格陵兰、欧洲、非洲、南美及中国（中国的一些类群可延续到中侏罗世）。

03.0292 蜥脚类 sauropods
蜥脚型类中较进步的一类。头骨相对小，鼻孔大且位于头背面，颈部和尾都长，椎体由于气孔状构造发育而变轻，四足行走。为曾经生活在地球上最大的陆生动物。生存于晚三叠世至晚白垩世。全球分布。

03.0293 鸟臀类 ornithischians
与三角龙亲缘关系比霸王龙更近的所有恐龙。为恐龙两大类群之一，主要包括异齿龙类、鸟脚类、盾甲龙类、肿头龙类和角龙类。腰带结构为四射式，与鸟类的腰带结构相似，故得名。全部为植食性恐龙。生存于晚三叠世至晚白垩世。

03.0294 异齿龙类 heterodontosaurids
一支原始的鸟臀类，个体小，双足行走，植食性。体长一般1~2m。颊齿的齿冠高，为

凿状，小锯齿位于齿冠最上部的 1/3，前上颌骨和齿骨具有大的犬齿状牙齿。早侏罗世到早白垩世。

03.0295　盾甲龙类　thyreophorans
一类披甲的鸟臀类恐龙，体外有膜质的骨板覆盖。主要包括甲龙类和剑龙类。生存于早侏罗世至晚白垩世晚期。近全球分布。

03.0296　甲龙类　ankylosaurians
盾甲龙类的一支，与甲龙(*Ankylosaurus*)的亲缘关系比剑龙(*Stegosaurus*)更近的所有宽脚龙类(eurypods)。头部吻端和隅骨侧面具有纹饰，无眶前孔、上颞孔或外下颌孔，髋臼不穿孔，背部覆盖多排纵向的骨板。包括具有尾锤的甲龙科和尾末端没有尾锤的结节龙科。主要生存于中侏罗世至晚白垩世的北美和中国。

03.0297　剑龙类　stegosaurians
盾甲龙类的一支，包括所有与剑龙的关系比甲龙类更近的类群。头小而窄长，吻端具喙，齿小而多，颈较短的植食性恐龙。后肢比前肢长，四足行走，有蹄形脚趾，从颈部至尾部有两行骨质、形状各异的剑板。主要生存于侏罗纪和早白垩世的北美和中国。

03.0298　鸟脚类　ornithopods
鸟臀类的一支。具角质喙，前颌骨与泪骨在吻部外表面相接触，副枕骨突新月形，上下颌关节低于前颌骨齿列。早侏罗世至晚白垩世，全球分布。

03.0299　禽龙类　iguanodontians
鸟脚类的一支。前颌骨横向扩展且无牙齿，前齿骨吻端表面光滑突出，耻骨前突呈扁平刀片状，第三指失去一个指节骨。体长可达15m。生存于晚侏罗世至晚白垩世最晚期，南北半球均有分布。

03.0300　鸭嘴龙类　hadrosaurids
特化的大型禽龙类，包括副栉龙(*Parasaurolophus*)与沼泽龙(*Telmatosaurus*)的最近共同祖先的所有后裔。嘴部扁如鸭嘴而得名。主要以柔软植物、藻类为食。生活于晚白垩世的北美、南美、欧洲及亚洲。

03.0301　角龙类　ceratopsians
具吻骨的鸟臀类恐龙。外鼻孔位置高，前颌骨大，轭骨侧向显著扩张、在眶下部分背腹向加宽。早期类型个体较小，双足行走；晚期类型个体大，四足行走。生存于白垩纪的北美和亚洲。

03.0302　肿头龙类　pachycephalosaurs
鸟臀类特化的一支。头骨肿厚，一些头骨呈穹隆状且边缘具有瘤状或者短粗刺状缘饰。两足行走、植食或杂食，大多数生存于晚白垩世的北美、欧洲和亚洲。

03.0303　三射型腰带　triradiate pelvis
组成髋臼的三块骨骼侧面观呈三射式：髂骨背向延伸，耻骨向前下方或下方延伸，而坐骨向后下方延伸。蜥臀类恐龙具有的腰带结构。

03.0304　四射型腰带　tetraradiate pelvis
组成髋臼的三块骨骼侧面观呈四射式：髂骨背向延伸，耻骨前突前伸，耻骨主干向后下方与坐骨主干平行延伸，形成与鸟类腰带相似的结构。鸟臀类恐龙具有的腰带结构。

03.0305　带羽毛恐龙　feathered dinosaurs
理论上推测，与鸟类亲缘关系较近的兽脚类恐龙都应该长有羽毛或者类似羽毛的结构，但直接的化石证据一直到 1996 年才开始陆续出现。发现于我国辽西地区早白垩世地层中的中华龙鸟，尾羽龙，小盗龙等不同类型的兽脚类恐龙化石上保存有多种不同类型的羽毛。这些重要发现为鸟类起源于兽脚类恐龙的假设提供了新的重要证据。

03.0306　附孔　accessory opening
在许多初龙类中，眶前窝本身具有附属结构的分支，使其周围的骨骼气腔化，从而产生眼眶前的附孔。常见于进步的兽脚类。

03.0307　上颌骨的齿状突　tooth-like process of maxilla

位于上颌腭面部分中央，像牙齿一样的突起。在一些牙齿退化的进步窃蛋龙类中非常发育，起着牙齿的作用。

03.0308　吻骨　rostral bone

头骨前端一块新形成的骨骼，位于前颌骨之前，不着生牙齿。为角龙类特有。

03.0309　前齿骨　predentary bone

下颌前部一附加的骨骼，位于齿骨前端。通常见于鸟臀类恐龙，还见于一些今鸟类中。

03.0310　棒形齿　pencil-shaped tooth

蜥脚类恐龙（梁龙类和某些巨龙类）牙齿的一种，齿冠窄，没有明显的加粗，为圆柱状或亚圆柱状，齿冠高度至少是其直径的 4 倍。

03.0311　勺形齿　spoon-shaped tooth

蜥脚类恐龙（如马门溪龙等）牙齿的一种，与齿根相比，齿冠前后强烈扩展，舌面凹陷，而唇面凸起，呈勺状。原始类群牙齿的舌面具有脊。

03.0312　上突　epipophysis

位于椎体后突关节上部的瘤状或钩状突起。为肌肉的附着点，起到加固作用。通常分布于兽脚类恐龙的颈椎椎体后关节突上。

03.0313　下椎弓突 – 下椎弓凹辅助关节　hyposphene-hypantrum auxillary articulation

椎体之间的附属关节结构，位于主关节之下之内；能够增加脊椎的刚性。常见于蜥脚类的背椎以及原始兽脚类中。

03.0314　椎板　vertebral laminae

椎体上连接椎弓、椎体、前后关节突、横突及神经棘之间的骨质板。在一些进步的蜥脚类恐龙中非常发育，可达 19 种之多。

03.0315　神经棘平台　neural spine platform

神经棘末端相互愈合并向两侧扩展形成一平台。这一结构出现在一些大型蜥脚类荐椎部的神经棘中。这一结构可能有利于背面附着膜质骨板。

03.0316　荐前棒　presacral rob

甲龙类中独特的结构，由后部的背椎椎体愈合在一起形成的棒状结构。构成荐前棒的背椎数目范围由 3~6 个不等。

03.0317　尾荐椎　caudosacral vertebra

在一些恐龙中，为加固荐椎部分的承受力，前部的尾椎与后部的荐椎相互愈合，这些与荐椎愈合的尾椎被称为尾荐椎。

03.0318　尾综骨状结构　pygostyle-like structure

尾部远端最后的几个尾椎（通常为 5~6 个）相互愈合，形成像鸟类尾综骨一样的结构。出现在一些窃蛋龙及镰刀龙类中，可能为舵羽的附着处。

03.0319　尾锤　tail-club

尾部末端椎体膨大呈锤状（如蜀龙）或者骨质甲板愈合呈半球状（甲龙类）结构。推断这些尾锤具有防御功能。

03.0320　耻骨前突　prepubic process

耻骨在髋臼处向前伸展的部分，通常在鸟脚类恐龙比如禽龙类和鸭嘴龙类中扩展呈板状。

03.0321　后伸型耻骨　opisthopubic

耻骨的一种向后延伸方式，见于手盗龙类（包括鸟类）以及鸟臀类。

03.0322　恐龙蛋　dinosaur egg

恐龙所产的蛋而形成的化石。蛋形各异，大小不同。蛋具硬壳，成分为方解石质。蛋壳表面有的具纹饰，有的光滑。蛋壳显微构造一般分为三种基本类型：离散型、扩展型、融合型。蛋排列方式有随机型、嵌入型、辐射型等。

03.0323　恐龙足印　dinosaur footprint

恐龙在湿度、黏度、颗粒度合适的沉积物上行走时留下的脚印所形成的化石。

03.05 翼 龙 类

03.0324 翼龙 pterosaurs
最早出现的飞行的脊椎动物。1801年居维叶将这类飞行爬行动物命名为翼手龙(pterodactyl)。其特征是前肢第四指骨加长加粗,支撑由身体侧面延展的皮膜,形成翅膀。三叠纪晚期出现,白垩纪末灭绝。全球分布。

03.0325 喙嘴龙类 rhamphorhynchoids
翼龙中较为原始的一类。通常保留长尾,一般上下颌发育尖锐细长的牙齿。体型相对较小,翼掌骨短,第五趾长。三叠纪晚期出现,早白垩世灭绝。主要分布在欧洲、亚洲,非洲和美洲也有分布。

03.0326 翼手龙类 pterodactyloids
翼龙中较为进步的一类。短尾,一些类群上下颌前部发育牙齿,一些牙齿全部退化消失。体型相对较大,翼掌骨长,第五趾短。晚侏罗世出现,白垩纪末灭绝。主要分布在欧洲、亚洲、美洲,在非洲和澳洲也有分布。

03.0327 蛙嘴龙类 anurognathids
喙嘴龙类中惟一短尾的类群。个体较小,头骨短,吻端宽阔,可能主要食昆虫。有的化石还保存毛状结构。晚侏罗世出现,延续到早白垩世。只发现于德国、哈萨克斯坦和中国。

03.0328 准噶尔翼龙类 dsungaripterids
翼手龙类中一类体型较大的翼龙。翼展2m以上,头大而狭长,头顶有一冠状嵴突。吻部长而尖,无齿;而牙齿集中发育在上下颌的中部。短尾。分布在早白垩世。在我国新疆和蒙古国有大量发现。

03.0329 梳颌翼龙类 ctenochasmatids
大型的翼手龙类。上下颌发育数百至数千枚细长侧伸的牙齿。生活在岸边,滤食性为生。

见于晚侏罗世和早白垩世。热河生物群的这类翼龙身体上还保存毛状结构。主要分布在欧洲和亚洲。

03.0330 帆翼龙类 istiodactylids
大型的翼手龙类。上下颌前部发育侧扁的三角形牙齿,可能食腐。见于早白垩世。仅发现于英格兰和中国。

03.0331 无齿翼龙类 pteranodontids
大型的无齿的翼手龙类。吻短尖长,头后有嵴突,食鱼。主要见于晚白垩世。热河生物群发现的朝阳翼龙是无齿翼龙类最早的化石记录。

03.0332 神龙翼龙类 azhdarchids
大型的进步的翼手龙类。这类翼龙的最大特征是无齿,头骨巨大和颈椎很长。主要类群包括亚洲的浙江翼龙和北美的风神翼龙(*Quetzalcoatlus*),也称披羽蛇翼龙,后者是已知最大的翼龙类,翼展可达10m以上。出现于晚白垩世。分布在美洲、亚洲、欧洲和非洲。

03.0333 鼻眶前孔 nasoantorbital fenestra
进步的翼龙鼻孔和眶前孔融合为一个更大的头骨开孔。其功能之一可能是为了减轻头骨的重量而适应飞行。

03.0334 翼掌骨 wing metacarpal
翼龙为适应飞行发育的特别粗壮的第四掌骨,与翼指骨关联,是翼膜的重要支撑结构。第一至第三掌骨相对十分纤细。

03.0335 翼指骨 wing digit
翼龙为适应飞行出现的特别加粗加长的第四指骨,第五指骨退化消失。第四指一侧附着翼膜,是翼膜的重要支撑结构。

03.0336 翼指节 wing phalanx

翼龙翼指骨的每一指节，共 4 节，依次细小，其中第一指节近端与翼掌骨关节，第四节远端变尖。主要附着和支撑翼膜。

03.0337　翅骨　pteroid
曾称"翼骨"。翼龙特有的一块棒状骨骼，近端与腕骨相关节，远端伸向身体中轴和肩带方向。其功能是支撑和调节翼龙的前膜。

03.0338　翼膜　wing membrane
翼龙的飞行结构。由一些附着肢骨的皮膜组成，包括前膜、胸膜和尾膜。在飞行的哺乳动物中也有类似的翼膜结构。

03.0339　前膜　propatagium
翼龙的飞行结构。是指附着前臂和翅骨之间并向肩带延的皮膜。在鸟类中也有类似的结构。

03.0340　胸膜　brachiopatagium

又称"臂膜(membrane of arm)"。翼龙的主要飞行结构。一侧附着加长加粗的翼指骨延伸扩展，另一侧附着后肢形成主要的飞行翼膜。在一些滑行的种类如蜥蜴，啮齿类和蝙蝠中也有类似结构。

03.0341　尾膜　uropatagium，tail membrane
翼龙的飞行结构。附着尾巴和后肢之间的皮膜。在一些滑行的种类如蜥蜴，啮齿类和蝙蝠中也有类似结构。

03.0342　尾翼　tail vane
又称"尾帆"。在一些长尾的喙嘴龙类中，尾巴末端发育扇状等不同形状的尾翼。主要功能是其在飞行中保持平衡和调节高度等。

03.0343　光束纤维　aktinofibrils
支撑翼龙飞行翼膜的蛋白纤维结构。通常平行排列，十分细长。

03.06　鸟　　类

03.0344　鸟类　birds，Aves
包括所有现生和已经灭绝的鸟类(始祖鸟及其所有的后裔)。已知最早的代表出现在晚侏罗世。

03.0345　反鸟类　enantiornithine
已灭绝的一支古鸟类，形态较为特化，因为其肩胛骨和乌喙骨的连接方式与现生鸟类正好相反而得名。飞行能力较弱，在早白垩世出现并繁盛，在白垩纪末期灭绝。

03.0346　今鸟类　ornithurine
鸟类从早白垩世开始出现的一个演化支系，包括所有新生代以及现生的鸟类。一般具有较强的飞行能力。

03.0347　新鸟类　neornithine
今鸟类的一支，包括所有现生鸟类最近的共同祖先及其后裔。已知最早的代表出现在晚

白垩世。

03.0348　鱼鸟类　ichthyornithiform
今鸟类一支已灭绝的鸟类，具齿和很强的飞行能力。发现于北美海相地层。早白垩世出现，晚白垩世繁盛并灭绝。

03.0349　黄昏鸟类　hesperornithiform
今鸟类一支已灭绝的鸟类，具齿并高度特化，适应潜水生活，前肢退化。主要发现于北美。早白垩世出现，晚白垩世繁盛并灭绝。

03.0350　始祖鸟　*Archaeopteryx*
已知最古老、最原始的鸟类，仅发现于德国的晚侏罗世海相地层。目前仅发现 10 件标本。

03.0351　原鸟　*Protoavis*
发现于美国晚三叠世地层的存在很大争议的"鸟类"或爬行类化石。

03.0352 曲带鸟 *Phorusrhacus*
发现于南美州渐新世和中新世的巨大的凶猛的食肉鸟类。头骨硕大，具有钩曲的嘴尖。已失去飞行能力。约4百万年前灭绝。

03.0353 恐鸟 moa，*Dinornis*
生活于新西兰第四纪的巨型植食性平胸鸟类，翼完全退化，无飞行能力。约500年前灭绝，可能与人类的捕猎有关。

03.0354 象鸟 elephant bird，*Aepyornis*
生活于马达加斯加第四纪的巨型植食性平胸鸟类，翼退化，无飞行能力。约350年前灭绝，可能与人类的捕猎有关。

03.0355 不飞鸟 *Diatryma*
已灭绝的大型不会飞行的鸟类。头大，具有鹦鹉嘴般的喙和退化的翼，可能为肉食性鸟类。生活于古新世和始新世。分布于欧洲与北美。

03.0356 长老会鸟 *Presbyornis*
雁形目已灭绝的早期代表之一。腿和颈长，头骨及喙和鸭十分相似。发现于北美的古新世与始新世。

03.0357 联合背椎 notarium
在一些鸟类和翼龙中，为了适应飞行和加固身体的需要，一系列背椎愈合成一块坚固的结构。

03.0358 愈合荐椎 synsacrum
在鸟类、翼龙和一些恐龙中，荐椎（有时还包括部分尾椎）愈合而成一块坚固的结构，主要起到支撑腰带的作用。

03.0359 尾综骨 pygostyle
在鸟类和少量兽脚类恐龙中，最后的几枚尾椎愈合而成一块坚固的结构，主要支撑和附着尾羽。

03.0360 龙骨突 carina，keel
胸骨腹面中央的一个纵向的脊状突起，见于鸟类、翼龙和少量恐龙与哺乳类等。在鸟类中主要附着与飞行有关的上乌喙肌。

03.0361 胸骨侧突 lateral trabecula of sternum
鸟类胸骨两侧向后延伸的一对细长的突起，常常在远端膨大。

03.0362 胸骨肋突 costal process of sternum
鸟类胸骨近端两侧边缘的一系列小的突起。相邻突起之间为肋间切迹（costal incisure），供胸肋关节用。

03.0363 胸骨侧前突 craniolateral process of sternum
鸟类胸骨前缘向两侧伸出的一对短小的突起。

03.0364 三骨孔 triosseal canal
鸟类特有的适应鼓翼飞行的结构。由肩胛骨，乌喙骨和叉骨的近端围绕而成的一个开孔，供上乌喙肌的韧带通过。

03.0365 前乌喙突 procoracoidal process
鸟类乌喙骨近端的一个突起，是组成鸟类三骨孔的重要组成部分。通常呈带状。

03.0366 乌喙骨肩臼 scapular cotyla of coracoid
鸟类乌喙骨上一个杯状的窝，与肩胛骨上的一个球状突起关节，共同组成今鸟类特有的"球–窝"关节。

03.0367 叉骨 furcula，wishbone
V字形或U字形的骨片，见于鸟类和一些兽脚类恐龙中，由两个锁骨愈合而成。

03.0368 叉骨突 hypocleidum
鸟类叉骨联合处向后伸出的一个突起，和胸骨相连或愈合。

03.0369 头切迹 capital incisure
鸟类肱骨近端后侧介于腹结节和肱骨头之间的一个凹陷结构。

03.0370 肱二头肌脊 bicipital crest
鸟类肱骨近端腹向的一个突起。通常向前隆起。

03.0371 肱骨腹结节 ventral tubercule of humerus
鸟类肱骨近端，靠近腹侧的一个小的突起。主要向后突出。

03.0372 肱骨背结节 dorsal tubercule of humerus
鸟类肱骨近端，靠近背侧的一个小的突起。主要向后突出。

03.0373 尺骨乳状突起 ulnar papillae, quill knobs
鸟类及个别恐龙尺骨后缘分布的一系列乳头状的突起，供次级飞羽附着用。

03.0374 腕掌骨 carpometacarpus
鸟类远侧腕骨与掌骨愈合而成的一个坚固的结构，和大手指一起提供初级飞羽的附着。其近端与近侧腕骨组成鸟类特有的活动关节。

03.0375 半月形腕骨 semilunate carpal
一些兽脚类恐龙和鸟类的远侧第一和第二腕骨愈合而成的半月形骨。在鸟类中与掌骨愈合组成腕掌骨。

03.0376 桡腕骨 radiale
鸟类两块近侧腕骨之一。与桡骨以及腕掌骨相关节。

03.0377 尺腕骨 ulnare
鸟类两块近侧腕骨之一。与尺骨以及腕掌骨相关节。

03.0378 掌骨切迹 metacarpal incisure
鸟类尺腕骨上的一个 V 字形凹陷结构，与腕掌骨的腕骨滑车形成关节。

03.0379 腕骨滑车 carpal trochlea
鸟类腕掌骨近端的滑车结构，与尺腕骨形成活动的关节。

03.0380 掌间突 intermetacarpal process
鸟类大掌骨近端向后伸出的一个突起，位于小掌骨的背侧。

03.0381 小翼掌骨伸突 extensor process of alular metacarpal
鸟类的翼掌骨向前伸出的一个突起。附着飞行的肌肉，见于较进步的今鸟类中。

03.0382 大掌骨 major metacarpal
鸟类的第二掌骨（胚胎学研究通常认为这相当于原始四足类的第三掌骨），由于一般较其他掌骨大，故此得名。

03.0383 小掌骨 minor metacarpal
鸟类的第三掌骨（胚胎学研究通常认为这相当于原始四足类的第四掌骨），由于一般相对于大掌骨较为细小，故此得名。通常向后拱曲，附着初级飞羽。

03.0384 小翼掌骨 alular metacarpal
鸟类的第一掌骨（胚胎学研究通常认为这相当于原始四足类的第二掌骨），由于支撑小翼羽，故此得名。

03.0385 掌骨间孔 intermetacarpal space
鸟类腕掌骨愈合后，大掌骨与小掌骨之间形成的开孔。

03.0386 大手指 major digit
鸟类的第二指骨（胚胎学研究通常认为这相当于原始四足类的第三指骨），由于一般较其他指骨大，故此得名。附着初级飞羽。

03.0387 小手指 minor digit
鸟类的第三指骨（胚胎学研究通常认为这相当于原始四足类的第四指骨），由于一般相对于大手指较为细小，故此得名。

03.0388 小翼指 alular digit
鸟类的第一指骨（胚胎学研究通常认为这相当于原始四足类的第二指骨），由于支撑小翼羽，故此得名。

03.0389 髂坐骨间孔 ilioischial foramen
鸟类腰带上，由坐骨近端和髂骨围成的一个开孔。

03.0390 坐耻骨间窝 ischiopubic fenestra

鸟类腰带上，由坐骨中段和耻骨围成的一个开孔。位于坐骨一个腹向突起的后面。

03.0391　坐骨背突　dorsal process of ischium
坐骨近端向上（髂骨方向）伸出的一个突起。主要见于反鸟类和其他比较原始的古鸟类以及少量的恐龙。

03.0392　对转子　antitrochanter
鸟类髂骨上位于髋臼后上方的一个突起。供股骨的大转子关节用。

03.0393　胫跗骨　tibiotarsus
在鸟类和一些恐龙中，胫骨远端与两块近侧跗骨（跟骨和距骨）愈合而成的骨骼。

03.0394　胫脊　cnemial crest
鸟类和一些爬行类胫骨近端向前伸出的脊状突起，通常分为内侧胫脊（medial cnemial crest）和外侧胫脊（lateral cnemial crest）。

03.0395　胫跗骨腓骨脊　fibular crest of tibio-tarsus
鸟类胫跗骨近端伸向腓骨的一个突起。

03.0396　骨质腱桥　supratendinal bridge
鸟类胫跗骨远端前侧的一个桥状结构，下有肌腱通过。

03.0397　跗跖骨　tarsometatarsus
鸟类远侧跗骨（distal tarsus）与三块跖骨（Ⅱ－Ⅳ）愈合形成的骨骼。在今鸟类中，三块跖骨（Ⅱ－Ⅳ）也相互完全愈合。

03.0398　下附突　hypotarsus
鸟类跗跖骨近端向后伸出的突起。

03.0399　跗跖骨远端血管孔　distal vascular foramen of tarsometatarsus
鸟类跗跖骨远端位于跖骨间的血管孔。

03.07　哺　乳　动　物

03.0400　哺乳动物　mammals
中华尖齿兽、摩根齿兽类、柱齿兽、三尖齿兽类、单孔类、异兽类、后兽类和真兽类的冠群。其骨学及牙齿特征为：脑颅扩大，鳞骨－齿骨结合，内耳仅由岩骨包裹及扩展的耳蜗和岬，隅骨、关节骨进入中耳成外鼓骨和锤骨，双生齿，臼齿列具有准确的咬合关系。

03.0401　哺乳动物型动物　mammaliamorphs
包括三列齿兽类（tritylodontids）和三乳突齿兽类（trithelodontids）、中华尖齿兽和现生哺乳动物的冠群。但最新依据下孔类的系统研究证明前两者与哺乳动物并无亲近的系统关系。

03.0402　非哺乳动物的哺乳动物形动物　nonmammalian mammaliaforms
有人认为包括中华尖齿兽、摩根齿兽类、柱齿兽等在内的类群不属于哺乳动物，即取该名以囊括之。

03.0403　兽类　therians
后兽类和真兽类的总称。也有把兽类广义定为包括孔耐兽（*Kuehneotherium*）、对齿兽类、真古兽类、后兽类和真兽类的总称。

03.0404　蜀兽类　shuotheriidans
发现在我国四川晚侏罗世及英国中侏罗世的一类具有假磨楔式臼齿的哺乳动物。蜀兽（*Shuotherium*），即下臼齿三角座前发育有假跟座，而跟座则退化成为齿带。

03.0405　中华尖齿兽　sinoconodonts
牙齿多重替换，臼齿三个主尖直线排列，但无精确的咬合，个体发育中体形大增。因具有鳞骨－齿骨在内的双重颌关节，应归入哺乳动物。主要发现在我国云南禄丰早侏罗地层中。

03.0406　摩根齿兽类　morganucodontans
与兽类一样，仅有两次替换齿列，白齿三尖直线排列，上下齿尖相互对应，出现精确的咬合，其颌关节为双重关节。分布于北半球和南非的晚三叠世至中侏罗世。

03.0407　柱齿兽类　docodontans
头骨 – 下颌具原始的双重关节；上白齿呈葫芦形或方形，四尖；下白齿纵向延长，四个尖排成两列，其系统位置在单孔类之外。分布于北半球中侏罗世至早白垩世。

03.0408　真三尖齿兽类　eutriconodontans
具 3 个尖锐的、呈连续直线排列的白齿；下颌无角突、大翼窝，保存的梅氏软骨证明也有哺乳动物类型的中耳和颌关节。主要分布于北半球中侏罗世至早白垩世，是当时最大的哺乳动物，如爬兽（*Repanomamus*）。

03.0409　多瘤齿兽类　multituberculates
头骨扁平，一对增大的下门齿，颊齿通常由等高的 2~3 列呈纵向排列的齿尖构成，M2 移向 M1 的舌侧，部分属种具叶片状 p4。分布于北半球及非洲的中侏罗世至始新世。通常归为异兽类（Allotheria）。

03.0410　对齿兽类　symmetrodontans
可能为一复系类群。牙齿三主尖呈对称三角排列，齿式变化大。下颌细长，无角突。可能也发育有兽类的中耳。分布于除澳洲外的各大洲，时代为晚三叠世至晚白垩世，我国辽宁早白垩世的张和兽（*Zhangheotherium*）是保存最完整的标本。

03.0411　真古兽类　eupantotherians
为一复系类群。下颌具角突，上白齿横宽、三根、无原尖，下白齿发育有不同程度的跟座、无下内尖。发现于世界各大洲（除澳洲外）的中侏罗世至古新世，以晚侏罗世至早白垩世最繁盛。

03.0412　滨齿兽类　aegialodontids
具有雏形磨楔式牙齿的兽类，化石不多，仅

有两属分别发现于英国和蒙古的早白垩世，代表了非磨楔式牙齿向磨楔式牙齿进化重要的中间环节。

03.0413　全兽类　holotherians
大体相当兽类或谓北楔齿兽类和南楔齿兽类的总称，为一复系类群。也有人定义为白齿齿尖呈三角形排列下次尖出现的兽类。

03.0414　北楔齿兽类　boreosphenidans
滨齿兽类、后兽类和真兽类的总称。

03.0415　南楔齿兽类　australosphenids
相对于北楔齿兽类，包括起源和分化于澳洲的哺乳动物及其遗存的现生和现生单孔类。

03.0416　后兽类　metatherians
发现在亚洲白垩纪的似三角齿兽类（Deltatherioida）和有袋类的总称。也有分类学者把它等同于有袋类。我国辽宁早白垩世的中华袋兽（*Sinodelphys*）为最早的化石记录。

03.0417　三角齿兽类　deltatheroidans
与有袋类共有性状为：三个前白齿，四个白齿。但其白齿原尖小、小尖紧靠原尖、柱尖架上柱尖不发育，下跟座远窄于齿座，下内尖不发育和 P3/p3 的萌出不迟于白齿等有别于前者。主要发现于中亚与北美白垩纪中晚期。

03.0418　有袋类　marsupials
前白齿三个，未白齿化，仅第三前白齿替换。白齿具典型的磨楔式牙齿结构，上白齿柱尖架发育、有多个柱尖，下白齿跟座宽、下次小尖偏向舌侧、与下内尖呈孪生状。发现于世界各大洲，自早白垩世至现代。

03.0419　真兽类　eutherians
有胎盘类和亚洲掠兽类（Asioryctitheria）、堪纳掠兽类（Kennalestidae）等亚洲白垩纪哺乳动物的总称。三个白齿有别于有袋类。但较有胎盘类具有如 5 个门齿、大的泪骨面突、有袋骨等原始特征。我国辽西早白垩纪的始祖兽（*Eomaia*）为最早的真兽类化石。

03.0420　有胎盘类　placentals

三个白齿、四个前白齿、除 P1 外全部替换，前白齿形态自前向后逐渐白齿化等特征及生殖行为等有别于后兽类。现生真兽类分布于除南极外的各大洲。有人认为它是由现生真兽类各目的共同祖先构成的冠群，即不包括多数白垩纪的属种。也有人分析有胎盘类的起源在白垩纪/第三纪(K/T)界限之时，而重褶齿猬类（Zalambdaletids）和众多的踝节类则不属于有胎盘类，而是真兽类。

03.0421　狉兽类　anagalidans

东亚古近纪的土著动物，个体较小，齿式完整，P4/p4 半白齿化，上白齿三尖、无小尖、单侧半高冠，下白齿三角座扁，高于跟座，前一白齿的跟座与后牙的三角座等高。如狉兽（*Anagale*）。狉兽类可能与啮型类的起源有关。

03.0422　啮型类　glires

具有一对后伸、无根的门齿（DI2/di2），无犬齿，前白齿退化的小型哺乳动物动物。包括双门齿类（Duplicidentata）的兔形目（Lagomorpha）及模鼠兔目（Mimotonida）和单门齿类（Simplicidentata）的啮齿目（Rodentia）和混齿目（Mixodontia）。

03.0423　模鼠兔类　mimotonids

在 DI2/di2 之后还生长有小的 I3/i3，P4/p4 半白齿化，m3 长大。化石发现于我国、中亚的古新世及早始新世，渐新世(?)，为兔形类的姐妹群。

03.0424　混齿类　mixodonts

仅有一对大门齿，前白齿为 2-3/2，颧弓前端位置较啮齿类者靠后。化石发现于我国、中亚的古新世—始新世，为啮齿类的姐妹群，蒙古的宽白齿兽（*Eurymylus*）和我国的菱白齿兽（*Rhombomylus*）即属此类。

03.0425　白垩兽类　cimolestans

包括白垩兽类（Cimolestidae）、对锥齿兽类（Didymoconidae）、纽齿类（Taeniodonta）、裂齿类（Tillodonta）、全齿类（Pantodonta）、鳞甲类（Pholidota）等组成的原始真兽类高级分类阶元，它们彼此间的系统关系尚不十分清楚。

03.0426　统领兽类　archontans

包括蝙蝠、皮翼类、灵长类和树鼩在内的高级分类阶元。形态和分子生物学研究证明可能为一单系类群（蝙蝠类存疑较大），多营树栖生活。

03.0427　纽齿类　taeniodonts

小到中型的原始哺乳动物，头骨笨壮，齿式全，大犬齿，上白齿为低冠三尖丘形齿、下白齿四尖、三角座–跟座等宽等高，颊齿易磨平。化石限于北美古新世至中始新世。欧洲报道的两属尚存疑问。

03.0428　裂齿类　tillodonts

具有啮齿类样的大门齿（I2 和 i2），齿式较全，有时仅缺 I1 和上下第一前白齿，上白齿前后附尖不发育，下三角座和跟座冠面上呈缓圆的 U 形。分布于北半球的古新世至始新世。我国发现有 8 属，如河南卢氏中始新世的钟健兽（*Chungchienia*）等。

03.0429　全齿类　pantodonts

又称"钝脚类（Amblypoda）"。主要生活于古新世至始新世北半球中–大型粗壮的原始哺乳动物。齿式全，P3-4 具 V 形外脊，上白齿 W 形外脊、无次尖，小尖小、舌位，下白齿双褶形齿、下后脊高、下原尖退化。我国广东南雄古新世的阶齿兽（*Bemalambda*）发现有数具完整骨架。

03.0430　古食肉类　creodonts

又称"肉齿类"。其裂齿为 M1/m1 或 M2/m2，而不是食肉目的 P4/m1。头大、身体硕壮。生活于北美的始新世至渐新世，旧大陆可延至中新世。现今分类仅包括牛鬣兽科（Oxyaenidae）和鬣齿兽科（Hyaenodontidae）

两科。

03.0431　恐角类　dinoceratans
生活在亚洲、北美晚古新世至始新世的大型怪异兽类，因头上有三对角，故名。前臼齿臼齿化，上颊齿 V 形，下颊齿双脊。

03.0432　踝节类　condylarths
这是一个复系类群，主要分布于北半球的古近纪早期，南美、非洲也有少量发现。它保留了有胎盘类的一些原始特征，如全齿式、低冠、丘形齿、门齿和前臼齿简单等。我国发现有豚齿兽 (*Hyopsodon*) 等。

03.0433　北柱兽类　arctostylopids
大小如兔，全齿式，上臼齿外脊发育、无小尖，下臼齿外脊完整、在下原尖的外唇侧有一垂直沟。曾被误归入南方有蹄目 (Notoungulata)，近年被单列一目。化石分布于亚洲和北美的晚古新世至早始新世。

03.0434　南美有蹄类　meridiungulates
包括生活于南美新生代、但现代均已灭绝的五类土著的哺乳动物，即南方有蹄目、滑矩骨目 (Litopterna)、闪兽目 (Astrapotheria)、异蹄目 (Xenugulata) 和焦齿兽目 (Pyrotheria)。

03.0435　高蹄类　altungulates
包括奇蹄类 (perissodactyla) 和蹄兔类 (hyracoida)、原脚类 (embrithopoda)、海牛类 (sirenian)、索齿兽类 (desmostylan) 和长鼻类 (proboscidea)，后五者构成一新目：穹隆兽目 (Uranotheria)。

03.0436　齿骨－鳞骨关节　dentary-squamosal joint
在哺乳动物冠群内的头骨与下颌进步的连接方式。有人称之为颞－颌关节 (temporomandibular joint，TMJ)，也有人称之为次生颅－颌关节 (secondary craniomandibular joint，SCMJ)。

03.0437　方骨－关节骨关节　quadratearticular joint
爬行类的头骨与下颌原始的连接方式。有人称之为颅－颌关节 (craniomandibular joint，CMJ)。

03.0438　鼻额点　nasion
头骨中线上两鼻骨与额骨的交汇点。

03.0439　额间缝　metopic suture
左右两额骨间的缝合线。

03.0440　颅弯曲　basekyphosis
又称"蝶骨角 (sphenoid angle)"。颅骨前部在蝶鞍处下弯，构成头骨的弯曲。

03.0441　鼻中隔　nasal septum
分隔左、右鼻腔的骨片，通常为软骨，但在披毛犀等一些种类中已完全骨化。

03.0442　眶前窝　antorbital vacuity
眼眶前面部的一个凹陷区域，容纳眶前腺，在羚羊和三趾马等种类中相当发达。

03.0443　外鼓骨　ectotympanic bone
又称"鼓骨 (tympanic bone)"。由下颌的隔骨 (angular) 演化而来，为膜质骨，构成听骨环 (tympanic ring) 或参与构成鼓泡。如啮齿类的鼓泡全部由外鼓骨构成。

03.0444　内鼓骨　entotympanic bone
内鼓骨为骨质或软骨质，形成或参与形成鼓室的腹侧壁，发育过程中通常独立于其他颅底成分，可能仅与鼓舌骨 (tympanohyal) 和咽鼓管软骨有关系。内鼓骨存在于翼手类、攀鼩类等动物。

03.0445　鼓泡　tympanic bulla
由外鼓骨、内鼓骨、岩骨、翼蝶骨和基蝶骨分别或组合构成的结构，包围中耳腔的腹面，有重要的高阶元的分类意义。

03.0446　岩骨前板　anterior lamina of petrosal
在非兽类的哺乳动物中，其岩骨向前侧伸出的骨板，参与形成颅壁并在其上穿孔为三叉神经第 2、3 支的出口。它隔离了鳞骨和翼蝶骨的接触。兽类中骨板消失，三叉神经2、3支由翼蝶骨穿出。鳞骨翼蝶骨相接。

03.0447 始啮型头骨 protrogomorphous skull
啮齿类咬肌组合的原始形式。其深层咬肌（*m. profunundus*）起于颧弓前内侧，浅层咬肌（*m. lateralis*）起于颧弓内侧，表层咬肌（*m. superficialis*）起于颧弓前端上颌骨侧壁。三组咬肌均未超过颧弓之前的头骨形式，如壮鼠（*Ischyromys*）。

03.0448 松鼠型头骨 sciuromorpous skull
表层咬肌不变，浅层咬肌向前上伸至颧弓之前的吻部，深层咬肌起点扩展至颧弓大部的头骨形式。如松鼠（*Sciurus*）。

03.0449 豪猪型头骨 hystricomorphous skull
深层咬肌起于吻部侧壁，穿过大的眶下孔，抵达下颌咬肌脊；而浅层、表层咬肌基本不超过颧弓之前的头骨形式。如豚鼠（*Cavia*）。

03.0450 鼠型头骨 myomorphous skull
是最进步的一种咬肌组合的头骨形式。它结合了松鼠、豪猪两类的特点，即深层咬肌穿过眶下孔，但不大；浅层咬肌起于颧弓之前；而表层咬肌则也向前推进起于吻部。如大鼠（*Rattus*）。

03.0451 松鼠型下颌 sciurognathous mandible
啮齿类的下颌角突与下颌水平支（或下门齿）处在同一个垂直平面上的下颌形式。如松鼠的下颌，可能代表一种原始性状。

03.0452 豪猪型下颌 hystricognathous mandible
啮齿类的下颌角突与下颌水平支（或下门齿）不处在同一个垂直平面上的下颌形式。如豪猪的下颌，可能代表一种衍生性状。

03.0453 下颌垂直支 ascending ramus
下颌骨上位于颊齿后面的垂直骨体，包括有冠状突、关节突和角突三部分。

03.0454 角柄 pedicle
鹿类头骨从额骨上突出的一对骨质的柄，角柄在动物活着的时候由皮肤覆盖。

03.0455 角环 burr
鹿角柄顶端的一圈粗糙的骨质突起，鹿角脱落时从此处断开。

03.0456 主枝 main beam
鹿角由角环长出的部分，不包括眉枝。

03.0457 眉枝 brow tine
鹿角主枝上第一个或最低的一个分枝。

03.0458 齿式 dental formula
将哺乳动物单侧上下齿列的数目分别列于分数线上下方的表示方法。如人的齿式是I2.C1.P2.M3/i2.c1.p2.m3（简略为 2.1.2.3/2.1.2.3），即上下颌各有2颗门齿、1颗犬齿、2颗前臼齿和3颗臼齿，双侧共32颗牙齿。其中I/i，为incisor的缩写（上牙为大写，下牙为小写，下同）、犬齿（C/c，为canine的缩写）、前臼齿（P/p，为premolar的缩写）和臼齿（M/m，molar的缩写）。如为乳齿则在英文字母前加D/d，即deciduous的缩写。

03.0459 齿列 dentition
上、下每一侧的牙齿就称为一个齿列。

03.0460 齿隙 diastema
又称"齿虚位"。牙齿之间的空隙，尤其指草食性哺乳动物前边牙齿与颊部牙齿之间呈缺口状的空隙。如啮齿类的犬齿消失，在门齿和颊齿形成一大的空隙。

03.0461 臼齿 molar
颊部后边用于破碎和研磨食物的牙齿，为不替换的一出齿，咀嚼面具齿尖，有胎盘类上下颌两侧通常各有3枚臼齿，有袋类则有4枚，原始哺乳动物臼齿数目各异。

03.0462 前臼齿 premolar
颊部前边用于切割和研磨食物的牙齿，其乳齿成年后被恒齿替换，为二出齿，咀嚼面具齿尖，有胎盘类上下颌两侧通常各有4枚前臼齿，而有袋类仅3枚，原始哺乳动物前臼齿数目各异。

03.0463 臼前齿 antmolar
食虫类中有的门类，如鼩鼱科（Soricidae），其臼齿前的颊齿形态趋同，无法分辨犬齿或前臼齿，则用臼前齿表示，符号是自前向后为 A1/a1，A2/a2…

03.0464 异型齿 heterodont
泛指脊椎动物中已分化的牙齿，如哺乳动物的牙齿分化为门齿、犬齿、前臼齿和臼齿，与同型齿相对。

03.0465 同型齿 homodont
颌骨上的所有牙齿具相同样式，与异型齿相对。通常见于低等的脊椎动物中，哺乳动物的海豚也具有同型齿。

03.0466 扇型齿 sectorial tooth
剪切牙齿的改进形式。齿脊组成相互切割功能的上下相对的牙齿，可以将食物切割得很细，如一些灵长类和食肉类的牙齿。

03.0467 高冠齿 hypsodont
适应粗纤维食物对牙齿的快速磨损的牙齿。一般指齿冠高度大于齿根高度的牙齿，如马和某些啮齿类的颊齿；在反刍类中高冠齿指齿冠高度和牙齿长度之比大于 1.2。

03.0468 单面高冠齿 semi-hypsodont, uni-laterally hypsodont
仅舌侧或颊侧呈高冠的牙齿。上颊齿颊侧呈单面高冠齿的如一些犀牛，舌侧单面高冠齿如兔类，而下颊齿则相反。

03.0469 永高冠齿 hypselodont
又称"真高冠齿（euhypsodont）"。齿根开放或无齿根而终生生长的高冠型颊齿。如田鼠（*Microtus*）的颊齿。

03.0470 低冠齿 brachyodont
适应咀嚼纤细较软食物，与高冠齿相对，齿冠高度等于或小于齿根高度的牙齿。人的颊齿即为典型的低冠齿；在反刍类中齿冠高度与齿长之比小于 0.8。

03.0471 丘形齿 bunodont
主要齿尖呈低圆丘状的牙齿类型。通常为杂食动物所具有，如人、熊和猪。

03.0472 新月形齿 selenodont
原尖、前尖、后尖和次尖各自沿前后方向扩大成新月形的牙齿。如鹿和牛的颊齿。

03.0473 脊形齿 lophodont
齿尖延长连接成脊状的牙齿。如貘、犀和许多啮齿类的牙齿，在进步的象类中发展到极致，呈搓衣板状。

03.0474 双脊形齿 bilophodont
具有两条横脊的脊形齿。如灵长类中狒狒的上颊齿就是双脊型齿，其上臼齿前后脊分别由前尖和原尖、后尖和次尖形成。

03.0475 丘月形齿 bunoselenodont
具有新月形齿脊和丘形齿尖的牙齿。在原始的反刍偶蹄类中，如一些鼷鹿具有丘月型齿。

03.0476 轭形齿 zygodont
在某些象类中，主齿柱和副齿柱前后向变扁，呈脊状，附锥退化，主齿柱与副齿柱向中沟略倾斜而呈牛轭状的牙齿。

03.0477 重褶形齿 zalambdodont
具有 V 形外脊的颊齿。最大的齿尖位于舌侧的 V 形底部，相当于前尖，有时两枚小的齿尖位于颊侧的 V 形顶部。如金鼹（*Chrysocholors*）的臼齿。

03.0478 双褶形齿 dilambdodont
与重褶形齿相似，但具有 W 形外脊，W 形舌侧的底部是前尖和后尖，颊侧的 W 形的顶部分别为前、中、后附尖。如阶齿兽（*Bemalambda*）的臼齿。

03.0479 剑形齿 machairodont
匕首状的犬齿。剑齿虎的上犬齿可作为典型代表，在鹿类中，如鼷鹿和麝的上犬齿也形成剑齿。

03.0480　皇冠形齿　stephanodont
有的鼠亚科动物，如皇冠齿鼠（*Stephan-omys*），其第一上臼齿的 t4-t5-t6 齿尖间有脊连接，t6 与 t9 之间以明显的纵向脊连接，t8 或与 t4 连接，构成形如皇冠的图形的牙齿。

03.0481　胖边形齿　exodaenodont
在某些灵长类和果蝠中，在齿冠基部形成超出于齿根宽度的宽圆状的釉质层镶边的牙齿。

03.0482　三尖齿理论　tritubercular theory
认为所有有袋类和有胎盘类的臼齿都是从三尖（前尖、后尖和原尖）这一原始模式起源演化而来的理论。当代系统发育的研究已对三尖齿理论作了修正。

03.0483　垂直咬合　orthal occlusion
又称"正中咬合（centric occlusion）"。咬合时下颌仅为垂直运动的咬合方式。

03.0484　前后咬合　propalinal occlusion
咬合时下颌为前后运动的咬合方式。

03.0485　侧重咬合　active occlusion
上下颌一侧用力最大时的咬合的咬合方式。下牙向上牙外侧展伸，有时伴随着前后方向的移动。如肉食类的咬合行为。

03.0486　磨楔式齿　tribosphenic tooth
在哺乳动物进化过程中，上臼齿三角座上的原尖出现最晚，原尖出现后，相对应的下牙跟座也随之发育完整，构成一具有匹配剪面的上下臼齿，为兽类的一种典型的臼齿模式。

03.0487　剪面　shearing surface
上下牙的咬合使齿尖或齿脊上的釉质层边沿呈现出削擦印痕的面。剪面上的擦痕是单一方向，多近垂直。

03.0488　磨面　abrasion
食物对牙齿的磨面，擦痕不像剪面那样规律、单一。

03.0489　前剪面　prevallum
在原始哺乳动物的上臼齿中，通常由前尖前棱、前小尖前棱和原尖前棱构成的面。在下臼齿上，则位于下前脊前缘，称下前剪面（prevallid）。

03.0490　后剪面　postvallum
在原始哺乳动物的上臼齿中，通常由后尖后棱、后小尖后棱颌原尖后棱构成的面。在下臼齿上，则位于下原脊的后缘，称下后剪面（postvallid）。

03.0491　匹配剪面　matching shearing surfaces（1-6）
以北美负鼠臼齿上的剪面为代表命名的 6 个基本咬合面，反映兽类上下臼齿磨楔式咬合时的相互关系。

03.0492　裂齿　carnassial
在食肉类中，为便于切割食物，上第四前臼齿与下第一臼齿演化成为具有扁平片状剪面的牙齿。在古食肉类（Creodonta）中，裂齿由上牙的 M1 或 M2 和下牙的 m2 或 m3 组成。

03.0493　裂齿凹　carnassial notch
食肉类裂齿剪面脊上有一横向的凹槽。上裂齿位于原尖和后附尖之间，下裂齿位于下原尖和之下前尖之间。

03.0494　斗隙　embrasure
在原始兽类后面的上颊齿间常有三角形的空隙，以容纳下颊齿的三角座。

03.0495　斗坑　embrasure cavity
如在肉食性的兽类中，在上颌骨上容纳下裂齿的斗隙底部有一深凹。

03.0496　磨坑　wear crater
在兽类颊齿的尖和小尖上经磨蚀后会形成一类似火山口样的尖顶凹面。

03.0497　三角座　trigon
在具磨楔式的上颊齿上，由前尖、后尖和原尖及其连脊、小尖等组成的齿冠部分。

03.0498 下三角座 trigonid

在具磨楔式的下颊齿上，由下前尖、下后尖和下原尖组成的齿冠部分。即使在下前尖消失的情况下，亦称下三角座。

03.0499 跟座 talon

泛指在上颊齿三角座后面的齿冠部分，通常由次尖或次尖架组成。

03.0500 下跟座 talonid

泛指在下颊齿三角座后面的齿冠部分，通常由下内尖、下次尖和下次小尖组成。

03.0501 假下跟座 pseudotalonid

为蜀兽特有。即在下臼齿三角座的前方有一个类似跟座的结构，其上也有相应下跟座的三尖：假下内尖、假下次尖和假下次脊。

03.0502 齿带 cingulum

曾称"齿缘"。围绕齿冠，接近齿冠基部近水平向的或倾斜向的线状或线粒状的褶边构造，一般不参加咬合。在一些爬行类的牙齿中，也有类似结构。

03.0503 前尖 paracone

曾称"始尖 (eocene)"。哺乳动物上臼齿上的主尖之一，位于前外侧。是最早萌生的齿尖。

03.0504 下前尖 paraconid

哺乳动物下颊齿上的主尖之一，位于牙齿的舌侧前端，在啮齿类和一些有蹄类中缺失。

03.0505 后尖 metacone

哺乳动物上臼齿上的主尖之一，位于唇侧前尖之后。

03.0506 下后尖 metaconid

哺乳动物下臼齿主尖之一，位于下原尖的内侧，下前尖之后。

03.0507 原尖 protocone

哺乳动物上臼齿主尖之一，位于齿的前内侧。科普 (Cope) 与奥斯本 (Osborn) 的三尖齿理论认为该尖可能是"原始的"齿尖。化石和胚胎学研究证明原尖是从前尖向内侧扩

展形成的，前尖是最早萌生的且与爬行动物的牙齿主尖同源。

03.0508 下原尖 protoconid

哺乳动物下颊齿主尖之一，位于齿的前外侧，并非与原尖同时相配发生，而与爬行类动物的牙齿主尖同源。

03.0509 次尖 hypocone

上臼齿上的第四尖，位于原尖后侧，该尖的出现使得牙冠面呈四边形。

03.0510 下次尖 hypoconid

位于下原尖后面的跟座之上，其个体发生在上臼齿的原尖之前。

03.0511 下次小尖 hypoconulid

位于跟座后缘，介于下次尖与下内尖之间的小尖。在有蹄类、啮型类中下第三臼齿上可以形成第三叶。

03.0512 下内尖 entoconid

位于下跟座的内侧，随上臼齿原尖的发生而出现。

03.0513 假下次尖 pseudohypoconid

在蜀兽类中下臼齿的跟座不发育，而在牙齿三角座之前有一假的跟座，其上位于颊侧的尖。

03.0514 假下内尖 pseudoentoconid

在蜀兽类中下臼齿的跟座不发育，而在牙齿三角座之前有一假的跟座，其上位于舌侧的尖。

03.0515 围尖 pericone

原始真兽类、某些灵长类等动物中位于原尖之前的小尖，由前齿带发育而来。

03.0516 前边尖 anterocone

位于上臼齿前端 (原尖与前尖之前) 的齿尖。如仓鼠类的前边尖较发育，可分化出两个小齿尖或成齿脊。

03.0517 下前边尖 anteroconid

位于下臼齿前端 (下原尖与下后尖之前) 的

齿尖。如仓鼠类的下前边尖较发育，可分化出两个小齿尖或成齿脊。

03.0518　中尖　mesocone
位于原尖与次尖之间的齿尖，一般发育在内脊上。

03.0519　下中尖　mesoconid
位于下原尖与下次尖之间的齿尖，一般发育于下外脊上。

03.0520　前小尖　paraconule
又称"原小尖(protoconule)"。位于原尖与前尖之间的小尖。

03.0521　后小尖　metaconule
位于原尖与后尖之间的小尖。

03.0522　柱尖　stylocone
原始真兽类中位于上臼齿外侧前部、前尖外方的小齿尖，一般比前附尖高，位置稍后。在有袋类中多个柱尖发育在柱尖架上，自前向后顺序依次用 A、B、C、D、E 表示。

03.0523　柱尖架　stylar shelf
又称"外架"。兽类上臼齿唇侧宽的边缘，随齿的外缘轮廓而形状不同，是柱尖的附着处。

03.0524　前附尖　parastyle
位于上臼齿前尖之前外侧的附尖，在原始真兽类及原始有蹄类中较发育。

03.0525　中附尖　mesostyle
介于上臼齿前尖与后尖之间向外突出的附尖。

03.0526　后附尖　metastyle
位于上臼齿后尖之后或后外侧的附尖。

03.0527　内附尖　entostyle
上臼齿上介于原尖与次尖之间的低小的尖。在鹿类中较发育。

03.0528　下外附尖　ectostylid
下臼齿上介于下原尖与下次尖之间的低小

的尖。在反刍类中尤其发育。

03.0529　原脊　protoloph
在上颊齿上由原尖、原小尖、前尖相连形成的齿脊。

03.0530　后脊　metaloph
在上颊齿上由后尖、后小尖、次尖相连形成的齿脊。

03.0531　下原脊　protolophid
又称"下前脊(paralophid)"。由下原尖向内侧延伸的齿脊，可与下前尖或下后尖相连。或者是由下原尖本身向内伸出的脊，在不同动物中命名各异。

03.0532　下后脊　metalophid
在下颊齿上连接下原尖与下后尖的脊。在啮齿类中常有前后两条脊出现，分别以下后脊Ⅰ、下后脊Ⅱ表示。在不同动物中命名各异。

03.0533　外脊　ectoloph
上颊齿外侧由前尖和后尖联合形成的脊。

03.0534　内脊　entoloph
上颊齿舌侧直接或间接连接原尖或次尖的纵向脊。

03.0535　下外脊　ectolophid
连接下原尖与下次尖的齿脊。

03.0536　下次脊　hypolophid
在脊型化的颊齿上连接下次尖与下内尖的齿脊。

03.0537　原尖前棱　preprotocrista
由原尖向前伸出的棱脊。

03.0538　原尖后棱　postprotocrista
由原尖向后伸出的棱脊。

03.0539　前尖前棱　preparacrista
由前尖向前伸出的棱脊。

03.0540　前尖后棱　postparacrista
由前尖向后伸出的棱脊。

03.0541　后尖前棱　premetacrista

由后尖向前伸出的棱脊。

03.0542　后尖后棱　postmetacrista
由后尖向后伸出的棱脊。

03.0543　前小尖前棱　preparaconule crista
由前小尖向前伸出的棱脊。

03.0544　前小尖后棱　postparaconule crista
由前小尖向后伸出的棱脊。

03.0545　后小尖前棱　premetaconule crista
由后小尖向前伸出的棱脊。

03.0546　后小尖后棱　postmetaconule crista
由后小尖向后伸出的棱脊。

03.0547　中央棱　centrocrista
在柱尖架发育的上白齿上，连接前尖和后尖的棱。

03.0548　斜棱　oblique crist
原尖伸向后外方的脊棱。在灵长类中，由后尖次棱（hypometacrista）与原尖后棱（post-protocrista）相连而成。

03.0549　下斜脊　oblique cristid
下颊齿上由下次尖向前内方伸出的棱脊，可与下三角座后壁或下原脊或下后尖连接，有时其中包含下中附尖。

03.0550　前褶　paraflexus
某些脊型化的啮齿类（如河狸）的上颊齿上，位于颊侧或前面的第一个褶沟。有时有白垩质充填。前褶经磨蚀封闭而形成的釉质圈叫前凹（parafossette）。

03.0551　下前褶　paraflexid
某些脊型化的啮齿类（如河狸）的下颊齿上，位于舌侧前面的第一个褶沟。有时有白垩质充填。下前褶经磨蚀封闭而形成的釉质圈称下前凹（parafossettid）。

03.0552　中褶　mesoflexus
某些脊型化的啮齿类（如河狸）的上颊齿上，位于颊侧的第二个褶沟。有时有白垩质充填。中褶经磨蚀封闭而形成的釉质圈称中凹（mesofossette）。

03.0553　下中褶　mesoflexid
某些脊型化的啮齿类（如河狸）的下颊齿上，位于舌侧的第二个褶沟。有时有白垩质充填。下中褶经磨蚀封闭而形成的釉质圈称下中凹（mesofossettid）。

03.0554　后褶　metaflexus
某些脊型化的啮齿类（如河狸）的上颊齿上，位于颊侧的第三个褶沟。有时有白垩质充填。后褶经磨蚀封闭而形成的釉质圈称后凹（metafossette）。

03.0555　下后褶　metaflexid
某些脊型化的啮齿类（如河狸）的下颊齿上，位于舌侧的第三个褶沟。有时有白垩质充填。下后褶经磨蚀封闭而形成的釉质圈称下后凹（metafossettid）。

03.0556　次褶　hypoflexus
某些脊型化的啮齿类（如河狸）的上颊齿上，位于舌侧的褶沟。有时有白垩质充填。次褶经磨蚀封闭而形成的釉质圈称次凹（hypofossette）。

03.0557　下次褶　hypoflexid
某些脊型化的啮齿类（如河狸）的下颊齿上，位于颊侧的褶沟。有时有白垩质充填。

03.0558　前沟　parastria
某些脊型化的啮齿类（如河狸）的上颊齿上，冠面的前褶贯通到侧面，形成的垂直的沟。有时有白垩质充填。

03.0559　下前沟　parastriid
某些脊型化的啮齿类（如河狸）的下颊齿上，冠面的下前褶贯通到侧面，形成垂直的沟。有时有白垩质充填。

03.0560　中沟　mesostria
某些脊型化的啮齿类（如河狸）的上颊齿上，冠面的中褶贯通到侧面，形成垂直的沟。有时有白垩质充填。

03.0561　下中沟　mesostriid
某些脊型化的啮齿类（如河狸）的下颊齿上，冠面的下中褶贯通到侧面，形成垂直的沟。有时有白垩质充填。

03.0562　后沟　metastria
某些脊型化的啮齿类（如河狸）的上颊齿上，冠面的后褶贯通到侧面，形成垂直的沟。有时有白垩质充填。

03.0563　下后沟　metastriid
某些脊型化的啮齿类（如河狸）的下颊齿上，冠面的下后褶贯通到侧面，形成垂直的沟。有时有白垩质充填。

03.0564　次沟　hypostria
某些脊型化的啮齿类（如河狸）的上颊齿上，冠面的次褶贯通到侧面，形成垂直的沟。有时有白垩质充填。

03.0565　下次沟　hypostriid
某些脊型化的啮齿类（如河狸）的下颊齿上，冠面的下次褶贯通到侧面，形成垂直的沟。有时有白垩质充填。

03.0566　谷　sinus
又称"沟"。哺乳动物（如啮齿类）的颊齿上由釉质层围成的次级的结构。

03.0567　模鼠角　*Mimomys*-kante，*Mimomys*-ridge
田鼠类动物第一下臼齿上介于前帽与后面的褶角之间的珐琅质角，为模鼠（*Mimomys*）特有。

03.0568　前帽　anterior cap
高度脊型化的啮齿类（如鼾类）的第一臼齿最前端，由珐琅质围成的部分。

03.0569　后环　posterior loop
高度脊型化的啮齿类（如鼾类）臼齿上最后端的部分，呈环形。

03.0570　褶角　salient angle
高度脊型化的啮齿类（如鼾类、鼢鼠类）臼齿冠面上由珐琅质围成的向外突出的三角。

03.0571　褶沟　reentrant angle
高度脊型化的啮齿类（如鼾类、鼢鼠类）臼齿冠面上褶角之间凹入的齿沟。

03.0572　鼠亚科齿尖　tubercles 1-9
鼠亚科的上臼齿齿尖发育，从前向后构成三行，每行三尖，从内向外，分别命名为t1-t9和t12，在t1与t2之间、t2与t3之间有小附尖。

03.0573　鼠亚科小附尖　bis
鼠亚科的上臼齿齿尖发育，除t1-t9外，在t1与t2之间、t2与t3之间出现的小附尖。

03.0574　纤猴褶　*Nannopithex*-fold
又称"原尖后褶（postprotocone-fold）"。在原尖后壁上发育出的一条棱褶。因首先发现在灵长类纤猴（*Nannopithex*）化石上而得名。

03.0575　上猿三角　pliopithccine triangle
在上猿类动物下臼齿上由下原尖和下次尖向下跟座谷中分别伸出一条脊，这两条脊与下斜脊围成一个三角形结构。

03.0576　主齿柱　pretrite
在乳齿象中，中沟（median sulcus）把每个颊齿分成内外两部分，主齿柱是指上颊齿内侧部、下颊齿外侧部的齿锥，一般比副齿柱强大。

03.0577　副齿柱　posttrite
在乳齿象中，中沟把每个颊齿分成内外两部分，副齿柱是指上颊齿外侧部、下颊齿内侧部的齿锥，一般比主齿柱小。

03.0578　三叶式　trefoil
乳齿象类颊齿上主齿柱及前后的附尖在磨蚀后呈三叶形图案。

03.0579　马刺　pli caballine
主要指马科动物的上颊齿上在舌缘中沟沟底与原尖对应伸出的小刺。

03.0580　下马刺　pli caballinid

在马的下颊齿上，于唇缘中沟沟底与下次尖对应伸出的小刺。

03.0581 双叶 double-knot
马科动物后期的各属中，下颊齿上的下后尖与下后附尖异常膨大，形成类似哑铃型的特殊结构，在分类上非常重要。

03.0582 双叶颈 isthmus
马科动物下颊齿上连接双叶与下原尖及下次尖的齿脊。

03.0583 小刺 crista
专指奇蹄类动物上颊齿上由外脊向中凹伸出的刺形结构。与原始哺乳动物中的棱（crista），如原尖前棱（preprotocrista）等泛指名词不同。

03.0584 前刺 crochet
奇蹄类、南美有蹄类等动物的上颊齿上由后脊向前伸出的刺形结构。

03.0585 反前刺 antecrochet
奇蹄类等动物上颊齿上由原脊向后伸出的刺形结构。

03.0586 古鹿褶 *Palaeomeryx*-fold
只存在于古老类型的鹿类动物下颊齿上。位于下原尖之后外侧面上的小褶。

03.0587 底柱 basal pillar
又称"基柱"。主要指反刍类动物上颊齿舌侧，下颊齿的颊侧位于新月形齿尖之间的附尖。在上颊齿上又称为内附尖，下颊齿上称为下外附尖。在牛亚科中尤其发育，可达到主尖的高度。

03.0588 釉质 enamel

又称"珐琅质"。牙齿齿冠表面的坚硬矿化层，其主要成分为钙化程度极高的羟基磷灰石结晶，硬度仅次于金刚石，有机物仅含4%。

03.0589 齿质 dentine
牙齿齿冠的主体部分，略呈黄色，具多孔的显微结构，其主要成分为羟基磷灰石结晶，有机物和水约占30%。

03.0590 白垩质 cement
又称"水泥质"。牙齿齿根和齿冠外面或齿冠突棱间的覆盖或充填物，主要成分为磷酸钙，硬度较低。

03.0591 施雷格釉柱带 Hunter-Schreger band
又称"施雷格明暗带"。一种牙齿釉质层的显微结构。由一列或数列彼此平行的釉柱组成的釉柱带，每相邻的两个釉柱带呈角度相交，在牙齿切面上呈现重复的明暗交替的条带。

03.0592 散系釉质 pauciserial enamel
一种原始的啮齿类门齿釉质内层的施雷格釉柱带结构，带宽一般为2~4个釉柱，多出现在古近纪的属种内。

03.0593 单系釉质 uniserial enamel
一种进步的啮齿类门齿釉质内层的施雷格釉柱带结构，带宽为一个釉柱。现生鼠类、仓鼠类及松鼠类多具此结构。

03.0594 复系釉质 multiserial enamel
啮齿类门齿釉质内层的施雷格釉柱带为3~10个釉柱宽度。多见于南美。具有豪猪型下颌的啮齿类，如豚鼠等多具此结构。

03.08　古　人　类　学

03.0595 托麦人 Toumai
又称"乍得撒海尔人（*Sahelanthropus tchadensis*）"。根据2001~2002年在乍得发现的

距今600万~700万年前似人似猿的头骨、两件下颌骨及3枚牙齿化石命名的早期人类成员，被认为是接近人猿分别点的最早人类。

03.0596　地猿　*Ardipithecus*

根据 1992 年以来发现于埃塞俄比亚阿法盆地中阿瓦什地区阿拉米斯 (Aramis) 地点的中新 – 上新世地层,距今 580 万~440 万年的一组化石命名的接近人猿共同祖先的早期人类成员。

03.0597　千僖人　Millennium Man

又称"土根原初人 (*Orrorin tugenensis*)"。根据 2000 年在肯尼亚图根山区发现的一批距今 600 万年的人类化石而命名的早期人类成员。对发现的股骨化石的研究表明这些化石成员在陆地行走时已经适应习惯性直立,甚至已经完全直立。

03.0598　南方古猿　*Australopithecus*

根据 1924 年在南非塔翁发现的一件头骨化石命名的一个早期人类成员。南方古猿分为若干不同的类型,生存于南非和东非(埃塞俄比亚、肯尼亚、坦桑尼亚)及中非(乍得)距今 440 万~150 万年。一般认为其中一种类型向后期人类演化,其余类型最终灭绝。

03.0599　傍人　*Paranthropus*

根据在南非克罗姆德拉伊 (Kromdraai) 地点发现的头骨化石命名的一个早期人类成员。傍人包括若干不同类型,发现于南非、埃塞俄比亚、肯尼亚的不同地点。也有学者认为傍人属于粗壮类型的南方古猿。

03.0600　能人　*Homo habilis*

距今 260 万~150 万前生活在非洲的古人类。能人是最早制造使用工具的人类,能人演化成为直立人。

03.0601　直立人　*Homo erectus*

俗称"猿人"。距今 180 万~20 万年生活在非洲、欧洲和亚洲的古人类。一般认为直立人起源于非洲,然后向亚洲和欧洲扩散。直立人能够制造使用工具、用火、甚至狩猎。中国的周口店北京猿人、元谋人、蓝田人都属于直立人。

03.0602　匠人　*Homo ergaster*

根据在东非发现的更新世早期人类化石命名的人属成员。其身体大小、形状和牙齿特征与后期人类更为接近,被认为是智人的祖先。但也有人认为匠人与直立人相同。

03.0603　魁人　*Meganthropus*

根据在印度尼西亚中爪哇的桑吉兰 (Sangiran) 发现的一件人类下颌骨破片及其他一些化石命名的不同于直立人的人类成员。对魁人的系统地位学术界有不同的看法。许多学者不承认魁人的存在,认为它只是早期的直立人。

03.0604　尼安德特人　Neanderthal

距今大约 20 万~3 万年生活在欧洲、近东和中亚地区的古人类。尼安德特人已经能够制造使用复合工具、具有狩猎能力及丧葬等习俗。对尼安德特人的分类地位有不同看法,有学者将其归入一个人属内与智人并列的尼安德特种 (*Homo neanderthalensis*),也有学者将尼安德特人归入古老型智人。

03.0605　海德堡人　*Homo heidelbergensis*

根据在德国海德堡发现的一件下颌骨化石命名的人属的一个种。近年一些学者将在欧洲、非洲和亚洲发现的一些中更新世人类化石归入海德堡人。

03.0606　早期智人　Archaic *Homo sapiens*

又称"古老型智人"。通常指距今 20 多万年开始生活在中更新世晚期的形态上介于直立人和晚期智人之间的人类。一般将大荔人、金牛山人、马坝人等中国古人类归入早期智人。

03.0607　晚期智人　Late *Homo sapiens*

又称"解剖学上的现代人 (anatomically modern humans)"。主要解剖学特征与现生人类接近的晚期化石智人,一般指生活在距今 10 万~1 万年前的更新世晚期人类。中国的周口店山顶洞人、柳江人都属于解剖结构上的现代人。

03.0608　长者智人　*Homo sapiens idaltu*
根据 1997 年在埃塞俄比亚东北部阿法地区海尔托(Herto)发现的人类化石命名的智人成员。化石的年代距今 16.0 万~15.4 万年。发现及研究者认为这是迄今发现最为古老的早期现代人化石,是智人的一个新亚种。

03.0609　佛罗里斯人　*Homo floresiensis*
根据 2003 年在印度尼西亚东部佛罗里斯岛发现的人类化石命名的智人成员。化石的年代距今 3.8 万~1.8 万年。根据其中最完整的编号为 LB1 化石推断,佛罗里斯人身高大约 1m,体重 16~29kg,脑量 380ml。发现及研究者根据佛罗里斯人化石的一些形态特征与直立人相似,提出他们的祖先是直立人,在隔离的海岛环境演化为新的种。但也有学者认为佛罗里斯人是患有侏儒或小脑症等病理标本。

03.0610　巨猿　*Gigantopithecus*
指发现于印度、中国南部、越南等地生活在更新世早期的一种体型巨大的类人猿化石。巨猿的起源、演化及分类地位还不很清楚。

03.0611　人种　race
人种或种族是根据体质上某些能遗传的性状而划分的人群。人类的各种性状一方面受到遗传因素的影响,另一方面又受到环境因素的作用。因此世界上不同的人群有着不同的基因频率,从而产生了人种的差别。

03.0612　蒙古人种　Mongoloid
泛指所有聚居在亚洲东部和东南部地区的当地人群及美洲印第安人。其中,分布在东北亚中国、蒙古、朝鲜、日本等地的人类称为典型蒙古人种(typical Mongoloid),而居住在东南亚地区的人群称为南亚蒙古人种(southern Mongoloid)。也有学者将蒙古人种具体分为北亚、东北亚、北极、东亚、南亚等类型。

03.0613　现代人起源　modern human origin
追寻目前分布在世界各地现代人群的直接化石祖先,属于人类演化研究的一个组成部分。

03.0614　人体测量学　anthropometry
体质人类学的一个分支,通过对人类骨骼、牙齿、活体的观察与测量获取人类生物学特征的基本数据。

03.0615　颅骨测量　craniometry
通过对在颅骨上标志点间直线、曲线、角度的测量获取颅骨大小、形状方面的信息的研究方法。

03.0616　活体测量　somatometry
通过对在人体活体上确定的标志点间直线、曲线、角度的测量获取活体尺寸、形状方面信息的研究方法。

03.0617　人类测量仪器　anthropometric instrument
用于进行人体测量的专用仪器。

03.0618　眼耳平面　Frankfurt horizontal plane
又称"法兰克福平面"。进行人类头骨测量时规定的一个基准面。将左侧眼眶下缘点与两侧耳门上缘点置于同一水平面。进行活体测量时以左右耳屏点和右侧眶下点确定标准平面。

03.0619　头骨测量标志点　craniometric landmarks
在头骨上具有明确定义的标志点,用于测量头骨不同部位之间的距离或角度。

03.0620　颅指数　cranial index
反映颅骨长宽比例及形状的指数,其计算公式为:颅指数=(颅骨宽/颅骨长)×100。

03.0621　颅型　cranial form
根据颅骨指数划分的颅骨类型。

03.0622　头型　head form
根据人的头部形态指数确定的头部形态类型。

03.0623　面型　facial form

通过各种面指数确定的人类面部形态类型。

03.0624　体型　body shape
通过身体不同部位尺寸构成的指数或比例关系反映出的身体形状。

03.0625　肤色　skin color
人类皮肤表皮层因黑色素、原血红素、叶红素等色素沉着所反映出的皮肤颜色。肤色在不同地区及人群有不同的分布。

03.0626　发型　hair form
头发因硬度、横截面形状和弯曲度不同而呈现出的不同发型。常见的有直发（straight-haired）、波状／卷发（wavy/frizzy-haired）、羊毛状发（woolly-haired）。这些发型被用于区分不同人群。

03.0627　眼色　eye color
因虹膜表层色素沉着差别而形成的眼睛角膜部外观的颜色差别，可以从浅蓝色到深棕色，包括一些交错过渡的颜色。

03.0628　眼褶　eye fold
出现在眼睛前侧区域的系列附加结构，或单独出现，也可合并出现。其中出现在眼内角的上眼睑覆盖下眼睑的结构被称为蒙古褶（Mongoloid fold）。

03.0629　皮褶厚度　skinfold thickness
通过测量身体某些部位皮肤揪起后的厚度来反映皮下脂肪量的皮肤测量指标。

03.0630　非测量特征　non-metric feature
一类出现在人类骨骼和牙齿上受遗传机制控制的形态变异。

03.0631　颅缝　cranial suture
头颅各骨之间的连接线。颅缝的愈合程度常被用于对颅骨进行年龄鉴定。

03.0632　缝间骨　sutural bone
出现在颅骨骨缝中的不规则形小骨。这些缝间骨通常按其出现位置命名。

03.0633　印加骨　Inca bone
一般指出现在顶骨与枕骨之间人字点附近的两侧对称的缝间骨。印加骨在南美洲印加人有较高的出现率。

03.0634　眉脊　brow ridge
出现在骨性眼眶上方向前突出的弓形状骨质隆起。这一结构在化石人类，尤其是直立人及早期智人最为显著。

03.0635　眶上圆枕　supraorbital torus
眶上圆枕后方横沟和枕骨圆枕上方浅沟的合称。前者被称为额骨圆枕上沟，后者被称为枕骨圆枕上沟。

03.0636　眶上沟　supraorbital sulcus
出现在眼眶后上方的凹陷。

03.0637　矢状隆起　sagittal ridge
又称"矢状脊（sagittal crest，sagittal keel）"。出现在颅骨穹隆部沿正中矢状方向分布在额骨，有时延及顶骨的脊状骨质隆起。在化石人类，尤其是直立人发育最为显著。

03.0638　枕骨隆突　occipital bunning
又称"发髻状隆起（chignon bun-like structure）"。出现在人类头骨枕鳞上部的大面骨质积隆起，为尼安德特人典型特征之一。

03.0639　前囟区隆起　bregmatic eminance
出现在颅骨冠状缝与矢状缝交界的前囟区的骨质隆起。

03.0640　旁矢状凹陷　parasagittal depression
出现在矢状缝或矢状隆起（脊）两侧的轻微凹陷。

03.0641　顶孔低平区　obelic depression
顶孔及周围区域低平的颅骨表面。

03.0642　眶后缩窄　postorbital constriction
顶面观察头骨，位于眼眶后方的头骨缩窄。

03.0643　眶上突　superorbital notch
出现在眼眶上缘的骨质缺口。

03.0644　缘结节　marginal tubercle

出现在颧骨额蝶突后缘上段的骨质隆起。

03.0645　旁乳突隆起　juxtamastoid eminance
出现在乳突内侧，茎突内侧枕乳脊外侧的骨质脊。

03.0646　枕乳脊　occipitomastoid crest
出现在茎突后方乳突表面的小骨质隆起。

03.0647　圆枕　torus
骨骼表面的圆形或结节状隆起，包括上颌圆枕、下颌圆枕、下颌上横缘枕、下颌下横缘枕、耳圆枕、枕圆枕、角圆枕等。

03.0648　枕圆枕　occipital torus
出现在枕骨的横行条状骨质隆起，是直立人的标志性特征。将枕骨分隔为上下两部分，并以角度相交。

03.0649　角圆枕　angular torus
出现在顶骨后下角的圆形或条状骨质隆起，在化石人类，尤其是直立人尤其明显。

03.0650　圆枕上沟　supratoral sulcus
眶上圆枕后方横沟和枕骨圆枕上方浅沟的合称。前者被称为额骨圆枕上沟，后者被称为枕骨圆枕上沟。

03.0651　鼻旁隆起　paranasal ridge
出现在靠近两侧鼻骨的上颌骨表面的骨质隆起。

03.0652　夹紧状鼻　pinched nose
鼻梁看起来似乎被从两侧夹紧状。

03.0653　薛氏脊　Sylvian crest
出现在一些早期人类顶骨内面的骨质脊，与大脑表面的薛氏沟（Sylvian sulcus）相互吻合。

03.0654　犬齿型　cynodont
一种白齿髓腔的形态，因其标准形态发现于犬类故命名。现代人类白齿髓腔形态多为犬齿型。

03.0655　牛齿型　taurodont

白齿髓腔增大，齿根融合，因这种白齿髓腔形态发现于牛类，故得名。直立人、尼安德特人，以及某些现代人（如北极的因纽特人）白齿髓腔多为牛齿型。

03.0656　下颌角　mandibular angle
下颌骨的下颌体与下颌枝之间构成的角度。这一角度在人类不同的年龄有一定的变化，在法医人类学上被用于鉴定死者年龄。

03.0657　面三角　facial triangle
由颅骨鼻根点、上齿槽前点和颅底点所组成的三角。

03.0658　铲形门齿　shovel-shaped incisor
此种门齿齿冠舌面两侧边缘脊增厚及舌面凹陷而形成的似铲形的结构的门齿。类似结构偶尔亦可见于上下犬齿。铲形门齿在东亚现代人群和化石人群均具有较高的出现率。

03.0659　卡氏尖　Carabelle's cusp
出现在上颌白齿齿冠舌侧面的结节状突起。卡氏尖在欧洲人具有较高的出现率。

03.0660　颅容量　cranial capacity
颅骨内腔的容积。颅容量接近脑量，在化石人类一般用颅容量代表脑量的大小。

03.0661　EQ 指数　encephalization quotient
又称"脑量商"。一种利用颅容量与身体尺寸比例计算出来表示相对脑量大小的指数。EQ 指数随人类演化呈增加趋势。

03.0662　面貌复原　facial reconstruction
在颅骨的基础上，利用解剖特征和软组织厚度的资料以及雕塑艺术，恢复一个颅骨所代表的个体生前面貌的方法。这种方法常用于法医鉴定及历史人物复原。

03.0663　颅像重合　facial image imposition
通过照相技术将待查颅骨与怀疑与该颅骨属于同一个体的照片进行重合分析，进而鉴定待查颅骨身源的方法。

03.0664　颅骨变形　cranial deformation

人工改变颅骨形状。一些颅骨变形为无意识的文化习俗或行为模式所致，如幼儿起使用石枕致使枕部平坦；也有一些为有意识地改变颅骨形状，如人工缠头。

03.0665　人工牙齿修饰　intentional tooth modification，artificial modification
基于某种文化或习俗，对牙齿进行的正常功能以外的外观或结构改变，如在牙齿上钻孔、染色、将某一位置的牙齿拔除等。这种行为具有明显的地区及人群分布。

03.0666　人工拔牙　intentional tooth，extraction
生前有意识地将某一部位的牙齿拔除的一种习俗，如中国一些新石器时代居民习惯在生前将上颌外侧门齿拔除。

03.0667　人工凿齿　intentional dental，mutilations
有意识地将牙齿某一部分除去，属于人工牙齿修饰的一部分。常见的人工凿齿包括牙齿钻孔、牙齿切缘锯齿状修饰等。

03.0668　多生齿　hyperodontia，supernumerary teeth
超出正常的牙齿数目(乳齿 20 枚，恒齿 32 枚)以外的牙齿。

03.0669　第三臼齿先天缺失　congenital absence of third molar
第三臼齿终生未萌出，可表现为上下全部四个第三臼齿、其中某一个或几个。第三臼齿先天缺失是人类演化过程中的一种趋势，在现代东亚人群具有较高的出现率。

03.0670　指关节着地走　knuckle-walking
非洲大猿黑猩猩和大猩猩采用的四足行走方式，以前手掌指关节背侧面着地，支撑前部体重。

03.0671　直立行走　bipedalism
仅仅使用后肢两足着地的方式完成行走功能。能否习惯性地两足直立行走是区分人类与猿类的标准。

03.0672　股骨嵴　pilaster of femur
股骨干后部隆起的骨嵴。化石及现代人类股骨都具有这一特征，因而被认为是判定直立行走的鉴定特征之一。

04.　古　植　物　学

04.01　藻　类

04.0001　叠层石　stromatolite
蓝菌类微生物，以微生物席形式在生长和新陈代谢过程中粘连和沉积沉积物，形成的叠层状有机沉积构造。

04.0002　叠层石生物层　stromatolitic biostrome
平延伸距离超过厚度 100 倍的叠层石岩层。

04.0003　叠层石生物礁　stromatolitic bioherm
平延伸距离不足厚度 100 倍的叠层石岩层。

04.0004　微生物岩　microbolite
底栖微生物群落捕获及凝聚碎屑沉积物，或局部沉淀矿物质形成的有机沉积物，叠层石是微生物岩的一种类型。

04.0005　核形石　oncolite
结核状，通常直径 1~2cm，层理全包裹或半包裹核心，产于高能量浅水环境。有学者将它归于球状叠层石类。

04.0006　微生物席　microbial mat
缠绕的丝状微生物和球状微生物，通过自身

分泌的黏液质，黏结或沉淀沉积物，并胶结成一种席状组织。

04.0007 生物膜 biofilm
一种很薄的（厚度小于 1mm，通常介于 100~200μm）黏合的微生物群落。

04.0008 微小叠层石 ministromatolite
柱体直径介于 0.1~1cm 之间的叠层石。

04.0009 孔层构造 spongiostromate fabric
一类层理发育不明显、具有多孔状的微晶或泥晶碳酸盐结构，经常包含薄壳状的微体藻类化石。

04.0010 拉长叠层石 elongate stromatolite
叠层石柱体受定向水流改造，横断面呈板状。

04.0011 黏结叠层石 agglutinated stromatolite
由微生物捕获和黏结颗粒形成的叠层石。

04.0012 钙华叠层石 tufa stromatolite
在微生物体或生物组织表层矿物沉淀形成的叠层石。

04.0013 骨架叠层石 skeletal stromatolite
由微生物体或生物组织内部矿化（生物矿化作用）形成的叠层石。

04.0014 陆上叠层石 subaerial stromatolite
形成于地表的微生物钙结层，干燥环境有利于其快速石化，具成壤组构特征。

04.0015 胞外聚合物 extracellular polymeric substance，EPS
有微生物本身制造的具黏性和具保护作用的基质，通常堆积在细胞的外围。

04.0016 层理 laminae
组成叠层石的基本单元，由微生物席黏结或沉淀沉积物构成。

04.0017 概要纵断面 synoptic profile
代表叠层石发育期间的一个时间断面，标记昔日沉积物—水界面的状态。

04.0018 融合 coalescing
指相邻叠层石在生长过程中通过层理的连贯而合并在一起。

04.0019 轴带 crestal zone，axial zone
锥形层理相互重叠，因锥顶部位层理增厚或锥顶指向变化，在锥叠层石轴部形成一个带状构造。

04.0020 继承性 conformity
叠层石上部和下部层理在分布状态上相承袭。

04.0021 平行分叉 parallel branching
叠层石柱体的一种分叉方式。指柱体增粗（或不增粗），然后分为两个或多个相互平行，垂直生长的叉枝。

04.0022 壁龛式分叉 niche with projection
叠层石柱体的一种分叉方式。指柱体侧部出现一个内凹的壁龛，从壁龛下部分出短小的芽枝。

04.0023 壁 wall
层理延伸至柱体边缘，向下弯曲，并紧贴柱体边缘形成的壁状物。

04.0024 帽檐 peak
叠层石柱体的一种纹饰，少数层理向下较长距离延伸，悬挂于柱体外侧，呈檐状。

04.0025 横肋 rib
叠层石柱体的一种纹饰，横向排列于柱体表面的肋骨状构造。

04.0026 瘤 bump
叠层石柱体的一种纹饰，出现在柱体表面的瘤状突起。

04.0027 假壁 mantle
又称"鞘"。叠层石柱体表面的一种覆盖物，或成分既不同于层理，也不同于柱间填充物。

04.0028 管体 tubule
保存在叠层石层理中的丝状微生物的衣鞘。

04.0029 轮藻植物 charophyte
又称"水茴香","脆草"。是丛生于水底的一种水生植物。植物体的构造简单，无根、茎、叶的分化，亦无维管组织，属于原植体植物。植物体呈草绿色，一般有一个直立分枝的主轴，下部以无色的假根固着于水底基质上，上部具有轮生的小枝。植株的高度介于5~200cm之间，平均株高15~20cm。多数种类雌雄同株，少数雌雄异株。分布于晚志留世至现代。

04.0030 直立轮藻目 Sycidiales
藏卵器包围细胞直立，不发生旋转。分布于晚志留世至早石炭世。

04.0031 右旋轮藻目 Trochiliscales
藏卵器包围细胞向右旋转。分布于晚志留世至早石炭世。

04.0032 左旋轮藻目 Charales
藏卵器包围细胞向左旋转。分布于中泥盆世至现代。

04.0033 棒轮藻科 Clavatoraceae
藏卵器具有5个左旋的螺旋细胞，于顶部延伸成颈状，并在顶部中心留下一个开口；藏卵器的外部被一特别的外壳所包围，外壳系由营养分子形成。分布于晚侏罗世至古新世。

04.0034 假根 rhizoid, rhizome
由单列细胞组成，一般无色或略呈粉红色，伸展于泥土中，是主要的固着和吸收器官。

04.0035 茎 stem
又称"轴(axis)"。植物体中轴部分。直立或匍匐于水中，茎上生有分枝，分枝顶端具有分生细胞，进行顶端生长。茎一般分化成短的节和长的节间两部分。

04.0036 节 node
轮藻植物茎的节部一般由中央细胞和周围细胞组成，在茎的节部产生一至数个分枝，或产生轮生的小枝和托叶。

04.0037 节细胞 nodal cell
组成轮藻植物节部的细胞。

04.0038 中央细胞 central cell
位于轮藻植物节部中央的细长细胞。

04.0039 周围细胞 peripheral cell
轮藻植物节部中央细胞外环绕的细胞。

04.0040 节间 internode
轮藻植物茎的两个节之间的部分，多为大型的长圆筒形细胞，其外面常被有由小的皮层细胞构成的皮层。

04.0041 皮层 cortex
被于轮藻植物节间外面，细胞排列类型完整，或有中断，或分离排列。

04.0042 小枝 branchlet
又称"叶(leaf)"，"茎状叶(stem-like leaf)"。轮生于轮藻植物节上的枝状结构，有限生长。小枝产生和支撑繁殖器官。

04.0043 配子囊 gametangia
轮藻植物的有性繁殖器官统称。

04.0044 藏卵器 oogonium
轮藻植物雌性繁殖器官。多呈卵形或椭圆形，内含1个大型的卵球，外部由直立或旋转的包围细胞所包裹。

04.0045 藏精器 antheridium
轮藻植物雄性繁殖器官。圆球形，外壁由4个或8个盾片细胞镶嵌构成外壳。

04.0046 螺旋细胞 spiral cell
藏卵器外部发生旋转的包围细胞。可向左或向右发生旋转。

04.0047 包围细胞 enveloping cell
包裹藏卵器卵球的细胞。一般由长柱形细胞组成，直立或旋转，细胞数目5~20之间。

04.0048 冠细胞 coronular cell

位于藏卵器顶端，由包围细胞分裂而成。每一个包围细胞的顶部具有 1 个或 2 个短小的冠细胞。

04.0049　柄细胞　pedicel cell
位于藏卵器和藏精器的底部，直接着生在小枝的分叉或小枝节上的细胞。

04.0050　化石藏卵器　gyrogonite
轮藻植物雌性繁殖器官形成的化石。多为钙化的包围细胞及外壳结构。

04.0051　侧视螺旋环数　number of convolutions
轮藻植物藏卵器包围细胞发生旋转时，藏卵器侧面观察螺旋细胞所呈现的螺旋环数。

04.0052　细胞脊　cellular ridge
藏卵器包围细胞常发生不同程度钙化，钙化程度高时的细胞凸起。

04.0053　细胞沟　cellular furrow
藏卵器包围细胞钙化程度低，细胞平坦或下凹成沟。

04.0054　缝合线　suture line
藏卵器包围细胞相接之处。

04.0055　细胞间沟　intercellular furrow
藏卵器钙化强时，缝合线下凹，称为细胞间沟。

04.0056　细胞间脊　intercellular ridge
藏卵器钙化弱时，缝合线凸起，称为细胞间脊。

04.0057　顶孔　apical pore，apical orifice
位于藏卵器顶端，为精子进入卵子的通道。

04.0058　底孔　basal pore，basal orifice
位于藏卵器底部，呈五角形。底孔为柄细胞构成的小柄插入之处，藏卵器借助小柄固着在叶或小枝之上。

04.0059　底塞　basal plate
位于底孔内部贴近底孔之处，片状或棱柱状。

04.0060　外壳　utricle
棒轮藻科藏卵器外部包裹的由营养型小枝形成的壳状结构。

04.0061　顶部梅花形构造　rosette
藏卵器螺旋细胞末端膨胀扩展，聚集形成类似梅花形的顶盖结构。

04.0062　颗石藻类　coccolithus
金褐色单细胞鞭毛藻类，通常归属于金藻门。

04.0063　颗石球　coccosphere
一个细胞上的所有颗石粒组成近于球形至卵形的外骨骼。

04.0064　颗石粒　coccolith
一般在颗石藻非活动期形成，由许多微小的方解石薄片组成，形态以圆形、椭圆形为主，少数呈菱形及方形等。

04.0065　异型颗石　heterococcolith
由形状和大小都不同的方解石晶体构成的颗石粒。

04.0066　同型颗石　holococcolith
由大小相等、呈六棱柱体或菱形六面体的方解石晶体排列组成的颗石粒。

04.0067　盘星藻类　discoasterids
呈花冠状、星射状或雪花状，由若干个方解石晶体构成，晶体辐射排列，每一个个体由辐射瓣、瓣间区、中央区和缝线构成。辐射瓣 3~35 个，常常分枝，并饰以脊线或结节。生存于晚古新世至上新世。

04.0068　五边石藻类　braarudosphaerids
又称"布氏球藻类"。由 5 个奇特的方解石晶体构成，整个个体形态为近五边形，在正交偏振光下 5 个晶体分别消光。生存于白垩纪至现代。

04.0069　晶元　element
组成颗石的微小方解石晶体。

04.0070 环 cycle
由一圈晶元联结而成。

04.0071 盾 shield
由同心的两个或两个以上的环构成。

04.0072 远极面 distal side
附在细胞表面的黏液层上，或者埋在黏液层中，通常内凹的一面。

04.0073 近极面 proximal side
颗石粒朝向外面，一般外凸的面。

04.0074 远极盾 distal shield
由许多辐射状排列的方解石晶体组成，与远极面相对应的盾。

04.0075 近极盾 proximal shield
由许多辐射状排列的方解石晶体组成，与近极面对应的盾。

04.0076 中心管 central tube
连结颗石粒上、下两个盾的结构。

04.0077 缝合线 suture
晶元与晶元之间的接触线。

04.0078 中央孔 central opening
在颗石的中央区，大部分类型有一个空洞。

04.0079 远极盾晶元 distal shield element
远极盾上的微小方解石晶体。

04.0080 近极盾晶元 proximal shield element
近极盾上的微小方解石晶体。

04.0081 右旋叠瓦状 dextral imbrication
相邻的晶元相互叠覆，从环的中心向外观察，每个晶元覆盖在右侧的晶元之上。

04.0082 左旋叠瓦状 sinistral imbrication
相邻的晶元相互叠覆，从环的中心向外观察，每个晶元覆盖在左侧的晶元之上。

04.0083 中央网状构造 central net structure
颗石中央区具有的网状构造。

04.0084 穿孔中央板 perforated central plate
颗石中央区常由颗粒状或板状方解石晶体组成中央板，具有穿孔构造的中央板。

04.0085 中央桥 central bridge
颗石中央区内仅有的单一的横棒。

04.0086 中央十字构造 central cross structure
颗石中央区内具有的交叉棒构造。

04.0087 中央刺 central spine
组成颗石中央区的方解石晶体在中心集结并突起而形成。

04.0088 中央棒 central bar
组成颗石中央区的方解石晶体拉长而形成。

04.0089 藻类 algae
单细胞植物或缺乏维管组织的多细胞低等植物。

04.0090 沟鞭藻类 dinoflagellates
曾称"双鞭藻类"。具双鞭毛和纵、横沟的单细胞微小有机体。

04.0091 刺球类 hystrichospheres
一类具刺的有机质壁的单细胞微体化石，其绝大多数现归属沟鞭藻类。

04.0092 多甲藻类 peridinioids
在形状或总的板式上类似多甲藻属的具壳壁(板片)的细胞，常具一顶角和两尾角。

04.0093 古口 archaeopyle
沟鞭藻囊孢壁上的开口，系由一块或一组反映板片的脱落而成。它为沟鞭藻囊孢的脱囊口。

04.0094 原囊 autoblast，autocyst
又称"单囊"。由原壁(单层壁)形成的本体。

04.0095 原壁 autophragm
又称"单壁"。沟鞭藻囊孢壁仅由单层构成。

04.0096 内体 capsule，endocorpus，inner body

又称"内囊（endocyst）"。在沟鞭藻囊孢中由内壁构成的本体。

04.0097　沟鞭藻囊孢　dinocyst
通常可石化的沟鞭藻的休眠囊孢。

04.0098　被腔　ectocoel
在被层和下面的原壁或外壁上的突起之间的腔。

04.0099　被层　ectophram
某些沟鞭藻囊孢的薄的最外层壁，是由原壁或外壁上的突起所支撑，通常不连续。

04.0100　被囊　encyst
又称"成囊"。囊孢形成于具壳壁的细胞内。

04.0101　脱囊　excyst
在一定条件下，囊孢壁上打开一个开口，流出原生质，形成新的游动的具壳壁的细胞并弃囊。

04.0102　壳体　tract，test，shell
（1）囊孢的同物异名。曾用于化石沟鞭藻的个体，由一层或多层壁构成，已被囊孢替代。
（2）广义既可用于化石沟鞭藻的个体，也可用于其他门类。

04.0103　无饰环腰式　akrate
腰带处纹饰缺乏或强烈退化。

04.0104　腔式　cavate
在两层壁或三层壁之间具腔的囊孢。

04.0105　非腔式　acavate
囊孢的层壁之间缺乏腔。

04.0106　双腔式　bicavate
仅在囊孢的前、后部存在一个明显的腔。

04.0107　偏腔式　camocavate
层壁在囊孢的一面接触或紧靠在一起，而在另一面则宽宽地分离。

04.0108　周腔式　circumcavate
层壁在囊孢的边缘（背腹面）完全分离，而在背腹面的中部是接触的。

04.0109　角腔式　cornucavate
空腔仅存在于靠近角或凸起的基部。

04.0110　上腔式　epicavate
仅在囊孢的前部存在一个明显的腔。

04.0111　下腔式　hypocavate
仅在囊孢的后部存在一个明显的腔。

04.0112　全腔式　holocavate
壁层完全分离，其间的空腔在各个方向都是明显的，其内存在一些支撑的构造。

04.0113　收缩式　chorate
突起或隔片的长度超过中央本体最短直径的百分之三十。

04.0114　刺缩式　skolochorate
具长刺的一类收缩式囊孢。

04.0115　板内式　intratabular
突起位于反映板片的中央或多少远离反映缝线。

04.0116　板缘式　penitabular
又称"准板式（penetabular）"。所描述的特征直接位于板片界线之内或者平行于板片界线。

04.0117　囊孢　cyst
具细胞壁的非游动细胞。

04.0118　超层　exophragm
紧贴于细胞壳壁外的一层可石化的有机质壁。

04.0119　疑源类　acritarchs
由单一或多层有机壁包封的中央腔组成的未知或可能多样生物亲缘关系的小型微体化石。其对称性、形状、结构和装饰多种多样，中央腔封闭或以孔、撕裂状不规则破裂、圆形开口（圆口）等多种方式与外部相通。

04.0120　球形亚类　sphaeromorphs
球形至椭球形膜壳的疑源类。缺乏内体，表面颗粒、光滑、小点或小空，但没有另外的装饰；具有简单圆口或撕裂的开口。

04.0121　棘刺亚类　acanthomorphs
球形或椭球形疑源类。没有内体和顶饰；突起孤立、简单或分叉，实心或中空，任意或规则分布；具有多种脱囊开口。

04.0122　舟形亚类　netromorphs
拉长至纺锤形膜壳的疑源类。没有内体；表面一般光滑，很少颗粒；一个或更多远端封闭的刺位于一端或两端；未见脱囊开口。

04.0123　多角亚类　polygonomorphs
显著多角形膜壳的疑源类。没有内体和顶饰；突起孤立或其基部融合，突起数量不多，通常简单，很少分叉。

04.0124　蛋形亚类　ovimorphs
球形至椭球形膜壳的疑源类。没有内体；表面光滑或颗粒状；在一端有成丛的小瘤或短刺，没有观察到开口。

04.0125　对弧亚类　diacromorphs
球形至椭球形壳的疑源类。没有内体，赤道带光滑或微皱，极区有点穴、小瘤或刺装饰，未见开口。

04.0126　棱柱亚类　prismatomorphs
棱面至多角形膜壳的疑源类。有或多或少明显的脊，锯齿状凸缘，在角部有或没有凸出；膜壳表面光滑、颗粒或网饰；未见开口。

04.0127　套球亚类　disphaeromorphs
球形至卵形膜壳的疑源类。含球形至卵形中空内体；缺乏顶饰和突起，膜壳或内体表面光滑或颗粒；偶见简单圆形开口。

04.0128　冠形亚类　stephanomorphs
球形至椭球形膜壳的疑源类。没有内体；在一侧面（或椭球形之一端）有冠状物，多种多样分布的管状突起，其远端开放；膜壳表面光滑或颗粒；未见开口。

04.0129　双棱亚类　dinetromorphs
纺锤形至拉长膜壳的疑源类。含球形至椭球形、中空的内体；没有顶饰，通常没有突起，少数具有数量不多，远端封闭的简单突起；未见开口或在极区位置有简单圆口。

04.0130　扁体亚类　platymorphs
平板形膜壳的疑源类。轮廓圆、椭圆或三角形，有变化多样的中空内体；没有顶饰和突起，膜壳表面光滑或颗粒，未见开口。

04.0131　栅壁亚类　herkomorphs
球形至椭球形或亚多角形膜壳的疑源类。没有内体，膜壳表面被顶饰划分为规则或不规则多角形区；表面光滑、点穴或小瘤；没有腰带，在一些顶饰连接处有棒状支撑物或凸出的刺；偶见简单圆口。

04.0132　翼环亚类　pteromorphs
球形至椭球形或多角形膜壳的疑源类。经常背腹挤压，没有内体，翼的薄层在正赤道位围绕膜壳；它可能被突起或辐射褶皱所支撑；突起有时缺乏，没有顶饰，膜壳表面光滑或颗粒；未见开口。

04.0133　线状亚类　nematomorphs
单列或多列，具隔壁或无隔壁、链状膜壳组成的丝状体；丝体可分叉或不分叉的疑源类。

04.0134　粘连亚类　synaplomorphs
紧密聚集的膜壳组成群体或集合体的疑源类。在群体或集合体中，膜壳可以呈不同方式规则排列。

04.0135　膜壳　vesicle
疑源类中空的壳。已知类型就有球形，椭球形，纺锤形，新月形，衬垫形，豆形，蛋形，枕垫形；此外还有圆柱形，长颈瓶形，梨形及星形等。

04.0136　膜壳腔　vesicle cavity
由膜壳壁围绕的空间。

04.0137　突起　processes
从膜壳表面突出的线性附生物。是疑源类分类、命名的重要形态特征；一般常见突起长于 5μm。

04.0138　脱囊结构　excystment structure
疑源类具有在休眠状态原生质体从膜壳壁的多种形状的开口，脱囊溢出的证据。

04.0139　简单裂开　simple rupture
最常见、最简单的呈直线缝的脱囊开口式样。

04.0140　中裂　median split
围绕膜壳侧部裂开，并沿着大部分圆周延伸，将膜壳分为大体等分的半球。

04.0141　圆口　pylome
在中央体显现的完整小圆环构造的圆形开口。

04.0142　轮旋缝　trochospiral suture
在少数舟形疑源类出现的侧部螺旋开裂。

04.0143　旋涡状缝　circinate suture
左旋方向盘绕的近乎旋涡状的缝。常有附连的口盖，由于缝的轻微偏移而形成确定疑源类上下方向的凹口。

04.0144　疣饰　verruca
疑源类膜壳壁表面的一种雕饰。

04.0145　简单突起　simple process
从膜壳表面突出的线性附生物。其远端不分叉的突起。

04.0146　规则对称　regular symmetry
膜壳表面的突起或雕饰呈对称分布，不显现集中分布的区域。

04.0147　近端　proximity
突起或装饰与膜壳接触的最接近部分。

04.0148　突起腔　process cavity
从膜壳表面突出的中空线性附生物的中部空腔。

04.0149　塞　plug
界于突起与中央体间的暗色区域。可能是突起腔内含物的分隔。

04.0150　口盖　operculum
脱落的外囊胞部分，而显现脱囊开口。

04.0151　花瓣突起　petaloid process
突起近末端呈现花瓣状分叉。

04.0152　掌状分枝　palmate branching
突起近末端呈现掌状分叉。

04.0153　外壁　outer wall
具有两层壁的疑源类，不与膜壳腔接触的壁层。

04.0154　壁分离　mural separation
壁的内、外层分离。

04.0155　连接　junction
突起与膜壳壁的接触区域。

04.0156　内壁　inner wall
在具有两层壁的疑源类，指膜壳腔的衬层。

04.0157　内体　inner body
在具有两层壁的疑源类，指由内壁或内层所围绕的膜壳腔。

04.0158　全形态对称　holomorphic symmentry
膜壳两极覆以实质同一的突起或雕饰分子。

04.0159　半形态对称　hemimorphic symmetry
膜壳一端有对称分布的突起或明显雕饰，而区别于另一端。

04.0160　脱囊开口　excystment opening
由于口盖失落或被脱囊缝控制的开口。

04.0161　脱囊缝　excystment suture
外囊胞控制脱囊开口的主缝。

04.0162　赤道　equator
将膜壳分为上、下囊胞的平面或带状区域。

04.0163　外层　ectoderm
大多数简单具刺疑源类壳壁的最外层。

04.0164　内层　endoderm
球形疑源类壳壁外层之内的壁层。它与外层

明显连续或不连续。

04.0165 隐缝 cryptosuture
在中央体表面没有明显显示的推测的脱囊缝。仅在裂开时显示其位置。

04.0166 中央体 central body
不包括突起的整个有机体，或指内囊胞。

04.0167 突起角度接触 angular process contact
突起基部与膜壳壁呈角度接触。

04.0168 峡部 isthmus
连接口盖与膜壳的腹面部分。

04.02 孢粉和植硅体

04.0169 孢粉学 palynology
研究现代植物孢子花粉和地层中有机壁微体化石——孢子花粉和其他孢型的形态分类及其应用的一门学科。

04.0170 应用孢粉学 applied palynology
研究孢粉学在地层、油气和煤炭形成的原始物质及其勘探、开发，环境科学，农业与养蜂业，医药保健，司法破案等方面，及植物分类上的应用的学科。

04.0171 古孢粉学 palaeopalynology
研究孢粉类型化石的学科。含地层孢粉学、考古孢粉学和环境孢粉学。

04.0172 第四纪孢粉学 Quaternary palynology
主要根据孢粉研究第四纪以来的植被演变史、气候变化及其发展趋势，兼顾年代地层学和环境考古学，广泛应用于水文地质、工程地质等领域的学科。

04.0173 地层孢粉学 stratigraphic palynology
基于孢粉和其他有机壁孢型的鉴定、分布和丰度对任何时代的地层序列进行对比或提供年代控制的学科。主要应用在第四纪之前沉积，属古孢粉学范畴。

04.0174 孢粉 spore and pollen
有胚植物的孢子。包括苔藓类、蕨类孢子和种子植物的花粉。

04.0175 前孢粉 prepollen
晚泥盆世至二叠纪的原始裸子植物花粉。

04.0176 孢粉组合 palynological assemblage
地层或表土样品中的孢粉类型在一个特定的时期和地区呈相似的面貌，其组合称孢粉组合。

04.0177 孢粉图谱 palynogram，pollen diagram
又称"孢粉图式"。根据孢粉各属种的百分含量，在地层剖面图上绘制其变化曲线的一种图谱。

04.0178 孢粉类型 palynomorph
地层样品浸解后获得的具有抗酸性的有机外壁微体化石。包括孢子、花粉、疑源类、沟鞭藻、几丁石、虫牙等。

04.0179 花粉分析 pollen analysis
古植物学的一个分支，是地层研究的一个常用手段，可为陆相及近海沉积物的地层对比、恢复沉积时期的古植被和古气候提供依据。

04.0180 孢粉相 palynofacies
有机碎屑的特定组合，对其组分的形态、性质和成因的研究有助于揭示沉积环境和油气生成规律。

04.0181 热变指数 thermal alteration index，TAI
根据干酪根（包括孢粉）的色级，来判定地层的古温度和有机质成熟度。

04.0182　孢粉植物群　palynoflora
根据孢粉组合所恢复的植物群。

04.0183　原位孢子　spore *in situ*
从大植物化石的孢子囊中获得的孢子。

04.0184　分散孢子　dispersal spore
与原位孢子相反，指分散在地层中的孢子，
从岩石浸解中获得。

04.0185　干酪根　kerogen
为腊状有机物质。是动植物遗骸（通常是藻
类或木质植物）在地下深部被细菌分解，除
去糖类、脂肪酸及氨基酸后残留下的不溶于
有机溶剂的高分子聚合物。除了含有碳、氢、
氧之外，也含有氮和硫的化合物。

04.0186　赤道轮廓　amb
孢粉极面观轮廓。

04.0187　赤道　equator
环绕孢子或花粉表面并介于远、近两极之间
的圆周线。

04.0188　赤道面　equatorial plane
以孢粉赤道圆周为界的通过极轴中心并与
极轴垂直的一个假设的平面。

04.0189　赤道轴　equatorial axis
通过孢子或花粉的极轴中心，与极轴垂直的
一根假设的轴。

04.0190　赤道环　cingulum
沿孢子赤道部位延伸的环，是外壁加厚的环
状部分。

04.0191　极区　polar area，apocolpium
为具赤道沟花粉粒的极部区域，以沟端的连
线为界。

04.0192　极区系数　apocolpium index
具赤道口器花粉粒两条外沟端之间的距离
与其赤道直径的比值。

04.0193　极轴　polar axis

连接花粉粒远极和近极的一条直的假设线。

04.0194　远极　distal pole
为孢粉四分体向外的一端，可根据成熟单孢
体的排列方式予以判定。

04.0195　远极面　distal surface
为孢粉四分体朝外的面。

04.0196　近极　proximal pole
近极表面中心端。

04.0197　近极面　proximal surface
为孢粉四分体朝向中心的表面部分。

04.0198　等极　isopolar
花粉具辐射对称性，两极间无差别。

04.0199　异极　heteropolar
孢粉粒的形状、外壁纹饰或萌发系统在远极
面和近极面呈不同的性质。

**04.0200　远极薄壁区　leptoma，cappula，ana-
lept**
为花粉的远极薄壁区，推测起萌发口器功
能。如松属。

04.0201　周壁　perisporium，perineum，perine
围绕孢子的外膜。

04.0202　外壁外部层　ectexine，ektexine
为含纹饰层、覆盖层、柱状层和基层的总称。
可为品红染色，在透射电子显微镜下具有较
高的电子密度。

04.0203　覆盖层　tectum
外壁外部层之一，位于基柱、颗粒或其他盖
下层成分之上。

04.0204　外壁　exine
孢型壁的外部坚固层，抗强酸酸，主要由孢
粉素构成。

04.0205　外壁外层　sexine，exoexine
外壁的外面部分，往往含特定的纹饰、覆盖
层和柱状层，位于外壁内层之上。

04.0206　柱状层　columella

相当于外壁外内层，是外壁上的柱状成分，用于支持盖层或基柱头。

04.0207　基层　foot layer
为外壁外部层的一部分，位于基柱层或盖层下颗粒及其他外层成分之下。

04.0208　外壁内层　nexine
外壁内部无纹饰部分，位于外壁外层之内、内壁之外。

04.0209　外壁内下层　endexine
介于基层和内壁之间，即外壁不含基层部分。

04.0210　内壁　intine
花粉壁最内层，在外壁内层之下，和细胞质表面作界。

04.0211　无口器的　inaperturate
表示无口器的花粉或孢子。如杨属（*Populus*），红豆杉属（*Taxus*）。本术语用于完全无口器类型，若无外口器，但有内口器存在，则为隐口器。

04.0212　萌发口器　germinal aperture
孢粉的萌发出口，其纹饰和结构一般不同于孢壁的其余部分。

04.0213　螺旋状口器　spirotreme, spiraperturate
表示花粉具一个或多个螺旋状口器。如水谷精草（*Eriocaulon aquaticum*）。

04.0214　口盖　operculum
覆盖在萌发器（三射线、沟或孔）上的厚的外层结构。

04.0215　单孢体　monad
分散的单体花粉或孢子。常用于与二分体、四分体和其他分散单元相区别。

04.0216　二分体　dyad
由两个花粉或孢子组合而成的离散花粉或孢子单元。二分体形成于植物连续减数分裂四分体形成之前。

04.0217　四分体　tetrad
四个联合在一起的花粉或孢子，可以是独立的离散单元，或是发育的中间阶段。

04.0218　多分体　polyad
具有四个以上的单体花粉或孢子组成的分散单元。如金合欢属（*Acacia*）。

04.0219　射线　laesura
又称"四分体痕"。孢子近极萌发器，能形成四分体阶段孢子间的界面。

04.0220　无缝　alete
孢子无射线，即没有口器。

04.0221　单缝孢　monolete spore
具有单条射线的孢子。

04.0222　三射线　trilete rays
具有三分叉射线的孢子所显示的三射线痕。

04.0223　三缝孢　trilete spore
具有三分叉射线的孢子。

04.0224　薄壁区　leptoma
位于花粉远极的一个薄壁区，常起到口器作用，一般指部分裸子植物花粉的薄远极区。

04.0225　唇　labrum
孢子的裂缝或射线边缘的外壁加厚。

04.0226　接触区　contact area
为孢子近极面与四分体其他三个体相接触的区域。

04.0227　四分体痕　tetrad scar, tetrad mark
孢子近极面上的单缝或三射线痕。罕见于花粉。

04.0228　弓形脊　arcuate ridge
孢子射线末端的弓形脊状隆起，或花粉外壁外部呈弓形分布于口器之间的局部加厚带。如桤木属（*Alnus*）。

04.0229　近极三角脊　kyrtome
为具三射线孢子近极面痕间褶皱或加厚带。如规则凹边孢（*Concavisporites rugulatus*）。

04.0230 瘢痕 cicatricose
具条痕－条带状外壁的孢子。如无突肋纹孢
（*Cicatricosisporites*）。

04.0231 基柱层 pilum, pilate
又称"鼓锤状纹理"。位于外壁内层上，由
基柱和基柱头组成。

04.0232 基柱 columella
基棒组成外层里层的柱状成分，附着于内层
之上，或支撑盖层，或支撑柱状头。

04.0233 鸡冠状突起 crista
一种鸡冠状突起纹饰，高大于宽。如梳冠孢
属（*Cristatisporites*）。

04.0234 颈状突起 gula
大孢子的一种颈状突起，位于近极面，一般
由三射线区域强烈隆起而成。如恐刺瓶形大
孢（*Lagenicula horrida*）。

04.0235 本体 corpus
具气囊花粉或具假囊孢子除气囊或假囊之
外的主要部分。

04.0236 中心体 central body
具气囊花粉的本体，或具环以及具周壁的孢
子的中心部分。

04.0237 帽 cappa
具气囊花粉粒本体近极面的外壁加厚部分。

04.0238 假囊 pseudosaccus
孢子外壁上具一个似气囊的大的分离鼓
起，但缺乏蜂窝状结构。如中体刺面孢
（*Grandispora spinosa*）。

04.0239 气囊 saccus, vesicle, bladder
为花粉外壁外层膨胀而成的囊，至少局部有
蜂窝状结构分布。

04.0240 单[气]囊 monosaccate
只有一个气囊的花粉。如古型周囊粉
（*Florinites antiquus*）。

04.0241 双[气]囊 bisaccate, disaccate

具有两个气囊的花粉。如松属（*Pinus*）。

04.0242 多[气]囊 multisaccate
具有多个气囊的花粉。

04.0243 网胞 brochus
由网纹的一个网眼和相邻的一半网脊组成。

04.0244 网眼 lumen
为网脊所包围的空间。

04.0245 网脊 muri
分隔网纹网眼的脊。

04.0246 气囊腹基 ventral root of sac
又称"气囊远极基"。为气囊在远极面与本
体相接触处。

04.0247 气囊背基 dorsal root of sac
又称"气囊近极基"。为气囊在近极面与本
体相接触处。

04.0248 单维管束双囊粉型 haploxylonoid
双气囊花粉极面轮廓上气囊与本体平滑过
渡，花粉呈椭圆形。如长松（*Pinus cembra*），
云杉属（*Picea*）。

04.0249 双维管束双囊粉型 diploxylonoid
双气囊花粉气囊的极面轮廓与本体轮廓成
明显角度相交，因此花粉明显呈三个亚圆
形。

04.0250 假孔 pseudopore
为一似孔假口器。

04.0251 萌发孔 germ pore
用于花粉萌发的口器之一种。

04.0252 单孔 monoporate
花粉粒具有 1 个萌发孔。

04.0253 双孔 diporate
花粉粒具有 2 个萌发孔。

04.0254 多孔 stephanoporate
花粉粒沿赤道分布具有 3 个以上萌发孔。

04.0255 周面孔 periporate, pantoporate

又称"散孔"。花粉具有多于 3 个非赤道排列的孔。

04.0256 孔室 vestibulum
口器外壁内外层分离成腔。

04.0257 假沟 pseudocolpus
具沟状特征，但不与内层连通、不起萌发口作用，有别于真沟。

04.0258 无沟 acolpate
没有沟的花粉。

04.0259 沟 colpus
长宽比大于 2∶1 的纵长口器。

04.0260 单沟 monocolpate，monosulcate
又称"单槽"。花粉具单个纵长的简单口器。

04.0261 双沟 dicolpate
花粉具 2 个纵长的简单口器。

04.0262 三沟 tricolpate
花粉具 3 个纵长的简单口器。

04.0263 四沟 tetracolpate
花粉具 4 个纵长的简单口器。

04.0264 多沟 stephanocolpate
花粉具多个纵长的简单口器。

04.0265 三叉沟 trichotomocolpate，trichotomosulcate
又称"三歧槽"。为一条三臂状的沟。

04.0266 合沟 syncolpate
两条以上的沟沟端相连。

04.0267 副合沟 parasyncolpate
花粉粒的沟在极端分叉融合。

04.0268 周面沟 pericolpate，pantocolpate
又称"散沟"。花粉具有 3 条以上非子午线方向排列的沟。

04.0269 沟间区 mesocolpium
花粉粒表面两条相邻沟之间的区域。

04.0270 沟膜 colpus membrane

薄的口器膜，常由沟底的内层形成。

04.0271 孔沟 colporate
具有 1 条外沟和 1 个以上内孔的复合口器。

04.0272 双孔沟 dicolporate
具有 2 个复合口器的花粉粒。外口器为沟、内口器为孔。

04.0273 三孔沟 tricolporate
具有 3 个复合口器的花粉粒。其外部为外沟、内部为内沟和内孔。

04.0274 多孔沟 stephanocolporate
花粉粒具有沿子午线方向的孔、沟在 3 个以上者。

04.0275 合孔沟 syncolporate
2 个以上的复合口器在末端相连。

04.0276 周面孔沟 pericolporate，pantocolporate，pantoaperturate
又称"散孔沟"。指花粉口器在表面散布，有时呈一定规则分布。

04.0277 缘 costa
围绕一种口器轮廓的内部加厚。

04.0278 明暗分析 LO-analysis
用光学显微镜高低聚焦分析孢粉外壁组织和纹饰的一种方法。

04.0279 纹饰 sculpture
突出于外壁表面的外层成分。

04.0280 内纹饰 endosculpture
内层内表面出现的纹饰。

04.0281 棒纹 baculum
外壁盖层之上的杆状或柱状分散成分。

04.0282 刺纹 echinus
外层的尖锐成分，其高大于 $1\mu m$。

04.0283 网纹 reticulum
网眼宽于 $1\mu m$，网脊的宽度等于或窄于网眼的宽度的成分。

04.0284 皱状纹饰 regulate

介于网状和条纹之间的一种纹饰。

04.0285 正型粉类 Normapolles

具 3 个（少数 4 个或 5 个）萌发器的短轴型花粉，萌发器赤道发布。分布与时代：北半球正型粉区，晚白垩世至古近纪。

04.0286 鹰粉类 Aquilapolles

三沟型或三对半沟型花粉，具三个或多于三个的赤道突起，三条横向伸展的赤道沟处于赤道突起之间或之上；纹饰多样。分布与时代：北半球鹰粉区，晚白垩世至始新世。

04.0287 克拉梭粉类 Classopollis

具远极单孔型花粉，花粉粒球形、卵形或扁橡实型；外壁外层常变薄或缺失，在近极中心呈三角形，内层常具一弱的三射痕；赤道区外壁具一至数条平行的条带。分布与时代：全球，侏罗纪至白垩纪常见，古近纪偶见。

04.0288 沃氏粉类 Wodehouseia

四孔型花粉，轮廓椭圆形至微哑铃形，赤道上常具龙骨状凸缘，孔沿赤道位置分布；体面呈颗粒状、刺状或细缨状纹饰，赤道凸缘在切面上呈环状。分布与时代：北半球鹰粉区，晚白垩世至古近纪。

04.0289 无口器粉类 Aletes

圆球型花粉，无口器；外壁薄，内点状，具次生褶皱。多与杉科、柏科和南洋杉科等具亲缘关系。分布与时代：全球，白垩世至第三纪。

04.0290 棒纹粉类 Clavatipollenites

宽椭圆形至近球形单沟型花粉。外壁内层光滑，外层具网状纹饰。分布与时代：全球，早白垩世。

04.0291 星粉类 Asteropollis

扁球形辐射对称异极花粉，远极具 4~7 个角的星状槽，网状纹饰。分布与时代：北美、澳大利亚、欧洲、俄罗斯和中国，白垩纪。

04.0292 克氏粉类 Cranwellia

具 3 个或多于 3 个口器，极部平缓、极轴压缩型花粉；外层具盖层，颗粒呈条纹状排列纹饰。分布与时代：全球，晚白垩世至古近纪。

04.0293 周壁粉类 Perinopollenites

近圆形单孔型花粉；外壁被松的膜状周壁所包围。分布与时代：全球，侏罗纪、白垩纪。

04.0294 辛氏粉类 Singhipollis

近球形三歧槽花粉；细网状纹饰。分布与时代：全球，早白垩世。

04.0295 哈门粉类 Hammenia

扁球形至近长球形多沟型花粉，沟的边缘具顶端分离的基粒棒；网状纹饰。分布与时代：美国、俄罗斯和中国，白垩纪。

04.0296 多孔粉类 Polyporites

圆球形具 3~6 孔型花粉，具孔膜，上有颗粒，孔膜边缘加厚；外壁具基柱结构，网状纹饰。分布与时代：俄罗斯和中国，白垩纪。

04.0297 罗斯粉类 Rousea

亚三角形至近圆形三沟型花粉，沟长达极区；外壁厚，网状纹饰，网眼在沟间区较大、沟缘和沟界区较小。分布与时代：北半球，白垩纪和第三纪。

04.0298 四囊粉类 Tetrasaccus

四气囊型花粉，气囊着生于本体远极的亚赤道；本体轮廓近圆形，无射线或具四分体痕，外壁平滑。分布与时代：北半球，中生代。

04.0299 古松柏粉类 Palaeoconiferus

圆形至卵圆形囊与体分异不明显、无萌发沟型花粉，外壁具松柏类花粉特有的网纹。分布与时代：北半球，中生代。

04.0300 瘤囊粉类 Verrusaccus

卵圆形具双气囊型花粉，气囊小于半圆至半圆形；气囊和本体或具内网状结构，具瘤状纹饰。分布与时代：北半球，中生代。

04.0301 四字粉类 Quadraeculina
四边形具气囊型花粉，气囊和本体都大，半分离或半闭合；气囊间背部的距离短于 1/2 本体，腹部的距离约为 2/3 本体。分布与时代：北半球，中生代。

04.0302 微囊粉类 Parvisaccites
具气囊型花粉，气囊相对较小，其上辐射状排列加厚的条带，着生于远极。分布与时代：北半球，以中生代为主。

04.0303 原始松粉类 Protopinus
具双气囊单沟型花粉，气囊从两侧互相融合呈过渡状包围本体；气囊具较粗和细的两种网纹，沟区本体的外壁细皱状。分布与时代：北半球，中生代。

04.0304 开通粉类 Caytonipollenites
小型具双气囊或罕为三气囊型花粉，气囊和本体约为等宽；本体平滑或微粗糙，气囊具模糊网纹状微细加厚。分布与时代：北半球，中生代。

04.0305 苛达粉类 Cordaitina
椭圆至圆形单囊型花粉，中心体椭圆、圆或微多角形；囊内网、内颗粒或粗糙状。分布与时代：全球，晚石炭世—三叠纪。

04.0306 逆沟粉类 Anticapipollis
双囊花粉，气囊小，远极沟纵向延伸本体全长。分布与时代：华夏区，中晚二叠世，晚二叠世尤多。

04.0307 弗氏粉类 Florinites-group
古松柏类和科达类的单气囊花粉。分布与时代：全球，石炭纪—二叠纪，早二叠世尤盛。

04.0308 少肋粉类 Raristriatiti
主要产自松柏类的双囊花粉，包括二肋粉 (*Lueckisporites*)，盾脊粉 (*Scutasporites*) 和四肋粉 (*Taeniaesporites*，*Lunatisporites*)。分布与时代：除西伯利亚外，几乎全球分布。前两属相对而言为晚二叠世标志，后一属多见于二叠纪—三叠纪，早三叠世尤盛。

04.0309 多肋粉类 Multistriatiti
主要产自种子蕨的双囊花粉，含多属。分布与时代：全球，晚石炭世—三叠纪。

04.0310 具饰弓脊孢类 Apiculiretusispora
维管束植物孢子，在我国贵州早志留世特列奇期 (Telychian) 已有发现。分布与时代：全球，志留纪—泥盆纪。

04.0311 古周囊孢类 Archaeoperisaccus
一类特殊的石松纲孢子。分布与时代：欧美区—劳亚大陆，主要分布于晚泥盆世早期弗拉斯期 (Frasnian)，在我国中泥盆世晚期吉维特期 (Givetian) 已有出现。

04.0312 鳞皮网膜孢 *Retispora lepidophyta*
石松纲孢子。分布与时代：全球，晚泥盆世，其消失为泥盆系顶部的标志。

04.0313 鳞木孢类 Lycospora-group
鳞木类植物的小孢子。分布与时代：全球，石炭纪—二叠纪。

04.0314 大一头沉孢类 Macrotorispora
较大单缝孢(70~160 μm)，一端强烈增厚。分布与时代：华夏区特有，二叠纪。

04.0315 玻环孢类 Sinulatisporites
三缝孢子，远极面具瘤-脊，赤道环具瘤凸，波状。分布与时代：华夏区较多，晚石炭世—早二叠世。

04.0316 杯环孢类 Patellisporites
三缝孢子，赤道环不规整增厚向上延伸，近极面凹平。分布与时代：华夏区，主要见于石盒子群。

04.0317 植硅体 phytolith
曾称"植物硅酸体"，"植硅石"。在一些植物细胞中或细胞间形成的微体水合二氧化硅质颗粒。

04.0318 植硅体分析 phytolith analysis
植硅体在植物学、地质学和考古学等方面的应用。

04.0319　国际植硅体命名准则　International Code for Phytolith Nomenclature，ICPN

为植硅体基本分类单元的划分、命名，描述方法与术语所制定的国际准则。

04.0320　国际植硅体研究会　Society for Phytolith Research，SPR

为国际植硅体专业研究团体组织名称。

04.0321　双裂短细胞型　bilobate short cell

曾称"哑铃型(dumbbell)"，"双裂型(bilobate)"。双裂形植硅体。

04.0322　多裂圆柱型　cylindrical polylobate

曾称"多铃型(polylobate)"。呈圆柱状多裂形植硅体。

04.0323　多裂梯型　trapeziform polylobate

曾称"多裂片型(polylobate)"。呈梯形状多裂形植硅体。

04.0324　波状梯型　trapeziform sinuate

底边呈波形的梯形植硅体。

04.0325　刺棒长细胞型　elongate echinate long cell

具刺长棒形植硅体，源于植物长细胞。

04.0326　楔形泡状细胞型　cuneiform bulliform cell

曾称"泡状型(bulliform)"，"扇型(fan-shaped)"。楔形植硅体，源于植物泡状细胞。

04.0327　平行管形泡状细胞型　parallepipedal bulliform cell

曾称"泡状型(bulliform)"。两边平行的管状植硅体。

04.0328　针状毛细胞型　acicular hair cell

曾称"尖型(point-shaped)"。针尖状植硅体。

04.0329　钩状毛细胞型　unacicular hair cell

曾称"尖型(point-shaped)"。钩状植硅体。

04.0330　球粒型　globular granulate

曾称"皱球型(spherical rugose)"。球粒形植硅体。

04.0331　刺粒型　globular echinate

曾称"齿球型(spherical crenate)"。刺球形植硅体。

04.0332　具槽圆柱状管胞型　cylindric sulcate tracheid

曾称"管胞型(tracheid)"。具槽沟的圆柱状植硅体。

04.0333　十字型　cross

十字形植硅体。

04.0334　分枝型　dentritic

分枝状植硅体。

04.0335　乳突型　papillae

乳突状植硅体。

04.0336　圆锥型　rondel

曾称"塔型(tower-shaped)"，"平顶帽型(hat-shaped)"。圆锥形植硅体。

04.0337　鞍型　saddle

鞍形植硅体。

04.0338　方形叶状　quadra-lobate

有四个圆形突出，呈两次镜像对称的植硅体。

04.03　维　管　植　物

04.0339　古孢子体　protosporogonite

孢蒴(孢子囊)梨形或卵形，单个顶生于柔弱而不分叉的柄上。柄从一种似原叶体的结构上生出，无维管束。孢壁由数层细胞组成。孢蒴上部产生孢子，下部为不育组织；成熟后具纵肋和纵沟，孢子可能从纵沟散出。发现于挪威、澳大利亚以及中国等地的晚志留世至中泥盆世。

04.0340 古叶状体 protothallus
植物体作叶状体形态，见于藻类、苔藓植物乃至蕨类植物，但并不具有足以证明其属于其中任何一个类别植物的特征。广布于世界各地，以北半球最多。石炭纪至第四纪均有记录，繁盛于晚三叠世至早白垩世。

04.0341 古苔类 protohepaticites
植物体作叶状体状，但其构造特征确能证实与现代苔纲（Hepaticae）具有亲缘关系的化石。主要分布于北半球，中国也有报道。晚石炭世至早白垩世。

04.0342 古藓类 protomuscites
植物体具简单或不规则分叉的茎叶体（拟茎体），叶螺旋状排列，线性或针形。茎叶体基部具丝状假根。孢蒴顶生。全球分布，石炭纪至第四纪。

04.0343 多囊植物 polysporangiophyte
化石和现生的所有维管植物及前维管植物支系，以具众多孢子囊的孢子体为特征。

04.0344 前维管植物 protracheophyte
晚志留世至早泥盆世的一类化石植物，其输水细胞壁缺乏明显的雕纹，它们构成多囊植物的基部类群。

04.0345 真维管植物 eutracheophyte
以具雕纹的次生加厚壁的输水细胞为特点，加厚壁为环纹、螺纹或梯纹等，该类群分为石松类和真叶植物两个支系，包括所有现生的和多数已灭绝的维管植物。

04.0346 早期维管植物 early vascular plant
前石炭纪的各维管植物类群。包括前维管植物、早期石松类和早期真叶植物，它们是现生维管植物的祖先类群。

04.0347 莱尼蕨类 rhyniophytes
植株矮小，茎轴裸露，二歧式分枝，原生中柱由 S 型管胞所组成，长纺锤形孢子囊单个着生在附枝的"垫"上，沿垂向裂缝开裂。

04.0348 三枝蕨类 trimerophytes
主轴直立，二歧式分枝或假单轴分枝，原生中柱，原生木质部心始式，P 型管胞，侧枝二歧分枝多次，顶生成对的纺锤形孢子囊，形成囊簇，孢子囊纵向开裂。发现于北美、欧洲以及中国云南早 – 中泥盆世地层中。

04.0349 工蕨类 zosterophytes
植株矮小，丛状生长，具匍匐茎和直立茎，原生中柱，原生木质部外始式，基部多有 K 型和 H 型分枝，孢子囊圆形、椭圆形、无柄或具短柄，侧生于生殖轴上，可聚集成囊穗，孢子囊沿远端横向开裂。发现于欧洲、北美、澳大利亚及中国晚志留世至早泥盆世地层中。

04.0350 镰木目 Drepanophycales
具匍匐茎和直立茎，直立茎二歧分枝，星状中柱，原生木质部外始式。叶刺状或镰刀状，螺旋排列。孢子囊球形，具短柄，单个散生于轴上。发现于北美、欧洲和中国早 – 中泥盆世地层中。

04.0351 原始鳞木目 Protolepidodendrales
草本石松植物。螺旋排列的叶具有二歧式分叉的顶端，有些成员具有叶舌。星状中柱；原生木质部外始式至中始式；管胞环纹至梯纹；孢子囊着生在孢子叶近轴面，不聚集成穗。主要发现于中泥盆世。

04.0352 鳞木目 Lepidodendrales
木本石松植物，基部为根座式根状茎，顶端二歧分枝多次形成华盖状树冠；叶细长，螺旋排列，具单脉和叶舌；茎轴外始式管状中柱，树皮厚，具初生内、中、外皮层及次生周皮；孢子叶球单性或双性；孢子囊着生在孢子叶近轴面。全球分布，始现于中泥盆世，是沼泽森林的主要造煤植物之一。

04.0353 石松目 Lycopodiales
现生和化石植物，现生者为多年生草本或亚

灌木。主轴直立或匍匐,二歧式或假单轴式分枝;小叶螺旋状或交互对生;星状中柱;孢子囊肾形,具短柄,单个着生于孢子叶的叶腋;孢子叶散生于茎,或聚成穗着生于枝顶;同孢,无叶舌。现生有石松(*Lycopodium*)和舌叶蕨(*Phylloglossum*)。

04.0354 卷柏目 Selaginellales
现生和化石植物,现生者为草本。匍匐茎,可攀缘,二歧式或二歧合轴式分枝,具根托,叶异型,罕为同型,单脉,具叶舌,螺旋状或四列状排列,茎为原生中柱至多环管状中柱,外始式初生木质部,孢子囊成穗着生于枝顶端,异孢。现生仅卷柏(*Selaginella*)。

04.0355 水韭目 Isoëtales
现生和化石植物。根状茎,其上生长着螺旋排列的叶和孢子叶,叶无叶柄及叶片之分,茎为原生中柱,外始式木质部,孢子囊多被缘膜所覆盖,不开裂,大、小孢子囊位于同一植物体。现生水韭属(*Isoëtes*)和剑韭属(*Stylites*)两属,此为狭义水韭目。也有学者将鳞木目和水韭目(狭义)合并为广义的水韭目。

04.0356 真叶植物 euphyllophyte
真维管植物中除石松植物外的其他类群。即节蕨、真蕨和种子植物,以具假单轴或单轴分枝、羽状的营养叶和簇生的孢子囊为特征。

04.0357 歧叶目 Hyeniales
原始的节蕨植物,具二歧式分枝的根状茎,直立的营养枝二歧或假二歧分枝,叶由二歧分叉的小枝扁化形成,螺旋或假轮状排列,生殖枝上成对着生孢子囊梗。原歧叶目的植物现被归为枝蕨纲或伊瑞蕨目。发现于欧洲及北美中－晚泥盆世。

04.0358 羽歧叶目 Pseudoborniales
小乔木,单轴式分枝,具节和节间,叶轮生于节部,每枚叶各自二歧分叉多次,各裂片沿边缘深裂成羽状,生殖枝顶端着生孢子囊

穗,由轮生的孢子囊梗和苞片构成。

04.0359 楔叶目 Sphenophyllales
草本或攀缘,茎细弱,具节和节间,单轴式分枝,茎表面具纵脊、纵沟,茎为外始式星状中柱,初生木质部三出辐射状,具次生木质部,叶轮生,每轮为 3 基数,常为 6 枚,孢子囊穗着生于分枝的顶端,孢子叶分苞片和孢子囊梗两部分,同孢或异孢。全球分布,晚泥盆世至石炭－二叠纪。

04.0360 木贼目 Equisetales
现生及化石植物,现生者为草本。茎由地下根状茎长出,细长,具节和节间,茎二歧分枝或单轴分枝,内部具大的髓腔,木质部中始式,叶鳞片状,轮生,孢子囊着生在盾状的孢子囊梗上,聚集呈孢子叶球,孢子同型或异型,具弹丝。

04.0361 枝蕨纲 Cladoxylopsida
茎二歧式分枝或指状分枝,末级营养的叶状枝多次分叉,螺旋状着生,生殖小枝帚形或扇形,茎横切面由多个辐向延伸的维管束组成编织中柱、真中柱,垂向枝迹组成网状结构,中始式木质部,原生木质部末端具"周环",孢子囊顶生,同孢。发现于中泥盆世到早石炭世。

04.0362 伊瑞蕨目 Iridopteridales
茎具深裂的中始式原生中柱,原生木质部臂在中柱中央相连,臂的近顶端具一个或多个原生木质部束,侧生器官轮生,孢子囊顶生于二歧分叉的枝系上。发现于北美、欧洲中－晚泥盆世。

04.0363 对叶蕨目 Zygopteridales
又称轭蕨目。直立、匍匐或攀缘的植物,茎具原生中柱,大多数二歧分枝,茎和叶轴的分化不明显,叶轴木质部横切面为 C、V、W 或 H 型,孢子囊较大,具柄,着生于小枝顶端或小羽片下表面,顶裂或纵裂,同孢或异孢。发现于北美及欧洲晚泥盆世至石炭－二叠纪。

04.0364 群囊蕨目 Botryopteridales

在茎、叶和蕨叶叶柄解剖上与对叶蕨目相似，但孢子囊结构与真蕨目关系更密切，也被归入真蕨目。包括群囊蕨科(Botryopteridaceae)、特迪勒蕨科(Tedeleaceae)、普萨雷索克莱纳蕨科(Psalixochlaenaceae)和塞迈蕨科(Sermayaceae)等4个科。主要见于石炭－二叠纪。

04.0365 羽裂蕨纲 Rhachophytopsida

为拟蕨植物(fern-like plant)。具大型叶、拳卷状幼叶、不定根和叶生孢子囊。具原生中柱和管状中柱。营养叶与现代真蕨类的蕨叶同源。包括十字蕨目和对叶蕨目。发现于泥盆纪至二叠纪。

04.0366 结合蕨纲 Coenopteridopsida

均具大型叶，拳圈状幼叶，不定根，叶生孢子囊。

04.0367 十字蕨目 Stauropteridales

植物体小，呈灌木状，茎叶分化，具不定根。茎干具原生中柱，少数出现次生木质部。为大型叶，小羽片纤细，无叶脉。厚壁孢子囊生于枝端，为三缝同孢。代表化石为十字蕨(*Stauropteris*)。分布于晚泥盆世—石炭纪。

04.0368 前裸子植物 progymnosperm

贝克(C. B. Beck)于1960年建立的植物类群，被认为是裸子植物的祖先类群。灌木或乔木，假单轴分枝，具三维伸展的侧向枝系，肋状具髓原生中柱或真中柱，原生木质部中始式，具双向形成层，管胞具圆形的成群具缘纹孔，孢子囊长卵形，纵向开裂，着生在孢子叶的近轴面，同孢或异孢。

04.0369 无脉树目 Aneurophytales

前裸子植物。乔木或灌木，茎、枝解剖为中始式具肋原生中柱，具双向形成层，假单轴分枝，末级枝呈螺旋状或交互对生排列，其上着生二叉状或羽状营养附属物，生殖枝二分叉后再羽状分枝，孢子囊着生于小枝上，同孢。发现于欧美中－晚泥盆世。

04.0370 古羊齿目 Archaeopteridales

前裸子植物。乔木，茎干上部多次单轴式分枝，组成巨大的树冠，具主枝和二、三级侧枝，末级枝交互对生，叶具扇状脉，茎具发达的次生木质部，原生木质部中始式，次生木质部具交互排列的圆形具缘纹孔对，中央具髓，孢子囊一至多列着生于小枝上的近轴面，同孢或异孢。繁盛于晚泥盆世到早石炭世初期。

04.0371 原始髓木目 Protopityales

前裸子植物。乔木，茎横切面中央为椭圆形的髓，髓的两端各具一对内始式初生木质部，次生木质部密木型，管胞径向壁上具多列圆形具缘纹孔，营养叶片交互两列状着生，生殖枝二歧分叉，孢子囊纺锤形，羽状排列于生殖枝近轴面。发现于欧美晚泥盆世。

04.0372 瓢叶目 Noeggerathiales

只发现叶和生殖器官，全部植物体形态结构不明。大型叶，枝条羽叶状，叶斜生，叶基部膨大，抱状茎生长，形成半抱茎状态，叶脉二歧式分叉；孢子囊穗状，孢子着生在盾状盘腹面。代表化石为：瓢叶(*Neoggerathia*)、卵叶(*Yuania*)和盘穗(*Discinites*)等。系统分类位置未定，近年来的研究将其归入前裸子植物门。分布于晚石炭世—早二叠世。

04.0373 种子蕨植物 pteridospermophyte, seed fern

已灭绝裸子植物。兼有真蕨植物和典型裸子植物的特征，在营养器官上与真蕨植物十分相似，多为大型羽状复叶，以种子进行繁殖，较真蕨植物进化。最早见于中泥盆世，繁盛于石炭二叠纪，中生代末期绝灭。

04.0374 皱羊齿目 Lyginopteridales

为石炭纪的种子蕨植物。茎细瘦，可能为藤本、灌木或倚生型；茎分枝，自叶腋伸出；叶多为扁平蕨叶，主叶脉二歧分叉，具楔羊齿（*Sphenopteris*）或栉羊齿（*Pecopteris*）型小羽片。蕨叶上螺旋状着生着具壳斗的胚珠和由小孢子囊（花粉囊）组成的小孢子叶枝。以皱羊齿（*Lyginopteris*）为代表。

04.0375　髓木目　Medullosales
古生代最大的种子蕨植物。大的叶柄中具有很多分散叶迹，蕨叶具二歧分叉的轴，种子大且辐射对称，胚珠无壳斗，珠心在珠被内游离，具有简单的储粉室。花粉器官具管状孢子囊组成的大聚合囊，花粉（千花粉）通常为单缝。以茎干化石髓木（*Medullosa*）为代表。始现于早石炭世，极盛于晚石炭世，有些类型分布于二叠纪。

04.0376　华丽美木目　Callistophytales
又名"华丽木目"。古生代种子蕨类，为稍具攀缘性能的灌木状植物。茎具真中柱，具羽状复叶和腋生分枝分枝螺旋着生。种子无壳斗，左右对称，珠心游离，具发育完好的珠孔。小孢子囊呈聚合囊，生长于小羽片下表面，花粉小，具囊。代表化石为华丽木（*Callistophyton*）。分布于晚石炭世中、晚期。

04.0377　芦茎羊齿目　Calamopityales
原始种子蕨植物，主要依据茎和叶柄的构造建立，后发现其蕨叶和生殖器管。茎细，横切面具原生中柱至真式中柱，次生木质部疏木型，有大的管胞和多列射线。茎干具单体中柱和次生木质部。以狭轴羊齿（*Stenomylon*）和芦茎羊齿（*Calamopitys*）为代表。分布于晚泥盆世—早石炭世。

04.0378　开通目　Caytoniales
叶和生殖器官研究最详，根、茎不明。叶化石为鱼网叶（*Sagenopteris*），具长柄，顶端着生3~6枚小叶，小叶具明显中脉，侧脉结成单网；气孔器单唇型。雄性器官为开通花（*Caytonanthus*）；雌性多籽体为开通果（*Caytonia*）。广泛分布于格陵兰、加拿大、西伯利亚和中国晚三叠世和晚白垩世。曾被认为是被子植物的祖先类型。

04.0379　盔籽目　Corystospermales
发现于南非、澳大利亚和阿根廷的上三叠统。羽状复叶，自苞片腋部伸出分枝，其上左右成对着生具柄反曲的盔状壳斗；每个壳斗下面分裂成两瓣状，内含一个胚珠。以雌性生殖器官化石昂姆科马什叶（*Umkomasia*）、雄性生殖器官*Pteruchus*属，营养叶二叉羊齿（*Dicroidium*）和厚羊齿（*Pachypteris*）为代表。发现于南非、澳大利亚和阿根廷的上三叠统。

04.0380　盾籽目　Peltaspermales
为二叠纪和三叠纪的种子蕨植物，以叶、花粉和胚珠器官为代表。二次羽状复叶，小羽片披针形，较大的小羽片边缘有宽锯齿，部分小羽片着生在羽片之间的羽轴上。代表属盾籽（*Peltaspermum*）为雌性生殖器管，由具柄的盾状壳斗盘和悬垂在壳斗边缘的种子构成。中生代代表属为鳞皮羊齿（*Lepidopteris*），广布于格陵兰、欧洲、南非和华南上三叠统。

04.0381　舌羊齿目　Glossopteridales
乔木状落叶植物，茎干的次生木质部发达，具髓和次生木质部，狭窄的射线和明显生长轮；管胞上具有多列纹孔，交叉场纹孔为柏型；叶具明显中脉，侧脉单网状。代表化石为舌羊齿和恒河羊齿（*Gangamopteris*）。二叠纪至三叠纪南半球冈瓦纳大陆的典型代表植物类群，后在华南二叠系、华北三叠系和墨西哥侏罗系中发现。

04.0382　五柱木目　Pentaxylales
具分枝的灌木或小乔木。叶革质，呈带羊齿形，具中脉。茎干中央髓部不发育，但输导系统发育，分化为5个分体中心柱，每个中心柱由中央的初生木质部和周围的次生木质部组成；孢子叶球顶生。代表植物五柱木（*Pentaxylon*），发现于印度北部侏罗系。

04.0383　大羽羊齿目　Gigantopteridales
植物体灌木状藤本或木质藤本，前者具有二

次和一次羽状分裂复叶到叶具小柄的羽状复叶，小羽片形状变化大，由披针形到长椭圆形和宽椭圆形；后者小羽片全缘，浅波状或具齿，叶具简单网脉至复杂网脉。代表化石单网羊齿、大羽羊齿和华夏羊齿等。东亚华夏植物群二叠纪特有类群，北美西部和西亚也有分布。

04.0384　三裂羊齿类　triphyllopterids
属于种子蕨类。小羽片古羊齿型至楔羊齿型，常三裂或趋向三裂，具3个裂片，中间的裂片稍大，呈菱形至倒卵形；两侧裂片楔形至倒卵形，基部收缩，叶脉扇状，二歧分叉多次。代表化石：准心羊齿(*Cardiopteridium*)、三裂羊齿(*Triphyllopteris*)。分布于晚泥盆世至二叠纪，以早石炭世为最盛。

04.0385　脉羊齿类　neuropterids
小羽片基部收缩成心形，以单一点附着于轴，具羽状脉或单网脉；中脉不达顶端即消失。自然分类属于种子蕨的髓木目。化石代表为：脉羊齿(*Neuropteris*)、网羊齿(*Linopteris*)。广布于世界各地的石炭系，个别延至下二叠统。

04.0386　栉羊齿类　pecopterids
小羽片两边平行，顶端钝圆或尖，基部全部着生于羽轴，具羽状脉；绝大多数为真蕨类，少数为种子蕨类。化石代表为栉羊齿(*Pecopteris*)、枝脉蕨(*Cladophlebis*)，分布于石炭－二叠纪。

04.0387　楔羊齿类　sphenopterids
小羽片基部收缩，边缘分裂，常具短柄，具中脉，中脉直或弯，侧脉以锐角分出并至裂片边缘。代表化石为楔羊齿(*Sphenopteris*)。属于真蕨类和种子蕨类。分布于晚泥盆世至早白垩世，石炭－二叠纪常见。

04.0388　座延羊齿类　alethopterids
小羽片形状似栉羊齿，但基部收缩，多少下延，具羽状脉或单网脉，基部有邻脉。属于种子蕨髓木目和真蕨类。化石代表为座延羊齿(*Alethopteris*)、矛羊齿(*Lonchopteris*)，分布于晚石炭世至早二叠世。

04.0389　齿羊齿类　odontopterids
小羽片基部不收缩，下延，全缘或具裂齿，具扇状脉；叶轴二歧分叉。可能属于种子蕨。化石代表齿羊齿(*Odontopteris*)，分布于石炭－二叠纪。

04.0390　畸羊齿类　mariopterids
叶轴常二歧分叉；羽片基部下行的小羽片成两瓣状。小羽片形态变化大，呈栉羊齿型和楔羊齿型等。属于种子蕨类。化石代表为畸羊齿(*Mariopteris*)，分布于石炭－二叠纪，以石炭纪中期最为繁盛。

04.0391　美羊齿类　callipterids
小羽片栉羊齿型、楔羊齿型或座延羊齿型，具间小羽片，羽状脉或单网脉。属于种子蕨类。化石代表美羊齿(*Callipteris*)、准美羊齿(*Callipteridium*)、准织羊齿(*Emplectopteridium*)，分布于石炭－二叠纪，早二叠世最为繁盛。

04.0392　带羊齿类　taeniopterids
单叶，少数一次羽状，小羽片带型，基部全缘，或收缩成柄状，中脉粗，侧脉与中脉夹角大。属于种子蕨、真蕨或苏铁类。化石代表为带羊齿(*Taeniopteris*)，分布于二叠纪—白垩纪。

04.0393　安加拉植物群　Angara flora, Angaran flora
曾称"盎格兰植物群"。石炭－二叠纪分布于安加拉区的植物群。该区通常位于哈萨克东部、西伯利亚、蒙古和中国的天山—兴安岭纬向构造带以北，代表北温带植物区。

04.0394　冈瓦纳植物群　Gondwana flora, Gondwanan flora
曾称"恭华纳植物群"。晚石炭世至二叠纪南半球冈瓦纳古陆以舌羊齿(*Glossopteris*)为主的植物群，代表南温带植物区。

04.0395 舌羊齿植物群 *Glossopteris* flora

二叠纪至三叠纪南半球冈瓦纳大陆的典型代表植物类群。以舌羊齿为代表。后在华南二叠系、华北三叠系和墨西哥侏罗系中发现。

04.0396 欧美植物群 Euramerian flora, Euramerican flora

石炭－二叠纪分布于以欧美地区为主的植物群。包括欧洲全部、北美中部、中亚和哈萨克西部等，代表热带－亚热带植物区。

04.0397 华夏植物群 Cathaysian flora, Cathaysia flora

二叠纪东亚华夏植物地理区系中以大羽羊齿类等植物为代表的植物各类群。北美西部和西亚也有分布，代表热带植物区。

04.0398 大羽羊齿植物群 *Gigantopteris* flora

华夏植物群特有类群，代表化石大羽羊齿（*Gigantopteris*）、单网羊齿（*Gigantonoclea*）和华夏羊齿（*Cathaysiopteris*）。分布于二叠纪，三叠纪只有个别分子残存。

04.0399 拟苏铁纲 Cycadeoidopsida

又称"本内苏铁纲（Bennettitopsida）"。与苏铁纲的区别为：叶具平列型气孔；表皮细胞波状弯曲；生殖结构雌雄同株，具有与被子植物相近的两性花。分为两个科：拟苏铁科（Cycadeoidaceae）和威廉姆逊科（Williamsoniaceae）。自二叠纪始现，中生代最为繁盛，白垩纪灭绝。

04.0400 茨康目 Czekanowskiales

又称"茨康叶目"，"线银杏目"。叶窄长，简单或二歧分叉，每束叶基部一条脉进入叶片，然后分叉几次。代表属为：茨康叶（*Czekanowskia*）、拟刺葵（*Phenicopsis*），以及雌性生殖器官薄果穗（*Leptostrobus*）。中生代分布于世界各地，北半球温带区最盛，自晚三叠世至白垩纪，侏罗纪最盛。

04.0401 科达类 cordaitopsids

已绝灭松柏植物，仅包括一目即科达目。乔木，植物体细高，单轴式分枝。茎干中央具大的髓腔，生殖器官为单性孢子叶球，代表植物为科达（*Cordaites*），为科达植物体的总称。晚泥盆世始现，石炭－二叠纪极盛，广布全球，是重要的成煤植物。

04.0402 叉叶纲 Dicranophyllopsida

仅有叉叶目（Dicranophyllales）一目。叶线形，长 4~5cm，二歧分叉 1~4 次，叶缘具有微齿；叶脉少，二歧分叉；代表属为叉叶（*Dicranophyllum*）；石炭－二叠纪分布。

04.0403 伏脂杉目 Voltziales

介于科达类和现代松柏类之间的古老松柏类植物。孢子叶球由生殖短枝组成，其上着生胚珠。包括勒巴杉科、伏脂杉科和掌鳞杉科。代表化石为假伏脂杉（*Pseudovoltzia*）、鳞杉（*Ullmannia*）等。晚石炭世—早三叠世分布。

04.0404 掌鳞杉科 Cheirolepidiaceae

已绝灭松柏类植物。分枝在一个平面上或辐射状分枝；叶螺旋状或轮生排列，球果较小，鳞片数目较少，花粉为克拉梭粉（*Classopollis*）型；种鳞复合体有非常发育的、分裂的种鳞和分离的苞片。化石代表为：拟节柏（*Frenelopsis*）、假拟节柏（*Pseudofrenelopsis*）等。多认为代表干旱耐热的气候环境，繁盛于中生代。

04.0405 早期被子植物 early angiosperm

通常指晚白垩世赛诺曼期（距今约 0.94 亿年）前的化石被子植物；特征较原始，与现生被子植物有较大区别。

04.0406 前被子植物 proangiosperm

克拉西洛夫(V. A. Krassilov) 提出的在演化上与被子植物起源有关的某些裸子植物类群。

04.0407 真双子叶植物 eudicot plant

具有三孔花粉的被子植物类群。包括了绝大部分双子叶植物纲的类群。

04.0408　古特有植物　palaeoendemic plant
起源较早、但如今仅限于某个地区的类群。如珙桐和水杉等。

04.0409　古草本植物　palaeoherb plant
具根状茎至攀缘草本习性、心皮离生的雌蕊和单沟花粉等特征的被子植物。如金粟兰科等。

04.0410　煤核　coal ball
产在煤层中的钙质或镁质结核。因首次发现地所见者均为球形、卵形故名。其中可以保存各种植物化石的茎、枝、孢子叶球、根、叶、叶柄、种子等器官。

04.0411　原位孢子花粉　spore and pollen *in situ*
在压型或矿化植物体生殖器官中保存的孢子或花粉。

04.0412　植物中型化石　mesofossil plant
简称"中型化石"。代表大小在几微米到一厘米左右之间的植物器官化石。包括果实，叶片和种子等。

04.0413　S 型管胞　S-type tracheid
莱尼蕨类的典型管胞类型，细胞壁螺纹加厚，由薄的面向细胞腔的抗腐蚀的内层和海绵状外层组成。

04.0414　G 型管胞　G-type tracheid
工蕨类和早期石松类的典型管胞类型，细胞壁环纹、网纹加厚，由面向细胞腔的抗腐蚀的内层和易腐蚀的外层组成。

04.0415　P 型管胞　P-type tracheid
早期真叶植物的典型管胞类型，细胞壁梯纹加厚，梯纹棒由面向细胞腔的抗腐蚀的内层和易腐蚀的外层组成，具纹孔腔，纹孔口具穿孔膜。

04.0416　叶座　leaf cushion

通常指鳞木目植物基部膨大的叶脱落后留在茎、枝表面的部分。

04.0417　叶痕　leaf scar
通常指鳞木类叶座中上部心型或菱形微凸成低锥形的部分。包括维管束痕和侧痕，是叶子脱落时离层留下的痕迹。

04.0418　叶舌穴　ligular scar，lingular pit
又称"叶舌痕"。叶痕上方由叶舌脱落留下的小穴。

04.0419　叶舌　leaf ligule
卷柏类、鳞木类和水韭类的小型叶基部内侧生出的小形膜质舌状突起，据认为与气体和水分交换有关。在化石中，叶舌常脱落，在叶痕上方保存为穴痕。

04.0420　维管束痕　vascular bundle scar
简称"束痕"。叶痕内横列或纵列的维管束痕。向内与茎、枝的维管束相连。

04.0421　通气痕　parichnos cicatricule
又称"侧痕"。在鳞木类叶座中部中脊两侧常见的一对通气管痕，是薄壁细胞束留下的痕迹。

04.0422　中脊　medium line
通常指叶痕下方或上、下正中的微凸纵脊，有时为横纹切断。

04.0423　周皮相　bergeria
通常指鳞木类植物皮部脱落后最外面的保存类型，叶座勉强可见，叶痕模糊，侧痕不清楚。

04.0424　中皮相　aspidiaria
通常指鳞木类植物皮部脱落后中间的保存类型，外皮脱落，叶座模糊，仅见维管束痕。

04.0425　内模相　knorria
通常指鳞木类植物皮部脱落后最里面的保存类型，树皮全脱落，仅有叶迹，平截凸起。

04.0426　髓模　pith-cast
特指芦木类的髓腔被沉积物充填后形成的

铸体。

04.0427 节 node
植物茎干上分为节和节间部分，枝和叶都自节部伸出。

04.0428 节间 internode
植物茎干两个节之间的部分。节间上有纵脊和纵沟。

04.0429 节下痕 infranodal canal
节间部每个纵肋的顶部具有明显的圆形小凸起，是由髓部通向体外的薄壁细胞束留下的痕迹。

04.0430 叶隙 leaf gap
叶迹从茎内维管束中分枝后，在茎维管束上还留有空隙，并由薄壁细胞填充的区域。

04.0431 叶镶嵌 leaf mosaic
同一个枝上的叶不论是那一种叶序，叶总是不相重叠而成镶嵌状态进行排列的现象。

04.0432 三对型 trizygoid
楔叶类植物叶呈不等大的三对分别列于枝的两侧，呈三对型排列。

04.0433 蕨叶 frond
真蕨植物叶通常分化为叶柄和分裂的羽片，呈一至多次羽状复叶。

04.0434 小羽片 pinnule
生长在末级羽轴上的叶片。

04.0435 间小羽片 intercalated pinnule
在末次羽片之间生长在末二次羽轴上的小羽片。

04.0436 实羽片 fertile pinna
又称"生殖羽片"，"能育羽片"。指产生孢子囊的羽片。

04.0437 裸羽片 sterile pinna
又称"营养羽片"，"不育羽片"，指不具孢子囊的羽片。

04.0438 变态叶 aphlebia
由于功能改变引起的形态和结构变化的叶。叶变态是一种可以稳定遗传的变异。在植物的各种器官中，叶的可塑性最大，发生的变态最多。

04.0439 小型叶 microphyll
石松类的典型叶类型，叶片具单一叶脉，叶迹自中柱边缘分出，不具叶隙。

04.0440 大型叶 megaphyll
典型的真叶植物叶类型，叶片具复杂脉序，叶迹自中柱分出时形成叶隙。

04.0441 隐孢子 cryptospore
具有分化明显的接触区，但不具射线特征的无缝孢，通常为四分体、二分体及单体型，其母体植物被认为与苔藓类关系密切。

04.0442 顶枝学说 telome theory
齐默尔曼（W. Zimmermann）于 1930 年提出的有关维管植物器官演化的一种学说。顶枝是一个二歧分叉的远端枝，有能育和不育顶枝，莱尼蕨型为其原始型，顶枝经越顶、扁化、蹼化、聚合、退化和回弯等发育过程，形成维管植物的各种器官。

04.0443 同源学说 homologous theory
有关陆地有胚植物世代交替生活史起源的一种学说。该学说认为，有胚植物的藻类祖先具有一个两性世代的生活史，单倍体和双倍体世代是等型的、独立的有机体。有胚植物中维管植物是孢子体世代进一步复杂完善，而配子体世代进一步简化，苔藓植物则相反。

04.0444 异源学说 antithetic theory
又称"插入学说"。该学说认为，有胚植物起源于具单倍体世代生活史、配子体世代占优势的绿藻类祖先，双倍体世代的出现是陆生环境下合子减数分裂及孢子体个体发育的延迟。

04.0445 单籽体 monosperm
繁殖器官具柄的单个种子。

04.0446　复籽体　polysperm
繁殖器官许多单个种子的任一聚合体。

04.0447　载籽叶　phyllosperm
叶片与营养叶相似的扁平叶状复籽体。

04.0448　载籽枝　cladosperm
叶片与营养叶差别很大的扁平叶状复籽体。

04.0449　种鳞复合体　seed-scale complex
松柏类雌球果的基本单位。松柏类雌球果的种鳞与科达类生殖枝营养叶叶腋的可育枝同源。科达类可育枝的扁化、简化、愈合、其与营养叶愈合，及胚珠的减少、回弯共同造就了松柏类不同类群间的差异。

04.0450　疏木型木质部　manoxylic xylem
次生木质部数量相对较少，管胞混合在相对丰富的薄壁组织中的木质部。主要包括种子蕨类、苏铁类和本内苏铁类等。

04.0451　密木型木质部　pycnoxylic xylem
次生木质部数量多，而其中薄壁细胞少的木质部。包括科达类、银杏类和松柏类等。

04.0452　真角质层　cuticle proper
植物叶片表面的角质层是由表层蜡、角质、角质蜡、纤维素和果胶组成的异源复合物。其中的全部角质化的部分称为真角质层，正常条件下真角质层是表皮细胞壁最厚的部分，并被保存为化石。

04.0453　环绕细胞　encircling cell
在副卫细胞母体分裂过程中形成的，离保卫细胞较远而与保卫细胞不相邻的变异细胞。

04.0454　单唇型气孔　haplocheilic type stomata
又称"苏铁式气孔"。始原细胞(气孔母细胞)仅发育成保卫细胞，而副卫细胞则由表皮细胞形成的气孔类型。

04.0455　连唇型气孔　syndetocheilic type stomata
又称"复唇型气孔"，"本内苏铁型气孔"。始原细胞既形成保卫细胞，也形成副卫细胞的气孔类型。

04.0456　平列型气孔　paracytic type stomata
气孔保卫细胞两边副卫细胞完全围绕着保卫细胞，其长轴与保卫细胞的长轴平行的气孔类型。

04.0457　异列型气孔　anisocytic type stomata
又称"不等型气孔"。一圈三个副卫细胞围绕着保卫细胞，其中两个较大，一个较小的气孔类型。

04.0458　中源型气孔　mesogenous type stomata
气孔的副卫细胞与保卫细胞发生于同一母细胞的气孔类型。

04.0459　中周源型气孔　mesoperigenous type stomata
气孔中的副卫细胞中有一个与保卫细胞共同发生于同一母细胞的气孔类型。

04.0460　周源型气孔　perigenous type stomata
气孔中的副卫细胞与保卫细胞各自发生于不同的母细胞的气孔类型。

04.0461　南洋杉型纹孔　araucarioid pitting
松柏类科达纲和南洋杉科木材管胞的特征，管胞壁有具缘纹孔，通常多列，彼此交互排列紧密，外形多角形。

04.0462　柏式纹孔　cupressoid pitting
交叉场中纹孔口较宽，但纹孔缘较窄，其纹孔口的长轴随位置而变，多倾斜的纹孔类型。如柏科、柏木、杉科少数属、紫杉等。

04.0463　杉型纹孔　taxodioid pitting
交叉场中纹孔口略大，卵圆至圆形，纹孔宽，孔口长轴与纹孔缘一致，以水平为主的纹孔类型。如罗汉松、冷杉、水杉、雪松。

04.0464　最近似现代种　nearest living relatives, NLRs

与植物化石在系统分类学上最为相似的现代植物种。

04.0465　撕片法　peel method
使用诸如醋酸纤维等材料覆于植物化石表面制成透明薄膜，获取解剖构造的研究方法，主要用于煤核和矿化植物标本的研究。

04.0466　叶结构分析　leaf architectural analysis
对双子叶植物的叶脉类型、叶缘特征、叶形、腺体等要素的空间结构及其相互关系进行的综合分析，是现代和化石双子叶植物叶研究的主要方法。

04.0467　共存分析　coexistence approach
莫斯布鲁格尔（V. Mosbrugger）创立的、根据植物群中所有种类最接近现代种共存区的气候要素恢复古气候的方法。

04.0468　气候诺漠图　climatic nomogram
用数字刻度（函数关系）反映植被分布与气候要素之间关系的图。在古植物学研究中，用于古气候的恢复与重建。

04.0469　叶相　leaf physiognomy
应用叶形态学来反映气候条件的综合植物学标志。包括叶级、叶缘、叶型（叶结构）、叶片质地、滴水尖的有无、主要叶脉类型、叶脉密度和叶基部形态等。

04.0470　埋藏植物群　taphoflora
植物化石在生活状态或者在异地搬运状态下经过埋藏而形成的植物群，包括原地或准原地以及异地等埋藏类型。

05.　古生态学、埋藏学、遗迹学

05.01　古生态学

05.0001　古生态学　palaeoecology
研究地史时期生物的生活方式、生活环境及二者相互关系的学科。

05.0002　综合古生态学　palaeosynecology
综合研究古群落/古群集的结构、分异度、分布、生存方式、生活环境等的学科。

05.0003　古趋性学　palaeotaxiology
研究古代生物对外界环境因素反映的学科。

05.0004　行为学　ethology
又称"习性学"。研究特定物种生活行为、习惯等的学科。

05.0005　古行为学　palaeoethology
研究地史时期特定物种生活行为的学科。

05.0006　生境　habitat
又称"栖息地"。特定物种生活的环境，若海生种，包括水深、底质、海水化学性质、光照等，以及共生的其他物种的情况。

05.0007　古生境　palaeohabitat
地史时期特定物种的生活环境。

05.0008　生境区　ecotope
特定物种生活的范围。

05.0009　生境因素　habitat factor
生物生活环境的各种物理、化学因素。

05.0010　生态系　ecosystem
特定环境与生物相互之间的综合体。

05.0011　生态演替　ecological succession
地史时期由一种生态系随时间向另一种生态系的演变。

05.0012　生态更替　ecological displacement
由于环境的变化，一种生态系对另一种生态系的取代。

05.0013 生态位 niche, biotope
又称"小生境"。满足一个种或种群生态要求的最小环境单位。

05.0014 定向 orientation
生物对其生活环境的特定取向。

05.0015 最适度 optimum
特定物种对其最佳生活环境的要求。

05.0016 矮型 nanism
特定个体在个体发育过程中由于某种病变而导致的生长迟缓，不能达到正常大小。

05.0017 广盐性 euryhaline
能在盐度变化较大的海水中生活的生物。

05.0018 广温性 eurythermal
能在温度变化较大的环境下生活的生物。

05.0019 狭盐性 stenohaline
只能在一定盐度海水中生活的生物。

05.0020 狭温性 stenothermal
只能生活在一定温度范围内的生物。

05.0021 古温度 palaeotemperature
地史时期海水或大气的温度。

05.0022 古深度 palaeobathymetry
地史时期海水的深度。

05.0023 古洋流 palaeocurrent
地史时期的海洋环流。

05.0024 古环境 palaeoenvironment
地史时期生物生存的环境。

05.0025 古盐度 palaeosalinity
地史时期海水的盐度。

05.0026 礁相 reef facies
以造礁生物为特征的生物相。

05.0027 壳相 shelly facies
以含有丰富的具有厚重外壳的底栖生物为特征的生物相。

05.0028 骨层 bone bed
含丰富脊椎动物骨骼的地层。

05.0029 生物层 biostrome
地层中化石含量丰富，但不具备礁的完整结构。

05.0030 生物礁 organic reef
以造架生物为主形成的、地形上隆起的一种构造。

05.0031 生物相 biofacies
反映一定沉积环境的生物群的生态特征。

05.0032 底质 substrate, substratum
又称"基底"。水生生物生活的海底或湖底、河底的物质组成。

05.0033 硬底质 hardground
水底由坚硬物质组成。

05.0034 软底质 softground
水底由松软物质组成。

05.0035 石底质 rockground
水底为各种坚硬的石头。

05.0036 稀底质 soupground
生物生活的水底为非固态物质。

05.0037 游移 vagile
在水体中能自主游泳、移动的生物。

05.0038 固着 sessile
幼虫阶段后，固定在某一特定位置生活的生物。

05.0039 深海底栖带 abyssal-benthic zone
大洋深处适合底栖生物生活的区域。

05.0040 表生底栖 epibenthos
生活在底质表面的生物，多以固着类型为主。

05.0041 表生动物 epifauna
又称"表栖动物"。指生活在底质表面的动物。

05.0042 内栖生物 endobiont

又称"底内生物"。指生活在底质内部(通常为软底)的生物。

05.0043 底内动物 infauna, endofauna
又称"内栖动物"。生活在底质内部(通常为软底)的动物。

05.0044 底内植物[群] inflora, endoflora
生活在底质内部(通常为软底)的植物。

05.0045 盐生植物 halophyte
对盐度要求高的植物。

05.0046 沙栖生物 amnicolous
生活在沙质底质(水生或陆生)上或内的生物。

05.0047 隐藏岩内生物 cryptoendolith
生活在岩石裂隙中的生物,具较高的隐秘性。

05.0048 游泳生物 nekton
可在水体中自主游泳的生物。

05.0049 假游泳生物 pseudonekton
寄居在某游泳生物上的生物。

05.0050 假浮游生物 pseudoplankton
寄居在某浮游生物上的生物。

05.0051 上层浮游生物 epiplankton
生活在水体表层的浮游生物。

05.0052 全浮游生物 holoplankton
终生营浮游方式生活的生物。

05.0053 游泳底栖生物 nekton-benthos
生活在底质表面,但可自主游泳的生物。

05.0054 滤食生物 filter feeder
又称"悬食生物(suspension feeder)"。通过过滤水体中悬浮有机质来进食的生物。

05.0055 食藻生物 algophagous
以水体中特定藻类为食的生物。

05.0056 食泥生物 deposit feeder
以软底质泥为食物的生物。

05.0057 食碎屑动物 detritivore
以水体中各种碎屑物特别是其他生物腐烂后的碎屑物为食物的生物。

05.0058 食粪动物 coprophaga
以其他生物排泄物为食物的生物。

05.0059 食尸动物 necrophaga
以水体中死亡生物尸体为食物的生物。

05.0060 进食率 feeding rate
又称"觅食率"。指生物摄取食物的效率。

05.0061 生物群落学 biocoenology
研究特定环境下一群生物的组成、结构、相互关系等的学科。

05.0062 生物群落 biocommunity
特定环境下生活在一起的各类生物的自然联合。

05.0063 顶峰群落 climax community
又称"顶极群落"。群落中各类生物都达到最繁盛状态。

05.0064 平底群落 level bottom community
生活在平坦海底的群落。

05.0065 重现群落 recurrent community
特定生物的联合在不同地点、不同时代反复出现。

05.0066 群落成分 community composition
组成一个群落的各类生物。

05.0067 群聚 aggregation
因相同或相似生态要求而聚居在一起的各类生物。

05.0068 共栖 commensalism
两种不同种类的生物生活在一起,一方受益,另一方不受害也不受益。

05.0069 互惠共生 reciprocal symbiosis, mutualism
两种不同种类的生物生活在一起,相互受益、相互依存。

05.0070　共生关系　symbiosis
两种不同种类的生物生活在一起。

05.0071　共生者　symbiont
两种不同种类的生物生活在一起，任何一方都是共生者。

05.0072　抗生　antibiosis
一种生物使另一种生物受害的共生关系。

05.0073　埋藏群落　taphocoenosis
被沉积物覆盖而保存下来的残体群落。

05.0074　同源器官　homologous organ
外形、功能不同，但具共同起源、相似结构的器官。

05.0075　同功器官　analogous organ
外形、功能相似，但起源、结构不同的器官。

05.0076　寄生　parasitism
一种生物寄居在另一种生物体表或体内，并从其中直接获取营养使其遭受损害。

05.0077　底表生物　epibiont
生活于水底基体表面的底栖生物。

05.0078　门类古生态学　palaeoautecology
研究地史时期个体生态，或某种生物、某个门类生物生态的学科。

05.0079　群落演替　community succession
同一地区随时间推移在不同环境中相继孕育的不同群落，形成特定的群落序列。

05.0080　生态群　ecogroup
同一地区在相似环境下的群落演化，形成的一系列群落。

05.0081　平行群落　parallel community
又称"相同群落"。地理上相距甚远、隶属于不同生物地理区系的那些生物复现联合。

05.0082　似功群落　analogous community
两个群落的生态功能相似，但各自生物类别在谱系发育上相差甚远。

05.0083　同源群落　homologous community
两个群落有较多属种在系统发育上有着共同的起源。

05.0084　群落集　community group
又称"群落型（community type）"。一定地质时期里若干具有同源关系的群落。

05.0085　生态进化单元　Ecologic Evolutionary Unit，EEU
显生宙全球平坦海底介壳相底栖生物具重要意义的单元，共 12 个，且多为主要灭绝事件所分隔。

05.0086　生物群省　biotic province
具明确的环境并反映该生境内生态演化阶段的一个生物地理区。

05.0087　生态生物地理　ecological biogeography
按生物相划分的生物地理单元，具有可重复性。

05.0088　分类生物地理　taxonomic biogeography
以分类单元为基础划分的生物地理单元。

05.0089　古生物境　palaeobiotope
具有相同古自然环境和相当一致的古动物群或植物群的区域。

05.0090　古生物地理区　palaeobio-geographic province
又称"古生物区"。具相似类型特征的古生物群栖息的区域。

05.0091　埋藏学　taphonomy
又称"化石形成学"。专门研究化石的埋藏过程及其形成原因，即研究生物体从死亡到形成化石全部历史过程的学科。

05.0092　现实埋藏学　actuotaphonomy
又称"试验埋藏学（experimental taphonomy）"。对现代生物的埋藏学研究，即对现代各种环境下生物死亡及死后尸体沉积、成岩等一系列埋藏过程的观查研究。包括通过模拟各种条件下的化石埋藏学研究。

05.0093　分子埋藏学　molecular taphonomy
研究化学化石埋藏学过程的学科。

05.0094　化石成岩作用　fossil diagenesis
生物死后与环境相互作用的过程。

05.0095　石化筛选作用　fossilization barrier
底内动物生命活动和遗迹化石之间严酷的埋藏筛选。

05.0096　尸腐学　necrology
研究生物尸体腐烂过程的学科。

05.0097　分散　disarticulation
不是由单一壳或骨骼元素组成的生物骨骼，而由两个以上多部分组成的骨骼。如：双瓣壳类（腕足类、双壳类），节肢动物、棘皮动物、海绵动物、脊椎动物等。这些多组分的骨骼其连接组织和铰合韧带由于腐烂，加上生物扰动和自然作用力（如风吹、浪打、水流搬运等）作用，会很快分离。

05.0098　破碎　fragmentation
生物和骨骼在各种因子作用下，逐渐破碎形成生物碎屑颗粒。

05.0099　生物尸体群落　thanatocoenosis
地质历史上生物尸体在特定地区某个时间内的集合体。

05.0100　原地埋藏　autochthonous burial
生物体埋藏地与生物栖息地一致。

05.0101　准原地埋藏　hypautochthonous burial
在埋藏过程中，生物经过搬运的距离不大，仍然埋藏在原来的岩相环境内中的埋藏状态。

05.0102　异地埋藏　heterochthonous burial
生物体埋藏地与生物栖息地不一致。

05.0103　埋藏反馈　taphonomic feedback
化石形成的埋藏学过程中不仅丢失生物学信息，同时生物体与环境也发生信息交换，增加了另一些信息，如死亡生物硬骨骼的堆积可以改变底栖群落的小环境，这个过程称之为埋藏反馈。

05.0104　混合组合　mixed assemblage
来自不同环境或不同时间内的生物体集合。

05.0105　化石密集　fossil concentration
又称"骨骼密集（skeletal concentration）"。化石（一般指硬体骨骼化石）相对紧密的堆积。不考虑其分类组成，保存状态和硬体的变化程度。

05.0106　化石堆积库　Kozentrat-Lagerstätten（德）
化石堆积库与化石密集的概念基本一致。但化石堆积库强调化石的数量，其库中的化石保存不具有特异常保存的性质。

05.0107　特异保存化石库　Konservat-Lagerstätten（德）
特异保存库中化石保存特别好，一般生物的微细构造和软组织都能保存。这种库只强调化石保存的质量，而不强调数量。

05.0108　埋藏相　taphofacies
埋藏相是根据岩石中化石保存的埋藏学特

征来划分的，埋藏学特征包括化石沉积学和 化石成岩作用两个方面的特征。

05.03 遗 迹 学

05.0109 遗迹学 ichnology
专门研究生物活动留下的遗迹的科学，包括足迹、钻孔、爬行迹、粪便和遗物等。

05.0110 现代遗迹学 neoichnology
研究现代生物遗迹的学科。

05.0111 古遗迹学 palaeoichnology, palichnology
研究遗迹化石的科学，是古生物学的一个分支。

05.0112 生物递变层理 biogenic graded bedding
由生物活动造成的粒序层理构造。

05.0113 生物改造作用 biogenic reworking
沉积物中沉积结构因生物作用的改造过程。

05.0114 生物沉积构造 biogenic sedimentary structure
生物成因的沉积构造。

05.0115 生物扰动结构 bioturbated texture
沉积物的结构和构造被生活在其中的生物活动所破坏而形成指示生物扰动的沉积结构。

05.0116 微生物席成因构造 microbially induced sedimentary structures, MISS
微生物群与沉积环境相互作用，并通过微生物生命代谢、生长、破坏、腐烂等过程在沉积物中留下的各种生物沉积构造。

05.0117 生物侵蚀 bioerosion
沉积岩中沉积物和生物颗粒由生物作用引起的侵蚀现象。

05.0118 均质改造 homogenous reworking
使原始沉积物变成均质化的沉积学和生物学改造过程。

05.0119 掘穴 burrowing
动物在为了居住或觅食，在尚未完全固结的沉积物内部留下所挖掘的洞穴或管道。

05.0120 遗迹分类学 ichnotaxonomy
是研究遗迹化石分类的方法和原理的古生物学分支，目前有四种分类系统：生物的系统分类、遗迹形态特征分类、保存分类以及行为习性分类系统。

05.0121 遗迹属 ichnogenus
遗迹化石属级名称。

05.0122 遗迹种 ichnospecies
遗迹化石种级名称。

05.0123 遗迹组构 ichnofabric
所有因不同等级生物扰动而形成的沉积物内部构造。

05.0124 遗迹化石 trace fossil, ichnofossil
保存在地层中各个地史时期生物活动的遗迹和遗物。前者如钻迹、移迹、足迹等；后者如粪粒、粪、卵、蛋及石器等。

05.0125 遗迹群落 ichnocoenosis
遗迹的纯生态组合，生物特定地区特定时间所形成的遗迹集合，遗迹化石在特定地区特定时间内的集合。

05.0126 动物遗迹群 ichnofauna
由各种动物遗迹构成的组合。

05.0127 通道构造 fucoid
具有树枝形通道的遗迹构造。

05.0128 潜穴 burrow, domichnia
在沉积物中动物活动所占据和维护的空间。

05.0129 潜穴系统 burrow system

潜穴动物在沉积物中所构架的生活空间系统。

05.0130　U型潜穴　U-shaped burrow
一种形态呈 U 型管的动物潜穴构造。有悬食者的 U 型潜穴、食碎食者的 U 型潜穴和厚壁 U 型潜穴。

05.0131　通道　tunnel gallery
潜穴动物与外界连通的孔道。

05.0132　后退式潜穴　retrusive burrow
向近端的，即向潜穴口方向的一种蹼状构造。

05.0133　前进式潜穴　protrusive burrow
向远端的，即离开潜穴口方向的一种蹼状构造。

05.0134　咬迹　biting trace, gnawing trace
动物因取食或捕食，而留下的咬痕。

05.0135　遗迹相　ichnofacies
代表某种环境条件的遗迹化石特征组合。

05.0136　船蛆迹遗迹相　*Teredolites* ichnofacies
特指木头上的钻孔（尤指船蛆钻孔），指现代双壳类（蛀船虫）形成的钻孔。

05.0137　石针迹遗迹相　*Skolithos* ichnofacies
以潜穴生物形成的简单垂直管或 U 形管状遗迹组合为特征，主要出现于滨海地区的潮间带，居住在其中的造迹生物主要有甲壳动物、软体动物、蠕虫动物和腕足动物舌形贝等。

05.0138　斯考因迹遗迹相　*Scoyenia* ichnofacies
以一种外表具绳状纹饰的简单潜穴斯考因迹为特征，出现于潮间带以上的非海相，多为红层，往往是岩性单一的厚层含有脊椎动物的足迹，节肢动物的爬行迹等。

05.0139　克鲁斯迹遗迹相　*Cruziana* ichnofacies
以克鲁斯迹为特征，分布于滨海区以下稍深的浅海区，相当于陆棚上部位置。

05.0140　舌菌迹遗迹相　*Glossifungites* ichnofacies
以舌菌迹或海生迹为特征，有时包含植物根系穿插构造。这种遗迹相出现于潮间带或潮下浅水低能环境中硬化而没有石化的表层沉积物中。

05.0141　动藻迹遗迹相　*Zoophycos* ichnofacies
以成梯序排列的复杂摄食迹（动藻迹，海生迹等）为特征，出现于从大陆架到深海之间的各种深水环境。

05.0142　类沙蚕迹遗迹相　*Nereites* ichnofacies
又称"似蠕虫迹遗迹相"。以具有装饰的、复杂的表面牧食迹和耕作迹为特征，如古网迹（*Palaeodictyon*），蠕形迹（*Helminthoida*）等，形成于深水浊流岩发育的沉积环境。一般以保存于浊积岩的底面。

05.0143　钻孔迹遗迹相　*Trypanites* ichnofacies
以生物潜穴和钻孔为特征，形成于滨岸岩石中或沉积硬底之上。

05.0144　破相遗迹　facies breaking trace
出现于各种海相和非海相的遗迹，不属于任何一类特定的沉积相。

05.0145　遗迹分类群　ichnotaxon
一个遗迹化石分类单元，用来鉴别和区分不同形态的遗迹化石，类似于林奈分类系统单元，可分为遗迹化石属和遗迹化石种。

05.0146　捕食迹　predation trace
反映动物捕食行为的遗迹，包括咬伤留下的疤痕、食物残余、粪便等。

05.0147　进食迹　feeding trail, fodinichnia（拉）
动物进食或觅食留下的遗迹。

05.0148 居住迹 dwelling trace
底栖半固着的滤食性动物为保护自己能永久栖居而建造的垂直或斜穿沉积物的钻孔，或 U 形和分枝的潜穴系统。生物居住构造常具各种粘结构造或衬里。

05.0149 爬行迹 crawling trace，repichnia（拉）
生物在沉积物表面爬行留下的痕迹，一般为凹形印痕。包括足迹和移迹等。

05.0150 足迹 track
主要是由有脚的较高级的动物（脊椎动物）以四足或两足行走，或节肢动物以附肢爬行运动形成的表面迹。

05.0151 下足迹 undertrack
生物成因构造，是足迹之下受力变形的沉积层理构造。

05.0152 行迹 trackway
动物在软的沉积物表面行走留下的痕迹。

05.0153 移迹 trail
又称"形迹"。没有发达运动器官的蠕虫、双壳动物、腹足动物、海胆动物等运动在表层沉积物中或表面形成的遗迹，属于爬行迹。

05.0154 停息迹 resting trace，cubichnia（拉）
动物处于栖息隐藏或伺机捕食时在沉积物表面形成痕迹，一般是表面低浅的凹坑。停息迹大多数为浅海大陆架环境，少数也可在较深水出现，如海星停息迹。

05.0155 蛇曲形遗迹 meandering trace
左右弯曲的蛇曲形遗迹。

05.0156 牧食迹 grazing trace，pasichnia（拉）
动物在表层沉积物中或表面边爬行边觅食菌藻膜或有机颗粒而形成的极具规则的蛇曲形、螺旋形、放射形等高度对称的遗迹。许多牧食迹是深海浊流相所特有的，如常见于复理石相的蠕形迹（*Helminthoida*）、古网迹（*Palaeodictyon*）等。

05.0157 雕画迹 graphoglyptid trace
又称"刻迹"。在浊流来到之前产生在复理石相的泥质岩内，形成高度复杂化的各种几何形态的遗迹（蛇曲形、螺旋形、放射形、网格形等），常保存为上覆浊积砂岩层的底面。

05.0158 逃逸构造 escape structure
动物为躲避灾难或被天敌捕食形成的沉积构造。

05.0159 居管 dwelling tube
在沉积物中由动物占据和维护的空间。

05.0160 钻孔 boring，drill hole
又称"钻迹"。动物为了居住或觅食，在坚硬的基底或者其他生物硬壳上，用机械方法、化学方法等方式凿蚀的各种孔穴。常发现于海岸坚硬的石质海底，形态多样。

05.0161 粪粒 fecal pellet
无脊椎动物的微小排泄物，多呈纺锤形或者短粒状，少数分节或成片状。

05.0162 被动充填 passive fill
充填物由重力作用而进入到敞开的生物潜穴中的一种物理沉积过程。

05.0163 主动充填 active fill
直接由造穴生物活动产生的潜穴充填过程。

05.0164 回填 back fill
当动物向前运动穿过沉积物时，主动充填其后部空隙的过程。

05.0165 全迹 full relief
又称"全浮雕"。立体方式保存的遗迹化石。

05.0166 底迹 hyporelief
又称"下浮雕"。保存于岩层底面的遗迹，可凹可凸。

05.0167 半迹 semirelief
又称"半浮雕"。受侵蚀‑充填作用影响的层面上遗迹化石，为沉积前遗迹化石，通常也用于保存于原有层面中的遗迹化石，但这些积后遗迹化石具有自身的内部构造。

05.0168 外生迹 exichnia(拉)，ichnion(拉)
又称"表迹"。生物(表生底栖生物)在沉积物表面觅食、逃逸等活动过程中形成的遗迹。

05.0169 内迹 endochnia(拉)，dochnion(拉)
生物(内生底栖生物)在沉积物中在觅食、逃逸等活动过程中形成的遗迹。

06. 地球生物学与分子古生物学

06.01 地球生物学

06.0001 地球生物学 geobiology
研究生物圈与地球系统相互作用及其规律的科学，是生命科学与地球科学的交叉学科。地球生物学以有机体的生理过程控制性地介入了生物地球化学的物质循环并由此强烈地影响着地质过程的理论认知为前提，以生物圈与地球其他子系统相互作用过程为研究对象，探索地球系统中生命过程和地质过程的相互作用，认识生物进化与地球环境形成和发展的耦合关系以及全球变化过程对过去、现在和未来生命过程的影响。

06.0002 地球微生物学 geomicrobiology
又称"地质微生物学"，"地微生物学"。研究地质系统中的微生物活动及其对地球环境的改造作用和产生的各种地质地球化学记录的学科。

06.0003 地球生理学 geophysiology
简称"地生理学"，是将地球作为一个超级有机体，用生理学方法研究生命与地球其他各圈层子系统相互作用的学科。

06.0004 盖亚假说 GAIA hypothesis
英国大气学家洛夫洛克(James Lovelock)于20世纪60年代提出，认为地球表面的温度、酸碱度、氧化还原电位势及大气的气体构成等是由生命活动所控制并保持动态平衡，从而使得地球环境维持在适合于生物生存的状态。包含5个层次的含义：一是认为地球上的各种生物有效地调节着大气的温度和化学构成；二是地球生物影响了环境，而环境又反过来影响着生物进化过程，两者共同进化；三是各种生物与自然界之间主要由负反馈环连接，从而保持地球生态的稳定状态；四是认为大气能保持在稳定状态不仅取决于生物圈，而且在一定意义上为了生物圈；五是认为各种生物调节其物质环境，以便创造各类生物优化的生存条件。目前对于前两个层次含义(常称为弱盖亚)一般没有争论，而对后三个层次(称为强盖亚)还有争议。

06.0005 弱盖亚 weak GAIA
盖亚假说的一部分，认为生物对环境有显著的影响，即影响盖亚(influential GAIA)；生物的进化与环境的进化是彼此耦联，共同进化的即同进化盖亚(coevolutionary GAIA)。

06.0006 强盖亚 strong GAIA
盖亚假说的一部分，认为生物圈可以视为一个地球巨型生理有机体，即地生理盖亚(geophysiological GAIA)，生命使地球的物理和化学环境条件最优化，以最大程度地满足生物圈的需要，即最优化盖亚(optimizing GAIA)，而生物圈(包括生物总体及其环境)之所以保持相对稳定，是因为负反馈机制在起调节作用，即内稳态盖亚(homeostatic GAIA)。

06.0007 微生物碳酸盐 microbial carbonate
由底栖微生物群落分泌或聚集的碳酸盐沉

积物。

06.0008 钙质微生物岩 calcimicrobialite, calcimicrobolite, calcareous microbialite
底栖微生物生命活动沉积的碳酸盐岩。

06.0009 微生物黏结岩 microbial boundstone
主要由微生物捕获和黏结碎屑颗粒形成的岩石。

06.0010 微生物钙华 microbial tufa
在生命活动下由有机和无机碳酸盐沉淀形成的岩石。

06.0011 微生物骨架岩 microbial framestone
微生物本身钙化形成骨架所组成的岩石。

06.0012 凝块石 thrombolite
具凝块状结构的非纹层状底栖微生物沉积物。

06.0013 树形石 dendrolite
又称"树枝石"。具树枝状结构的非纹层状底栖微生物沉积物。

06.0014 古代生物分子 ancient biomolecule
明确来源于古代生物体的有机分子。包括从化石体中直接获得的原位古代生物分子和从地质体内分离出的游离有机分子。

06.0015 地质类脂物 geolipid
保存于各类地质体中、来源于生物化学组分中脂质的那些有机化合物。

06.0016 生物地层学 biostratigraphy
古生物学与地层学相结合的一个学科，是根据保存在地层中的生物演化与发展历史及其时空分布规律，阐明地层的发育顺序，并研究生物化石在地层划分和对比中的原理和方法。

06.0017 生态地层学 ecostratigraphy
以生物的群落分析为基础，研究地层中化石群落的时空分布及演替规律，用于划分对比地层和恢复古环境，为盆地分析、沉积演化和矿产预测服务的学科。

06.0018 生物成岩作用 biodiagenesis
生物直接作用或生物参与条件下的岩石形成过程。即生物在造岩、成岩作用过程中所起的作用、成岩的机理、过程和结果。

06.0019 地球生态学 geoecology
研究当代生物圈（特别是人类）与作为其生存环境的地球系统的相互作用、预测和对策的学科。包括：①了解和预测现代自然条件下地球作用和人类造成的地球作用过程；②研究现代地球作用对于生物机体发展、演化的影响；③研究在地球环境中，生物及人类活动造成的新条件下，保护环境、健康和减轻灾害的对策。

06.0020 生物地球化学 biogeochemistry
研究地球系统中生物和化学两大基本过程的相互作用，是生物学与地球化学的交叉学科。

06.0021 生物地质学 biogeology
研究固体地球系统与生物圈之间相互作用及其规律的学科。它主要涉及地史时期，但亦包括现在正在进行的生物地质作用，如生物成岩、成矿作用及在固体地球中进行的生物地球化学作用。

06.02 分子古生物学

06.0022 分子古生物学 molecular palaeontology
运用生物地球化学、分子生物学等方法，研究分子化石和生物基因的历史生物学和演化生物学信息的学科。对探讨分子地层学、生命起源和生物演化、环境和气候变迁及生物成矿作用的科学问题具有重要意义。

06.0023　古 DNA　ancient DNA
从考古材料、古生物化石、生物遗体、遗迹及沉积物中获得取的古代生物 DNA 分子。主要来源于博物馆标本、特殊条件下（如琥珀、永久冻土等）保存的古生物组织及法医样品。

06.0024　分子化石　molecular fossil
又称"生物标志化合物"，"生标"。地质体中保存的源于古代有机体的分子。包括古 DNA、古蛋白、古氨基酸、类脂化合物等。记载了原始生物母质的相关信息，具有明确的生物学意义。

06.0025　分子钟　molecular clock
一种关于分子进化的假说，认为两个物种的同源基因之间的差异程度与它们的共同祖先的存在时间（即两者的分歧时间）有一定的数量关系。基于这个假说，可以计算生物谱系发育的年代表。

06.0026　化石标记　fossil marker
在进行分子钟推算时，利用化石确定分子序列分歧变异的起点。

06.0027　相对速率检验　relative-rate test
检测分子系统树中不同分支上核苷酸置换速率差异显著性的统计检验法，是检验分子钟假说适用与否的一种方法。

06.0028　谱系年代学　phylogenetic chrono-logy，phylochronology
又称"谱系发育年代学"。采用化石记录或地质事件作为参照系、生物系统树作为基础，依据基因在进化中累积变异的数量特征以估测不同生物类群的分歧与起源时间。

06.0029　最大简约法　maximum parsimony method
是一种常用于系统发生学计算的构树算法，利用简约信息位点，对给定分类单元所有可能的树进行比较，选择其中长度最小、代价

最小的树作为最终的系统发生树，即最大简约树，进而建构出一棵反映分类单元之间最小变化的系统发生树。

06.0030　最大似然法　maximum likelihood method
一个比较成熟的参数估计的统计学方法，在系统发生树重建方法中属于一类完全基于统计学构树的代表，该方法明确地使用核苷酸替换的概率模型，在每组序列比对中考虑了每个概率，寻找能够以较高概率产生观察数据的系统发生树。

06.0031　最小进化法　minimum evolution method
将观察到的距离相对于基于进化树的距离的偏差的平方最小化，与 Fitch-Margoliash 法不同之处在于，该方法先根据到外层节点的距离固定进化树内部节点的位置，然后根据这些观察点之间的最小计算误差，对内部的树枝长度进行优化。

06.0032　邻接法　neighbor-joining method
一种快速的聚类方法，不需要关于分子钟的假设，不考虑任何优化标准，基本思想是进行类的合并时，不仅要求待合并的类是相近的，而且要求待合并的类远离其他的类，从而通过对完全没有解析出的星型进化树进行分解，来不断改善星型进化树。

06.0033　氨基酸地层学　amino stratigraphy
通过沉积物中贝壳化石氨基酸对映比（D/L），对相近（但不连续）地区进行地层划分对比，以确立该地区地层组合关系。

06.0034　氨基酸生物地球化学　biogeochemistry of amino acids
一门结合物理化学与有机化学原理，采取生物化学方法，应用于地学、古生物学及地球化学问题的交叉学科。

06.0035　氨基酸外消旋年代测定　amino acid racemization dating

地质体中L-型氨基酸随时间外消旋成D-型，该过程遵循一级反应动力学规律，测定外消旋程度（D/L 值），可计算其地质年龄。

06.0036 天冬氨酸外消旋作用 racemization of aspartic acid

具一个手性碳原子的L-天冬氨酸，在生命过程或死亡后，部分转化成其对映体D-天冬氨酸的过程。

06.0037 异亮氨酸差向异构作用 epimeriza-tion of isoleucine

具两个手性碳原子的 L-异亮氨酸，仅在 α-碳原子上发生构型变化，部分转化成其非对映体 D-别异亮氨酸的过程。

06.0038 天冬氨酸年龄 aspartic acid age

测定样品中天冬氨酸对映比值（D/L），并通过其遵循的一级反应动力学方程计算所获得的年龄。

英 汉 索 引

A

abactinal surface　反口面　02.0932

abdomen　腹室　02.0085，腹部　02.0486

aboral cup　萼杯　02.0943

aboral view　* 反口视　02.0950

abrasion　磨面　03.0488

absolute age　* 绝对年龄　01.0170

abyssal-benthic zone　深海底栖带　05.0039

Acacia　* 金合欢属　04.0218

acanthine septum　刺状隔壁　02.0218

Acanthodes type scale　棘鱼型鳞　03.0067

acanthodians　棘鱼类　03.0024

Acanthodiformes　棘鱼目　03.0027

acanthomorphs　棘刺亚类　04.0121

acanthopore　* 刺孔　02.0818

acanthostyle　刺柱突　02.0818

acavate　非腔式　04.0105

accessory aperture　辅助口孔　02.0013

accessory lobe　附加叶　02.0752

accessory muscle scar　附肌痕　02.0646

accessory opening　附孔　03.0306

accessory plate　附属板　02.0653

accessory saddle　附加鞍　02.0761

acephala　* 无头类　02.0600

achoanitic　无颈式　02.0701

acicular hair cell　针状毛细胞型　04.0328

Acipenser　* 鲟鱼　03.0030

acipenseriforms　鲟形类　03.0033

acolpate　无沟　04.0258

acritarchs　疑源类　04.0119

acrodine　顶质　03.0054

acrodont teeth　端生齿　03.0256

acrotretids　* 乳孔贝类　02.0911

actaeonellids　捻螺类　02.0546

actinistians　空棘鱼类　03.0040

actinodont　射齿型　02.0624

Actinodonta　* 射齿蛤　02.0624

actinolepidoids　* 辐纹鱼类　03.0016

actinopterygians　辐鳍鱼类　03.0029

actinosiphonate deposits　星节状沉积　02.0718

active fill　主动充填　05.0163

active occlusion　侧重咬合　03.0485

actuotaphonomy　现实埋藏学　05.0092

adaptive radiation　适应辐射　01.0211

adcarinal groove　近脊沟，* 隆脊侧沟　02.1143

adductor crest of femur　股骨收肌脊　03.0270

adductor muscle　* 闭壳肌　02.0354

adductor scar　闭[壳]肌痕　02.0641，* 闭[壳]肌痕　02.0897

adjustor scar　* 调整肌痕　02.0897

adnated area　触区，* 垫区　02.0709

adnation area　触区，* 垫区　02.0709

adont　无齿型　02.0356

adoral plates　侧口盾　02.1007

adventitious lobe　偶生叶　02.0753

aegialodontids　滨齿兽类　03.0412

Aepyornis　象鸟　03.0354

agglutinated stromatolite　黏结叠层石　04.0011

agglutinated test　胶结壳　02.0004

aggregate eye　聚合眼　02.0296

aggregation　群聚　05.0067

agnathans　无颌类　03.0001

agoniatitic suture　无棱菊石式缝合线　02.0766

agronomic revolution　* 农艺革命　01.0181

air chamber　气室　02.0673

akrate　无饰环腰式　04.0103

aktinofibrils　光束纤维　03.0343

alar fossula　侧内沟　02.0215

alar process　翼状突起　02.0389

alar septum　侧隔壁　02.0206

alate element　翼状分子　02.1207

albanerpetontids　阿尔班螈类　03.0170

alete　无缝　04.0220

Aletes　无口器粉类　04.0289

alethopterids　座延羊齿类　04.0388

Alethopteris ＊座延羊齿 04.0388

algae 藻类 04.0089

algophagous 食藻生物 05.0055

aliform apophysis 翼状突出 02.0403

Allen's rule 艾伦法则，＊艾伦律 01.0036

allopatric speciation 异域成种 01.0055

Allosaurus ＊异龙 03.0280

Allotheria ＊异兽类 03.0409

Alnus ＊桤木属 04.0228

alpha taxonomy α分类学 01.0112

alternation of generation 世代交替 01.0154

altungulates 高蹄类 03.0435

alular digit 小翼指 03.0388

alular metacarpal 小翼掌骨 03.0384

alvarezsaurids 阿瓦拉慈龙类 03.0286

alveolar ＊齿槽 03.0255

alveolar region 腔区 02.0773

alveolus 主穴 02.0871

amb 赤道轮廓 04.0186

ambitus 赤道部 02.0976

Amblypoda ＊钝脚类 03.0429

amblyproct 钝肛道类 02.0141

ambulacral 腹腕板 02.1009

ambulacral plate 步带板 02.0930

Amia ＊弓鳍鱼 03.0036

amiiforms 弓鳍鱼类 03.0036

amino acid racemization dating 氨基酸外消旋年代测定 06.0035

amino stratigraphy 氨基酸地层学 06.0033

ammonites 菊石类 02.0726

ammonitic suture 菊石式缝合线 02.0763

ammonoids 菊石类 02.0726

amnicolous 沙栖生物 05.0046

Amorphognathodus ＊变形颚刺 02.1179

amphibians 两栖类 03.0159

amphicoelous centrum 双凹型椎体 03.0186

amphiplatyan centrum 双平型椎体 03.0191

amphistylic 双接型 03.0151

anachomata 上横脊 02.0650

anachronistic facies 时错相 01.0169

anacline 正倾型 02.0851

Anadara ＊粗饰蚶 02.0622

Anagale ＊狸兽 03.0421

anagalidans 狸兽类 03.0421

anagenesis 前进演化 01.0058

analept 远极薄壁区 04.0200

analogous community 似功群落 05.0082

analogous organ 同功器官 05.0075

analogy 同功 01.0066

anal plate 肛板 02.0953

anal tube 肛管 02.0935

anal vein 臀脉 02.0482

Anapsida ＊无孔亚纲 03.0213

anapsids 无孔类 03.0213

anapsid skull 无孔型头骨 03.0245

anaptychus 单口盖 02.0730

anaspids 缺甲鱼类 03.0009

anastomosis 绞结 02.1059

anatomically modern humans ＊解剖学上的现代人 03.0607

ancestrula 祖虫室 02.0796

anchor 锚形体 02.1016

anchor arms 锚臂 02.1020

anchor plate 锚板 02.1017

anchor stock 锚柄 02.1018

ancient biomolecule 古代生物分子 06.0014

ancient DNA 古DNA 06.0023

ancillary gill-cover 辅助鳃盖 03.0129

ancora 锚状构造 02.1115

Ancyrognathus ＊锚颚刺 02.1179

aneuchoanitic 无颈式 02.0701

Aneurophytales 无脉树目 04.0369

Angara flora 安加拉植物群，＊盎格兰植物群 04.0393

Angaran flora 安加拉植物群，＊盎格兰植物群 04.0393

angle of divergence 分散角 02.1123

angle of the anterior carina 前脊角 02.0417

angle of the posterior carina 后脊角 02.0418

angular ＊隅骨 03.0443

angular process contact 突起角度接触 04.0167

angular torus 角圆枕 03.0649

angulate element 三角形分子 02.1208

anguliplanate element 三角台形分子 02.1209

anguliscaphite element 三角舟形分子 02.1210

angulosplenial bone 慉夹板骨 03.0181

anideltoid 肛尖板 02.0957

anisocytic type stomata 异列型气孔，＊不等型气孔

04.0457

anisograptids 反称笔石类 02.1026

anisomyarian 异柱类 02.0644

anispracle 肛孔 02.0948

ankylosaurians 甲龙类 03.0296

Ankylosaurus ＊甲龙 03.0296

Annelida 环节动物门 02.0263

annulosiphonate 环节珠沉积 02.0716

annulus 环圈 02.0103

anomocoelous centrum 变凹型椎体 03.0189

anomphalous 隐脐型 02.0558

antecrochet 反前刺 03.0585

antenna 触角 02.0441

anterior area of fixigena 固定颊前区 02.0305

anterior border 前边缘 02.0299

anterior branch of facial suture 面线前支 02.0308

anterior canal 前沟 02.0575

anterior cap 前帽 03.0568

anterior commissure 前接合缘 02.0834

anterior dorsolateral plate 前背侧片 03.0113

anterior lamina of petrosal 岩骨前板 03.0446

anterior median dorsal plate 前中背片 03.0111

anterior pit 前坑 02.0285

anterior trough margin 前槽缘 02.1145

anterior ventral plate 前腹片 03.0118

anterior ventrolateral plate 前腹侧片 03.0119

anterior wing 前翼 02.0298

anterobasal corner 前基角 02.1146

anterocone 前边尖 03.0516

anteroconid 下前边尖 03.0517

anterolateral plate 前侧片 03.0115

antheridium 藏精器 04.0045

anthracosaurians 石炭蜥类 03.0171

anthropometric instrument 人类测量仪器 03.0617

anthropometry 人体测量学 03.0614

antiapertural pole 反口极 02.1249

antiarchs 胴甲鱼类 03.0018

antibiosis 抗生 05.0072

Anticapipollis 逆沟粉类 04.0306

antithetic theory 异源学说，＊插入学说 04.0444

antitrochanter 对转子 03.0392

antmolar 臼前齿 03.0463

antorbital fenestra 眶前窗，＊眶前孔 03.0251

antorbital vacuity 眶前窝 03.0442

anurans 无尾类 03.0167

anurognathids 蛙嘴龙类 03.0327

apertural face 口面 02.0931

apertural plug 口塞 02.1251

apertural pole 口极 02.1248

aperture 口孔 02.0011，02.1250，壳口 02.0501，02.0585，室口 02.0802

apex 壳顶 02.0500，顶尖 02.1147

apex of sicula 胎顶 02.1073

aphlebia 变态叶 04.0438

aphroid 互嵌状 02.0198

aphrosalpingidea ＊管壁古杯类 02.0102

apical horn 顶角 02.0086

apical orifice 顶孔 04.0057

apical pore 顶孔 04.0057

apical system 顶系 02.0991

Apiculiretusispora 具饰弓脊孢类 04.0310

apochete 出水管道区，＊出水后院区 02.0154

apocolpium 极区 04.0191

apocolpium index 极区系数 04.0192

apodans 无足类，＊蚓螈类 03.0169

apomorphy 衍征 01.0085

apopore 出水孔 02.0155

apopyle 鞭毛室出水孔 02.0153

aporatids 无孔类 02.0146

apparatus 器官 02.1216

appendices 附肢 02.1263

applied palaeontology 应用古生物学 01.0004

applied palynology 应用孢粉学 04.0170

apsacline 斜倾型 02.0853

apsidospondylous vertebra 弓状脊椎 03.0194

aptychus 口盖 02.0729

Aquilapolles 鹰粉类 04.0286

arandaspids 阿兰德鱼类 03.0006

araucarioid pitting 南洋杉型纹孔 04.0461

Arca ＊箱蚶 02.0630

arch 齿拱 02.1148

Archaeocyatha 古杯动物 02.0100

Archaeoperisaccus 古周囊孢类 04.0311

Archaeopteridales 古羊齿目 04.0370

Archaeopteryx 始祖鸟 03.0350

archaeopyle 古口 04.0093

Archaeotremariacea 钥孔嗽螺超科 02.0499

Archaic *Homo sapiens* 早期智人，＊古老型智人

03.0606

archetype 原型 01.0096

archipterygium 原鳍 03.0072

archontans 统领兽类 03.0426

archosauromorphs 初龙型类 03.0232

arciferal pectoral girdle 固胸型肩带 03.0204

arctostylopids 北柱兽类 03.0433

arcuate ridge 弓形脊 04.0228

Ardipithecus 地猿 03.0596

arenaceous test ＊砂质壳 02.0004

areola ＊侧壁孔 02.0819

areolar pore ＊侧壁孔 02.0819

areole ＊侧壁孔 02.0819

arm 臂 02.0078，腕 02.0998

arm comb 腕栉 02.1014

arolium ＊中垫 02.0464

arthrodires 节甲鱼类 03.0016

Arthropoda 节肢动物门 02.0273

articulamentum 连接层 02.0529

articulating facet 关节面 02.0336

articulating furrow 关节沟 02.0337

articulating half-ring 关节半环 02.0338

articulum 关节面 02.0971

artificial modification 人工牙齿修饰 03.0665

ascending ramus 下颌垂直支 03.0453

ascoceroid conch 袋角石式壳 02.0688

ascon 单沟型 02.0138

aseptate 无中隔壁 02.1050

Asioryctitheria ＊亚洲掠兽类 03.0419

aspartic acid age 天冬氨酸年龄 06.0038

aspidiaria 中皮相 04.0424

aspidine 无细胞骨 03.0051

assemblage 组合 01.0226，集群，＊组合 02.1149

association 群集 01.0225

Asteropollis 星粉类 04.0291

Astrapotheria ＊闪兽目 03.0434

astraspids 星甲鱼类 03.0007

Astraspis ＊星甲鱼属 03.0007

astreoid 星射状 02.0197

astrorhiza 星根，＊星状沟 02.0174

astrorhizal canal 星根沟 02.0170

athyroid 无窗贝型 02.0885

Atlantic land bridge 大西洋陆桥 01.0232

atrum ＊里腔 02.0137

atrypoid 无洞贝型 02.0886

attachment scar 固着痕 02.0896，附着痕 02.1150

aulos 轴管 02.0242

Australopithecus 南方古猿 03.0598

australosphenids 南楔齿兽类 03.0415

autapomorphy 独有衍征 01.0087

autoblast 原囊，＊单囊 04.0094

autochthonous burial 原地埋藏 05.0100

autocyst 原囊，＊单囊 04.0094

autophragm 原壁，＊单壁 04.0095

autostylic 自接型 03.0152

autotheca 正胞管 02.1084

autozooecial wall boundary 自虫室界壁 02.0820

autozooecium 自虫室 02.0794

autozooid 自个虫 02.0793

auxiliary lobe 助叶 02.0754

auxiliary saddle 助鞍 02.0762

auxiliary series 助线系 02.0756

Aves 鸟类 03.0344

avetheropods 鸟兽脚类 03.0279

avicularium 鸟头体，＊鸟头器 02.0801

aviculoecium ＊鸟头体室 02.0800

axial angle 轴角 02.1122

axial column 复中柱 02.0238

axial fillings 轴积 02.0045

axial furrow 轴沟 02.0331

axial ratio 轴率 02.0044

axial ring 轴环节 02.0330

axial section 轴切面 02.0042

axial septulum 轴向副隔壁 02.0059

axial structure 轴部构造 02.0237

axial zone 轴带 04.0019

axillary 分腕板 02.0959

axis 中轴 02.0041，齿轴 02.1151，＊轴 04.0035

azhdarchids 神龙翼龙类 03.0332

azygous basal plate 异底板 02.0952

B

back fill 回填 05.0164

background extinction ＊背景灭绝 01.0198

bactritoids 杆石 02.0776

baculum 棒纹 04.0281

Bakevelloides ＊类贝莱蛤 02.0625

bar 棒 02.0104，齿耙 02.1152

basal 底板 02.0946，鳍基骨 03.0071

basal articulation of braincase and palate 基关节 03.0261

basal cavity inverted 反基腔 02.1153

basal cone 底锥，＊基锥 02.1154

basal disc 底盘 02.1111

basal glabellar lobe 头鞍基叶 02.0284

basal layer 底层 02.0806

basal orifice 底孔 04.0058

basal pillar 底柱，＊基柱 03.0587

basal pit 基坑，＊基底凹窝 02.1155

basal plate 底板 02.0187，02.1156，底塞 04.0059

basal pore 底孔 04.0058

basal spine 底刺 02.1100

base 基部 02.1157，底 02.1243

basekyphosis 颅弯曲 03.0440

basibiont 附着基生物 01.0229

basitarsus 基跗节 02.0463

Bauplan(德) 形体构型 01.0095

baurids ＊包氏兽类 03.0243

beak 喙 02.0383，喙部 02.0539，壳喙 02.0832，壳嘴 02.0601

beak ridge 喙脊 02.0833

belemnites 箭石 02.0770

belemnitids 箭石 02.0770

bellerophontids 神螺类 02.0547

Bellodellida 针刺目 02.1135

Belodina ＊似针刺 02.1181

Bemalambda ＊阶齿兽 03.0429，03.0478

Bennettitopsida ＊本内苏铁纲 04.0399

bergeria 周皮相 04.0423

Bergmann's rule 贝格曼法则，＊贝格曼律 01.0037

Bering land bridge 白令陆桥 01.0233

beta taxonomy β分类学 01.0113

bicapitate rib 双头肋 03.0201

bicavate 双腔式 04.0106

bicipital crest 肱二头肌脊 03.0370

bicomposite 双分结合 02.0286

bilateral symmetry 两侧对称 02.0513

bilobate ＊双裂型 04.0321

bilobate short cell 双裂短细胞型 04.0321

bilocular test 双房室壳 02.0034

biloculine 双玦虫式 02.0025

bilophodont 双脊形齿 03.0474

bimembrate apparatus 双分子器官 02.1219

binominal nomenclature 双名法 01.0097

biocoenology 生物群落学 05.0061

biocommunity 生物群落 05.0062

biodiagenesis 生物成岩作用 06.0018

bioerosion 生物侵蚀 05.0117

biofacies 生物相 05.0031

biofilm 生物膜 04.0007

biogenetic law 生物发生律 01.0030

biogenic graded bedding 生物递变层理 05.0112

biogenic reworking 生物改造作用 05.0113

biogenic sedimentary structure 生物沉积构造 05.0114

biogeochemistry 生物地球化学 06.0020

biogeochemistry of amino acids 氨基酸生物地球化学 06.0034

biogeology 生物地质学 06.0021

biomass 生物量 01.0213

biome 生态区 01.0212

biomineralization 生物矿化作用 01.0021

biomineralogy 生物矿物学 01.0020

biostratigraphy 生物地层学 06.0016

biostratinomy 生物层积学 01.0019

biostrome 生物层 05.0029

biota 生物群 01.0220

biotic province 生物群省 05.0086

biotope 生态位，＊小生境 05.0013

bioturbated texture 生物扰动结构 05.0115

bioturbation revolution 生物扰动革命 01.0181

bipedalism 直立行走 03.0671

birds 鸟类 03.0344

bis 鼠亚科小附尖 03.0573

bisaccate 双[气]囊 04.0241

biserial 双列 02.1044

bitheca 副胞管 02.1085

biting mouthparts 咀嚼式口器 02.0437

biting trace 咬迹 05.0134

bivalves 双壳类 02.0600

bizonal 双带型 02.0252

bladder 气囊 04.0239

blade 体隙 02.0714，齿片 02.1158

blastoids 海蕾[类] 02.0921

body chamber 住室 02.0671

body disc ＊体盘 02.0997

body fossil 实体化石 01.0127

body plan 形体构型 01.0095

body shape 体型 03.0624

bone bed 骨层 05.0028

bony scale 骨鳞 03.0056

border furrow 边缘沟 02.0300

boreosphenidans 北楔齿兽类 03.0414

boring 钻孔，＊钻迹 05.0160

boss 疣突 02.0980

Botryopteridaceae ＊群囊蕨科 04.0364

Botryopteridales 群囊蕨目 04.0364

bourrelet 韧带肩 02.0639

braarudosphaerids 五边石藻类，＊布氏球藻类 04.0068

brachial 腕板 02.0958

brachial apparatus ＊腕器官 02.0879

brachial scar 腕痕 02.0876

brachial valve ＊腕壳 02.0824

brachidium 腕骨 02.0882

brachiopatagium 胸膜 03.0340

brachiophore 腕基 02.0879

brachiophore plate 腕基支板 02.0880

Brachiopoda 腕足动物门 02.0822

brachyodont 低冠齿 03.0470

brachythoracids ＊短胸节甲鱼类 03.0016

bract 苞片 02.0105

Bradoricopida 高肌介目 02.0348

branchitella 鳃迹 02.0652

branchitellum 鳃迹 02.0652

branchlet 小枝 04.0042

bregmatic eminance 前囟区隆起 03.0639

brevicone 短粗壳 02.0687

brochus 网胞 04.0243

brood pouch 孵育囊 02.0365

brow ridge 眉脊 03.0634

brow tine 眉枝 03.0457

Bryozoa 苔藓动物，＊苔藓虫，＊苔虫 02.0777

bucciniform 蛾螺型 02.0562

Buccinum ＊蛾螺 02.0562

buccohypophysial foramen 口垂体孔 03.0144

bulb 膜管 02.1257

bulk maceration 大块浸解，＊块体浸解 01.0152

bulla 横瘤 02.0740

bulliform ＊泡状型 04.0326，04.0327

bump 瘤 04.0026

bunodont 丘形齿 03.0471

bunoselenodont 丘月形齿 03.0475

burr 角环 03.0455

burrow 潜穴 05.0128

burrowing 掘穴 05.0119

burrow system 潜穴系统 05.0129

by-spine 辅刺 02.0069

byssus 足丝 02.0630

byssus notch 足丝凹口 02.0631

byssus sinus 足丝凹曲 02.0632

C

caecum 盲管，＊盲壳 02.0695

Calamopityales 芦茎羊齿目 04.0377

Calamopitys ＊芦茎羊齿 04.0377

calcareans 钙质海绵类 02.0096

calcareous microbialite 钙质微生物岩 06.0008

calcareous-shell 钙质壳 02.0900

calcareous spicules 钙质骨针 02.0127

calcareous spine 钙质小刺 02.0536

calcareous sponges 钙质海绵 02.0124

calcareous test 钙质壳 02.0006

calceoloid 拖鞋状 02.0199

calcified cartilage 钙化软骨 03.0062

calcimicrobialite 钙质微生物岩 06.0008

calcimicrobolite 钙质微生物岩 06.0008

calice 萼部 02.0183

Callipteridium ＊准美羊齿 04.0391

callipterids 美羊齿类 04.0391

Callipteris ＊美羊齿 04.0391

Callistophytales 华丽美木目，＊华丽木目 04.0376

Callistophyton ＊华丽木 04.0376

Callobatrachus ＊丽蟾 03.0167

callus 结茧 02.0573

calymma 浮泡，＊中心囊外果浆状物 02.0090

calyx 萼 02.0942

Cambrian Evolutionary Fauna 寒武纪演化动物群 01.0176

Cambrian explosion 寒武纪大爆发 01.0174

Cambrian substrate revolution 寒武纪底质革命 01.0175

camera 气室 02.0673

cameral deposits 气室沉积 02.0719

cameral mantle 气室膜 02.0725

camocavate 偏腔式 04.0107

cancellate 网状饰纹 02.0596

capital incisure 头切迹 03.0369

capitosaurids 大头鲵类 03.0164

cappa 帽 04.0237

cappula 远极薄壁区 04.0200

Caprinidae ＊羚角蛤科 02.0661

capsule 内体 04.0096

captorhinids 大鼻龙类 03.0214

Carabelle's cusp 卡氏尖 03.0659

carapace 壳 02.0353，壳瓣 02.0397

carapace costa 壳肋 02.0419

carcass 骨架 02.0106

cardinal angle ＊基角 02.0378

cardinal crura 铰棱，＊铰带 02.0619

cardinal extremities 主端 02.0826

cardinal fossula 主内沟 02.0213

cardinal process 主突起 02.0872

cardinal quadrant 主部 02.0211

cardinal ridge 主脊 02.0870

cardinal septum 主隔壁 02.0204

cardinal spine 主壳刺 02.0840

cardinal tooth 主齿 02.0608

Cardiopteridium ＊准心羊齿 04.0384

carina 脊带 02.0037，脊板 02.0222，棱 02.0592，02.0737，中棱 02.0807，齿脊，＊隆脊 02.1159，裙边 02.1255，龙骨突 03.0360

carinal 龙骨板 02.1002

carminate element 梳状分子 02.1211

carminiplanate element 梳状台形分子 02.1212

carminiscaphite element 梳状舟形分子 02.1213

carnassial 裂齿 03.0492

carnassial notch 裂齿凹 03.0493

carnosaurs 肉食龙类 03.0280

carpal trochlea 腕骨滑车 03.0379

carpoids 海果[类] 02.0927

carpometacarpus 腕掌骨 03.0374

cast 铸型 01.0130

catachomata 下横脊 02.0651

catacline 下倾型 02.0854

catastrophism 灾变论 01.0028

category 分类阶元 01.0111

Cathaysia flora 华夏植物群 04.0397

Cathaysian flora 华夏植物群 04.0397

Cathaysiopteris ＊华夏羊齿 04.0398

cauda 原胎腔 02.1075

caudal appendage 尾附器 02.0272

Caudata ＊有尾超目 03.0168

caudosacral vertebra 尾荐椎 03.0317

cavate 腔式 04.0104

cavernous sculpture 凹坑状装饰 02.0414

Cavia ＊豚鼠 03.0449

Cavidonti 腔齿刺纲 02.1141

Caytonanthus ＊开通花 04.0378

Caytonia ＊开通果 04.0378

Caytoniales 开通目 04.0378

Caytonipollenites 开通粉类 04.0304

cell 翅室 02.0485

cellular furrow 细胞沟 04.0053

cellular ridge 细胞脊 04.0052

cement 白垩质，＊水泥质 03.0590

central area 中部 02.0542

central bar 中央棒 04.0088

central body 中央体 04.0166，中心体 04.0236

central bridge 中央桥 04.0085

central capsule 中心囊 02.0081

central cavity 中腔，＊中央腔 02.0107

central cell 中央细胞 04.0038

central column 复中柱 02.0238
central cross structure 中央十字构造 04.0086
central disc 中央盘，＊中盘 02.1112
central net structure 中央网状构造 04.0083
central opening 中央孔 04.0078
central oscule ＊中央腔 02.0137
central plate 中央片 03.0099
central spine 中央刺 04.0087
central tube 中心管 04.0076
centric occlusion ＊正中咬合 03.0483
centrocrista 中央棱 03.0547
centrodorsal plate 中背板 02.1004
cephalic plate 头板 02.0523
cephalis 头室 02.0082
cephalon 头部 02.0275
cephalopods 头足类 02.0669
ceratitic suture 齿菊石式缝合线 02.0764
ceratopsians 角龙类 03.0301
ceratosaurians 角鼻龙类 03.0277
Ceratosaurus nasicornis ＊角鼻龙 03.0277
ceratotrichia ＊角质鳍条 03.0070
ceroid 多角柱状 02.0195
Cetiosaurus oxoniensis ＊鲸龙 03.0276
chaetetids 刺毛海绵类 02.0098
chain-like sculpture 链状装饰 02.0413
chamber 房室 02.0008, 02.0164, 体室 02.1241
champsosaurids ＊鳄龙类 03.0220
character displacement 性状替代 01.0196
Charales 左旋轮藻目 04.0032
charophyte 轮藻植物，＊水茜香，＊脆草 04.0029
cheek 颊 02.0427
cheek teeth 颊齿 03.0254
Cheirolepidiaceae 掌鳞杉科 04.0404
Cheirolepis ＊鳕鳞鱼 03.0031
chemical fossil 化学化石 01.0148
Chengjiang biota 澄江生物群 01.0183
chevron 脉弧 03.0196
chewing mouthparts 咀嚼式口器 02.0437
chignon bun-like structure ＊发髻状隆起 03.0638
chilidium 背三角板 02.0859
chitinozoans 几丁石，＊胞石，＊几丁类，＊几丁虫 02.1234
choanal 内鼻孔 03.0138
choma 横脊 02.0649

chomata 旋脊 02.0046，横脊 02.0649
chondrichthyans 软骨鱼类 03.0019
chondrocranium 软颅 03.0131
chondrophore 内韧托 02.0638
chondrosteans 软骨硬磷鱼类 03.0030
chorate 收缩式 04.0113
choristoderes 离龙类 03.0220
Chrysocholors ＊金鼹 03.0477
Chunerpeton ＊初螈 03.0168
Chungchienia ＊钟健兽 03.0428
cicatricose 瘢痕 04.0230
Cicatricosisporites ＊无突肋纹孢 04.0230
cimolestans 白垩兽类 03.0425
Cimolestidae ＊白垩兽类 03.0425
Cingulochitina ＊环胞石 02.1256
cingulum 齿带，＊齿缘 03.0502
cingulum 赤道环 04.0190
circinate suture 旋涡状缝 04.0143
circulus 环颈沉积 02.0723
circumcavate 周腔式 04.0108
clade 分支 01.0070
cladistics 分支系统学，＊支序系统学 01.0069
cladium 幼枝 02.1056
cladogram 支序图，＊分支图 01.0071
Cladophlebis ＊枝脉蕨 04.0386
Cladoselache ＊裂口鲨 03.0021
cladoselachids 裂口鲨类 03.0021
cladosperm 载籽枝 04.0448
Cladoxylopsida 枝蕨纲 04.0361
clam shrimp 叶肢介，＊介甲类 02.0395
Classopollis ＊克拉梭粉 04.0404
Classopollis 克拉梭粉类 04.0287
clathria 大网 02.1062
Clavatipollenites 棒纹粉类 04.0290
Clavatoraceae 棒轮藻科 04.0033
clavus 纵瘤 02.0741
climatic nomogram 气候诺谟图 04.0468
climatiforms 栅棘鱼类 03.0025
Climatius ＊栅棘鱼 03.0025
climax community 顶峰群落，＊顶极群落 05.0063
clinotabula 斜床板 02.0245
cloaca 泄殖腔 02.0137
cloacates 有腔型 02.0148
cluster 刺串，＊齿串 02.1161

clypeus 唇基 02.0428

CMJ ＊颅－颌关节 03.0437

cnemial crest 胫脊 03.0394

coal ball 煤核 04.0410

coalescing 融合 04.0018

coccolith 颗石粒 04.0064

coccolithus 颗石藻类 04.0062

coccosphere 颗石球 04.0063

coelurosaurs 虚骨龙类 03.0281

coenelasma ＊同心层底膜 02.0806

Coenopteridopsida 结合蕨纲 04.0366

coenosteum 共骨 02.0173

coevolution 协同演化 01.0191

coevolutionary GAIA ＊同进化盖亚 06.0005

coexistence approach 共存分析 04.0467

Coleoidea ＊剑鞘亚纲 02.0669

collar 领 02.1239

collarette 领 02.1239

colony 群体 02.0789

colporate 孔沟 04.0271

colpus 沟 04.0259

colpus membrane 沟膜 04.0270

columella 中轴 02.0243，＊耳柱骨 03.0155，柱状
    层 04.0206，基柱 04.0232

columellar fold 轴旋褶 02.0570

columellar lip 轴唇 02.0566

column 茎 02.0965

columnal 茎板 02.0966

comb-papillae ＊栉棘 02.1014

commensalism 共栖 05.0068

common canal 共通沟 02.1078

communication pore ＊联通孔 02.0786

community composition 群落成分 05.0066

community group 群落集 05.0084

community succession 群落演替 05.0079

community type ＊群落型 05.0084

complication of rhabdosome 笔石体复杂化 02.1035

composite mould 复合模 01.0145

compound coral 复体珊瑚 02.0189

compound eye 复眼 02.0295，02.0439

compressed 压扁状 02.0514

compressed whorl 两侧收缩旋环 02.0727

compression 压型化石 01.0128

Concavisporites rugulatus ＊规则凹边孢 04.0229

concentric dissepiment 同心型鳞板 02.0227

concentric lamella 同心层，＊壳层 02.0845

concentric line 同心线 02.0844

concentric sculpture 同心壳饰 02.0597

concentric wrinkle 壳皱 02.0843

conchostracans 叶肢介，＊介甲类 02.0395

condylarths 踝节类 03.0432

conformity 继承性 04.0020

congenital absence of third molar 第三臼齿先天缺失
    03.0669

connecting pore 连接孔 02.0223

connecting ring 连接环 02.0700

Conocardioida 锥鸟壳目 02.0668

conodont animal 牙形动物 02.1163

Conodonti 牙形刺纲 02.1142

conodonts 牙形刺，＊牙形石，＊牙形虫，＊牙形类，
    ＊锥齿，＊锥齿类 02.1162

contact area 接触区 04.0226

conterminant hypostome 接触式唇瓣 02.0324

conus 胎锥 02.1074

convergence 趋同 01.0065

Cope's rule 科普法则 01.0038

coprolite 粪化石 01.0143

coprophaga 食粪动物 05.0058

copula 联桁 02.1256

copulatory organ 交配器 02.0490

corallite 珊瑚个体，＊单体 02.0190

Corbicula ＊篮蚬 02.0621

Cordaites ＊科达 04.0401

Cordaitina 苛达粉类 04.0305

cordaitopsids 科达类 04.0401

core 内核 01.0131

corner pore 角孔 02.0225

cornucavate 角腔式 04.0109

cornulites 角管虫类 02.0267

corona 冠部 02.0975

corona system 冠部 02.0975

coronoid process 冠状突 03.0260

coronular cell 冠细胞 04.0048

corpus 本体 04.0235

cortex 皮层 04.0041

cortical bandage 外皮条带 02.1120

cortical shell 表壳，＊皮壳 02.0066

cortical tissue 外皮组织 02.1119

Corystospermales 盔籽目 04.0379

cosmine 整列质，* 齿鳞质 03.0052

cosmoid scale 整列鳞，* 齿质鳞 03.0059

costa 隔壁肋 02.0255，前缘脉 02.0477，肋 02.0591，横肋 02.0742，肋脊 02.1165，缘 04.0277

costae 壳线 02.0838

costal incisure * 肋间切迹 03.0362

costal process of sternum 胸骨肋突 03.0362

costellae 壳纹 02.0837

counter fossula 对内沟 02.0214

counter-lateral septum 对侧隔壁 02.0207

counter quadrant 对部 02.0212

counter septum 对隔壁 02.0205

coxa 基节 02.0458

cranial capacity 颅容量 03.0660

cranial deformation 颅骨变形 03.0664

cranial form 颅型 03.0621

cranial index 颅指数 03.0620

cranial suture 颅缝 03.0631

cranidium 头盖 02.0276

craniolateral process of sternum 胸骨侧前突 03.0363

craniomandibular joint * 颅－颌关节 03.0437

craniometric landmarks 头骨测量标志点 03.0619

craniometry 颅骨测量 03.0615

craniostyly 颅接型 03.0153

cranio-thoracic joint 头－躯甲关节 03.0126

Cranwellia 克氏粉类 04.0292

crawling trace 爬行迹 05.0149

Creodonta * 古食肉类 03.0492

creodonts 古食肉类，* 肉齿类 03.0430

crepis 初针 02.0129

crest 冠状突起 02.0387，冠脊 02.1166，脊 02.1259

crestal zone 轴带 04.0019

cribriform oscules 筛状出水口 02.0167

crimp 皱边 02.1167

crinoids 海百合[类] 02.0922

crisis progenitor species 危机先驱种 01.0061

crista 小刺，* 棱 03.0583，鸡冠状突起 04.0233

Cristatisporites * 梳冠孢属 04.0233

crochet 前刺 03.0584

crocodilians 鳄类 03.0235

Crocodylus niloticus * 尼罗鳄 03.0273

cross 十字型 04.0333

cross bar 横耙 02.0411

crossing canal 横管 02.1081

crossopterygians 总鳍鱼类 03.0044

crossvein 横脉 02.0475

crown 冠部 02.0941，齿冠 02.1168

crown group 冠群 01.0075

crura 腕棒 02.0874

Crustacea * 甲壳纲 02.0347

Cruziana ichnofacies 克鲁斯迹遗迹相 05.0139

cryptoendolith 隐藏岩内生物 05.0047

cryptoseptate 隐中隔壁 02.1049

cryptospore 隐孢子 04.0441

Cryptostomida 隐口目 02.0788

cryptosuture 隐缝 04.0165

ctenochasmatids 梳颌翼龙类 03.0329

Ctenodonta * 梳齿蛤 02.0620

ctenoid scale 栉鳞 03.0058

ctenolium 丝梳 02.0633

Ctenostomida 栉口目 02.0782

cubichnia(拉) 停息迹 05.0154

cubitus 肘脉 02.0481

cuneiform bulliform cell 楔形泡状细胞型 04.0326

cuniculi 串孔 02.0062

cuniculus 串孔 02.0062

cup 杯体 02.0108，杯腔，* 齿杯 02.1169

cupressoid pitting 柏式纹孔 04.0462

cusp 主齿，* 齿锥 02.1170

cuticle proper 真角质层 04.0452

cyathotheca 床板内墙 02.0236

Cycadeoidaceae * 拟苏铁科 04.0399

Cycadeoidopsida 拟苏铁纲 04.0399

cycladiform 圆贝形 02.0400

cycle 环 04.0070

cycloid scale 圆鳞 03.0057

cyclostomes 圆口类 03.0002

Cyclostomida * 环口目 02.0785

cylindrical polylobate 多裂圆柱型 04.0322

cylindric sulcate tracheid 具槽圆柱状管胞型 04.0332

cynodont 犬齿型 03.0654

cynodontians 犬齿兽类 03.0244

cyrtoceracone 弓角石式壳 02.0677

cyrtochoanitic 弯颈式，* 弓颈式 02.0705

cyrtocone 弓形壳 02.0678

cyrtoconic 弓锥状 02.0512

Cyrtograptus * 弓笔石 02.1055

Cyrtonellidea 弓锥目 02.0497

cyst 包囊 02.0039，囊孢 04.0117

cystiphragm 泡状板，泡孔板 02.0814

cystoids 海林檎[类] 02.0920

cystopore * 泡孔 02.0815

Cystoporida 泡孔目 02.0787

cystose dissepiment 泡沫状鳞板，* 泡沫板 02.0230

cystosepiment 泡沫状鳞板，* 泡沫板 02.0230

Czekanowskia * 茨康叶 04.0400

Czekanowskiales 茨康目，* 茨康叶目，* 线银杏目 04.0400

D

Darwinism 达尔文学说，* 达尔文主义 01.0023

dead clade walking 死支漫步 01.0208

declined 下斜式 02.1041

deflexed 下曲式 02.1040

Deltatherioida * 似三角齿兽类 03.0416

deltatheroidans 三角齿兽类 03.0417

delthyrium 腹三角孔 02.0857

deltidium 腹三角板 02.0860

deltoid plate 三棱板 02.0956

demospongians 普通海绵类 02.0094

dendritic sculpture 树枝状装饰 02.0415

dendroid 枝状 02.0193

dendroids 树形笔石类 02.1024

dendrolite 树形石，* 树枝石 06.0013

dental formula 齿式 02.0615，03.0458

dental plate 齿板 02.0863

dentary-squamosal joint 齿骨 – 鳞骨关节 03.0436

denticle 细齿 02.1171

dentine 齿质 03.0047，03.0589

dentition 齿系 02.0614，齿列 03.0459

dentritic 分枝型 04.0334

deposit feeder 食泥生物 05.0056

depressed whorl 背腹压缩旋环 02.0728

derived characteristic 衍征 01.0085

dermal denticle * 皮齿 03.0060

dermal intracranial joint 膜颅间关节 03.0139

dermatocranium 膜颅 03.0133

desma 网状骨针，* 韧枝骨针，* 瘤枝状骨针 02.0130

desmodont 贫齿型 02.0627

desmostylan * 索齿兽类 03.0435

detritivore 食碎屑动物 05.0057

dextral imbrication 右旋叠瓦状 04.0081

Diabolepis * 奇异鱼 03.0041

diacromorphs 对弧亚类 04.0125

diaphanotheca 透明层 02.0051

diaphragm 横隔板 02.0715，横板 02.0810

diapsids 双孔类 03.0219

diapsid skull 双孔型头骨 03.0246

diaptychus 双口盖 02.0731

diastema 齿隙，* 齿虚位 03.0460

Diatryma 不飞鸟 03.0355

dicalycal theca 双芽胞管 02.1087

dichocephalous rib 双头肋 03.0201

dichograptids 均分笔石类 02.1027

dichopatric speciation 歧域成种 01.0057

dicolpate 双沟 04.0261

dicolporate 双孔沟 04.0272

Dicranophyllales * 叉叶目 04.0402

Dicranophyllopsida 叉叶纲 04.0402

Dicranophyllum 叉叶 04.0402

Dicroidium * 二叉羊齿 04.0379

dicyclic 双环式 02.0974

dicynodontians 二齿兽类 03.0242

diductor scar 开肌痕 02.0897

Didymoconidae * 对锥齿兽类 03.0425

digitation 指状突起 02.0568

digyrate element 指掌状分子 02.1195

dilambdodont 双褶形齿 03.0478

dimorphism 双形现象 01.0094

dimyarian 双柱类 02.0642

dinetromorphs 双棱亚类 04.0129

dinocephalians 恐头兽类 03.0240

dinoceratans 恐角类 03.0431

dinocyst 沟鞭藻囊孢 04.0097

dinoflagellates 沟鞭藻类，* 双鞭藻类 04.0090

Dinornis 恐鸟 03.0353

dinosaur egg 恐龙蛋 03.0322

dinosaur footprint 恐龙足印 03.0323

dinosauromorphs　恐龙型类　03.0273

dinosaurs　恐龙类　03.0274

Diphycercal tail　圆型尾　03.0075

diplasiocoelous centrum　参差型椎体　03.0190

dipleural type　双肋式　02.1047

Diplocaulus　＊笠头螈　03.0165

diplograptids　双笔石类　02.1029

diploxylonoid　双维管束双囊粉型　04.0249

dipnoans　肺鱼类　03.0043

dipnomorphs　肺鱼形类　03.0041

diporate　双孔　04.0253

disaccate　双[气]囊　04.0241

disarticulation　分散　05.0097

disaster　灾后泛滥　01.0202

disaster species　灾后泛滥种　01.0062

discinids　＊平圆贝类　02.0915

Discinites　＊盘穗　04.0372

discoasterids　盘星藻类　04.0067

disc of attachment　＊固着盘　02.1111

disjunction　间断分布　01.0234

dispersal　散布　01.0051

dispersal spore　分散孢子　04.0184

disphaeromorphs　套球亚类　04.0127

dissepiment　鳞板　02.0226，横靶　02.1060

dissepimentarium　鳞板带　02.0231

distal end　末端　02.1129

distal hemiseptum　＊远端半隔板　02.0813

distal pole　远极　04.0194

distal shield　远极盾　04.0074

distal shield element　远极盾晶元　04.0079

distal side　远极面　04.0072

distal surface　远极面　04.0195

distal tarsus　＊远侧附骨　03.0397

distal vascular foramen of tarsometatarsus　跗跖骨远端

血管孔　03.0399

divergence　趋异，＊离异　01.0064

dochnion（拉）　内迹　05.0169

docodontans　柱齿兽类　03.0407

dolabrate element　锄形分子　02.1196

domichnia　潜穴　05.0128

dorsal　背侧　02.1127

dorsal angle　背角　02.0378

dorsal arm plate　背腕板　02.1008

dorsal cup　萼杯　02.0943

dorsal intramarginal suture　背边缘内面线　02.0311

dorsal lobe　背叶　02.0750

dorsal part　背部　02.0503

dorsal process of ischium　坐骨背突　03.0391

dorsal ridge　背脊　02.0505，＊背脊　02.0388

dorsal root of sac　气囊背基，＊气囊近极基　04.0247

dorsal saddle　背鞍　02.0758

dorsal tubercule of humerus　肱骨背结节　03.0372

dorsal valve　背壳　02.0824

double keel　双龙脊　02.1172

double-knot　双叶　03.0581

doublure　腹边缘　02.0325

Drepanophycales　镰木目　04.0350

drill hole　钻孔，＊钻迹　05.0160

dromaeosaurids　驰龙类　03.0288

dsungaripterids　准噶尔翼龙类　03.0328

dumbbell　＊哑铃型　04.0321

duplicature　钙化襞　02.0372

Duplicidentata　＊双门齿类　03.0422

dwelling trace　居住迹　05.0148

dwelling tube　居管　05.0159

dyad　二分体　04.0216

dysodont　弱齿型　02.0625

E

early angiosperm　早期被子植物　04.0405

early vascular plant　早期维管植物　04.0346

ears　耳翼　02.0827

Echinodermata　棘皮动物门　02.0918

echinoderms　棘皮动物　02.0919

echinoids　海胆[类]　02.0923

echinus　刺纹　04.0282

ecogroup　生态群　05.0080

ecological biogeography　生态生物地理　05.0087

ecological displacement　生态更替　05.0012

ecological succession　生态演替　05.0011

ecological time　生态时间　01.0168

Ecologic Evolutionary Unit　生态进化单元　05.0085

economic palaeontology　经济古生物学　01.0018

ecostratigraphy　生态地层学　06.0017

ecosystem　生态系　05.0010

ecotope　生境区　05.0008

ectepicondylar foramen　＊外髁孔　03.0267

ectepicondyle of humerus　肱骨外髁　03.0267

ectexine　外壁外部层　04.0202

ectocoel　被腔　04.0098

ectoderm　外层　04.0163

ectoloph　外脊　03.0533

ectolophid　下外脊　03.0535

ectophram　被层　04.0099

Ectoprocta　外肛动物　02.0779

ectosiphon　外体管　02.0696

ectosiphuncle　外体管　02.0696

ectostylid　下外附尖　03.0528

ectotympanic bone　外鼓骨　03.0443

edaphosaurians　＊基龙类　03.0237

edestids　旋齿鲨类　03.0022

Ediacara fauna　埃迪卡拉动物群，＊伊迪卡拉动物群　01.0184

EEU　生态进化单元　05.0085

ektexine　外壁外部层　04.0202

elasmobranchs　板鳃类　03.0020

element　晶元　04.0069

elephant bird　象鸟　03.0354

ellipochoanitic　短颈式　02.0767

elongate echinate long cell　刺棒长细胞型　04.0325

elongate stromatolite　拉长叠层石　04.0010

elytron　鞘翅　02.0470

embrasure　斗隙　03.0494

embrasure cavity　斗坑　03.0495

embrithopoda　＊原脚类　03.0435

embryonic chamber　胚壳　02.0038

Emplectopteridium　＊准织羊齿　04.0391

enamel　釉质，＊珐琅质　03.0588

enameloid　似釉质，＊似珐琅质　03.0046

enantiornithine　反鸟类　03.0345

encephalization quotient　EQ 指数，＊脑量商　03.0661

encircling cell　环绕细胞　04.0453

encrustation　包壳　01.0231

encyst　被囊，＊成囊　04.0100

endemic species　土著种　01.0060

endexine　外壁内下层　04.0209

endobiont　内栖生物　05.0042

endochnia（拉）　内迹　05.0169

endochondral bone　软骨内成骨　03.0064

endocone　内锥　02.0711

endocorpus　内体　04.0096

endocranium　＊内颅　03.0131

endocyst　内囊　04.0096

endoderm　内层　04.0164

endofauna　底内动物，＊内栖动物　05.0043

endoflora　底内植物[群]　05.0044

endogastric　内腹旋　02.0508，内腹弯　02.0692

endopore　内墙孔　02.0161

Endoprocta　内肛动物　02.0778

endopunctae　＊内疹　02.0893

endosculpture　内纹饰　04.0280

endosiphoblade　体隙　02.0714

endosiphocone　内体房　02.0713

endosiphon　内体管　02.0697

endosiphotube　内锥管　02.0712

endosiphuncle　内体管　02.0697

endosiphuncular blade　体隙　02.0714

endosiphuncular deposits　体管沉积　02.0710

endosiphuncular tube　内锥管　02.0712

endospine　内刺　02.0841

endotheca　内墙　02.0233

endowall　内墙　02.0160

entepicondylar foramen　＊内髁孔　03.0266

entepicondyle of humerus　肱骨内髁　03.0266

Enteropneusta　＊肠腮纲　02.1021

entoconid　下内尖　03.0512

entoloph　内脊　03.0534

entomodont　细齿型　02.0359

entosepta　内隔壁　02.0256

entostyle　内附尖　03.0527

entotympanic bone　内鼓骨　03.0444

enveloping cell　包围细胞　04.0047

eocene　＊始尖　03.0503

Eomaia　＊始祖兽　03.0419

eosauropterygians　始鳍龙类　03.0230

eosuchians　始鳄类　03.0222

eotitanosuchians　始巨鳄类　03.0239

epibenthos　表生底栖　05.0040

epibiont　附生生物　01.0228，底表生物　05.0077

epibiosis 表栖附生 01.0230

epicavate 上腔式 04.0110

epichordal lobe ＊尾上叶 03.0073

epifauna 表生动物，＊表栖动物 05.0041

epimerization of isoleucine 异亮氨酸差向异构作用 06.0037

epiplankton 上层浮游生物 05.0051

epipophysis 上突 03.0312

episeptal deposits 壁前沉积 02.0720

epitheca 固着根 02.0109，外壁，＊表壁 02.0185

EPS 胞外聚合物 04.0015

equator 赤道 04.0162，04.0187

equatorial axis 赤道轴 04.0189

equatorial plane 赤道面 04.0188

Equisetales 木贼目 04.0360

Eremochitina ＊漠胞石 02.1256

Eriocaulon aquaticum ＊水谷精草 04.0213

escape structure 逃逸构造 05.0158

escutcheon 盾纹面 02.0629

ethmosphenoid 筛蝶区 03.0135

ethology 行为学，＊习性学 05.0004

eudicot plant 真双子叶植物 04.0407

euhypsodont ＊真高冠齿 03.0469

eupantotherians 真古兽类 03.0411

euphyllophyte 真叶植物 04.0356

Euramerian flora 欧美植物群 04.0396

Euramerican flora 欧美植物群 04.0396

euryapsid skull 调孔型头骨 03.0248

euryhaline 广盐性 05.0017

Eurymylus ＊宽白齿兽 03.0424

eurypods ＊宽脚龙类 03.0296

euryproct 宽肛道类 02.0142

Eurystomata 宽唇纲 02.0781

eurythermal 广温性 05.0018

Eusthenopteron ＊真掌鳍鱼 03.0042

eutherians 真兽类 03.0419

eutracheophyte 真维管植物 04.0345

eutriconodontans 真三尖齿兽类 03.0408

evo-devo 演化发育生物学 01.0034

evolutionary developmental biology 演化发育生物学 01.0034

evolutionary novelty 演化新质 01.0194

evolutionary palaeoecology 演化古生态学 01.0035

evolutionary time 演化时间 01.0171

exaptation 扩展适应 01.0214

exaulos 嘴状管 02.0172

excavation 口穴 02.1098

excyst 脱囊 04.0101

excystment opening 脱囊开口 04.0160

excystment structure 脱囊结构 04.0138

excystment suture 脱囊缝 04.0161

exhalent siphon 出水管 02.0510

exichnia（拉） 外生迹，＊表迹 05.0168

exine 外壁 04.0204

exodaenodont 胖边形齿 03.0481

exoexine 外壁外层 04.0205

exogastric 外腹弯 02.0693，外腹旋 02.0507

exophragm 超层 04.0118

exopore 外墙孔 02.0159

exopunctae ＊外疹 02.0893

exosepta 外隔壁 02.0257

exowall 外墙 02.0158

experimental taphonomy ＊试验埋藏学 05.0092

exsert 外围式 02.0996

extensor process of alular metacarpal 小翼掌骨伸突 03.0381

exterior pedicle tube 外茎管 02.0910

external gill ＊外鳃 03.0173

external ligament 外韧带 02.0635

external mould 外模 01.0146

external suture 外缝合线 02.0745

extinction 灭绝，＊绝灭 01.0197

extracellular polymeric substance 胞外聚合物 04.0015

extraction 人工拔牙 03.0666

extrascapular plate 额外肩胛骨 03.0108

extrathecal tissue 外胞管组织 02.1121

eye color 眼色 03.0627

eye fold 眼褶 03.0628

eye lobe 眼叶 02.0290

eye ridge 眼脊 02.0292

eye socle 眼台 02.0293

eye socle furrow 眼台沟 02.0294

eye tubercle 眼节点 02.0393

F

facet 关节面 02.0336

facial form 面型 03.0623

facial image imposition 颅像重合 03.0663

facial reconstruction 面貌复原 03.0662

facial suture 面线 02.0307

facial triangle 面三角 03.0657

facies breaking trace 破相遗迹 05.0144

facies fossil 指相化石 01.0151

fan-shaped ＊扇型 04.0326

fascicle 羽簇 02.0247

fascicolates 束式腔 02.0168

fasciculate 丛状 02.0191

fasciole 带线 02.0979

fauna 动物群 01.0221

feathered dinosaurs 带羽毛恐龙 03.0305

fecal pellet 粪粒 05.0161

feeding apparatus ＊取食器 02.0429

feeding rate 进食率，＊觅食率 05.0060

feeding trail 进食迹 05.0147

femur 股节，＊腿节 02.0460

Fenestellida ＊窗格目 02.0783

fenestrated tubule 窗孔管 02.0071

Fenestrida 窗孔目 02.0783

fern-like plant ＊拟蕨植物 04.0365

fertile pinna 实羽片，＊生殖羽片，＊能育羽片 04.0436

fibular crest of tibiotarsus 胫跗骨腓骨脊 03.0395

fibulare 腓侧跗骨 03.0209

filter feeder 滤食生物 05.0054

fin ray 鳍条 03.0070

fin spine 鳍棘 03.0069

firmisternal pectoral girdle 弧胸型肩带 03.0203

first-formed shell ＊原始壳 02.0904

fixed brachial 固有腕板 02.0962

fixed cheek 固定颊 02.0304

fixed pinnular 固着羽枝板 02.0969

fixigena 固定颊 02.0304

flagellate chamber 鞭毛室 02.0152

flagellomere ＊亚节 02.0444

flagellum 鞭节 02.0444

flange 凸棱，＊凸缘 02.1173

flank 侧缘 02.1245

flexure 颈曲 02.1246

floating vesicle 浮胞 02.1109

flora 植物群 01.0222

Florinites antiquus ＊古型周囊粉 04.0240

Florinites-group 弗氏粉类 04.0307

floscelle 花形口缘 02.0990

fodinichnia（拉） 进食迹 05.0147

fold 中隆 02.0835

foliole 小鞍 02.0760

foot layer 基层 04.0207

foramen 列孔 02.0061，室孔 02.0179，茎孔 02.0847

foramina 列孔 02.0061

foraminifera 有孔虫 02.0002

fore leg 前足 02.0455

forerunner 先驱 01.0204

fore wing 前翅 02.0466

forked plate 叉板 02.0940

form genus 形态属 01.0116

form ratio 轴率 02.0044

fossil 化石 01.0122

fossil concentration 化石密集 05.0105

fossil diagenesis 化石成岩作用 05.0094

fossilization 化石化作用 01.0123

fossilization barrier 石化筛选作用 05.0095

Fossil-Lagerstätten（德） 化石库 01.0125

fossil marker 化石标记 06.0026

fossil record 化石记录 01.0124

fossil wood 木化石 01.0133

fossula 前坑 02.0285

founder effect 创始者效应 01.0053

fourth trochanter of femur 股骨第四转子 03.0271

fragmentation 破碎 05.0098

frame 壳框，＊孔构 02.0067

Frankfurt horizontal plane 眼耳平面，＊法兰克福平面 03.0618

free cheek 活动颊 02.0315

free margin 自由边缘，＊活动边缘 02.0377

free rib　自由肋　03.0198

free spondylium　空悬匙形台　02.0889

Frenelopsis　* 拟节柏　04.0404

fringe margin　镶边　02.0366

frond　蕨叶　04.0433

frons　额　02.0425

front　额　02.0425

frontal area　前区　02.0297

frontal glabellar lobe　头鞍前叶　02.0282

frontoparietal　额顶骨　03.0174

frontoparietal fenestra　额顶窗　03.0176

fucoid　通道构造　05.0127

full relief　全迹，* 全浮雕　05.0165

functional morphology　功能形态学　01.0022

funicle　横索　02.1052

funnel plate　漏斗板　02.0662

furcula　叉骨　03.0367

furrow　齿沟　02.1174

fusellar fabric　纺锤结构　02.1118

fusellar tissue　纺锤组织　02.1116

fuselli　纺锤条　02.1117

fusulinid　䗴，* 纺锤虫　02.0040

G

GAIA hypothesis　盖亚假说　06.0004

galeaspids　盔甲鱼类　03.0013

gallery　虫室　02.0178

gametangia　配子囊　04.0043

gamete　配子　02.0029

gamma taxonomy　γ 分类学　01.0114

gamont　配子母体　02.0030

Gangamopteris　* 恒河羊齿　04.0381

ganoid scale　硬鳞　03.0055

ganoine　硬鳞质，* 闪光质　03.0053

gas chamber　气室　02.0673

gastropods　腹足类　02.0544

gena　颊　02.0427

genal angle　颊角　02.0316

genal region　颊部　02.0303

genal spine　颊刺　02.0317

genetic revolution　遗传革命　01.0195

genicular spine　膝刺　02.1094

geniculum　膝角　02.1093

genital plate　生殖板　02.0988

genital pore　生殖孔　02.0989

geobiology　地球生物学　06.0001

geoecology　地球生态学　06.0019

geographic speciation　* 地理成种　01.0055

geolipid　地质类脂物　06.0015

geological age　地质时代　01.0165

geological time　地质时期，* 地史时期　01.0166

geomicrobiology　地球微生物学，* 地质微生物学，
　* 地微生物学　06.0002

geophysiological GAIA　* 地生理盖亚　06.0006

geophysiology　地球生理学，* 地生理学　06.0003

germinal aperture　萌发口器　04.0212

germ pore　萌发孔　04.0251

Gervillia　* 荚蛤　02.0625

Gigantonoclea　* 单网羊齿　04.0398

Gigantopteridales　大羽羊齿目　04.0383

Gigantopteris　* 大羽羊齿　04.0398

Gigantopteris flora　大羽羊齿植物群　04.0398

girdle　环带　02.0526

girdle　腰带　02.0079

glabella　头鞍　02.0277

glabellar furrow　头鞍沟　02.0278

glabrous　无刺　02.1262

glires　啮型类　03.0422

globular echinate　刺粒型　04.0331

globular granulate　球粒型　04.0330

Glossifungites ichnofacies　舌菌迹遗迹相　05.0140

glossograptids　舌笔石类　02.1028

Glossopteridales　舌羊齿目　04.0381

Glossopteris　* 舌羊齿　04.0394

Glossopteris flora　舌羊齿植物群　04.0395

Glycymeris　* 蚶蜊　02.0622

glyptocystitida　* 雕囊海林檎类　02.0938

Gnathodus　* 颚齿刺　02.1169

gnathostomes　有颌类，* 颌口类　03.0014

gnawing trace　咬迹　05.0134

gonatoparian suture　角颊类面线　02.0314

Gondolella ＊舟刺 02.1182

Gondwana flora 冈瓦纳植物群，＊恭华纳植物群 04.0394

Gondwanan flora 冈瓦纳植物群，＊恭华纳植物群 04.0394

gongylodont 圆齿型 02.0363

goniatitic suture 棱菊石式缝合线 02.0765

gonozooecium ＊生殖虫室 02.0800

gonozooid ＊生殖个虫 02.0800

gorgonopsians 丽齿兽类 03.0241

gradualism 渐变论 01.0031

Grandispora spinosa ＊中体刺面孢 04.0238

granular sculpture 粒状装饰 02.0406

granule 颗粒 02.0534

graphoglyptid trace 雕画迹，＊刻迹 05.0157

graptolite 笔石 02.1023

Graptolithina 笔石纲 02.1022，＊笔石纲 02.1021

graptoloids 正笔石类 02.1025

grazing trace 牧食迹 05.0156

growth axis 生长轴 02.1175

growth line 生长线 02.0589，＊生长线 02.0844

growth rugae 生长皱 02.0590

G-type tracheid G型管胞 04.0414

guard 鞘 02.0771

gula 颈状突起 04.0234

Gymnophiona ＊裸蛇超目 03.0169

gyroceracone 环角石式壳 02.0679

gyrocone 环形壳 02.0680

gyrogonite 化石藏卵器 04.0050

H

habitat 生境，＊栖息地 05.0006

habitat factor 生境因素 05.0009

hadrosaurids 鸭嘴龙类 03.0300

hagfishes 盲鳗类 03.0003

Haikouichthys ＊海口鱼 03.0001

hair form 发型 03.0626

halophyte 盐生植物 05.0045

halter 平衡棒 02.0472

Hammenia 哈门粉类 04.0295

haplocheilic type stomata 单唇型气孔，＊苏铁式气孔 04.0454

haploid 单元期 02.0028

haploxylonoid 单维管束双囊粉型 04.0248

hardground 硬底质 05.0033

harpagones ＊抱握器 02.0490

hat-shaped ＊平顶帽型 04.0336

head 头 02.0424

head form 头型 03.0622

helicoid 螺卷状壳 02.0689

Helminthoida ＊蠕形迹 05.0142，05.0156

hemichoanitic 半颈式 02.0707

Hemichordata 半索动物门 02.1021

hemielytron 半鞘翅 02.0471

hemimorphic symmetry 半形态对称 04.0159

hemiomphalous 半脐型 02.0561

hemiperipheral shell 半缘型壳 02.0914

hemiseptum 半隔板 02.0811

Hepaticae ＊苔纲 04.0341

herkomorphs 栅壁亚类 04.0131

herringbone dissepiment 人字型鳞板 02.0228

hesperornithiform 黄昏鸟类 03.0349

heterobathmy of character 特征镶嵌现象 01.0093

heterocercal tail 歪型尾 03.0076

heterochrony 异时发育 01.0164

heterochthonous burial 异地埋藏 05.0102

heterococcolith 异型颗石 04.0065

heterodont 异齿型 02.0362，02.0621，异型齿 03.0464

heterodontosaurids 异齿龙类 03.0294

heteromyarian 异柱类 02.0644

heteropolar 异极 04.0199

heterostracans 异甲鱼类 03.0008

heterostrophic 异旋壳 02.0548

heterozooecium 异虫室 02.0798

heterozooid 异个虫 02.0797

hexactinellids 六射海绵类 02.0095

hind leg 后足 02.0457

hind wing 后翅 02.0467

hinge 铰合 02.0355，铰合部，＊铰合区 02.0616

hinge line 铰合线 02.0825

hinge margin　铰边　02.0617

hinge plate　铰板　02.0618，02.0873

hinge tooth　铰齿　02.0606

Hippuritoida　* 马尾蛤目　02.0664

holdfast　固着根　02.0109

holocavate　全腔式　04.0112

holocephalans　全头类　03.0023

holochoanitic　全颈式　02.0706

holochroal eye　复眼　02.0295

holococcolith　同型颗石　04.0066

holoconodont　全刺，* 全牙形刺　02.1176

holomorphic symmetry　全形态对称　04.0158

holoperipheral shell　全缘型壳　02.0915

holoplankton　全浮游生物　05.0052

holosteans　全骨鱼类　03.0035

holostomatous　全口螺形　02.0556

holotheca　全壁　02.0186

holotherians　全兽类　03.0413

holothuroids　海参[类]　02.0926

holotype　正模　01.0102

homeobox　* 同源异形框　01.0095

homeomorph　异物同形　01.0121

homeostatic GAIA　* 内稳态盖亚　06.0006

homeotic　* 希望怪物同源异形　01.0219

Homocercal tail　正型尾　03.0074

homodont　同型齿　03.0465

Homo erectus　直立人，* 猿人　03.0601

Homo ergaster　匠人　03.0602

Homo floresiensis　佛罗里斯人　03.0609

homogenous reworking　均质改造　05.0118

Homo habilis　能人　03.0600

Homo heidelbergensis　海德堡人　03.0605

homoiostelea　* 海箭族　02.0927

homologous community　同源群落　05.0083

homologous organ　同源器官　05.0074

homologous theory　同源学说　04.0443

homologue　同源特征　01.0080

homology　同源[性]　01.0079

homomyarian　等柱类　02.0643

Homo neanderthalensis　* 尼安德特种　03.0604

homonym　异物同名　01.0120

homoplasy　同塑　01.0067

Homo sapiens idaltu　长者智人　03.0608

homostelea　* 海笔族　02.0927

hopeful monster　希望畸形，* 希望怪物　01.0219

horizontal　平伸式　02.1039

horizontal groove　横沟　02.1092

horseshoe dissepiment　马蹄型鳞板　02.0229

hox　* 同源异形框　01.0095

human palaeontology　* 人类古生物学　01.0009

Hunter-Schreger band　施雷格釉柱带，* 施雷格明暗带　03.0591

hupehsuchians　湖北鳄类　03.0227

Hyaenodontidae　* 鬣齿兽科　03.0430

Hyeniales　歧叶目　04.0357

hyoidean gill-cover　舌鳃盖　03.0128

hyomandibular bone　舌颌骨　03.0155

Hyopsodon　* 豚齿兽　03.0432

hyostylic　舌接型　03.0150

hypapophysis　椎体下突　03.0265

hypautochthonous burial　准原地埋藏　05.0101

hypercline　超倾型　02.0856

hypermorphosis　超期发生　01.0156

hyperodontia　多生齿　03.0668

hyperstrophic　上旋壳　02.0549

hyphalosaurs　* 潜龙类　03.0220

hypocavate　下腔式　04.0111

hypochordal lobe　* 尾下叶　03.0073

hypocleidum　叉骨突　03.0368

hypocone　次尖　03.0509

hypoconid　下次尖　03.0510

hypoconulid　下次小尖　03.0511

hypoflexid　下次褶　03.0557

hypoflexus　次褶　03.0556

hypofossette　* 次凹　03.0556

hypognathous type　下口式　02.0434

hypolophid　下次脊　03.0536

hypometacrista　* 后尖次棱　03.0548

hyponomic sinus　腹湾，* 漏斗湾　02.0674

hypoplax　腹板　02.0657

hyporelief　底迹，* 下浮雕　05.0166

hyposeptal deposits　壁后沉积　02.0721

hyposphene-hypantrum auxillary articulation　下椎弓突 – 下椎弓凹辅助关节　03.0313

hypostomal suture　唇瓣线　02.0322

hypostome　唇瓣　02.0321

hypostracum　壳底层　02.0530

hypostria　次沟　03.0564

hypostriid 下次沟 03.0565

hypotarsus 下附突 03.0398

Hypseloconidea 高锥目 02.0498

hypselodont 永高冠齿 03.0469

hypsodont 高冠齿 03.0467

hyracoida *蹄兔类 03.0435

hystrichospheres 刺球类 04.0091

hystricognathous mandible 豪猪型下颌 03.0452

hystricomorphous skull 豪猪型头骨 03.0449

I

ichnion（拉） 外生迹，*表迹 05.0168

ichnocoenosis 遗迹群落 05.0125

ichnofabric 遗迹组构 05.0123

ichnofacies 遗迹相 05.0135

ichnofauna 动物遗迹群 05.0126

ichnofossil 遗迹化石 05.0124

ichnogenus 遗迹属 05.0121

ichnology 遗迹学 05.0109

ichnospecies 遗迹种 05.0122

ichnotaxon 遗迹分类群 05.0145

ichnotaxonomy 遗迹分类学 05.0120

ichthyornithiform 鱼鸟类 03.0348

ichthyosaurians 鱼龙类 03.0225

ichthyostegids 鱼石螈类 03.0162

ICPN 国际植硅体命名准则 04.0319

iguanodontians 禽龙类 03.0299

ilioischial foramen 髂坐骨间孔 03.0389

impression 印痕化石 01.0129

impunctate shell 无疹壳 02.0895

inaperturate 无口器的 04.0211

Inca bone 印加骨 03.0633

incipient species 雏形种 01.0044

inclined angle 胞管倾角 02.1131

index fossil 标志化石 01.0150

indigenous species 土著种 01.0060

inductura 加厚壳质 02.0574

infauna 底内动物，*内栖动物 05.0043

inferior hemiseptum 下半隔板 02.0813

inferognathal plate 下颌片 03.0106

inferomarginal 下缘板 02.1001

inflora 底内植物[群] 05.0044

influential GAIA *影响盖亚 06.0005

infrabasal 内底板 02.0947

infragenicular wall 膝下腹缘 02.1096

infranodal canal 节下痕 04.0429

infraorbital foramen 眶下孔 03.0252

inhalant siphon 进水管 02.0509

initial bud 始芽，*初芽 02.1082

inner body 内体 04.0096，04.0157

inner hinge plate *内铰板 02.0873

inner lamella 内薄板 02.0371

inner lip 内唇 02.0564

inner socket ridge 内铰窝脊 02.0869

inner wall 内壁 02.0110，04.0156

insect 昆虫 02.0422

insert 插入式 02.0995

insertion-plate 嵌入片 02.0532

intentional dental 人工凿齿 03.0667

intentional tooth 人工拔牙 03.0666

intentional tooth modification 人工牙齿修饰 03.0665

interarea 铰合面 02.0849

interbrachial 间腕板 02.0964

intercalated pinnule 间小羽片 04.0435

intercellular furrow 细胞间沟 04.0055

intercellular ridge 细胞间脊 04.0056

intercentrum 间椎体 03.0184

intergenal spine 间颊刺 02.0318

interior pedicle tube 内茎管 02.0911

intermediate plate 中间板 02.0524

intermediate spine 间鳍棘 03.0127

intermetacarpal process 掌间突 03.0380

intermetacarpal space 掌骨间孔 03.0385

internal ligament 内韧带 02.0636

internal mould 内模 01.0132

internal suture 内缝合线 02.0746

internal trochanter of femur 股骨内转子 03.0269

internasal plate 鼻间片 03.0087

International Code for Phytolith Nomenclature 国际植硅体命名准则 04.0319

internode 节间 04.0040，04.0428

·169·

interolateral plate　间侧片　03.0117

interpinnular　间羽枝板　02.0970

interpleural furrow　间肋沟　02.0334

interpore　间隔墙孔　02.0163

interridge　交互脊　02.0908

interseptal ridge　间隔壁脊　02.0217

interseptum　壁间室　02.0113

intertabulum　横板间室　02.0111

interthecal septum　胞管间壁　02.1061

intertrochanteric fossa of femur　股骨滑车间窝　03.0268

intertrough　交互沟　02.0907

intervallum　壁间　02.0112

interwall　间隔墙　02.0162

intine　内壁　04.0210

intracranial joint　颅间关节　03.0137

intratabular　板内式　04.0115

intratarsal joint　跗间关节　03.0272

introvert　翻吻　02.0271

invertebrate palaeontology　古无脊椎动物学　01.0006

involute　内旋壳　02.0550

ipsiloform　字母形　02.0402

Iridopteridales　伊瑞蕨目　04.0362

irrregulares　不规则古杯类　02.0102

ischiopubic fenestra　坐耻骨间窝　03.0390

ischnacanthiforms　锉棘鱼类　03.0026

Ischnacanthus　* 锉棘鱼　03.0026

Ischyrinioida　强壮壳目　02.0667

Ischyromys　* 壮鼠　03.0447

Isoëtales　水韭目　04.0355

Isoëtes　* 水韭属　04.0355

isomyarian　等柱类　02.0643

isopedin　等列层　03.0066

isopolar　等极　04.0198

isopygous　等尾型三叶虫　02.0343

isotopic age　同位素年龄　01.0170

isthmus　双叶颈　03.0582，峡部　04.0168

istiodactylids　帆翼龙类　03.0330

J

jaw　颚　02.1012

Jehol biota　热河生物群　01.0185

jugal vein　轭脉　02.0483

jugum　腕锁　02.0881

junction　连接　04.0155

juxtamastoid eminance　旁乳突隆起　03.0645

K

kannemeyeriids　* 肯氏兽类　03.0242

keel　脊　02.0595，棱　02.0737，龙脊　02.1177，龙骨突　03.0360

Kenichthys　* 肯氏鱼　03.0042，03.0138

Kennalestidae　* 堪纳掠兽类　03.0419

keriotheca　蜂巢层　02.0053

kerogen　干酪根　04.0185

knob　球状突起　02.0385

knorria　内模相　04.0425

knuckle-walking　指关节着地走　03.0670

Konservat-Lagerstätten（德）　特异保存化石库　05.0107

Kozentrat-Lagerstätten（德）　化石堆积库　05.0106

K-selection　K 选择　01.0218

Kuehneotherium　* 孔耐兽　03.0403

kyrtome　近极三角脊　04.0229

L

labium　下唇　02.0433

labrum　上唇　02.0430，唇板　02.0984，唇　04.0225

labyrinthodontians　迷齿类　03.0161

labyrinthodont tooth　迷路齿　03.0180

lacinia 刺网 02.1064

laesura 射线，＊四分体痕 04.0219

Lagenicula horrida ＊恐刺瓶形大孢 04.0234

Lagomorpha ＊兔形目 03.0422

lamella 齿层 02.1178

lamellar tooth 片状齿 02.0613

lamellibranchs ＊瓣鳃类 02.0600

lamello-fibrillar structure 层状纤维结构 02.0518

lamina 细层 02.0175

laminae 层理 04.0016

lampreys 七鳃鳗类 03.0004

lancet plate 剑板，＊尖板 02.0939

Late *Homo sapiens* 晚期智人 03.0607

lateral area 侧部 02.0543

lateral arm plate 侧腕板 02.1010

lateral branching 侧分枝 02.1054

lateral cnemial crest ＊外侧胫脊 03.0394

lateral commissure 侧联合 03.0145

lateral field 侧区 03.0084

lateral glabellar furrow 头鞍侧沟 02.0279

lateral glabellar lobe 头鞍侧叶 02.0283

lateral lobe 侧叶 02.0748

lateral occipital fissure ＊侧枕裂 03.0140

lateral plate 侧片 03.0092

lateral punctation ＊侧壁孔 02.0819

lateral saddle 侧鞍 02.0759

lateral septum 侧隔板 02.0866

lateral temporal fenestra 侧颞孔 03.0249

lateral tooth 侧齿 02.0611

lateral trabecula of sternum 胸骨侧突 03.0361

latex replica 乳胶复型 01.0137

latilamina 粗层 02.0176

Latimeria ＊拉蒂迈鱼 03.0040

lattice shell 格孔壳 02.0070

law of priority 优先律 01.0098

Lazarus effect 复活效应 01.0210

Lazarus species 复活种 01.0046

leaf ＊叶 04.0042

leaf architectural analysis 叶结构分析 04.0466

leaf cushion 叶座 04.0416

leaf gap 叶隙 04.0430

leaf ligule 叶舌 04.0419

leaf mosaic 叶镶嵌 04.0431

leaf physiognomy 叶相 04.0469

leaf scar 叶痕 04.0417

leaiids 李氏叶肢介类 02.0396

lectotype 选模 01.0105

Leperditicopida 豆石介目 02.0349

Lepidodendrales 鳞木目 04.0352

Lepidopteris ＊鳞皮羊齿 04.0380

lepidosauromorphs 鳞龙型类 03.0221

lepidotrichia ＊鳞质鳍条 03.0070

lepisosteiforms 雀鳝类 03.0037

Lepisosteus ＊雀鳝 03.0037

lepospondylous vertebra 壳状脊椎 03.0193

lepospondyls 壳椎类 03.0165

leptoma 远极薄壁区 04.0200，薄壁区 04.0224

Leptostrobus ＊薄果穗 04.0400

level bottom community 平底群落 05.0064

librigena 活动颊 02.0315

ligament 韧带 02.0634

ligular scar 叶舌穴，＊叶舌痕 04.0418

limnadiform 渔乡蚌虫形 02.0399

lingular pit 叶舌穴，＊叶舌痕 04.0418

lingulellotretids ＊舌孔贝类 02.0911

Linochitin ＊线胞石 02.1256

Linopteris ＊网羊齿 04.0385

lip 唇 02.1247

liptocoenosis 残体群落 01.0223

lira 纵旋纹 02.0739

lissamphibians 滑体两栖类 03.0166

list 网索 02.1114

lithodesma 石带片 02.0640

Litopterna ＊滑矩骨目 03.0434

lituicone 喇叭角石式壳 02.0686

Lituites ＊喇叭角石属 02.0686

lituiticone 喇叭角石式壳 02.0686

living chamber 住室 02.0671

living fossil 活化石 01.0126

lo 颈环 02.0288

LO-analysis 明暗分析 04.0278

lobe 齿叶 02.1179，叶状突起 02.0386

lobodont 叶齿型 02.0360

lobule 小叶 02.0751

loculus 房室 02.0008

Lonchopteris ＊矛羊齿 04.0388

longitudinal furrow 纵脊沟 02.1181

longitudinal line 纵线，＊纵脊 02.1072

longitudinal ridge 纵棱 02.0738，纵脊 02.1180

longitudinal vein 纵脉 02.0474

loop 腕环 02.0883，环台面 02.1182

lophodont 冠齿型 02.0357，脊形齿 03.0473

lophophorate * 触手冠类动物 02.0822

lophophore 纤毛环 02.0878

lower mandible * 下颚骨 02.0801

loxochoanitic 斜颈式 02.0702

Lucina * 满月蛤 02.0621

Lueckisporites * 二肋粉 04.0308

lumen 漏斗腔 02.1183，网眼 04.0244

lunarium 月牙构造 02.0816

Lunatisporites * 四肋粉 04.0308

lunula 新月形曲线 02.0580

lunule 小月面 02.0628

Lycopodiales 石松目 04.0353

Lycopodium * 石松 04.0353

Lycospora-group 鳞木孢类 04.0313

Lyginopteridales 皱羊齿目 04.0374

Lyginopteris * 皱羊齿 04.0374

lystrosaurids * 水龙兽类 03.0242

M

machairodont 剑形齿 03.0479

macrochoanitic 长颈式 02.0708

macroevolution 宏演化，* 宏观进化 01.0188

macrofossil 大化石 01.0138

macropleural segment 大肋节 02.0335

macropygous 大尾型三叶虫 02.0344

Macrotorispora 大一头沉孢类 04.0314

macula 斑点，* 突起 02.0809

madreporite 筛板 02.0944

main axil 主腕板 02.0963

main beam 主枝 03.0456

main stipe 主枝 02.1055

major digit 大手指 03.0386

major metacarpal 大掌骨 03.0382

major septum 一级隔壁 02.0208

mammaliamorphs 哺乳动物型动物 03.0401

mammals 哺乳动物 03.0400

mandible 上颚 02.0431

mandibular angle 下颌角 03.0656

mandibular muscle * 颚肌 02.0354

maniraptorans 手盗龙类 03.0285

maniraptoriforms 手盗龙形类 03.0283

manoxylic xylem 疏木型木质部 04.0450

mantle 假壁，* 鞘 04.0027

manubrium 剑柄构造 02.1102

Margachitina * 珍珠胞石 02.1258

margin 底缘 02.1242

marginal cord 边缘索 02.0018

marginal plate 缘片 03.0093

marginal pore 边缘孔 02.0819

marginal ridge 围脊 02.0875

marginal suture 边缘面线 02.0310

marginal tubercle 缘结节 03.0644

mariopterids 畸羊齿类 04.0390

Mariopteris * 畸羊齿 04.0390

marsupials 有袋类 03.0418

mass extinction 集群灭绝，* 大灭绝 01.0200

massive 块状 02.0192

mass mortality 集群死亡 01.0201

Mastodonsauroidea * 乳齿鲵超科 03.0164

matching shearing surfaces（1-6） 匹配剪面 03.0491

matground 席基底 01.0179

maxilla 下颚 02.0432

maxillary bone 上颌骨 03.0148

maxillary gland 壳腺，* 小腭腺 02.0398

maximum likelihood method 最大似然法 06.0030

maximum parsimony method 最大简约法 06.0029

meandering trace 蛇曲形遗迹 05.0155

Meckelian cartilage 麦氏软骨 03.0154

media 中脉 02.0480

medial cnemial crest * 内侧胫脊 03.0394

medial wall 中壁 02.0804

median denticle 中央小齿 02.0609

median dorsal plate 中背片 03.0110

median field 中区 03.0083

median lamina * 中细片层 02.0804

median leg 中足 02.0456

median plate 中板 02.0240

median ridge 中隔脊 02.0865

median rod 中瘤刺 02.0805

median section 中切面 02.0032，02.0043

median septum 中隔板 02.0864，中隔壁 02.1048

median split 中裂 04.0140

median sulcus ＊中沟 03.0576

median suture ＊中间缝合线 02.1048

median ventral plate 中腹片 03.0121

medium line 中脊 04.0422

medullary shell 髓壳 02.0068

Medullosa ＊髓木 04.0375

Medullosales 髓木目 04.0375

megaflora 植物大化石群 01.0186

megafossil plant 植物大化石 01.0139

Megalodon ＊伟齿蛤 02.0626

megalospheric test 显球型壳 02.0020

Meganthropus 魁人 03.0603

megaphyll 大型叶 04.0440

megasclere 大骨针 02.0131

M element M 分子 02.1232

membrane bone 膜成骨 03.0063

membrane of arm ＊臂膜 03.0340

membranous wing 膜翅 02.0468

mental plate 颐片 03.0104

mentomeckelian bone 颐骨 03.0182

meridiungulates 南美有蹄类 03.0434

merodont 栉齿型 02.0358

mesial spine 腹刺 02.1099

mesocolpium 沟间区 04.0269

mesocone 中尖 03.0518

mesoconid 下中尖 03.0519

mesodentine 中齿质 03.0049

mesoflexid 下中褶 03.0553

mesoflexus 中褶 03.0552

mesofossette ＊中凹 03.0552

mesofossettid ＊下中凹 03.0553

mesofossil plant 植物中型化石，＊中型化石 04.0412

mesogenous type stomata 中源型气孔 04.0458

Mesomyzon ＊中生鳗 03.0004

mesoperigenous type stomata 中周源型气孔 04.0459

mesoplax 中板 02.0655

mesopore 间隙孔 02.0799

mesosaurians 中龙类 03.0217

mesosoma 中躯 02.0446

mesostria 中沟 03.0560

mesostriid 下中沟 03.0561

mesostyle 中附尖 03.0525

mesotheca ＊中板 02.0804

mesothorax 中胸 02.0448

mesozooecium ＊间虫室 02.0799

metacarpal incisure 掌骨切迹 03.0378

metacladium ＊亚幼枝 02.1057

metacone 后尖 03.0505

metaconid 下后尖 03.0506

metaconule 后小尖 03.0521

Metacopina ＊后足介亚目 02.0351

metaflexid 下后褶 03.0555

metaflexus 后褶 03.0554

metafossette ＊后凹 03.0554

metafossettid ＊下后凹 03.0555

metaloph 后脊 03.0530

metalophid 下后脊 03.0532

metamorphosis 变态 03.0172

metaplax 后板 02.0656

metapterygial axis ＊后鳍基轴 03.0071

metasicula 亚胎管 02.1067

metasoma 后躯 02.0488

metastria 后沟 03.0562

metastriid 下后沟 03.0563

metastyle 后附尖 03.0526

metatheca 亚胞管 02.1089

metathecal fold 亚胞管褶 02.1091

metatherians 后兽类 03.0416

metathorax 后胸 02.0449

metopic suture 额间缝 03.0439

microbial boundstone 微生物黏结岩 06.0009

microbial carbonate 微生物碳酸盐 06.0007

microbial framestone 微生物骨架岩 06.0011

microbially induced sedimentary structures 微生物席成因构造 05.0116

microbial mat 微生物席 04.0006

microbial tufa 微生物钙华 06.0010

microbolite 微生物岩 04.0004

microevolution 微演化，＊微观进化 01.0189

microfossil 微体化石 01.0141

micropalaeontology 微体古生物学 01.0013

microphyll 小型叶 04.0439

micropygous 小尾型三叶虫 02.0342

microsclere 小骨针 02.0132

microspheric test 微球型壳 02.0019

Microtus * 田鼠 03.0469

Millennium Man 千禧人 03.0597

Mimomys * 模鼠 03.0567

Mimomys-kante 模鼠角 03.0567

Mimomys-ridge 模鼠角 03.0567

Mimotonida * 模鼠兔目 03.0422

mimotonids 模鼠兔类 03.0423

minimum evolution method 最小进化法 06.0031

ministromatolite 微小叠层石 04.0008

minor digit 小手指 03.0387

minor metacarpal 小掌骨 03.0383

minor septum 二级隔壁 02.0209

MISS 微生物席成因构造 05.0116

mitral ring 僧帽环 02.0077

mixed assemblage 混合组合 05.0104

mixground 混合基底 01.0180

mixilateral plate 混合侧片 03.0124

Mixodontia * 混齿目 03.0422

mixodonts 混齿类 03.0424

mixoperipheral shell 混缘型壳 02.0916

m. lateralis * 浅层咬肌 03.0447

moa 恐鸟 03.0353

Modern Evolutionary Fauna 现代演化动物群 01.0178

modern human origin 现代人起源 03.0613

Modern Synthesis 现代综合论 01.0033

molar 臼齿 03.0461

molecular clock 分子钟 06.0025

molecular fossil 分子化石, * 生物标志化合物, * 生标 06.0024

molecular palaeontology 分子古生物学 06.0022

molecular taphonomy 分子埋藏学 05.0093

Mollusca 软体动物门 02.0492

monacanth 单羽楣 02.0249

monad 单孢体 04.0215

monaxon 单轴式骨针 02.0133

Mongoloid 蒙古人种 03.0612

Mongoloid fold * 蒙古褶 03.0628

monjurosuchids * 满洲鳄类 03.0220

monocephalous rib 单头肋 03.0199

monocolpate 单沟, * 单槽 04.0260

monocyathea * 单壁古杯类 02.0101

monocyclic 单环式 02.0973

monolete spore 单缝孢 04.0221

monomyarian 单柱类 02.0645

monophyly 单系[性] 01.0072

Monoplacophora 单板类 02.0493

monopleural type 单肋式 02.1046

monoporate 单孔 04.0252

monosaccate 单[气]囊 04.0240

monosperm 单籽体 04.0445

monosulcate 单沟, * 单槽 04.0260

monotype 独模 01.0109

monozonal 单带型 02.0251

monticule 尖峰 02.0808

morganucodontans 摩根齿兽类 03.0406

mouth 口 02.0949

mouthparts 口器 02.0429

M position M 位置 02.1232

m. profunundus * 深层咬肌 03.0447

m. superficialis * 表层咬肌 03.0447

mucro 小棘 02.0537, 尾壳顶 02.0540

mucron 底突 02.1261

multielement 多成分, * 多分子 02.1215

multilocular test 多房室壳 02.0035

multimembrate [skeletal] apparatus 多分子[骨骼]器官 02.1218

multiramate element 多分枝分子 02.1214

multiramous rhabdosome 多枝笔石体 02.1031

multisaccate 多[气]囊 04.0242

multiserial enamel 复系釉质 03.0594

multispiral 多旋壳 02.0551

Multistriatiti 多肋粉类 04.0309

multituberculates 多瘤齿兽类 03.0409

mural deposits 壁侧沉积 02.0722

mural pore 壁孔 02.0224

mural separation 壁分离 04.0154

muri 网脊 04.0245

muscle scar 肌痕, * 筋痕 02.0354, 肌痕 02.0502, 02.0897

mutilations 人工凿齿 03.0667

mutualism 互惠共生 05.0069

Mya * 海螂 02.0627

Myllokunmingia * 昆明鱼 03.0001

Myodocopida 丽足介目 02.0352

myomorphous skull 鼠型头骨 03.0450

Mytilus * 壳莱蛤 02.0625

Myxinikela ＊似盲鳗 03.0003

N

name-bearing type 载名模式 01.0110

nanism 矮型 05.0016

nannofossil 超微化石 01.0142

Nannopithex ＊纤猴 03.0574

Nannopithex-fold 纤猴褶 03.0574

naotic structure 喷口构造 02.0232

nasal septum 鼻中隔 03.0441

nasion 鼻额点 03.0438

nasoantorbital fenestra 鼻眶前孔 03.0333

natant hypostome 悬挂式唇瓣 02.0323

native species 土著种 01.0060

natural assemblage 自然集群 02.1194

nautilicone 鹦鹉螺式壳 02.0683

nautiloids 鹦鹉螺类 02.0670

Nautilus ＊鹦鹉螺属 02.0670

Neanderthal 尼安德特人 03.0604

nearest living relatives 最近似现代种 04.0464

neck 颈 02.1240

necrology 尸腐学 05.0096

necrophaga 食尸动物 05.0059

Neeyambaspis ＊尼亚巴鱼属 03.0012

neighbor-joining method 邻接法 06.0032

nekton 游泳生物 05.0048

nekton-benthos 游泳底栖生物 05.0053

nema 线管 02.1070

Nemagraptus ＊线笔石 02.1055

nematomorphs 线状亚类 04.0133

neocatastrophism 新灾变论 01.0029

neo-Darwinism 新达尔文学说，＊新达尔文主义 01.0024

Neoggerathia ＊瓢叶 04.0372

Neogondolella ＊新舟刺 02.1182

neoichnology 现代遗迹学 05.0110

Neoloricata 新有甲目 02.0522

Neopanderodus ＊新潘德尔刺 02.1181

Neopilina galathea 新碟贝 02.0494

neopterygians 新鳍鱼类 03.0034

neornithine 新鸟类 03.0347

neotaxodont 新栉齿型 02.0622

neoteny 幼态延续 01.0160

neotype 新模 01.0104

Nereites ichnofacies 类沙蚕迹遗迹相 05.0142

nerineids 海娥螺类 02.0545

netromorphs 舟形亚类 04.0122

neural spine platform 神经棘平台 03.0315

neuropterids 脉羊齿类 04.0385

Neuropteris ＊脉羊齿 04.0385

nexine 外壁内层 04.0208

niche 生态位，＊小生境 05.0013

niche with projection 壁龛式分叉 04.0022

NLRs 最近似现代种 04.0464

nodal cell 节细胞 04.0037

node 瘤齿 02.1187，节 04.0036，04.0427

Noeggerathiales 瓢叶目 04.0372

nonmammalian mammaliaforms 非哺乳动物的哺乳动物形动物 03.0402

non-metric feature 非测量特征 03.0630

normal extinction 正常灭绝 01.0198

normal pore canal 垂直毛细管 02.0374

Normapolles 正型粉类 04.0285

Nostolepis type scale 背棘鱼型鳞 03.0068

notarium 联合背椎 03.0357

notch 凹痕 02.0384，缺刻 02.1188

notochordal centrum 脊索型椎体 03.0262

notothyrium 背三角孔 02.0858

Notoungulata ＊南方有蹄目 03.0433

notum 背板 02.0451

nuchal gap 颈缺 03.0107

nuchal plate 颈片 03.0090

Nuculana ＊似栗蛤 02.0620

number of convolutions 侧视螺旋环数 04.0051

O

obelic depression　顶孔低平区　03.0641

oblique crist　斜棱　03.0548

oblique cristid　下斜脊　03.0549

obolids　＊圆货贝类　02.0914

obverse view　正面　02.1125

occipital bunning　枕骨隆突　03.0638

occipital cartilage　＊枕软骨　03.0136

occipital furrow　颈沟　02.0289

occipital ring　颈环　02.0288

occipital torus　枕圆枕　03.0648

occipitomastoid crest　枕乳脊　03.0646

ocellus　单眼　02.0440

Ockham's razor　＊奥卡姆剃刀　01.0089

ocular plate　眼板　02.0986

ocular pore　眼孔　02.0987

oculogenital system　眼殖系统　02.0994

odontopterids　齿羊齿类　04.0389

Odontopteris　＊齿羊齿　04.0389

oncolite　核形石　04.0005

ontogeny　个体发育　01.0153

ooecium　＊卵室　02.0800

oogonium　藏卵器　04.0044

open cystiphragm　＊开放泡状板　02.0814

Operculatifera　口盖目　02.1235

operculum　萼盖　02.0184

operculum　厣，＊口盖　02.0599，口盖　02.1252，
　04.0150，04.0214

ophiuroids　蛇尾[类]　02.0925

opiacodontians　＊蛇齿龙类　03.0237

opisthocoelous centrum　后凹型椎体　03.0188

opisthognathous type　后口式　02.0436

opisthoparian suture　后颊类面线　02.0312

opisthopubic　后伸型耻骨　03.0321

opportunistic species　机遇种，＊机会种　01.0043

optimizing GAIA　＊最优化盖亚　06.0006

optimum　最适度　05.0015

oral face　口面，＊前壁　02.0017

oralobranchial chamber　口鳃腔　03.0081

oral shield　口盾　02.1005

oral view　口视　02.0950

Ordovician radiation　奥陶纪大辐射　01.0187

organ genus　器官属　01.0117

organic reef　生物礁　05.0030

orientation　定向　05.0014

orifice　＊袖口　02.1097

ornamentation　壳饰　02.0376

ornithischians　鸟臀类　03.0293

ornithomimosaurs　似鸟龙类　03.0284

Ornithomimus　＊似鸟龙　03.0285

ornithopods　鸟脚类　03.0298

Ornithosuchus woodwardi　＊伍氏鸟鳄　03.0273

ornithurine　今鸟类　03.0346

Orrorin tugenensis　＊土根原初人　03.0597

orthal occlusion　垂直咬合　03.0483

orthoceracone　直角石式壳　02.0675

orthochoanitic　直颈式　02.0703

orthocline　直倾型　02.0852

orthocone　直壳　02.0676

orthodentine　正齿质　03.0048

orthogenesis　直向演化　01.0192

oryctocoenosis　化石群落　01.0224

oscule　出水口　02.0157，吻孔　02.0660

osteichthyans　硬骨鱼类　03.0028

osteostracans　骨甲鱼类　03.0011

ostium　进水小孔　02.0156

ostracoderms　甲胄鱼类　03.0005

ostracods　介形类　02.0347

otic notch　耳凹　03.0175

otico-occipital　耳枕区　03.0136

otico-occipital fissure　耳枕裂　03.0140

outer hinge plate　＊外铰板　02.0873

outer lamella　外薄板　02.0370

outer lip　外唇　02.0567

outer lobe　＊外叶　02.0747

outer socket ridge　外铰窝脊　02.0868

outer wall　外壁　02.0114，04.0153

out-group comparison　外群比较　01.0078

overlap　叠覆　02.0392

overlapping sculpture　叠网状装饰　02.0409

ovicell　卵胞　02.0821

ovimorphs　蛋形亚类　04.0124

ovipositor　产卵器　02.0489

oviraptorosaurs　窃蛋龙类　03.0287

Oxyaenidae　＊牛鬣兽科　03.0430

oxycone　透镜状壳　02.0690

Ozarkodinida　奥泽克刺目　02.1140

P

pachycephalosaurs　肿头龙类　03.0302

pachyodont　厚齿型　02.0626

Pachypteris　＊厚羊齿　04.0379

paedomorphosis　幼型形成　01.0159，幼型　03.0173

palaeoalgology　古藻类学　01.0011

palaeoanthropology　古人类学　01.0009

palaeoautecology　门类古生态学　05.0078

palaeobathymetry　古深度　05.0022

palaeobiochemistry　古生物化学　01.0003

palaeobiogeographic province　古生物地理区，＊古生物区　05.0090

palaeobiogeography　古生物地理学　01.0015

palaeobiology　化石生物学　01.0002

palaeobiotope　古生物境　05.0089

palaeobotany　古植物学　01.0010

palaeocarpology　古种子学　01.0012

Palaeoconiferus　古松柏粉类　04.0299

Palaeocopida　古足介目　02.0350

palaeocurrent　古洋流　05.0023

Palaeodictyon　＊古网迹　05.0142，05.0156

Palaeodictyoptera　古网翅目　02.0423

palaeoecology　古生态学　05.0001

palaeoendemic plant　古特有植物　04.0408

palaeoentomology　古昆虫学　01.0007

palaeoenvironment　古环境　05.0024

palaeoethology　古行为学　05.0005

palaeohabitat　古生境　05.0007

palaeoherb plant　古草本植物　04.0409

palaeoichnology　古遗迹学　05.0111

Palaeoloricata　古有甲目　02.0521

Palaeomeryx-fold　古鹿褶　03.0586

palaeoniscoids　古鳕类　03.0031

Palaeoniscus　＊古鳕鱼　03.0031

palaeontological clock　古生物钟　01.0172

palaeontology　古生物学　01.0001

palaeopalynology　古孢粉学　04.0171

palaeopathology　古病理学　01.0014

palaeophytogeography　古植物地理学　01.0017

palaeosalinity　古盐度　05.0025

palaeoscolecidians　古蠕虫类　02.0270

palaeosynecology　综合古生态学　05.0002

palaeotaxiology　古趋性学　05.0003

palaeotaxodont　古栉齿型　02.0620

palaeotemperature　古温度　05.0021

Palaeozoic Evolutionary Fauna　古生代演化动物群　01.0177

palaeozoogeography　古动物地理学　01.0016

palaeozoology　古动物学　01.0005

palatal fold　腭旋褶　02.0572

palatal tooth　腭骨齿　03.0178

palatoquadrate cartilage　腭方软骨　03.0156

palichnology　古遗迹学　05.0111

palitrope　后转面　02.0850

pallet　铠　02.0663

pallial canals　外套渠，＊外套管道　02.0661

pallial line　外套线　02.0647

pallial marking　膜痕　02.0898

pallial sinus　外套湾　02.0648

palmate branching　掌状分枝　04.0152

Palmatolepis　＊掌鳞刺　02.1179

palpebral area of fixigena　固定颊眼区　02.0306

palpebral bone　眼睑骨　03.0250

palpebral furrow　眼沟　02.0291

palpebral lobe　眼叶　02.0290

palynofacies　孢粉相　04.0180

palynoflora　孢粉植物群　04.0182

palynogram　孢粉图谱，＊孢粉图式　04.0177

palynological assemblage　孢粉组合　04.0176

palynology　孢粉学　04.0169

palynomorph　孢粉类型　04.0178

Panderodontida　潘德尔刺目　02.1137

Panderodus　＊潘德尔刺　02.1181

pantoaperturate　周面孔沟，＊散孔沟　04.0276

pantocolpate　周面沟，＊散沟　04.0268

pantocolporate 周面孔沟，＊散孔沟 04.0276

Pantodonta ＊全齿类 03.0425

pantodonts 全齿类 03.0429

pantoporate 周面孔，＊散孔 04.0255

papillae 乳突型 04.0335

papura 皮鳃骨 02.1003

parachomata 拟旋脊 02.0047

parachordal cartilage ＊索旁软骨 03.0136

paracone 前尖 03.0503

paraconid 下前尖 03.0504

paraconule 前小尖 03.0520

paracytic type stomata 平列型气孔 04.0456

paraflexid 下前褶 03.0551

paraflexus 前褶 03.0550

parafossette ＊前凹 03.0550

parafossettid ＊下前凹 03.0551

Paragnathodus ＊拟颚齿刺 02.1169

parallel branching 平行分叉 04.0021

parallel community 平行群落，＊相同群落 05.0081

parallel evolution 平行演化 01.0193

Parallelodon ＊并齿蚶 02.0622

parallepipedal bulliform cell 平行管形泡状细胞型 04.0327

paralophid ＊下前脊 03.0531

paranasal ridge 鼻旁隆起 03.0651

Paranthropus 傍人 03.0599

paranuchal plate 副颈片 03.0098

parapatric speciation 邻域成种 01.0056

parapet 齿垣 02.1189

paraphyly 并系[性] 01.0073

parareptiles 副爬行类 03.0212

parasagittal depression 旁矢状凹陷 03.0640

parasagittal plane ＊副矢状面 03.0241

Parasaurolophus ＊副栉龙 03.0300

parasicula 拟胎管 02.1077

parasitism 寄生 05.0076

parasphenoid 副蝶骨 03.0143

parastria 前沟 03.0558

parastriid 下前沟 03.0559

parastyle 前附尖 03.0524

parasyncolpate 副合沟 04.0267

paratheca 拟外壁 02.0260

paratype 副模 01.0106

pariasaurids 锯齿龙类 03.0215

parichnos cicatricule 通气痕，＊侧痕 04.0421

parietal deposits 附壁沉积 02.0717

parietal fold 壁旋褶 02.0571

parietal lip 壁唇 02.0565

parietal oscules 腔壁出水口 02.0166

parietal shield 顶甲 03.0146

paroccipital process 副枕骨突 03.0258

parsimony 简约法 01.0089

parthenogenesis 孤雌生殖 02.0394

Parvisaccites 微囊粉类 04.0302

pasichnia（拉） 牧食迹 05.0156

Passer domesticus ＊麻雀 03.0273

passive fill 被动充填 05.0162

pastinate element 三突分子 02.1203

pastiniplanate element 三突台分子 02.1204

patagium 翼壳 02.0065

patellate 荷叶状 02.0201

Patellisporites 杯环孢类 04.0316

patristic distance 共祖距离 01.0084

patristic similarity 共祖相似性 01.0083

pauciramous rhabdosome 少枝笔石体 02.1032

pauciserial enamel 散系釉质 03.0592

paucispira 少旋壳 02.0552

peak 帽檐 04.0024

pecopterids 栉羊齿类 04.0386

Pecopteris ＊栉羊齿 04.0374, 04.0386

Pecten ＊海扇 02.0625, 02.0630

Pectinacea ＊海扇超科 02.0619

pectiniform element 刷形分子 02.1205

pectinirhomb 栉孔菱 02.0938

pectoral fenestra 胸窗 03.0125

pedicel 梗节 02.0443

pedicel cell 柄细胞 04.0049

pedicellaria 叉棘，＊叉刺 02.0978

pedicellate tooth 基座型齿 03.0179

pedicellinds ＊柄萼虫类 02.0778

pedicle 肉茎 02.0846，角柄 03.0454

pedicle cavity 肉茎腔 02.0913

pedicle collar 肉茎领 02.0848

pedicle groove 肉茎沟 02.0909

pedicle lumen 肉茎腔 02.0913

pedicle nerve 肉茎神经 02.0912

pedicle valve ＊茎壳 02.0823

pedomorphosis 幼型 03.0173

peduncle 茎梗 02.1258

peel method 撕片法 04.0465

pelecypods ＊斧足类 02.0600

P element P分子 02.1231

pellicle 表膜 02.0116

Peltaspermales 盾籽目 04.0380

Peltaspermum ＊盾籽 04.0380

pelycosaurians 盘龙类 03.0237

pencil-shaped tooth 棒形齿 03.0310

pendent 下垂式 02.1042

penetabular ＊准板式 04.0116

penitabular 板缘式 04.0116

Pentaxylales 五柱木目 04.0382

Pentaxylon ＊五柱木 04.0382

peramorphosis 过型形成 01.0155

perforated central plate 穿孔中央板 04.0084

perforate septum 穿孔型隔壁 02.0220

pericalycal type 围芽式，＊包芽式 02.1105

perichondral bone 软骨外成骨 03.0065

pericolpate 周面沟，＊散沟 04.0268

pericolporate 周面孔沟，＊散孔沟 04.0276

pericone 围尖 03.0515

periderm 表皮 02.1113

peridinioids 多甲藻类 04.0092

perigenous type stomata 周源型气孔 04.0460

perine 周壁 04.0201

perineum 周壁 04.0201

Perinopollenites 周壁粉类 04.0293

periostracum 表壳层 02.0527，表壳层 02.0901

peripatric speciation 边域成种 01.0041

peripheral cell 周围细胞 04.0039

peripherally isolated population 边缘隔离居群 01.0052

periphery 周缘 02.0584

periporate 周面孔，＊散孔 04.0255

periproct 围肛部 02.0992

perisporium 周壁 04.0201

perissodactyla ＊奇蹄类 03.0435

peristome 口缘 02.0569，口围 02.0803，围口部 02.0993

permineralization 渗矿化化石，＊矿化化石 01.0134

petalichthyids 瓣甲鱼类 03.0017

petalocrinus 花瓣海百合 02.0928

petaloid area 花瓣区 02.0977

petaloid process 花瓣突起 04.0151

phacelloid 笙状 02.0194

phalangeal formula 指式 03.0205，趾式 03.0206

phallus ＊阳具 02.0490

phaneromphalous 显脐型 02.0560

pharyngeal tooth 咽喉齿，＊下咽齿，＊咽齿 03.0157

Phenicopsis ＊拟刺葵 04.0400

phenogram 表征图 01.0092

phenon 表型单元，＊表征群 01.0090

phenotype 表型，＊表现型 01.0091

phlyctaeniids ＊菲力克鱼类 03.0016

Pholas 海笋 02.0627，02.0653

Pholidota ＊鳞甲类 03.0425

Phorusrhacus 曲带鸟 03.0352

phosphatic-shell 磷酸盐质壳 02.0899

phragmocone 闭锥，＊气壳 02.0672

phrenotheca 膜壁 02.0055

Phylactolaemata 被唇纲 02.0780

phyletic gradualism 种系渐变论 01.0026

phyllode 鳃孔 02.0983

Phylloglossum ＊舌叶蕨 04.0353

Phyllograptus ＊叶笔石 02.1043

phyllosperm 载籽叶 04.0447

phyllotheca 隔壁内墙 02.0234

phylochronology 谱系年代学，＊谱系发育年代学 06.0028

phylogenetic chronology 谱系年代学，＊谱系发育年代学 06.0028

phylogeny 系统发育 01.0068

phytolith 植硅体，＊植物硅酸体，＊植硅石 04.0317

phytolith analysis 植硅体分析 04.0318

phytosaurians ＊植龙类 03.0232

Picea ＊云杉属 04.0248

piercing-sucking mouthparts 刺吸式口器 02.0438

pila 横肋 02.0742

pilaster of femur 股骨嵴 03.0672

pilate 基柱层，＊鼓锤状纹理 04.0231

pillar 小柱 02.0659，支柱 02.0177

pilum 基柱层，＊鼓锤状纹理 04.0231

pinched nose 夹紧状鼻 03.0652

pineal foramen 松果孔 03.0080

pineal plate 松果片 03.0088

pinnular 羽枝板 02.0968

pinnule 羽枝 02.0967，小羽片 04.0434

Pinus ＊松属 04.0241

Pinus cembra ＊长松 04.0248

pit 痘痕，＊粒痕 02.0382

pith-cast 髓模 04.0426

pit-line 凹线沟 03.0079

pituriaspids 茄甲鱼类 03.0012

Pituriaspis ＊茄甲鱼属 03.0012

placentals 有胎盘类 03.0420

placoderms 盾皮鱼类 03.0015

placodontians 楯齿龙类 03.0229

placoid scale 盾鳞 03.0060

Plagioptychus ＊斜厚蛤 02.0626

planate element 台形分子 02.1197

planispiral 平旋 02.0511

planispiral test 平旋式壳 02.0022

plastron 盾板，＊胸板 02.0985

platform 齿台 02.1184

platycalycal type 扁芽式，＊宽芽式 02.1106

platycoelous centrum 平凹型椎体 03.0192

platycone 板状壳 02.0691

Platycopina ＊平足介亚目 02.0351

platymorphs 扁体亚类 04.0130

platyproct 扁平肛道类 02.0144

plectogyral 扭旋式壳 02.0021

plesiomorphy 祖征 01.0081

plesiosaurians 蛇颈龙类 03.0231

plesiotype 近模 01.0108

pleural region 肋部，＊肋叶 02.0332

pleural segment 肋节 02.0333

pleural spine 肋刺 02.0346

pleurocentrum 侧椎体 03.0185

pleurodont teeth 侧生齿 03.0257

pleuron 侧板 02.0453

pli caballine 马刺 03.0579

pli caballinid 下马刺 03.0580

plication 壳褶 02.0842

pliopithecine triangle 上猿三角 03.0575

pliosauroids ＊上龙类 03.0231

plug 塞 04.0149

plumatellids ＊羽苔虫类 02.0780

Podocopida 速足介目 02.0351

Podocopina ＊速足介亚目 02.0351

point-shaped ＊尖型 04.0328，04.0329

polar area 极区 04.0191

polar axis 极轴 04.0193

polarity 极向 01.0088

pollen analysis 花粉分析 04.0179

pollen diagram 孢粉图谱，＊孢粉图式 04.0177

polyad 多分体 04.0218

polyaxons 多轴式骨针 02.0136

polychaete 多毛类 02.0264

Polygnathus ＊多颚刺 02.1145，02.1193

polygonomorphs 多角亚类 04.0123

polylobate ＊多裂片型 04.0323，＊多铃型 04.0322

polymorph 多形 02.0800

polyphyly 多系[性]，＊复系 01.0074

polypide cystiphragm ＊虫体泡状板 02.0814

Polyplacophora 多板类 02.0520

Polyporites 多孔粉类 04.0296

polypteriforms 多鳍鱼类 03.0032

Polypterus ＊多鳍鱼 03.0030，03.0032

polysperm 复籽体 04.0446

polysporangiophyte 多囊植物 04.0343

population 居群，＊种群 01.0048

population dynamics 居群动态学 01.0049

Populus ＊杨属 04.0211

poratids 有孔类 02.0147

porcellaneous test 似瓷质壳，＊钙质无孔壳 02.0005

pore 孔 02.0117，孔洞 02.0517

pore pair 孔对 02.0981

pore rhomb 孔菱 02.0937

Porifera 多孔动物门 02.0091

poriferans 多孔动物 02.0092

poriferous zone 有孔带 02.0982

porolepiforms ＊孔鳞鱼类 03.0041

post-abodominal segment 腹后室 02.0084

postbranchial lamina ＊后鳃叶 03.0115

post-displacement 后移 01.0162

posterior area of fixigena 后侧翼 02.0319

posterior border 后边缘 02.0320

posterior branch of facial suture 面线后支 02.0309

posterior canal 后沟 02.0576

posterior dorsolateral plate 后背侧片 03.0114

posterior loop 后环 03.0569

posterior median dorsal plate 后中背片 03.0112

posterior sinus 后凹 02.0541

posterior ventrolateral plate 后腹侧片 03.0120

postero-dorsal angle 后背角 02.0420

posterolateral plate 后侧片 03.0116

postmarginal plate 后缘片 03.0094

postmetaconule crista 后小尖后棱 03.0546

postmetacrista 后尖后棱 03.0542

postnasal plate 后鼻片 03.0095

postorbital constriction 眶后缩窄 03.0642

postorbital plate 眶后片 03.0097

postparaconule crista 前小尖后棱 03.0544

postparacrista 前尖后棱 03.0540

postparietal shield 后顶甲 03.0149

postpineal plate 后松果片 03.0089

postprotocone-fold ＊原尖后褶 03.0574

postprotocrista 原尖后棱 03.0538，03.0548

postsuborbital plate 后眶下片 03.0101

posttrite 副齿柱 03.0577

postvallid ＊下后剪面 03.0490

postvallum 后剪面 03.0490

postzygapophysis 后关节突 03.0264

P position P 位置 02.1231

preadaptation 前适应 01.0215

prechordal cartilage ＊索前软骨 03.0135

predation trace 捕食迹 05.0146

predentary bone 前齿骨 03.0309

pre-displacement 前移 01.0158

preglabellar area 鞍前区 02.0302

preglabellar field 内边缘 02.0301

preglabellar furrow 头鞍前沟 02.0281

prelateral plate 前侧片 03.0103

premaxillary bone 前上颌骨 03.0147

premedian plate 前中片 03.0091

premetaconule crista 后小尖前棱 03.0545

premetacrista 后尖前棱 03.0541

premolar 前白齿 03.0462

preorbital plate 眶前片 03.0096

preparaconule crista 前小尖前棱 03.0543

preparacrista 前尖前棱 03.0539

prepollen 前孢粉 04.0175

preprotocrista 原尖前棱 03.0537，03.0583

prepubic process 耻骨前突 03.0320

presacral rob 荐前棒 03.0316

presacral vertebra 荐前椎 03.0183

Presbyornis 长老会鸟 03.0356

pretarsus 前跗节 02.0464

pretrite 主齿柱 03.0576

prevallid 下前剪面 03.0489

prevallum 前剪面 03.0489

prezygapophysis 前关节突 03.0263

Priapulida 曳鳃动物门 02.0269

primary cystiphragm ＊初生泡状板 02.0814

primary layer 原生层 02.0902

primary plate ＊中原板 02.1004

primary pore 原生孔 02.0080

primary stipe 原始枝 02.1051

primary zooid 初个虫 02.0795

primibrach costal 一级腕板 02.0960

Prioniodinida 锯片刺目 02.1139

Prioniodontida 锯齿刺目 02.1138

prionodont 锯齿型 02.0364

Priscomyzon ＊古七鳃鳗 03.0004

prismatic aragonite structure 柱状文石结构 02.0519

prismatomorphs 棱柱亚类 04.0126

pristerognathids ＊锯颌兽类 03.0243

proangiosperm 前被子植物 04.0406

proanurans ＊原无尾类 03.0167

proatlas 前寰椎 03.0259

proboscidea ＊长鼻类 03.0435

proboscis 吻 02.0268

process 齿突 02.1185

process cavity 突起腔 04.0148

processes 突起 04.0137

prochoanitic 前颈式 02.0768

procladium 原幼枝 02.1057

procline 前倾型 02.0855

procoelous centrum 前凹型椎体 03.0187

procolophonids 前棱蜥类 03.0216

Proconodontida 原牙形刺目 02.1134

procoracoidal process 前乌喙突 03.0365

Procynops ＊原螈 03.0168

progenesis 性早熟 01.0161

prognathous type 前口式 02.0435

progression rule 渐进律，＊递进法则 01.0027

progymnosperm 前裸子植物 04.0368

proloculus 初房，＊胎壳 02.0007

proostracum 前甲 02.0772

propalinal occlusion 前后咬合 03.0484

proparea 曲面 02.0906

proparian suture 前颊类面线 02.0313

propatagium 前膜 03.0339

propodeum　并胸腹节　02.0487

Prosalirus　＊前跳蟾　03.0167

prosauropods　原蜥脚类　03.0291

prosicula　原胎管　02.1066

prosoblastic　近芽式　02.1108

prosochete　入水管道区，＊入水前庭区　02.0150

Prosomatifera　前体目　02.1236

prosome　前体　02.1253

prosopore　入水孔　02.0149

prosopyle　鞭毛室入水孔　02.0151

protegulum shell　胚壳　02.0904

proterosuchians　＊古鳄类　03.0232

protheca　原始层　02.0054，原胞管　02.1088

prothecal fold　原胞管褶　02.1090

prothorax　前胸　02.0447

Protoavis　原鸟　03.0351

protocone　原尖　03.0507

protoconid　下原尖　03.0508

protoconule　＊原小尖　03.0520

protohepaticites　古苔类　04.0341

Protolepidodendrales　原始鳞木目　04.0351

protoloph　原脊　03.0529

protolophid　下原脊　03.0531

protomuscites　古藓类　04.0342

Protopanderodontida　原潘德尔刺目　02.1136

Protopinus　原始松粉类　04.0303

Protopityales　原始髓木目　04.0371

protoplax　原板　02.0654

protorosaurians　原龙类　03.0233

protoseptum　原生隔壁　02.0203

protosporogonite　古孢子体　04.0339

protothallus　古叶状体　04.0340

Protozoa　原生动物门　02.0001

protracheophyte　前维管植物　04.0344

protrogomorphous skull　始啮型头骨　03.0447

protrusive burrow　前进式潜穴　05.0133

proximal end　始端　02.1128

proximal hemiseptum　＊近端半隔板　02.0812

proximal pole　近极　04.0196

proximal shield　近极盾　04.0075

proximal shield element　近极盾晶元　04.0080

proximal side　近极面　04.0073

proximal surface　近极面　04.0197

proximity　近端　04.0147

Psalixochlaenaceae　＊普萨雷索克莱纳蕨科　04.0364

Psarolepis　＊斑鳞鱼　03.0039

Pseudoborniales　羽歧叶目　04.0358

pseudocardinal tooth　假主齿　02.0610

pseudochitinous　假几丁质壳　02.0036

pseudochomata　假旋脊　02.0048

pseudocladium　假幼枝　02.1058

pseudocolpus　假沟　04.0257

pseudodeltidium　假窗板　02.0861

pseudoentoconid　假下内尖　03.0514

pseudoextinction　假灭绝　01.0203

pseudofossil　假化石　01.0136

Pseudofrenelopsis　＊假拟节柏　04.0404

pseudohypoconid　假下次尖　03.0513

pseudointerarea　假铰合面　02.0905

pseudokeel　假龙脊　02.1186

pseudolateral　假侧齿　02.0612

pseudonekton　假游泳生物　05.0049

pseudoplankton　假浮游生物　05.0050

pseudopore　假孔　04.0250

pseudopunctate shell　假疹壳　02.0894

pseudosaccus　假囊　04.0238

pseudoseptum　假隔壁　02.0724

pseudotalonid　假下跟座　03.0501

pseudoumbilicus　假脐　02.0559

pseudovirgula　假中轴　02.1080

Pseudovoltzia　＊假伏脂杉　04.0403

pseudozooidal tube　假虫管　02.0180

pteranodontids　无齿翼龙类　03.0331

pteridospermophyte　种子蕨植物　04.0373

Pterobranchia　＊翼鳃纲　02.1021

pterodactyl　＊翼手龙　03.0324

pterodactyloids　翼手龙类　03.0326

Pterodactylus antiquus　＊古老翼手龙　03.0273

pteroid　翅骨，＊翼骨　03.0337

pteromorphs　翼环亚类　04.0132

pterosaurs　翼龙　03.0324

pterostigma　翅痣　02.0484

pterothorax　具翅胸节，＊翅胸　02.0450

P-type tracheid　P 型管胞　04.0415

punctate　斑点　02.0381

punctate sculpture　针孔状装饰　02.0407

punctate shell　疹质壳　02.0893

punctuated equilibrium　点断平衡，＊间断平衡

01.0032

pustule 瘤状饰纹，＊结节 02.0594

Pycnaspis ＊坚甲鱼属 03.0007

pycnoxylic xylem 密木型木质部 04.0451

pygidium 尾部 02.0339

pygopleura 尾肋 02.0341

pygorachis 尾轴 02.0340

pygostyle 尾综骨 03.0359

pygostyle-like structure 尾综骨状结构 03.0318

pylome 圆口 04.0141

Pyrotheria ＊焦齿兽目 03.0434

Q

Quadraeculina 四字粉类 04.0301

quadra-lobate 方形叶状 04.0338

quadrate-articular joint 方骨－关节骨关节 03.0437

quadrimembrate［skeletal］apparatus 四分子[骨骼]器官 02.1221

quadriramate element 四分枝分子 02.1222

quadriserial 四列 02.1043

quantum evolution 聚量演化，＊量子式进化 01.0190

quantum speciation 聚量成种 01.0042

Quaternary palynology 第四纪孢粉学 04.0172

Quetzalcoatlus ＊风神翼龙 03.0332

quill knobs 尺骨乳状突起 03.0373

quinmembrate［skeletal］apparatus 五分子[骨骼]器官 02.1223

quinqueloculine 五玦虫式 02.0027

R

race 人种 03.0611

racemization of aspartic acid 天冬氨酸外消旋作用 06.0036

rachitomes ＊块椎类 03.0163

radial 辐板 02.0954

radial apochete 放射状出水管道区，＊放射后院出水区 02.0169

radial beam 放射梁 02.0074

radial carina 放射脊 02.0416

radiale 桡腕骨 03.0376

radial lirae sculpture 放射线脊装饰 02.0410

radial pore canal 放射毛细管 02.0375

radial ridge 放射脊 02.0416，02.1164

radial sculpture 放射壳饰 02.0598

radial shield 辐盾 02.1006

radial spine 放射刺 02.0064

radial trabecula 放射杆 02.0171

radianal 辐肛板 02.0955

radiation ＊辐射 01.0211

radiolaria 放射虫 02.0063

Radiolitid ＊辐射蛤类 02.0662

radius 径脉 02.0479

ramiform element 枝形分子 02.1198

ramp 齿坡 02.1190，上斜面 02.0582

Raristriatiti 少肋粉类 04.0308

Rattus ＊大鼠 03.0450

recapitulation 重演 01.0063

recapitulation law ＊重演律 01.0030

reciprocal symbiosis 互惠共生 05.0069

reclined 上斜式 02.1037

recurrent community 重现群落 05.0065

reef facies 礁相 05.0026

reentrant angle 褶沟 03.0571

reflected 翻转 02.0586

reflexed 上曲式 02.1038

refuge 避难所 01.0209

refugia species 避难种 01.0045

regulares 规则古杯类 02.0101

regular symmetry 规则对称 04.0146

regulate 皱状纹饰 04.0284

rejuvenescence 回春 02.0254

relative age 相对时代 01.0167

relative-rate test 相对速率检验 06.0027

relic 孑遗 01.0207

relict 孑遗 01.0207

relict pore 遗迹孔 02.0087

Repanomamus * 爬兽 03.0408

repichnia(拉) 爬行迹 05.0149

replica 复型 01.0147

reptiles 爬行类 03.0211

resilifer 弹体窝 02.0637

resting trace 停息迹 05.0154

retardation 延迟发育 01.0163

reticula 细网 02.1063

reticulate 网格 02.0182，网状饰纹 02.0596

reticulate sculpture 网状装饰 02.0408

reticulation 网纹 02.0379

reticulum 网纹 04.0283

Retispora lepidophyta 鳞皮网膜孢 04.0312

retrochoanitic 后颈式 02.0769

retrusive burrow 后退式潜穴 05.0132

reversed heteocercal tail 倒歪型尾 03.0073

reverse view 反面 02.1124

rhabdacanth 复羽榍 02.0250

rhabdosome 笔石体，* 复体 02.1033

Rhachophytopsida 羽裂蕨纲 04.0365

rhagon 复沟型 02.0140

rhamphorhynchoids 喙嘴龙类 03.0325

rhipidistians 扇鳍鱼类 03.0045

rhizoid 假根 04.0034

rhizome 假根 04.0034

Rhombomylus * 菱臼齿兽 03.0424

rhopaloid septum 棒锤状隔壁 02.0219

rhyniophytes 莱尼蕨类 04.0347

rib 横肋 02.0742，04.0025

Ribeirioida 利培壳目 02.0666

ridge 脊状突起 02.0388，脊，* 齿脊 02.1191，褶 02.1260

ring pillar 环柱 02.0181

rockground 石底质 05.0035

rod 棒 02.0104

Rodentia * 啮齿目 03.0422

rondel 圆锥型 04.0336

rosette 顶部梅花形构造 04.0061

rostral bone 吻骨 03.0308

rostral plate 腹边缘板 02.0326，吻片 03.0086

rostral ridge 吻脊 02.1192

rostral suture 腹边缘线 02.0327

Rostroconchia * 喙壳纲 02.0665

rostroconchs 喙壳类 02.0665

rostrum 腹鞘 02.0743，鞘 02.0771，吻部 02.1193

Rousea 罗斯粉类 04.0297

r-selection *r* 选择 01.0217

rudists 固着蛤 02.0664

ruga 壳皱 02.0843

rutellum 胎管口尖 02.1076

S

saccus 气囊 04.0239

sacral diapophysis 荐椎横突 03.0195

sacral rib 荐肋 03.0200

sacrum * 荐椎 03.0200

saddle 鞍型 04.0337

Sagenopteris 鱼网叶 04.0378

sagittal crest * 矢状脊 03.0637

sagittal keel * 矢状脊 03.0637

sagittal ridge 矢状隆起 03.0637

sagittal ring 矢环 02.0076

sagittal section 中切面 02.0043

Sahelanthropus tchadensis * 乍得撒海尔人 03.0595

salient angle 褶角 03.0570

Salientia * 跳行超目 03.0167

Saltasaurus * 萨尔塔龙 03.0290

sarcoplegma 外质内网 02.0089

sarcopterygians 肉鳍鱼类 03.0039

saurischians 蜥臀类 03.0275

sauropodomorphs 蜥脚型类 03.0290

sauropods 蜥脚类 03.0292

sauropterygians 鳍龙类 03.0228

scalariform 口视标本 02.1133

scale 鳞片 02.0535，鳞片 02.1013

scaled sculpture 鳞状装饰 02.0412

scaloposaurids * 掘兽类 03.0243

scandent 上攀式 02.1036

scape 柄节 02.0442

scaphite element 舟形分子 02.1206

scapular cotyla of coracoid 乌喙骨肩臼 03.0366

scapulocoracoid 肩胛乌喙骨 03.0077

schizochroal eye 聚合眼 02.0296

schizodont 裂齿型 02.0361，02.0623

Schizodus ＊裂齿蛤 02.0623

sciurognathous mandible 松鼠型下颌 03.0451

sciuromorpous skull 松鼠型头骨 03.0448

Sciurus ＊松鼠 03.0448

sclerite 骨片 02.1015

sclerospongians 硬海绵类 02.0097

sclerotheca 鳞板内墙 02.0235

sclerotic plate 巩膜片 03.0130

SCMJ ＊次生颅－颌关节 03.0436

scolecodont 虫颚 02.0265

scolecodont natural assemblage 虫颚原始集群 02.0266

scolecoid 曲柱状 02.0200

Scoyenia ichnofacies 斯考因迹遗迹相 05.0138

sculpture 纹饰 04.0279

Scutasporites ＊盾脊粉 04.0308

secondary branch 次生枝 02.1053

secondary craniomandibular joint ＊次生颅－颌关节 03.0436

secondary cystiphragm ＊次生泡状板 02.0814

secondary layer 次生层 02.0903

secondary palate 次生腭 03.0253

secondary radial 次辐板 02.0999

sectorial tooth 扇型齿 03.0466

secundibrach distichal 二级腕板 02.0961

seed fern 种子蕨植物 04.0373

seed-scale complex 种鳞复合体 04.0449

segminate element 单齿片分子 02.1200

segminiplanate element 单齿片台形分子 02.1201

segminiscaphite element 单齿片舟形分子 02.1202

Selaginella ＊卷柏 04.0354

Selaginellales 卷柏目 04.0354

S element S 分子 02.1233

selenizone 裂带 02.0577

selenodont 新月形齿 03.0472

semidentine 半齿质 03.0050

semi-hypsodont 单面高冠齿 03.0468

semilunar plate 半月片 03.0123

semilunate carpal 半月形腕骨 03.0375

semirelief 半迹，＊半浮雕 05.0167

sensory canal 感觉管 03.0078

septal canal 隔壁通道，＊隔壁管 02.0015

septal foramen 隔壁孔 02.0699

septal furrow 隔壁沟 02.0056

septal groove 隔壁沟 02.0216

septalium 隔板槽 02.0877

septal lamella 辐板 02.0239

septal neck 隔壁颈 02.0698

septal sterozone 隔壁厚结带 02.0221

septimembrate ［skeletal］apparatus 七分子［骨骼］器官 02.1225

septoidea ＊隔板古杯类 02.0101

septotheca 隔壁外壁 02.0259

septulum 副隔壁 02.0057

septum 隔壁 02.0014，隔板 02.0115，隔壁 02.0202

Sermayaceae ＊塞迈蕨科 04.0364

serpenticone 蛇卷壳 02.0685

serration 锯齿构造 02.0421

sessile 固着 05.0038

seximembrate ［skeletal］apparatus 六分子［骨骼］器官 02.1224

sexine 外壁外层 04.0205

Seymouria ＊西蒙螈 03.0171

shaft 锚干 02.1019

shank 锚干 02.1019

shearing surface 剪面 03.0487

shell 壳体 04.0102

shell gland 壳腺，＊小腭腺 02.0398

shelly facies 壳相 05.0027

shield 盾 04.0071

shoulder 肩 02.0583，02.1244

shovel-shaped incisor 铲形门齿 03.0658

shuotheriidans 蜀兽类 03.0404

Shuotherium ＊蜀兽 03.0404

sibling species 亲缘同形种，＊同胞种 01.0059

sicula 胎管 02.1065

sicular apertural spine 胎管口刺 02.1069

sicular cladium ＊胎管幼枝 02.1056

side plate 侧板 02.0934

sieve plate 筛板 02.0073

Signor-Lipps effect 模糊效应 01.0199

siliceous spicules 硅质骨针 02.0128

siliceous sponges 硅质海绵 02.0125

silicified wood 硅化木 01.0144

simple cone　单锥，＊单锥牙形刺　02.1199

simple process　简单突起　04.0145

simple rupture　简单裂开　04.0139

Simplicidentata　＊单门齿类　03.0422

Sinamia　＊中华弓鳍鱼　03.0036

Singhipollis　辛氏粉类　04.0294

sinistral imbrication　左旋叠瓦状　04.0082

sinoconodonts　中华尖齿兽　03.0405

Sinodelphys　＊中华袋兽　03.0416

Sinograptus　＊中国笔石　02.1091

Sinulatisporites　玻环孢类　04.0315

sinus　谷，＊沟　03.0566，缺凹　02.0578

siphon　膜管　02.1257

siphonal canal　水管沟　02.0587

siphonal lobe　＊体管叶　02.0747

Siphonochitina　＊管胞石　02.1257

Siphonodella　＊管刺　02.1186，02.1193

siphonoplax　水管板　02.0658

siphonostomatous　沟口螺形　02.0557

siphuncle　体管　02.0694

sirenian　＊海牛类　03.0435

sister group　姐妹群　01.0077

skeletal concentration　＊骨骼密集　05.0105

skeletal stromatolite　骨架叠层石　04.0013

skin color　肤色　03.0625

skinfold thickness　皮褶厚度　03.0629

Skolithos ichnofacies　石针迹遗迹相　05.0137

skolochorate　刺缩式　04.0114

skull roof　颅顶甲　03.0085

slit　裂齿　02.0533，裂口　02.0579

small shelly fossil　小壳化石　01.0140

snout-pelvis length，　吻臀距　03.0210

snout-vent length　＊吻肛距　03.0210

snowball Earth hypothesis　雪球假说　01.0173

so　颈沟　02.0289

Society for Phytolith Research　国际植硅体研究会　04.0320

socket　齿窝　02.0607，铰窝　02.0867

socket plate　铰窝板　02.0917

softground　软底质　05.0034

solitary coral　单体珊瑚　02.0188

somatometry　活体测量　03.0616

Soricidae　＊鼩鼱科　03.0463

soupground　稀底质　05.0036

southern Mongoloid　＊南亚蒙古人种　03.0612

Spathognathodus　＊窄颚齿刺　02.1179

spatulate lappet　勺形耳垂，＊勺形侧垂　02.0744

speciation　物种形成，＊成种　01.0039

species flock　近缘种集群　01.0047

species selection　物种选择　01.0216

species swarm　近缘种集群　01.0047

sphaeromorphs　球形亚类　04.0120

sphenacotontians　＊楔齿龙类　03.0237

sphenodontids　楔齿蜥类　03.0224

sphenoid angle　＊蝶骨角　03.0440

Sphenophyllales　楔叶目　04.0359

sphenopterids　楔羊齿类　04.0387

Sphenopteris　＊楔羊齿　04.0374，04.0387

spherical crenate　＊齿球型　04.0331

spherical rugose　＊皱球型　04.0330

spicules　海绵骨针，＊骨针　02.0126

spiculose fringe　针束　02.0538

spinal plate　棘片　03.0122

spine　刺　02.0390，02.1254，刺状饰纹　02.0593，壳刺　02.0839

spiracle　水孔　02.0936

spiral cell　螺旋细胞　04.0046

spiralium　腕螺　02.0884

spiral septulum　旋向副隔壁　02.0058

spiral thread　螺旋纹　02.1071

spiraperturate　螺旋状口器　04.0213

spiriferoid　石燕贝型　02.0887

spirotheca　旋壁，＊外壁　02.0049

spirotreme　螺旋状口器　04.0213

splanchnocranium　脏颅　03.0132

spondylium　匙形台　02.0888

spondylium duplex　双柱匙形台　02.0891

spondylium simplex　单柱匙形台　02.0890

spondylium triplex　三柱匙形台　02.0892

sponge　海绵　02.0093

sponges　＊海绵动物　02.0092

Spongia　＊海绵动物门　02.0091

spongiostromate fabric　孔层构造　04.0009

spongocoel　＊海绵腔　02.0137

spongy shell　海绵状壳　02.0072

spoon-shaped tooth　勺形齿　03.0311

spore and pollen　孢粉　04.0174

spore and pollen *in situ*　原位孢子花粉　04.0411

spore *in situ* 原位孢子 04.0183

S position S 位置 02.1233

SPR 国际植硅体研究会 04.0320

spur 距 02.0367

squamates 有鳞类 03.0223

squamosal ＊鳞骨 03.0175

stapes ＊镫骨 03.0155

stasipatric speciation 滞域成种 01.0040

Stauropteridales 十字蕨目 04.0367

Stauropteris ＊十字蕨 04.0367

stegocephalians 坚头类 03.0160

stegosaurians 剑龙类 03.0297

Stegosaurus ＊剑龙 03.0296

steinkern 内核 01.0131

stellate element 星状分子 02.1227

stelleroids 海星[类] 02.0924

stelliplanate element 星状台形分子 02.1228

stelliscaphite element 星状舟形分子 02.1229

stem 茎 04.0035

stem caudates ＊基干有尾类 03.0168

stem group 干群 01.0076

stem-like leaf ＊茎状叶 04.0042

stem region 干区 02.0774

stenohaline 狭盐性 05.0019

Stenolaemata 狭唇纲，＊窄唇纲 02.0784

Stenomylon ＊狭轴羊齿 04.0377

stenoproct 狭肛道类 02.0143

stenothermal 狭温性 05.0020

stephanocolpate 多沟 04.0264

stephanocolporate 多孔沟 04.0274

stephanodont 皇冠形齿 03.0480

stephanomorphs 冠形亚类 04.0128

Stephanomys ＊皇冠齿鼠 03.0480

stephanoporate 多孔 04.0254

stereospondyls ＊全椎类 03.0163

sterile pinna 裸羽片，＊营养羽片，＊不育羽片 04.0437

sternum 腹板 02.0452，盾板，＊胸板 02.0985

stigma 翅痣 02.0484

sting 螫针 02.0491

stipe 笔石枝 02.1030

stolotheca 茎胞管 02.1086

straight-haired ＊直发 03.0626

stratigraphic palynology 地层孢粉学 04.0173

streptoblastic 卷芽式 02.1107

streptospiral 扭旋式壳 02.0021

streptospiral test 绕旋式壳 02.0024

striate 条纹 02.0380

stricture 缢 02.0088

strigation 纵棱 02.0738

stromatolite 叠层石 04.0001

stromatolitic bioherm 叠层石生物礁 04.0003

stromatolitic biostrome 叠层石生物层 04.0002

stromatoporoids 层孔海绵类 02.0099

strong GAIA 强盖亚 06.0006

Strophomenida ＊扭月贝目 02.0917

stylar shelf 柱尖架，＊外架 03.0523

style 柱突 02.0817

stylet 柱突 02.0817

Stylites ＊剑韭属 04.0355

stylocone 柱尖 03.0522

stylophora ＊海柱族 02.0927

S-type tracheid S 型管胞 04.0413

subaerial stromatolite 陆上叠层石 04.0014

subcosta 亚前缘脉 02.0478

subfossil 亚化石 01.0135

submarginal plate 下缘片 03.0102

suborbital fenestra ＊眶下窗 03.0252

suborbital plate 眶下片 03.0100

suborthochoanitic 亚直颈式 02.0704

substrate 底质，＊基底 05.0032

substratum 底质，＊基底 05.0032

sulcus 槽 02.0391，中槽 02.0836

superimposed sculpture 叠网状装饰 02.0409

superior hemiseptum 上半隔板 02.0812

supernumerary teeth 多生齿 03.0668

superognathal plate 上颌片 03.0105

superomarginal 上缘板 02.1000

superorbital notch 眶上突 03.0643

supporting ring 环颈沉积 02.0723

supragenicular wall 膝上腹缘 02.1095

supraorbital sulcus 眶上沟 03.0636

supraorbital torus 眶上圆枕 03.0635

supratendinal bridge 骨质腱桥 03.0396

supratoral sulcus 圆枕上沟 03.0650

suranal plate ＊肛上板 02.0992

survivor 幸存者 01.0206

survivor-progenitor species 幸存先驱种 01.0205

suspensary scar ＊ 悬鳃痕 02.0646

suspension feeder ＊ 悬食生物 05.0054

suspensive lobe 悬叶 02.0755

sutural bone 缝间骨 03.0632

sutural lamina 缝合片 02.0531

sutural pore 缝合孔 02.0075

suture 缝合线 02.0016，02.0581，04.0077

suture line 缝合线 02.0016，04.0054

Sycidiales 直立轮藻目 04.0030

sycon 双沟型 02.0139

Sylvian crest 薛氏脊 03.0653

Sylvian sulcus ＊ 薛氏沟 03.0653

symbiont 共生者 05.0071

symbiosis 共生关系 05.0070

symmetrodontans 对齿兽类 03.0410

symmetry-transition series 对称过渡系列 02.1230

sympatric speciation 同域成种 01.0054

symplesiomorphy 共同祖征 01.0082

synaplomorphs 粘连亚类 04.0134

synapomorphy 共同衍征 01.0086

synapsids 下孔类 03.0236

synapsid skull 下孔型头骨 03.0247

synapticula 骨棒 02.0118，横梁 02.0258

synapticulotheca 横梁外壁 02.0261

synaptychus 合口盖 02.0732

synarcual 合弓 03.0134

syncolpate 合沟 04.0266

syncolporate 合孔沟 04.0275

syndetocheilic type stomata 连唇型气孔，＊ 复唇型气孔，＊ 本内苏铁型气孔 04.0455

synonym 同物异名 01.0118

synonymia ［同物］异名录，＊ 同义名录 01.0119

synoptic profile 概要纵断面 04.0017

synrhabdosome 笔石簇，＊ 笔石综体 02.1034

synsacrum 愈合荐椎 03.0358

synthetic theory ＊ 综合论 01.0033

syntype 共模 01.0103

syzygy 对关节 02.0972

T

tabella 斜板 02.0241

tabula 横板 02.0119，床板，＊ 横板 02.0244

tabular ＊ 棒骨 03.0175

tabularium 床板带 02.0246

tachygenesis 加速发生 01.0164

taenia 曲板 02.0120

Taeniaesporites ＊ 四肋粉 04.0308

Taeniodonta ＊ 纽齿类 03.0425

taeniodonts 纽齿类 03.0427

taenioidea ＊ 曲板古杯类 02.0102

taeniopterids 带羊齿类 04.0392

Taeniopteris ＊ 带羊齿 04.0392

TAI 热变指数 04.0181

tail-club 尾锤 03.0319

tail membrane 尾膜 03.0341

tail plate 尾板 02.0525

tail vane 尾翼，＊ 尾帆 03.0342

talon 跟座 03.0499

talonid 下跟座 03.0500

Tanaodon 展齿蛤 02.0613，02.0624

taphocoenosis 埋藏群落 05.0073

taphofacies 埋藏相 05.0108

taphoflora 埋藏植物群 04.0470

taphonomic feedback 埋藏反馈 05.0103

taphonomy 埋藏学，＊ 化石形成学 05.0091

tapinocephalians ＊ 獏头兽类 03.0240

tarphyceracone 触环角石式壳，＊ 塔飞角石式壳 02.0684

tarsite ＊ 跗分节 02.0462

tarsomere ＊ 跗分节 02.0462

tarsometatarsus 跗跖骨 03.0397

tarsus 跗节 02.0462

taurodont 牛齿型 03.0655

taxodioid pitting 杉型纹孔 04.0463

taxon 分类单元 01.0115

taxonomic biogeography 分类生物地理 05.0088

Taxus ＊ 红豆杉属 04.0211

tectorium 疏松层 02.0052

tectum 致密层 02.0050，覆盖层 04.0203

Tedeleaceae ＊ 特迪勒蕨科 04.0364

teeth 铰齿 02.0862

tegillum 小盖 02.0012

tegmen 覆翅 02.0469，尊盖 02.0945

tegmentum 盖层 02.0528

teleosts 真骨鱼类 03.0038

telliniform 樱蛤形 02.0401

Telmatosaurus ＊沼泽龙 03.0300

telome theory 顶枝学说 04.0442

temnospondyls 离片椎类 03.0163

temporomandibular joint ＊颞-颌关节 03.0436

tentacle 触手 02.1011

tentacle pore ＊触手孔 02.1011

tentacle scales ＊触手鳞 02.1013

Teredolites ichnofacies 船蛆迹遗迹相 05.0136

Terellinidae ＊船蛆科 02.0663

tergum 背板 02.0451

terminal axial piece 尾轴末节 02.0345

tersoid 壁外生长物 02.0121

tertiary septum 三级隔壁 02.0210

tertiopedate element 三脚状分子 02.1226

tesserae 镶嵌片 03.0082

test 壳 02.0003，壳体 04.0102

testudines 龟鳖类 03.0218

tetanurans 坚尾龙类 03.0278

tetracolpate 四沟 04.0263

tetrad 四分体 04.0217

tetrad mark 四分体痕 04.0227

tetrad scar 四分体痕 04.0227

tetrapodomorphs 四足形类 03.0042

tetrapods 四足类，＊四足动物 03.0158

tetraradiate pelvis 四射型腰带 03.0304

Tetrasaccus 四囊粉类 04.0298

tetraxons 四轴式骨针 02.0135

thalamidarim 房室带 02.0165

thalamid sponges 内室海绵 02.0145

thalattosaurians 海龙类 03.0226

thamnasterioid 互通状 02.0196

thanatocoenosis 生物尸体群落 05.0099

theca 胞管 02.1083

thecal aperture 胞管口 02.1097

thecal cladium ＊胞管幼枝 02.1056

thecal grouping 胞管束 02.1101

thecal overlapping 胞管掩盖 02.1130

thecal plate 尊板 02.0933

thecal spacing 胞管密度 02.1132

thecodontians 槽齿类 03.0234

thecodont teeth 槽生齿 03.0255

thelodonts 花鳞鱼类 03.0010

therapsids 兽孔类 03.0238

therians 兽类 03.0403

thermal alteration index 热变指数 04.0181

therocephalians 兽头类 03.0243

theropods 兽脚类 03.0276

thoracic leg 胸足 02.0454

thoracic segment 胸节 02.0329

thorax 胸室 02.0083，胸部 02.0328，02.0445

thrombolite 凝块石 06.0012

thyreophorans 盾甲龙类 03.0295

tibia 胫节 02.0461

tibiale 胫侧跗骨 03.0208

tibiofibula 胫腓骨 03.0207

tibiotarsus 胫跗骨 03.0393

Tillodonta ＊裂齿类 03.0425

tillodonts 裂齿类 03.0428

titanosuchians ＊巨鳄兽类 03.0240

TMJ ＊颞-颌关节 03.0436

tooth-like process of maxilla 上颌骨的齿状突 03.0307

topotype 地模 01.0107

torticone 塔螺式壳 02.0682

torus 圆枕 03.0647

Toumai 托麦人 03.0595

tower-shaped ＊塔型 04.0336

trabecula 羽楣 02.0248

trace fossil 遗迹化石 05.0124

tracheid ＊管胞型 04.0332

track 足迹 05.0150

trackway 行迹 05.0152

tract 壳体 04.0102

trail 拖曳部 02.0830，移迹，＊形迹 05.0153

transglabellar furrow 头鞍横沟 02.0280

transverse ridge 横脊 02.1144

trapeziform polylobate 多裂梯型 04.0323

trapeziform sinuate 波状梯型 04.0324

traumatocrinus 创口海百合 02.0929

trefoil 三叶式 03.0578

tremata 孔口 02.0516

Trepostomida 变口目 02.0786

triad 三分岔式 02.1104

triaxons 三轴式骨针 02.0134

tribosphenic tooth 磨楔式齿 03.0486

Triceratops ＊三角龙　03.0274

trichotomocolpate　三叉沟，＊三歧槽　04.0265

trichotomosulcate　三叉沟，＊三歧槽　04.0265

tricolpate　三沟　04.0262

tricolporate　三孔沟　04.0273

tricomposite　三分结合　02.0287

trigon　三角座　03.0497

Trigonia ＊三角蛤　02.0623

trigonid　下三角座　03.0498

trilete rays　三射线　04.0222

trilete spore　三缝孢　04.0223

trilobite　三叶虫　02.0274

triloculine　三玦虫式　02.0026

trimembrate [skeletal] apparatus　三分子[骨骼]器官　02.1220

trimerophytes　三枝蕨类　04.0348

triosseal canal　三骨孔　03.0364

triphyllopterids　三裂羊齿类　04.0384

Triphyllopteris ＊三裂羊齿　04.0384

triradiate pelvis　三射型腰带　03.0303

trithelodontids　＊三乳突齿兽类　03.0401

tritubercular theory　三尖齿理论　03.0482

tritylodontids　＊三列齿兽类　03.0401

trizonal　三带型　02.0253

trizygoid　三对型　04.0432

trochanter　转节　02.0459

Trochiliscales　右旋轮藻目　04.0031

trochoceroid conch　锥角石式壳　02.0681

trochospiral suture　轮旋缝　04.0142

trochospiral test　螺旋式壳　02.0023

troodontids　伤齿龙类　03.0289

trunk shield　躯甲　03.0109

Tryblidioidea　罩螺目　02.0496

Trypanites ichnofacies　钻孔迹遗迹相　05.0143

tubercles 1-9　鼠亚科齿尖　03.0572

tubercles on growth line　生长线瘤　02.0404

tuberculate enlargement along upper margin of growth line　滨生长线瘤　02.0405

tubular projection　管状突起　02.0515

tubule　管体　04.0028

Tubuliporida　管孔目　02.0785

tufa stromatolite　钙华叠层石　04.0012

tumula　瘤泡　02.0122

tunnel　通道　02.0060

tunnel gallery　通道　05.0131

turbiniform　蝶螺型　02.0563

Turbo ＊蝶螺　02.0563

turrestes　塔螺型　02.0553

turriculate　塔螺型　02.0553

Turritella ＊塔螺　02.0553

tympanic bone　＊鼓骨　03.0443

tympanic bulla　鼓泡　03.0445

tympanic ring　听骨环　03.0443

tympanohyal　＊鼓舌骨　03.0444

type genus　模式属　01.0099

type species　模式种　01.0100

type specimen　模式标本　01.0101

typical Mongoloid　＊典型蒙古人种　03.0612

tyrannosauroids　霸王龙类　03.0282

Tyrannosaurus ＊霸王龙　03.0275

U

Ullmannia ＊鳞杉　04.0403

ulnare　尺腕骨　03.0377

ulnar papillae　尺骨乳状突起　03.0373

ultradextral　极右旋　02.0554

ultramicrofossil　超微化石　01.0142

ultrasinistral　极左旋　02.0555

umbilical lobe　脐叶　02.0749

umbilical perforation　脐孔　02.0733

umbilical plug　脐塞　02.0010

umbilical seam　脐线　02.0734

umbilical shoulder　脐缘　02.0735

umbilical wall　脐壁　02.0736

umbilicus　脐　02.0009

umbo　壳顶　02.0602，02.0831

umbonal angle　壳顶角　02.0604

umbonal cavity　壳顶腔　02.0603

umbonal fold　壳顶褶曲　02.0605

Umkomasia ＊昂姆科马什叶　04.0379

unacicular hair cell　钩状毛细胞型　04.0329

uncinate process　钩状突　03.0202

under lancet plate　下剑板　02.0939

undertrack　下足迹　05.0151

unicapitate rib　单头肋　03.0199

uniformitarianism　均变论　01.0025

unilaterally hypsodont　单面高冠齿　03.0468

unilocular test　单房室壳　02.0033

unimembrate [skeletal] apparatus　单分子[骨骼]器官　02.1217

Unio　＊珠蚌　02.0610

uniserial　单列　02.1045

uniserial enamel　单系釉质　03.0593

upper beak　＊上喙骨　02.0801

Uranotheria　＊穹隆兽目　03.0435

Urnochitina　＊缸胞石　02.1256

Urochitina　＊尾胞石　02.1258

urodeles　有尾类　03.0168

uropatagium　尾膜　03.0341

urostyle　尾杆骨　03.0197

Urumqia　＊乌鲁木齐鲵　03.0171

U-shaped burrow　U 型潜穴　05.0130

utricle　外壳　04.0060

V

vagile　游移　05.0037

valve structure　壳瓣构造　02.0369

valvulae　＊产卵瓣　02.0489

variation　变异　01.0227

varix　轴向粗脊，＊横粗脊　02.0588

vascular bundle scar　维管束痕，＊束痕　04.0420

vascular marking　＊脉管痕　02.0898

vein　翅脉　02.0473

velate structure　缘膜构造　02.0368

venation　脉序，＊脉相　02.0476

ventral　腹侧　02.1126

ventral arm plate　腹腕板　02.1009

ventral cranial fissure　内颅腹裂　03.0141

ventral edge　腹缘　02.0506

ventral groove　腹沟　02.0775

ventral lobe　腹叶　02.0747

ventral part　腹部　02.0504

ventral ridge　＊腹脊　02.0388

ventral root of sac　气囊腹基，＊气囊远极基　04.0246

ventral saddle　腹鞍　02.0757

ventral tubercule of humerus　肱骨腹结节　03.0371

ventral valve　腹壳　02.0823

vermes　蠕形动物　02.0262

verruca　疣饰　04.0144

Verrusaccus　瘤囊粉类　04.0300

vertebral laminae　椎板　03.0314

vertebrate palaeontology　古脊椎动物学　01.0008

vertex　头顶，＊颅顶　02.0426

vesicle　泡沫板　02.0123，＊泡状体　02.0815，壳体　02.1237，膜壳　04.0135，气囊　04.0239

vesicle cavity　膜壳腔　04.0136

vesicular tissue　泡状组织　02.0815

vestibules　前厅　02.0373

vestibulum　孔室　04.0256

vicariance　隔离分化　01.0050

vicariance speciation　＊隔离分化成种　01.0057

virgella　胎管刺　02.1068

virgula　中轴　02.1079

virgular sac　轴囊　02.1110

visceral cavity　体腔　02.0828

visceral disc　体腔区　02.0829

Voltziales　伏脂杉目　04.0403

vomer　犁骨，＊锄骨　03.0142

vomerine tooth row　犁骨齿列　03.0177

W

wall　壳壁　02.1238，壁　04.0023

wavy/frizzy-haired　＊波状/卷发　03.0626

weak GAIA　弱盖亚　06.0005

wear crater　磨坑　03.0496

Weng'an fauna　瓮安动物群　01.0182

Westoll-line　韦氏线　03.0061

Williamsoniaceae ＊威廉姆逊科 04.0399

Wiman rule 维曼规律 02.1103

wing 翅 02.0465

wing digit 翼指骨 03.0335

wing membrane 翼膜 03.0338

wing metacarpal 翼掌骨 03.0334

wing phalanx 翼指节 03.0336

wishbone 叉骨 03.0367

Wodehouseia 沃氏粉类 04.0288

woolly-haired ＊羊毛状发 03.0626

X

Xenugulata ＊异蹄目 03.0434

Y

Yangtzeconioidea 扬子目 02.0495

Youngolepis ＊杨氏鱼 03.0041

Yuanansuchus ＊远安鲵 03.0164

Yuania ＊卵叶 04.0372

Z

Zalambdaletids ＊重褶齿猥类 03.0420

zalambdodont 重褶形齿 03.0477

Zhangheotherium ＊张和兽 03.0410

zoarium 硬体 02.0790

zoecium 虫室 02.0792

zone fossil 带化石 01.0149

zone of recessive basal margin 底缘退缩带 02.1160

zooid 个虫 02.0791

Zoophycos ichnofacies 动藻迹遗迹相 05.0141

zosterophytes 工蕨类 04.0349

zygodont 轭形齿 03.0476

Zygopteridales 对叶蕨目 04.0363

zygote 合子 02.0031

zygous basal plate 对底板 02.0951

汉 英 索 引

A

阿尔班螈类　albanerpetontids　03.0170

阿兰德鱼类　arandaspids　03.0006

阿瓦拉慈龙类　alvarezsaurids　03.0286

埃迪卡拉动物群　Ediacara fauna　01.0184

矮型　nanism　05.0016

艾伦法则　Allen's rule　01.0036

* 艾伦律　Allen's rule　01.0036

安加拉植物群　Angara flora, Angaran flora　04.0393

氨基酸地层学　amino stratigraphy　06.0033

氨基酸生物地球化学　biogeochemistry of amino acids　06.0034

氨基酸外消旋年代测定　amino acid racemization dating 06.0035

鞍前区　preglabellar area　02.0302

鞍型　saddle　04.0337

* 昂姆科马什叶　Umkomasia　04.0379

* 盎格兰植物群　Angara flora, Angaran flora　04.0393

凹痕　notch　02.0384

凹坑状装饰　cavernous sculpture　02.0414

凹线沟　pit-line　03.0079

* 奥卡姆剃刀　Ockham's razor　01.0089

奥陶纪大辐射　Ordovician radiation　01.0187

奥泽克刺目　Ozarkodinida　02.1140

B

* 霸王龙　Tyrannosaurus　03.0275

霸王龙类　tyrannosauroids　03.0282

白垩兽类　cimolestans　03.0425

* 白垩兽类　Cimolestidae　03.0425

白垩质　cement　03.0590

白令陆桥　Bering land bridge　01.0233

柏式纹孔　cupressoid pitting　04.0462

斑点　punctate　02.0381, macula　02.0809

* 斑鳞鱼　Psarolepis　03.0039

瘢痕　cicatricose　04.0230

板内式　intratabular　04.0115

板鳃类　elasmobranchs　03.0020

板缘式　penitabular　04.0116

板状壳　platycone　02.0691

半齿质　semidentine　03.0050

* 半浮雕　semirelief　05.0167

半隔板　hemiseptum　02.0811

半迹　semirelief　05.0167

半颈式　hemichoanitic　02.0707

半脐型　hemiomphalous　02.0561

半鞘翅　hemielytron　02.0471

半索动物门　Hemichordata　02.1021

半形态对称　hemimorphic symmetry　04.0159

半缘型壳　hemiperipheral shell　02.0914

半月片　semilunar plate　03.0123

半月形腕骨　semilunate carpal　03.0375

瓣甲鱼类　petalichthyids　03.0017

* 瓣鳃类　lamellibranchs　02.0600

傍人　Paranthropus　03.0599

棒　bar, rod　02.0104

棒锤状隔壁　rhopaloid septum　02.0219

* 棒骨　tabular　03.0175

棒轮藻科　Clavatoraceae　04.0033

棒纹　baculum　04.0281

棒纹粉类　Clavatipollenites　04.0290

棒形齿　pencil-shaped tooth　03.0310

包囊　cyst　02.0039

包壳　encrustation　01.0231

* 包氏兽类　baurids　03.0243

包围细胞　enveloping cell　04.0047

* 包芽式　pericalycal type　02.1105
孢粉　spore and pollen　04.0174
孢粉类型　palynomorph　04.0178
孢粉图谱　palynogram, pollen diagram　04.0177
* 孢粉图式　palynogram, pollen diagram　04.0177
孢粉相　palynofacies　04.0180
孢粉学　palynology　04.0169
孢粉植物群　palynoflora　04.0182
孢粉组合　palynological assemblage　04.0176
苞片　bract　02.0105
胞管　theca　02.1083
胞管间壁　interthecal septum　02.1061
胞管口　thecal aperture　02.1097
胞管密度　thecal spacing　02.1132
胞管倾角　inclined angle　02.1131
胞管束　thecal grouping　02.1101
胞管掩盖　thecal overlapping　02.1130
* 胞管幼枝　thecal cladium　02.1056
* 胞石　chitinozoans　02.1234
胞外聚合物　extracellular polymeric substance，EPS
　04.0015
薄壁区　leptoma　04.0224
* 薄果穗　*Leptostrobus*　04.0400
* 抱握器　harpagones　02.0490
杯环孢类　Patellisporites　04.0316
杯腔　cup　02.1169
杯体　cup　02.0108
北楔齿兽类　boreosphenidans　03.0414
北柱兽类　arctostylopids　03.0433
贝格曼法则　Bergmann's rule　01.0037
* 贝格曼律　Bergmann's rule　01.0037
背鞍　dorsal saddle　02.0758
背板　tergum, notum　02.0451
背边缘内面线　dorsal intramarginal suture　02.0311
背部　dorsal part　02.0503
背侧　dorsal　02.1127
背腹压缩旋环　depressed whorl　02.0728
背棘鱼型鳞　*Nostolepis* type scale　03.0068
背脊　dorsal ridge　02.0505
* 背脊　dorsal ridge　02.0388
背角　dorsal angle　02.0378
* 背景灭绝　background extinction　01.0198
背壳　dorsal valve　02.0824
背三角板　chilidium　02.0859

背三角孔　notothyrium　02.0858
背腕板　dorsal arm plate　02.1008
背叶　dorsal lobe　02.0750
被层　ectophram　04.0099
被唇纲　Phylactolaemata　02.0780
被动充填　passive fill　05.0162
被囊　encyst　04.0100
被腔　ectocoel　04.0098
* 本内苏铁纲　Bennettitopsida　04.0399
* 本内苏铁型气孔　syndetocheilic type stomata
　04.0455
本体　corpus　04.0235
鼻额点　nasion　03.0438
鼻间片　internasal plate　03.0087
鼻眶前孔　nasoantorbital fenestra　03.0333
鼻旁隆起　paranasal ridge　03.0651
鼻中隔　nasal septum　03.0441
笔石　graptolite　02.1023
笔石簇　synrhabdosome　02.1034
笔石纲　Graptolithina　02.1022
* 笔石纲　Graptolithina　02.1021
笔石体　rhabdosome　02.1033
笔石体复杂化　complication of rhabdosome　02.1035
笔石枝　stipe　02.1030
* 笔石综体　synrhabdosome　02.1034
* 闭壳肌　adductor muscle　02.0354
闭[壳]肌痕　adductor scar　02.0641，02.0897
闭锥　phragmocone　02.0672
壁　wall　04.0023
壁侧沉积　mural deposits　02.0722
壁唇　parietal lip　02.0565
壁分离　mural separation　04.0154
壁后沉积　hyposeptal deposits　02.0721
壁间　intervallum　02.0112
壁间室　interseptum　02.0113
壁龛式分叉　niche with projection　04.0022
壁孔　mural pore　02.0224
壁前沉积　episeptal deposits　02.0720
壁外生长物　tersoid　02.0121
壁旋褶　parietal fold　02.0571
避难所　refuge　01.0209
避难种　refugia species　01.0045
臂　arm　02.0078
* 臂膜　membrane of arm　03.0340

边域成种　peripatric speciation　01.0041

边缘隔离居群　peripherally isolated population
　01.0052

边缘沟　border furrow　02.0300

边缘孔　marginal pore　02.0819

边缘面线　marginal suture　02.0310

边缘索　marginal cord　02.0018

鞭节　flagellum　02.0444

鞭毛室　flagellate chamber　02.0152

鞭毛室出水孔　apopyle　02.0153

鞭毛室入水孔　prosopyle　02.0151

扁平肛道类　platyproct　02.0144

扁体亚类　platymorphs　04.0130

扁芽式　platycalycal type　02.1106

变凹型椎体　anomocoelous centrum　03.0189

变口目　Trepostomida　02.0786

变态　metamorphosis　03.0172

变态叶　aphlebia　04.0438

* 变形颚刺　*Amorphognathodus*　02.1179

变异　variation　01.0227

标志化石　index fossil　01.0150

* 表壁　epitheca　02.0185

* 表层咬肌　*m. superficialis*　03.0447

* 表迹　exichnia(拉)，ichnion(拉)　05.0168

表膜　pellicle　02.0116

表皮　periderm　02.1113

* 表栖动物　epifauna　05.0041

表栖附生　epibiosis　01.0230

表壳　cortical shell　02.0066

表壳层　periostracum　02.0527，02.0901

表生底栖　epibenthos　05.0040

表生动物　epifauna　05.0041

* 表现型　phenotype　01.0091

表型　phenotype　01.0091

表型单元　phenon　01.0090

* 表征群　phenon　01.0090

表征图　phenogram　01.0092

滨齿兽类　aegialodontids　03.0412

滨生长线瘤　tuberculate enlargement along upper margin
　of growth line　02.0405

* 柄蕈虫类　pedicellinds　02.0778

柄节　scape　02.0442

柄细胞　pedicel cell　04.0049

* 并齿蚶　*Parallelodon*　02.0622

并系[性]　paraphyly　01.0073

并胸腹节　propodeum　02.0487

* 波状/卷发　wavy/frizzy-haired　03.0626

波状梯型　trapeziform sinuate　04.0324

玻环孢类　Sinulatisporites　04.0315

哺乳动物　mammals　03.0400

哺乳动物型动物　mammaliamorphs　03.0401

捕食迹　predation trace　05.0146

* 不等型气孔　anisocytic type stomata　04.0457

不飞鸟　*Diatryma*　03.0355

不规则古杯类　irrregulares　02.0102

* 不育羽片　sterile pinna　04.0437

* 布氏球藻类　braarudosphaerids　04.0068

步带板　ambulacral plate　02.0930

C

残体群落　liptocoenosis　01.0223

藏精器　antheridium　04.0045

藏卵器　oogonium　04.0044

槽　sulcus　02.0391

槽齿类　thecodontians　03.0234

槽生齿　thecodont teeth　03.0255

侧鞍　lateral saddle　02.0759

侧板　pleuron　02.0453，side plate　02.0934

* 侧壁孔　areole, areola, areolar pore, lateral punctation
　02.0819

侧部　lateral area　02.0543

侧齿　lateral tooth　02.0611

侧分枝　lateral branching　02.1054

侧隔板　lateral septum　02.0866

侧隔壁　alar septum　02.0206

* 侧痕　parichnos cicatricule　04.0421

侧口盾　adoral plates　02.1007

侧联合　lateral commissure　03.0145

侧内沟　alar fossula　02.0215

侧颞孔　lateral temporal fenestra　03.0249

侧片　lateral plate　03.0092

侧区　lateral field　03.0084

侧生齿　pleurodont teeth　03.0257

侧视螺旋环数　number of convolutions　04.0051

侧腕板　lateral arm plate　02.1010

侧叶　lateral lobe　02.0748

侧缘　flank　02.1245

* 侧枕裂　lateral occipital fissure　03.0140

侧重咬合　active occlusion　03.0485

侧椎体　pleurocentrum　03.0185

参差型椎体　diplasiocoelous centrum　03.0190

层孔海绵类　stromatoporoids　02.0099

层理　laminae　04.0016

层状纤维结构　lamello-fibrillar structure　02.0518

叉板　forked plate　02.0940

* 叉刺　pedicellaria　02.0978

叉骨　furcula, wishbone　03.0367

叉骨突　hypocleidum　03.0368

叉棘　pedicellaria　02.0978

* 叉叶　*Dicranophyllum*　04.0402

叉叶纲　Dicranophyllopsida　04.0402

* 叉叶目　Dicranophyllales　04.0402

插入式　insert　02.0995

* 插入学说　antithetic theory　04.0444

* 产卵瓣　valvulae　02.0489

产卵器　ovipositor　02.0489

铲形门齿　shovel-shaped incisor　03.0658

* 长鼻类　proboscidea　03.0435

长颈式　macrochoanitic　02.0708

* 长松　*Pinus cembra*　04.0248

* 肠腮纲　Enteropneusta　02.1021

超层　exophragm　04.0118

超期发生　hypermorphosis　01.0156

超倾型　hypercline　02.0856

超微化石　nannofossil, ultramicrofossil　01.0142

* 成囊　encyst　04.0100

* 成种　speciation　01.0039

澄江生物群　Chengjiang biota　01.0183

驰龙类　dromaeosaurids　03.0288

匙形台　spondylium　02.0888

尺骨乳状突起　ulnar papillae, quill knobs　03.0373

尺腕骨　ulnare　03.0377

齿板　dental plate　02.0863

* 齿杯　cup　02.1169

* 齿槽　alveolar　03.0255

齿层　lamella　02.1178

* 齿串　cluster　02.1161

齿带　cingulum　03.0502

齿拱　arch　02.1148

齿沟　furrow　02.1174

齿骨 – 鳞骨关节　dentary-squamosal joint　03.0436

齿冠　crown　02.1168

齿脊　carina　02.1159

* 齿脊　ridge　02.1191

齿菊石式缝合线　ceratitic suture　02.0764

齿列　dentition　03.0459

* 齿鳞质　cosmine　03.0052

齿耙　bar　02.1152

齿片　blade　02.1158

齿坡　ramp　02.1190

* 齿球型　spherical crenate　04.0331

齿式　dental formula　02.0615，03.0458

齿台　platform　02.1184

齿突　process　02.1185

齿窝　socket　02.0607

齿系　dentition　02.0614

齿隙　diastema　03.0460

* 齿虚位　diastema　03.0460

* 齿羊齿　*Odontopteris*　04.0389

齿羊齿类　odontopterids　04.0389

齿叶　lobe　02.1179

齿垣　parapet　02.1189

* 齿缘　cingulum　03.0502

齿质　dentine　03.0047，03.0589

* 齿质鳞　cosmoid scale　03.0059

齿轴　axis　02.1151

* 齿锥　cusp　02.1170

耻骨前突　prepubic process　03.0320

赤道　equator　04.0162，04.0187

赤道部　ambitus　02.0976

赤道环　cingulum　04.0190

赤道轮廓　amb　04.0186

赤道面　equatorial plane　04.0188

赤道轴　equatorial axis　04.0189

翅　wing　02.0465

翅骨　pteroid　03.0337

翅脉　vein　02.0473

翅室　cell　02.0485

* 翅胸　pterothorax　02.0450

翅痣　pterostigma, stigma　02.0484

虫颚　scolecodont　02.0265

虫颚原始集群　scolecodont natural assemblage　02.0266

虫室　gallery　02.0178，zoecium　02.0792

* 虫体泡状板　polypide cystiphragm　02.0814

重现群落　recurrent community　05.0065

重演　recapitulation　01.0063

* 重演律　recapitulation law　01.0030

* 重褶齿猬类　Zalambdaletids　03.0420

重褶形齿　zalambdodont　03.0477

出水管　exhalent siphon　02.0510

出水管道区　apochete　02.0154

* 出水后院区　apochete　02.0154

出水孔　apopore　02.0155

出水口　oscule　02.0157

初房　proloculus　02.0007

初个虫　primary zooid　02.0795

初龙型类　archosauromorphs　03.0232

* 初生泡状板　primary cystiphragm　02.0814

* 初芽　initial bud　02.1082

* 初螈　Chunerpeton　03.0168

初针　crepis　02.0129

* 锄骨　vomer　03.0142

锄形分子　dolabrate element　02.1196

雏形种　incipient species　01.0044

触环角石式壳　tarphyceracone　02.0684

触角　antenna　02.0441

触区　adnation area, adnated area　02.0709

触手　tentacle　02.1011

* 触手冠类动物　lophophorate　02.0822

* 触手孔　tentacle pore　02.1011

* 触手鳞　tentacle scale　02.1013

穿孔型隔壁　perforate septum　02.0220

穿孔中央板　perforated central plate　04.0084

船蛆遗迹相　Teredolites ichnofacies　05.0136

* 船蛆科　Terellinidae　02.0663

串孔　cuniculus, cuniculi　02.0062

* 窗格目　Fenestellida　02.0783

窗孔管　fenestrated tubule　02.0071

窗孔目　Fenestrida　02.0783

床板　tabula　02.0244

床板带　tabularium　02.0246

床板内墙　cyathotheca　02.0236

创口海百合　traumatocrinus　02.0929

创始者效应　founder effect　01.0053

垂直毛细管　normal pore canal　02.0374

垂直咬合　orthal occlusion　03.0483

唇　lip　02.1247，labrum　04.0225

唇板　labrum　02.0984

唇瓣　hypostome　02.0321

唇瓣线　hypostomal suture　02.0322

唇基　clypeus　02.0428

茨康目　Czekanowskiales　04.0400

* 茨康叶　Czekanowskia　04.0400

* 茨康叶目　Czekanowskiales　04.0400

* 次凹　hypofossette　03.0556

次辐板　secondary radial　02.0999

次沟　hypostria　03.0564

次尖　hypocone　03.0509

次生层　secondary layer　02.0903

次生腭　secondary palate　03.0253

* 次生颅 – 颌关节　secondary craniomandibular joint, SCMJ　03.0436

* 次生泡状板　secondary cystiphragm　02.0814

次生枝　secondary branch　02.1053

次褶　hypoflexus　03.0556

刺　spine　02.0390，02.1254

刺棒长细胞型　elongate echinate long cell　04.0325

刺串　cluster　02.1161

* 刺孔　acanthopore　02.0818

刺粒型　globular echinate　04.0331

刺毛海绵类　chaetetids　02.0098

刺球类　hystrichospheres　04.0091

刺缩式　skolochorate　04.0114

刺网　lacinia　02.1064

刺纹　echinus　04.0282

刺吸式口器　piercing-sucking mouthparts　02.0438

刺柱突　acanthostyle　02.0818

刺状隔壁　acanthine septum　02.0218

刺状饰纹　spine　02.0593

丛状　fasciculate　02.0191

粗层　latilamina　02.0176

* 粗饰蚶　Anadara　02.0622

* 脆草　charophyte　04.0029

* 锉棘鱼　Ischnacanthus　03.0026

锉棘鱼类　ischnacanthiforms　03.0026

D

达尔文学说　Darwinism　01.0023

* 达尔文主义　Darwinism　01.0023

大鼻龙类　captorhinids　03.0214

大骨针　megasclere　02.0131

大化石　macrofossil　01.0138

大块浸解　bulk maceration　01.0152

大肋节　macropleural segment　02.0335

* 大灭绝　mass extinction　01.0200

大手指　major digit　03.0386

* 大鼠　Rattus　03.0450

大头鲵类　capitosaurids　03.0164

大网　clathria　02.1062

大尾型三叶虫　macropygous　02.0344

大西洋陆桥　Atlantic land bridge　01.0232

大型叶　megaphyll　04.0440

大一头沉孢类　Macrotorispora　04.0314

* 大羽羊齿　Gigantopteris　04.0398

大羽羊齿目　Gigantopteridales　04.0383

大羽羊齿植物群　Gigantopteris flora　04.0398

大掌骨　major metacarpal　03.0382

带化石　zone fossil　01.0149

带线　fasciole　02.0979

* 带羊齿　Taeniopteris　04.0392

带羊齿类　taeniopterids　04.0392

带羽毛恐龙　feathered dinosaurs　03.0305

袋角石式壳　ascoceroid conch　02.0688

单板类　Monoplacophora　02.0493

单孢体　monad　04.0215

* 单壁　autophragm　04.0095

* 单壁古杯类　monocyathea　02.0101

* 单槽　monocolpate, monosulcate　04.0260

单齿片分子　segminate element　02.1200

单齿片台形分子　segminiplanate element　02.1201

单齿片舟形分子　segminiscaphite element　02.1202

单唇型气孔　haplocheilic type stomata　04.0454

单带型　monozonal　02.0251

单房室壳　unilocular test　02.0033

单分子[骨骼]器官　unimembrate [skeletal] apparatus
　02.1217

单缝孢　monolete spore　04.0221

单沟　monocolpate, monosulcate　04.0260

单沟型　ascon　02.0138

单环式　monocyclic　02.0973

单孔　monoporate　04.0252

单口盖　anaptychus　02.0730

单肋式　monopleural type　02.1046

单列　uniserial　02.1045

* 单门齿类　Simplicidentata　03.0422

单面高冠齿　semi-hypsodont, unilaterally hypsodont
　03.0468

* 单囊　autoblast, autocyst　04.0094

单[气]囊　monosaccate　04.0240

* 单体　corallite　02.0190

单体珊瑚　solitary coral　02.0188

单头肋　unicapitate rib, monocephalous rib　03.0199

* 单网羊齿　Gigantonoclea　04.0398

单维管束双囊粉型　haploxylonoid　04.0248

单系[性]　monophyly　01.0072

单系釉质　uniserial enamel　03.0593

单眼　ocellus　02.0440

单羽槠　monacanth　02.0249

单元期　haploid　02.0028

单轴式骨针　monaxon　02.0133

单柱匙形台　spondylium simplex　02.0890

单柱类　monomyarian　02.0645

单锥　simple cone　02.1199

* 单锥牙形刺　simple cone　02.1199

单籽体　monosperm　04.0445

蛋形亚类　ovimorphs　04.0124

倒歪型尾　reversed heterocercal tail　03.0073

等极　isopolar　04.0198

等列层　isopedin　03.0066

等尾型三叶虫　isopygous　02.0343

等柱类　homomyarian, isomyarian　02.0643

* 镫骨　stapes　03.0155

低冠齿　brachyodont　03.0470

底　base　02.1243

底板　basal plate　02.0187, 02.1156, basal　02.0946

底表生物　epibiont　05.0077

底层　basal layer　02.0806

底刺　basal spine　02.1100

底迹　hyporelief　05.0166

底孔　basal pore，basal orifice　04.0058

底内动物　infauna，endofauna　05.0043

底内植物［群］　inflora，endoflora　05.0044

底盘　basal disc　02.1111

底塞　basal plate　04.0059

底突　mucron　02.1261

底缘　margin　02.1242

底缘退缩带　zone of recessive basal margin　02.1160

底质　substrate，substratum　05.0032

底柱　basal pillar　03.0587

底锥　basal cone　02.1154

地层孢粉学　stratigraphic palynology　04.0173

* 地理成种　geographic speciation　01.0055

地模　topotype　01.0107

地球生理学　geophysiology　06.0003

地球生态学　geoecology　06.0019

地球生物学　geobiology　06.0001

地球微生物学　geomicrobiology　06.0002

* 地生理盖亚　geophysiological GAIA　06.0006

* 地生理学　geophysiology　06.0003

* 地史时期　geological time　01.0166

* 地微生物学　geomicrobiology　06.0002

地猿　*Ardipithecus*　03.0596

地质类脂物　geolipid　06.0015

地质时代　geological age　01.0165

地质时期　geological time　01.0166

* 地质微生物学　geomicrobiology　06.0002

* 递进法则　progression rule　01.0027

第三臼齿先天缺失　congenital absence of third molar　03.0669

第四纪孢粉学　Quaternary palynology　04.0172

* 典型蒙古人种　typical Mongoloid　03.0612

点断平衡　punctuated equilibrium　01.0032

* 垫区　adnation area，adnated area　02.0709

雕画迹　graphoglyptid trace　05.0157

* 雕囊海林檎类　glyptocystitida　02.0938

调孔型头骨　euryapsid skull　03.0248

叠层石　stromatolite　04.0001

叠层石生物层　stromatolitic biostrome　04.0002

叠层石生物礁　stromatolitic bioherm　04.0003

叠覆　overlap　02.0392

叠网状装饰　superimposed sculpture，overlapping sculpture　02.0409

* 蝶骨角　sphenoid angle　03.0440

顶部梅花形构造　rosette　04.0061

顶峰群落　climax community　05.0063

* 顶极群落　climax community　05.0063

顶甲　parietal shield　03.0146

顶尖　apex　02.1147

顶角　apical horn　02.0086

顶孔　apical pore，apical orifice　04.0057

顶孔低平区　obelic depression　03.0641

顶系　apical system　02.0991

顶枝学说　telome theory　04.0442

顶质　acrodine　03.0054

定向　orientation　05.0014

动物群　fauna　01.0221

动物遗迹群　ichnofauna　05.0126

动藻迹遗迹相　*Zoophycos* ichnofacies　05.0141

胴甲鱼类　antiarchs　03.0018

斗坑　embrasure cavity　03.0495

斗隙　embrasure　03.0494

豆石介目　Leperditicopida　02.0349

痘痕　pit　02.0382

独模　monotype　01.0109

独有衍征　autapomorphy　01.0087

端生齿　acrodont teeth　03.0256

短粗壳　brevicone　02.0687

短颈式　ellipochoanitic　02.0767

* 短胸节甲鱼类　brachythoracids　03.0016

对部　counter quadrant　02.0212

对侧隔壁　counter-lateral septum　02.0207

对称过渡系列　symmetry-transition series　02.1230

对齿兽类　symmetrodontans　03.0410

对底板　zygous basal plate　02.0951

对隔壁　counter septum　02.0205

对关节　syzygy　02.0972

对弧亚类　diacromorphs　04.0125

对内沟　counter fossula　02.0214

对叶蕨目　Zygopteridales　04.0363

对转子　antitrochanter　03.0392

* 对锥齿兽类　Didymoconidae　03.0425

盾　shield　04.0071

盾板　plastron，sternum　02.0985

* 盾脊粉　*Scutasporites*　04.0308

盾甲龙类　thyreophorans　03.0295

盾鳞　placoid scale　03.0060

盾皮鱼类　placoderms　03.0015

盾纹面　escutcheon　02.0629

* 盾籽　*Peltaspermum*　04.0380

盾籽目　Peltaspermales　04.0380

钝肛道类　amblyproct　02.0141

* 钝脚类　Amblypoda　03.0429

楯齿龙类　placodontians　03.0229

多板类　Polyplacophora　02.0520

多成分　multielement　02.1215

* 多颚刺　*Polygnathus*　02.1145，02.1193

多房室壳　multilocular test　02.0035

多分体　polyad　04.0218

多分枝分子　multiramate element　02.1214

* 多分子　multielement　02.1215

多分子[骨骼]器官　multimembrate [skeletal] apparatus
　02.1218

多沟　stephanocolpate　04.0264

多甲藻类　peridinioids　04.0092

多角亚类　polygonomorphs　04.0123

多角柱状　ceroid　02.0195

多孔　stephanoporate　04.0254

多孔动物　poriferans　02.0092

多孔动物门　Porifera　02.0091

多孔粉类　Polyporites　04.0296

多孔沟　stephanocolporate　04.0274

多肋粉类　Multistriatiti　04.0309

* 多裂片型　polylobate　04.0323

多裂梯型　trapeziform polylobate　04.0323

多裂圆柱型　cylindrical polylobate　04.0322

* 多铃型　polylobate　04.0322

多瘤齿兽类　multituberculates　03.0409

多毛类　polychaete　02.0264

多囊植物　polysporangiophyte　04.0343

* 多鳍鱼　*Polypterus*　03.0030，03.0032

多鳍鱼类　polypteriforms　03.0032

多[气]囊　multisaccate　04.0242

多生齿　hyperodontia, supernumerary teeth　03.0668

多系[性]　polyphyly　01.0074

多形　polymorph　02.0800

多旋壳　multispiral　02.0551

多枝笔石体　multiramous rhabdosome　02.1031

多轴式骨针　polyaxons　02.0136

E

* 蛾螺　*Buccinum*　02.0562

蛾螺型　bucciniform　02.0562

额　frons，front　02.0425

额顶窗　frontoparietal fenestra　03.0176

额顶骨　frontoparietal　03.0174

额间缝　metopic suture　03.0439

额外肩胛骨　extrascapular plate　03.0108

轭脉　jugal vein　02.0483

轭形齿　zygodont　03.0476

萼　calyx　02.0942

萼板　thecal plate　02.0933

萼杯　dorsal cup, aboral cup　02.0943

萼部　calice　02.0183

萼盖　operculum　02.0184, tegmen　02.0945

腭方软骨　palatoquadrate cartilage　03.0156

腭骨齿　palatal tooth　03.0178

腭旋褶　palatal fold　02.0572

颚　jaw　02.1012

* 颚齿刺　*Gnathodus*　02.1169

* 颚肌　mandibular muscle　02.0354

鳄类　crocodilians　03.0235

* 鳄龙类　champsosaurids　03.0220

耳凹　otic notch　03.0175

耳翼　ears　02.0827

耳枕裂　otico-occipital fissure　03.0140

耳枕区　otico-occipital　03.0136

* 耳柱骨　columella　03.0155

* 二叉羊齿　*Dicroidium*　04.0379

二齿兽类　dicynodontians　03.0242

二分体　dyad　04.0216

二级隔壁　minor septum　02.0209

二级腕板　secundibrach distichal　02.0961

* 二肋粉　*Lueckisporites*　04.0308

F

* 法兰克福平面　Frankfurt horizontal plane　03.0618

* 珐琅质　enamel　03.0588

* 发髻状隆起　chignon bun-like structure　03.0638

发型　hair form　03.0626

帆翼龙类　istiodactylids　03.0330

翻吻　introvert　02.0271

翻转　reflected　02.0586

反称笔石类　anisograptids　02.1026

反基腔　basal cavity inverted　02.1153

反口极　antiapertural pole　02.1249

反口面　abactinal surface　02.0932

* 反口视　aboral view　02.0950

反面　reverse view　02.1124

反鸟类　enantiornithine　03.0345

反前刺　antecrochet　03.0585

方骨－关节骨关节　quadrate-articular joint　03.0437

方形叶状　quadra-lobate　04.0338

房室　chamber, loculus　02.0008, chamber　02.0164

房室带　thalamidarim　02.0165

* 纺锤虫　fusulinid　02.0040

纺锤结构　fusellar fabric　02.1118

纺锤条　fuselli　02.1117

纺锤组织　fusellar tissue　02.1116

放射虫　radiolaria　02.0063

放射刺　radial spine　02.0064

放射杆　radial trabecula　02.0171

* 放射后院出水区　radial apochete　02.0169

放射脊　radial ridge, radial carina　02.0416, radial ridge
　02.1164

放射梁　radial beam　02.0074

放射毛细管　radial pore canal　02.0375

放射壳饰　radial sculpture　02.0598

放射线脊装饰　radial lirae sculpture　02.0410

放射状出水管道区　radial apochete　02.0169

非哺乳动物的哺乳动物形动物　nonmammalian
　mammaliaforms　03.0402

非测量特征　non-metric feature　03.0630

非腔式　acavate　04.0105

* 非力克鱼类　phlyctaeniids　03.0016

腓侧跗骨　fibulare　03.0209

肺鱼类　dipnoans　03.0043

肺鱼形类　dipnomorphs　03.0041

分类单元　taxon　01.0115

分类阶元　category　01.0111

分类生物地理　taxonomic biogeography　05.0088

α 分类学　alpha taxonomy　01.0112

β 分类学　beta taxonomy　01.0113

γ 分类学　gamma taxonomy　01.0114

分散　disarticulation　05.0097

分散孢子　dispersal spore　04.0184

分散角　angle of divergence　02.1123

分腕板　axillary　02.0959

分支　clade　01.0070

* 分支图　cladogram　01.0071

分支系统学　cladistics　01.0069

分枝型　dentritic　04.0334

M 分子　M element　02.1232

P 分子　P element　02.1231

S 分子　S element　02.1233

分子古生物学　molecular palaeontology　06.0022

分子化石　molecular fossil　06.0024

分子埋藏学　molecular taphonomy　05.0093

分子钟　molecular clock　06.0025

粪化石　coprolite　01.0143

粪粒　fecal pellet　05.0161

* 风神翼龙　*Quetzalcoatlus*　03.0332

蜂巢层　keriotheca　02.0053

缝合孔　sutural pore　02.0075

缝合片　sutural lamina　02.0531

缝合线　suture, suture line　02.0016, suture　02.0581,
　suture line　04.0054, suture　04.0077

缝间骨　sutural bone　03.0632

佛罗里斯人　*Homo floresiensis*　03.0609

肤色　skin color　03.0625

* 跗分节　tarsite, tarsomere　02.0462

跗间关节　intratarsal joint　03.0272

跗节　tarsus　02.0462

跗跖骨　tarsometatarsus　03.0397

跗跖骨远端血管孔　distal vascular foramen of
　tarsometatarsus　03.0399

孵育囊　brood pouch　02.0365
弗氏粉类　Florinites-group　04.0307
伏脂杉目　Voltziales　04.0403
浮胞　floating vesicle　02.1109
浮泡　calymma　02.0090
辐板　septal lamella　02.0239，radial　02.0954
辐盾　radial shield　02.1006
辐肛板　radianal　02.0955
辐鳍鱼类　actinopterygians　03.0029
* 辐射　radiation　01.0211
* 辐射蛤类　Radiolitid　02.0662
* 辐纹鱼类　actinolepidoids　03.0016
* 斧足类　pelecypods　02.0600
辅刺　by-spine　02.0069
辅助口孔　accessory aperture　02.0013
辅助鳃盖　ancillary gill-cover　03.0129
附壁沉积　parietal deposits　02.0717
附肌痕　accessory muscle scar　02.0646
附加鞍　accessory saddle　02.0761
附加叶　accessory lobe　02.0752
附孔　accessory opening　03.0306
附生生物　epibiont　01.0228
附肢　appendices　02.1263
附属板　accessory plate　02.0653
附着痕　attachment scar　02.1150
附着基生物　basibiont　01.0229
* 复唇型气孔　syndetocheilic type stomata　04.0455
复沟型　rhagon　02.0140
复合模　composite mould　01.0145
复活效应　Lazarus effect　01.0210
复活种　Lazarus species　01.0046
* 复体　rhabdosome　02.1033
复体珊瑚　compound coral　02.0189
* 复系　polyphyly　01.0074
复系釉质　multiserial enamel　03.0594
复型　replica　01.0147
复眼　compound eye, holochroal eye　02.0295,
　compound eye　02.0439

复羽楣　rhabdacanth　02.0250
复中柱　axial column, central column　02.0238
复籽体　polysperm　04.0446
副胞管　bitheca　02.1085
副齿柱　posttrite　03.0577
副蝶骨　parasphenoid　03.0143
副隔壁　septulum　02.0057
副合沟　parasyncolpate　04.0267
副颈片　paranuchal plate　03.0098
副模　paratype　01.0106
副爬行类　parareptiles　03.0212
* 副矢状面　parasagittal plane　03.0241
副枕骨突　paroccipital process　03.0258
* 副栉龙　*Parasaurolophus*　03.0300
腹鞍　ventral saddle　02.0757
腹板　sternum　02.0452，hypoplax　02.0657
腹边缘　doublure　02.0325
腹边缘板　rostral plate　02.0326
腹边缘线　rostral suture　02.0327
腹部　abdomen　02.0486，ventral part　02.0504
腹侧　ventral　02.1126
腹刺　mesial spine　02.1099
腹沟　ventral groove　02.0775
腹后室　post-abodominal segment　02.0084
* 腹脊　ventral ridge　02.0388
腹壳　ventral valve　02.0823
腹鞘　rostrum　02.0743
腹三角板　deltidium　02.0860
腹三角孔　delthyrium　02.0857
腹室　abdomen　02.0085
腹湾　hyponomic sinus　02.0674
腹腕板　ventral arm plate, ambulacral　02.1009
腹叶　ventral lobe　02.0747
腹缘　ventral edge　02.0506
腹足类　gastropods　02.0544
覆翅　tegmen　02.0469
覆盖层　tectum　04.0203

G

钙华叠层石　tufa stromatolite　04.0012
钙化襞　duplicature　02.0372

钙化软骨　calcified cartilage　03.0062
钙质骨针　calcareous spicules　02.0127

钙质海绵　calcareous sponges　02.0124

钙质海绵类　calcareans　02.0096

钙质壳　calcareous test　02.0006，calcareous-shell
02.0900

钙质微生物岩　calcimicrobialite, calcimicrobolite,
calcareous microbialite　06.0008

* 钙质无孔壳　porcellaneous test　02.0005

钙质小刺　calcareous spine　02.0536

盖层　tegmentum　02.0528

盖亚假说　GAIA hypothesis　06.0004

概要纵断面　synoptic profile　04.0017

干酪根　kerogen　04.0185

杆石　bactritoids　02.0776

感觉管　sensory canal　03.0078

干区　stem region　02.0774

干群　stem group　01.0076

冈瓦纳植物群　Gondwana flora，Gondwanan flora
04.0394

肛板　anal plate　02.0953

肛管　anal tube　02.0935

肛尖板　anideltoid　02.0957

肛孔　anispracle　02.0948

* 肛上板　suranal plate　02.0992

* 缸胞石　*Urnochitina*　02.1256

高冠齿　hypsodont　03.0467

高肌介目　Bradoricopida　02.0348

高蹄类　altungulates　03.0435

高锥目　Hypseloconidea　02.0498

格孔壳　lattice shell　02.0070

隔板　septum　02.0115

隔板槽　septalium　02.0877

* 隔板古杯类　septoidea　02.0101

隔壁　septum　02.0014，02.0202

隔壁沟　septal furrow　02.0056, septal groove　02.0216

* 隔壁管　septal canal　02.0015

隔壁厚结带　septal sterozone　02.0221

隔壁颈　septal neck　02.0698

隔壁孔　septal foramen　02.0699

隔壁肋　costa　02.0255

隔壁内墙　phyllotheca　02.0234

隔壁通道　septal canal　02.0015

隔壁外壁　septotheca　02.0259

隔离分化　vicariance　01.0050

* 隔离分化成种　vicariance speciation　01.0057

个虫　zooid　02.0791

个体发育　ontogeny　01.0153

跟座　talon　03.0499

梗节　pedicel　02.0443

工蕨类　zosterophytes　04.0349

* 弓笔石　*Cyrtograptus*　02.1055

弓角石式壳　cyrtoceracone　02.0677

* 弓颈式　cyrtochoanitic　02.0705

* 弓鳍鱼　*Amia*　03.0036

弓鳍鱼类　amiiforms　03.0036

弓形脊　arcuate ridge　04.0228

弓形壳　cyrtocone　02.0678

弓状脊椎　apsidospondylous vertebra　03.0194

弓锥目　Cyrtonellidea　02.0497

弓锥状　cyrtoconic　02.0512

功能形态学　functional morphology　01.0022

肱二头肌脊　bicipital crest　03.0370

肱骨背结节　dorsal tubercule of humerus　03.0372

肱骨腹结节　ventral tubercule of humerus　03.0371

肱骨内髁　entepicondyle of humerus　03.0266

肱骨外髁　ectepicondyle of humerus　03.0267

* 恭华纳植物群　Gondwana flora，Gondwanan flora
04.0394

巩膜片　sclerotic plate　03.0130

共存分析　coexistence approach　04.0467

共骨　coenosteum　02.0173

共模　syntype　01.0103

共栖　commensalism　05.0068

共生关系　symbiosis　05.0070

共生者　symbiont　05.0071

共通沟　common canal　02.1078

共同衍征　synapomorphy　01.0086

共同祖征　symplesiomorphy　01.0082

共祖距离　patristic distance　01.0084

共祖相似性　patristic similarity　01.0083

沟　colpus　04.0259

* 沟　sinus　03.0566

沟鞭藻类　dinoflagellates　04.0090

沟鞭藻囊孢　dinocyst　04.0097

沟间区　mesocolpium　04.0269

沟口螺形　siphonostomatous　02.0557

沟膜　colpus membrane　04.0270

钩状毛细胞型　unacicular hair cell　04.0329

钩状突　uncinate process　03.0202

孤雌生殖　parthenogenesis　02.0394

古 DNA　ancient DNA　06.0023

古孢粉学　palaeopalynology　04.0171

古孢子体　protosporogonite　04.0339

古杯动物　Archaeocyatha　02.0100

古病理学　palaeopathology　01.0014

古草本植物　palaeoherb plant　04.0409

古代生物分子　ancient biomolecule　06.0014

古动物地理学　palaeozoogeography　01.0016

古动物学　palaeozoology　01.0005

* 古鳄类　proterosuchians　03.0232

古环境　palaeoenvironment　05.0024

古脊椎动物学　vertebrate palaeontology　01.0008

古口　archaeopyle　04.0093

古昆虫学　palaeoentomology　01.0007

* 古老型智人　Archaic Homo sapiens　03.0606

* 古老翼手龙　Pterodactylus antiquus　03.0273

古鹿褶　Palaeomeryx-fold　03.0586

* 古七鳃鳗　Priscomyzon　03.0004

古趋性学　palaeotaxiology　05.0003

古人类学　palaeoanthropology　01.0009

古蠕虫类　palaeoscolecidians　02.0270

古深度　palaeobathymetry　05.0022

古生代演化动物群　Palaeozoic Evolutionary Fauna
　01.0177

古生境　palaeohabitat　05.0007

古生态学　palaeoecology　05.0001

古生物地理区　palaeobiogeographic province　05.0090

古生物地理学　palaeobiogeography　01.0015

古生物化学　palaeobiochemistry　01.0003

古生物境　palaeobiotope　05.0089

* 古生物区　palaeobiogeographic province　05.0090

古生物学　palaeontology　01.0001

古生物钟　palaeontological clock　01.0172

古食肉类　creodonts　03.0430

* 古食肉类　Creodonta　03.0492

古松柏粉类　Palaeoconiferus　04.0299

古苔类　protohepaticites　04.0341

古特有植物　palaeoendemic plant　04.0408

古网翅目　Palaeodictyoptera　02.0423

* 古网迹　Palaeodictyon　05.0142，05.0156

古温度　palaeotemperature　05.0021

古无脊椎动物学　invertebrate palaeontology　01.0006

古藓类　protomuscites　04.0342

古行为学　palaeoethology　05.0005

* 古型周囊粉　Florinites antiquus　04.0240

古鳕类　palaeoniscoids　03.0031

* 古鳕鱼　Palaeoniscus　03.0031

古盐度　palaeosalinity　05.0025

古羊齿目　Archaeopteridales　04.0370

古洋流　palaeocurrent　05.0023

古叶状体　protothallus　04.0340

古遗迹学　palaeoichnology，palichnology　05.0111

古有甲目　Palaeoloricata　02.0521

古藻类学　palaeoalgology　01.0011

古植物地理学　palaeophytogeography　01.0017

古植物学　palaeobotany　01.0010

古栉齿型　palaeotaxodont　02.0620

古种子学　palaeocarpology　01.0012

古周囊孢类　Archaeoperisaccus　04.0311

古足介目　Palaeocopida　02.0350

谷　sinus　03.0566

股骨第四转子　fourth trochanter of femur　03.0271

股骨滑车间窝　intertrochanteric fossa of femur
　03.0268

股骨嵴　pilaster of femur　03.0672

股骨内转子　internal trochanter of femur　03.0269

股骨收肌脊　adductor crest of femur　03.0270

股节　femur　02.0460

骨棒　synapticula　02.0118

骨层　bone bed　05.0028

* 骨骼密集　skeletal concentration　05.0105

骨甲鱼类　osteostracans　03.0011

骨架　carcass　02.0106

骨架叠层石　skeletal stromatolite　04.0013

骨鳞　bony scale　03.0056

骨片　sclerite　02.1015

* 骨针　spicules　02.0126

骨质腱桥　supratendinal bridge　03.0396

* 鼓锤状纹理　pilum，pilate　04.0231

* 鼓骨　tympanic bone　03.0443

鼓泡　tympanic bulla　03.0445

* 鼓舌骨　tympanohyal　03.0444

固定颊　fixed cheek，fixigena　02.0304

固定颊前区　anterior area of fixigena　02.0305

固定颊眼区　palpebral area of fixigena　02.0306

固胸型肩带　arciferal pectoral girdle　03.0204

固有腕板　fixed brachial　02.0962

固着　sessile　05.0038

固着蛤　rudists　02.0664

固着根　holdfast, epitheca　02.0109

固着痕　attachment scar　02.0896

* 固着盘　disc of attachment　02.1111

固着羽枝板　fixed pinnular　02.0969

关节半环　articulating half-ring　02.0338

关节沟　articulating furrow　02.0337

关节面　facet, articulating facet　02.0336, articulum　02.0971

冠部　crown　02.0941, corona, corona system　02.0975

冠齿型　lophodont　02.0357

冠脊　crest　02.1166

冠群　crown group　01.0075

冠细胞　coronular cell　04.0048

冠形亚类　stephanomorphs　04.0128

冠状突　coronoid process　03.0260

冠状突起　crest　02.0387

* 管胞石　Siphonochitina　02.1257

* 管胞型　tracheid　04.0332

* 管壁古杯类　aphrosalpingidea　02.0102

* 管刺　Siphonodella　02.1186, 02.1193

管孔目　Tubuliporida　02.0785

管体　tubule　04.0028

管状突起　tubular projection　02.0515

光束纤维　aktinofibrils　03.0343

广温性　eurythermal　05.0018

广盐性　euryhaline　05.0017

龟鳖类　testudines　03.0218

* 规则凹边孢　Concavisporites rugulatus　04.0229

规则对称　regular symmetry　04.0146

规则古杯类　regulares　02.0101

硅化木　silicified wood　01.0144

硅质骨针　siliceous spicules　02.0128

硅质海绵　siliceous sponges　02.0125

国际植硅体命名准则　International Code for Phytolith Nomenclature, ICPN　04.0319

国际植硅体研究会　Society for Phytolith Research, SPR　04.0320

过型形成　peramorphosis　01.0155

H

哈门粉类　Hammenia　04.0295

海百合[类]　crinoids　02.0922

* 海笔族　homostelea　02.0927

海胆[类]　echinoids　02.0923

海德堡人　Homo heidelbergensis　03.0605

海娥螺类　nerineids　02.0545

海果[类]　carpoids　02.0927

* 海箭族　homoiostelea　02.0927

* 海口鱼　Haikouichthys　03.0001

* 海蜊　Mya　02.0627

海蕾[类]　blastoids　02.0921

海林檎[类]　cystoids　02.0920

海龙类　thalattosaurians　03.0226

海绵　sponge　02.0093

* 海绵动物　sponges　02.0092

* 海绵动物门　Spongia　02.0091

海绵骨针　spicules　02.0126

* 海绵腔　spongocoel　02.0137

海绵状壳　spongy shell　02.0072

* 海牛类　sirenian　03.0435

* 海扇　Pecten　02.0625, 02.0630

* 海扇超科　Pectinacea　02.0619

海参[类]　holothuroids　02.0926

* 海笋　Pholas　02.0627, 02.0653

海星[类]　stelleroids　02.0924

* 海柱族　stylophora　02.0927

* 蚶蜊　Glycymeris　02.0622

寒武纪大爆发　Cambrian explosion　01.0174

寒武纪底质革命　Cambrian substrate revolution　01.0175

寒武纪演化动物群　Cambrian Evolutionary Fauna　01.0176

豪猪型头骨　hystricomorphous skull　03.0449

豪猪型下颌　hystricognathous mandible　03.0452

合弓　synarcual　03.0134

合沟　syncolpate　04.0266

合孔沟　syncolporate　04.0275

合口盖　synaptychus　02.0732

合子　zygote　02.0031

核形石　oncolite　04.0005

荷叶状 patellate 02.0201

* 颌口类 gnathostomes 03.0014

* 恒河羊齿 *Gangamopteris* 04.0381

横靶 dissepiment 02.1060

横板 tabula 02.0119, diaphragm 02.0810

* 横板 tabula 02.0244

横板间室 intertabulum 02.0111

* 横粗脊 varix 02.0588

横隔板 diaphragm 02.0715

横沟 horizontal groove 02.1092

横管 crossing canal 02.1081

横脊 chomata, choma 02.0649, transverse ridge 02.1144

横肋 pila, rib, costa 02.0742, rib 04.0025

横梁 synapticula 02.0258

横梁外壁 synapticulotheca 02.0261

横瘤 bulla 02.0740

横脉 crossvein 02.0475

横耙 cross bar 02.0411

横索 funicle 02.1052

* 红豆杉属 *Taxus* 04.0211

* 宏观进化 macroevolution 01.0188

宏演化 macroevolution 01.0188

后凹 posterior sinus 02.0541

* 后凹 metafossette 03.0554

后凹型椎体 opisthocoelous centrum 03.0188

后板 metaplax 02.0656

后背侧片 posterior dorsolateral plate 03.0114

后背角 postero-dorsal angle 02.0420

后鼻片 postnasal plate 03.0095

后边缘 posterior border 02.0320

后侧片 posterolateral plate 03.0116

后侧翼 posterior area of fixigena 02.0319

后翅 hind wing 02.0467

后顶甲 postparietal shield 03.0149

后附尖 metastyle 03.0526

后腹侧片 posterior ventrolateral plate 03.0120

后沟 posterior canal 02.0576, metastria 03.0562

后关节突 postzygapophysis 03.0264

后环 posterior loop 03.0569

后脊 metaloph 03.0530

后脊角 angle of the posterior carina 02.0418

后颊类面线 opisthoparian suture 02.0312

后尖 metacone 03.0505

* 后尖次棱 hypometacrista 03.0548

后尖后棱 postmetacrista 03.0542

后尖前棱 premetacrista 03.0541

后剪面 postvallum 03.0490

后颈式 retrochoanitic 02.0769

后口式 opisthognathous type 02.0436

后眶下片 postsuborbital plate 03.0101

* 后鳍基轴 metapterygial axis 03.0071

后躯 metasoma 02.0488

* 后鳃叶 postbranchial lamina 03.0115

后伸型耻骨 opisthopubic 03.0321

后兽类 metatherians 03.0416

后松果片 postpineal plate 03.0089

后退式潜穴 retrusive burrow 05.0132

后小尖 metaconule 03.0521

后小尖后棱 postmetaconule crista 03.0546

后小尖前棱 premetaconule crista 03.0545

后胸 metathorax 02.0449

后移 post-displacement 01.0162

后缘片 postmarginal plate 03.0094

后褶 metaflexus 03.0554

后中背片 posterior median dorsal plate 03.0112

后转面 palitrope 02.0850

后足 hind leg 02.0457

* 后足介亚目 Metacopina 02.0351

厚齿型 pachyodont 02.0626

* 厚羊齿 *Pachypteris* 04.0379

弧胸型肩带 firmisternal pectoral girdle 03.0203

湖北鳄类 hupehsuchians 03.0227

互惠共生 reciprocal symbiosis, mutualism 05.0069

互嵌状 aphroid 02.0198

互通状 thamnasterioid 02.0196

花瓣海百合 petalocrinus 02.0928

花瓣区 petaloid area 02.0977

花瓣突起 petaloid process 04.0151

花粉分析 pollen analysis 04.0179

花鳞鱼类 thelodonts 03.0010

花形口缘 floscelle 02.0990

华丽美木目 Callistophytales 04.0376

* 华丽木 *Callistophyton* 04.0376

* 华丽木目 Callistophytales 04.0376

* 华夏羊齿 *Cathaysiopteris* 04.0398

华夏植物群 Cathaysian flora, Cathaysia flora 04.0397

* 滑矩骨目 Litopterna 03.0434

滑体两栖类 lissamphibians 03.0166
化石 fossil 01.0122
化石标记 fossil marker 06.0026
化石藏卵器 gyrogonite 04.0050
化石成岩作用 fossil diagenesis 05.0094
化石堆积库 Kozentrat-Lagerstätten（德） 05.0106
化石化作用 fossilization 01.0123
化石记录 fossil record 01.0124
化石库 Fossil-Lagerstätten（德） 01.0125
化石密集 fossil concentration 05.0105
化石群落 oryctocoenosis 01.0224
化石生物学 palaeobiology 01.0002
* 化石形成学 taphonomy 05.0091
化学化石 chemical fossil 01.0148
踝节类 condylarths 03.0432
环 cycle 04.0070
* 环胞石 Cingulochitina 02.1256
环带 girdle 02.0526
环角石式壳 gyroceracone 02.0679
环节动物门 Annelida 02.0263
环节珠沉积 annulosiphonate 02.0716
环颈沉积 circulus, supporting ring 02.0723
* 环口目 Cyclostomida 02.0785
环圈 annulus 02.0103
环绕细胞 encircling cell 04.0453

环台面 loop 02.1182
环形壳 gyrocone 02.0680
环柱 ring pillar 02.0181
* 皇冠齿鼠 Stephanomys 03.0480
皇冠形齿 stephanodont 03.0480
黄昏鸟类 hesperornithiform 03.0349
回春 rejuvenescence 02.0254
回填 back fill 05.0164
喙 beak 02.0383
喙部 beak 02.0539
喙脊 beak ridge 02.0833
* 喙壳纲 Rostroconchia 02.0665
喙壳类 rostroconchs 02.0665
喙嘴龙类 rhamphorhynchoids 03.0325
混齿类 mixodonts 03.0424
* 混齿目 Mixodontia 03.0422
混合侧片 mixilateral plate 03.0124
混合基底 mixground 01.0180
混合组合 mixed assemblage 05.0104
混缘型壳 mixoperipheral shell 02.0916
* 活动边缘 free margin 02.0377
活动颊 free cheek, librigena 02.0315
活化石 living fossil 01.0126
活体测量 somatometry 03.0616

J

* 机会种 opportunistic species 01.0043
机遇种 opportunistic species 01.0043
肌痕 muscle scar 02.0354，02.0502，02.0897
鸡冠状突起 crista 04.0233
* 奇蹄类 perissodactyla 03.0435
基部 base 02.1157
基层 foot layer 04.0207
* 基底 substrate, substratum 05.0032
* 基底凹窝 basal pit 02.1155
基跗节 basitarsus 02.0463
* 基干有尾类 stem caudates 03.0168
基关节 basal articulation of braincase and palate 03.0261
* 基角 cardinal angle 02.0378
基节 coxa 02.0458

基坑 basal pit 02.1155
* 基龙类 edaphosaurians 03.0237
基柱 columella 04.0232
* 基柱 basal pillar 03.0587
基柱层 pilum, pilate 04.0231
* 基锥 basal cone 02.1154
基座型齿 pedicellate tooth 03.0179
* 畸羊齿 Mariopteris 04.0390
畸羊齿类 mariopterids 04.0390
极区 polar area, apocolpium 04.0191
极区系数 apocolpium index 04.0192
极向 polarity 01.0088
极右旋 ultradextral 02.0554
极轴 polar axis 04.0193
极左旋 ultrasinistral 02.0555

棘刺亚类　acanthomorphs　04.0121
棘皮动物　echinoderms　02.0919
棘皮动物门　Echinodermata　02.0918
棘片　spinal plate　03.0122
棘鱼类　acanthodians　03.0024
棘鱼目　Acanthodiformes　03.0027
棘鱼型鳞　*Acanthodes* type scale　03.0067
集群　assemblage　02.1149
集群灭绝　mass extinction　01.0200
集群死亡　mass mortality　01.0201
* 几丁虫　chitinozoans　02.1234
* 几丁类　chitinozoans　02.1234
几丁石　chitinozoans　02.1234
脊　keel　02.0595, ridge　02.1191, crest　02.1259
脊板　carina　02.0222
脊带　carina　02.0037
脊索型椎体　notochordal centrum　03.0262
脊形齿　lophodont　03.0473
脊状突起　ridge　02.0388
继承性　conformity　04.0020
寄生　parasitism　05.0076
加厚壳质　inductura　02.0574
加速发生　tachygenesis　01.0164
夹紧状鼻　pinched nose　03.0652
* 荚蛤　*Gervillia*　02.0625
颊　gena, cheek　02.0427
颊部　genal region　02.0303
颊齿　cheek teeth　03.0254
颊刺　genal spine　02.0317
颊角　genal angle　02.0316
* 甲龙　*Ankylosaurus*　03.0296
甲龙类　ankylosaurians　03.0296
* 甲壳纲　Crustacea　02.0347
甲胄鱼类　ostracoderms　03.0005
假壁　mantle　04.0027
假侧齿　pseudolateral　02.0612
假虫管　pseudozooidal tube　02.0180
假窗板　pseudodeltidium　02.0861
* 假伏脂杉　*Pseudovoltzia*　04.0403
假浮游生物　pseudoplankton　05.0050
假隔壁　pseudoseptum　02.0724
假根　rhizoid, rhizome　04.0034
假沟　pseudocolpus　04.0257
假化石　pseudofossil　01.0136

假几丁质壳　pseudochitinous　02.0036
假铰合面　pseudointerarea　02.0905
假孔　pseudopore　04.0250
假龙脊　pseudokeel　02.1186
假灭绝　pseudoextinction　01.0203
假囊　pseudosaccus　04.0238
* 假拟节柏　*Pseudofrenelopsis*　04.0404
假脐　pseudoumbilicus　02.0559
假下次尖　pseudohypoconid　03.0513
假下跟座　pseudotalonid　03.0501
假下内尖　pseudoentoconid　03.0514
假旋脊　pseudochomata　02.0048
假游泳生物　pseudonekton　05.0049
假幼枝　pseudocladium　02.1058
假疹壳　pseudopunctate shell　02.0894
假中轴　pseudovirgula　02.1080
假主齿　pseudocardinal tooth　02.0610
* 尖板　lancet plate　02.0939
尖峰　monticule　02.0808
* 尖型　point-shaped　04.0328，04.0329
* 坚甲鱼属　*Pycnaspis*　03.0007
坚头类　stegocephalians　03.0160
坚尾龙类　tetanurans　03.0278
间侧片　interolateral plate　03.0117
* 间虫室　mesozooecium　02.0799
间颊刺　intergenal spine　02.0318
间肋沟　interpleural furrow　02.0334
间鳍棘　intermediate spine　03.0127
间腕板　interbrachial　02.0964
间小羽片　intercalated pinnule　04.0435
间羽枝板　interpinnular　02.0970
间椎体　intercentrum　03.0184
肩　shoulder　02.0583，02.1244
肩胛乌喙骨　scapulocoracoid　03.0077
剪面　shearing surface　03.0487
简单裂开　simple rupture　04.0139
简单突起　simple process　04.0145
简约法　parsimony　01.0089
间断分布　disjunction　01.0234
* 间断平衡　punctuated equilibrium　01.0032
间隔壁脊　interseptal ridge　02.0217
间隔墙　interwall　02.0162
间隔墙孔　interpore　02.0163
间隙孔　mesopore　02.0799

剑板　lancet plate　02.0939

剑柄构造　manubrium　02.1102

* 剑韭属　*Stylites*　04.0355

* 剑龙　*Stegosaurus*　03.0296

剑龙类　stegosaurians　03.0297

* 剑鞘亚纲　Coleoidea　02.0669

剑形齿　machairodont　03.0479

荐肋　sacral rib　03.0200

荐前棒　presacral rob　03.0316

荐前椎　presacral vertebra　03.0183

* 荐椎　sacrum　03.0200

荐椎横突　sacral diapophysis　03.0195

渐变论　gradualism　01.0031

渐进律　progression rule　01.0027

箭石　belemnitids, belemnites　02.0770

匠人　*Homo ergaster*　03.0602

交互沟　intertrough　02.0907

交互脊　interridge　02.0908

交配器　copulatory organ　02.0490

胶结壳　agglutinated test　02.0004

* 焦齿兽目　Pyrotheria　03.0434

礁相　reef facies　05.0026

* 角鼻龙　*Ceratosaurus nasicornis*　03.0277

角鼻龙类　ceratosaurians　03.0277

角柄　pedicle　03.0454

角管虫类　cornulites　02.0267

角环　burr　03.0455

角颊类面线　gonatoparian suture　02.0314

角孔　corner pore　02.0225

角龙类　ceratopsians　03.0301

角腔式　cornucavate　04.0109

角圆枕　angular torus　03.0649

* 角质鳍条　ceratotrichia　03.0070

绞结　anastomosis　02.1059

铰板　hinge plate　02.0618, 02.0873

铰边　hinge margin　02.0617

铰齿　hinge tooth　02.0606, teeth　02.0862

* 铰带　cardinal crura　02.0619

铰合　hinge　02.0355

铰合部　hinge　02.0616

铰合面　interarea　02.0849

* 铰合区　hinge　02.0616

铰合线　hinge line　02.0825

铰棱　cardinal crura　02.0619

铰窝　socket　02.0867

铰窝板　socket plate　02.0917

* 阶齿兽　*Bemalambda*　03.0429, 03.0478

接触区　contact area　04.0226

接触式唇瓣　conterminant hypostome　02.0324

孑遗　relic, relict　01.0207

节　node　04.0036, 04.0427

节甲鱼类　arthrodires　03.0016

节间　internode　04.0040, 04.0428

节细胞　nodal cell　04.0037

节下痕　infranodal canal　04.0429

节肢动物门　Arthropoda　02.0273

结合蕨纲　Coenopteridopsida　04.0366

结茧　callus　02.0573

* 结节　pustule　02.0594

姐妹群　sister group　01.0077

* 解剖学上的现代人　anatomically modern humans　03.0607

* 介甲类　clam shrimp, conchostracans　02.0395

介形类　ostracods　02.0347

今鸟类　ornithurine　03.0346

* 金合欢属　*Acacia*　04.0218

* 金鼹　*Chrysocholors*　03.0477

* 筋痕　muscle scar　02.0354

近端　proximity　04.0147

* 近端半隔板　proximal hemiseptum　02.0812

近极　proximal pole　04.0196

近极盾　proximal shield　04.0075

近极盾晶元　proximal shield element　04.0080

近极面　proximal side　04.0073, proximal surface　04.0197

近极三角脊　kyrtome　04.0229

近脊沟　adcarinal groove　02.1143

近模　plesiotype　01.0108

近芽式　prosoblastic　02.1108

近缘种集群　species flock, species swarm　01.0047

进食迹　feeding trail, fodinichnia(拉)　05.0147

进食率　feeding rate　05.0060

进水管　inhalant siphon　02.0509

进水小孔　ostium　02.0156

经济古生物学　economic palaeontology　01.0018

茎　column　02.0965, stem　04.0035

茎板　columnal　02.0966

茎胞管　stolotheca　02.1086

茎梗　peduncle　02.1258

* 茎壳　pedicle valve　02.0823

茎孔　foramen　02.0847

* 茎状叶　stem-like leaf　04.0042

晶元　element　04.0069

* 鲸龙　Cetiosaurus oxoniensis　03.0276

颈　neck　02.1240

颈沟　occipital furrow, so　02.0289

颈环　occipital ring, lo　02.0288

颈片　nuchal plate　03.0090

颈曲　flexure　02.1246

颈缺　nuchal gap　03.0107

颈状突起　gula　04.0234

径脉　radius　02.0479

胫侧跗骨　tibiale　03.0208

胫腓骨　tibiofibula　03.0207

胫跗骨　tibiotarsus　03.0393

胫跗骨腓骨脊　fibular crest of tibiotarsus　03.0395

胫脊　cnemial crest　03.0394

胫节　tibia　02.0461

臼齿　molar　03.0461

臼前齿　antmolar　03.0463

居管　dwelling tube　05.0159

居群　population　01.0048

居群动态学　population dynamics　01.0049

居住迹　dwelling trace　05.0148

菊石类　ammonoids, ammonites　02.0726

菊石式缝合线　ammonitic suture　02.0763

咀嚼式口器　biting mouthparts, chewing mouthparts　02.0437

* 巨鳄兽类　titanosuchians　03.0240

巨猿　Gigantopithecus　03.0610

具槽圆柱状管胞型　cylindric sulcate tracheid　04.0332

具翅胸节　pterothorax　02.0450

具饰弓脊孢类　Apiculiretusispora　04.0310

距　spur　02.0367

锯齿刺目　Prioniodontida　02.1138

锯齿构造　serration　02.0421

锯齿龙类　pariasaurids　03.0215

锯齿型　prionodont　02.0364

* 锯颌兽类　pristerognathids　03.0243

锯片刺目　Prioniodinida　02.1139

聚合眼　aggregate eye, schizochroal eye　02.0296

聚量成种　quantum speciation　01.0042

聚量演化　quantum evolution　01.0190

* 卷柏　Selaginella　04.0354

卷柏目　Selaginellales　04.0354

卷芽式　streptoblastic　02.1107

* 绝对年龄　absolute age　01.0170

* 绝灭　extinction　01.0197

* 掘兽类　scaloposaurids　03.0243

掘穴　burrowing　05.0119

蕨叶　frond　04.0433

均变论　uniformitarianism　01.0025

均分笔石类　dichograptids　02.1027

均质改造　homogenous reworking　05.0118

K

卡氏尖　Carabelle's cusp　03.0659

* 开放泡状板　open cystiphragm　02.0814

* 开肌痕　diductor scar　02.0897

开通粉类　Caytonipollenites　04.0304

* 开通果　Caytonia　04.0378

* 开通花　Caytonanthus　04.0378

开通目　Caytoniales　04.0378

铠　pallet　02.0663

* 堪纳掠兽类　Kennalestidae　03.0419

抗生　antibiosis　05.0072

苛达粉类　Cordaitina　04.0305

* 科达　Cordaites　04.0401

科达类　cordaitopsids　04.0401

科普法则　Cope's rule　01.0038

颗粒　granule　02.0534

颗石粒　coccolith　04.0064

颗石球　coccosphere　04.0063

颗石藻类　coccolithus　04.0062

* 克拉梭粉　Classopollis　04.0404

克拉梭粉类　Classopollis　04.0287

克鲁斯迹遗迹相　Cruziana ichnofacies　05.0139

克氏粉类　Cranwellia　04.0292

* 刻迹　graphoglyptid trace　05.0157

* 肯氏兽类　kannemeyeriids　03.0242

* 肯氏鱼　*Kenichthys*　03.0042，03.0138
空棘鱼类　actinistians　03.0040
空悬匙形台　free spondylium　02.0889
孔　pore　02.0117
孔层构造　spongiostromate fabric　04.0009
孔洞　pore　02.0517
孔对　pore pair　02.0981
孔沟　colporate　04.0271
* 孔构　frame　02.0067
孔口　tremata　02.0516
* 孔鳞鱼类　porolepiforms　03.0041
孔菱　pore rhomb　02.0937
* 孔耐兽　*Kuehneotherium*　03.0403
孔室　vestibulum　04.0256
* 恐刺瓶形大孢　*Lagenicula horrida*　04.0234
恐角类　dinoceratans　03.0431
恐龙蛋　dinosaur egg　03.0322
恐龙类　dinosaurs　03.0274
恐龙型类　dinosauromorphs　03.0273
恐龙足印　dinosaur footprint　03.0323
恐鸟　moa，*Dinornis*　03.0353
恐头兽类　dinocephalians　03.0240
口　mouth　02.0949
口垂体孔　buccohypophysial foramen　03.0144
口盾　oral shield　02.1005
口盖　aptychus　02.0729，operculum　02.1252，
　　04.0150，04.0214
* 口盖　operculum　02.0599
口盖目　Operculatifera　02.1235
口极　apertural pole　02.1248
口孔　aperture　02.0011，02.1250
口面　oral face　02.0017，apertural face　02.0931
口器　mouthparts　02.0429
口塞　apertural plug　02.1251

口鳃腔　oralobranchial chamber　03.0081
口视　oral view　02.0950
口视标本　scalariform　02.1133
口围　peristome　02.0803
口穴　excavation　02.1098
口缘　peristome　02.0569
* 块体浸解　bulk maceration　01.0152
块状　massive　02.0192
* 块椎类　rachitomes　03.0163
宽唇纲　Eurystomata　02.0781
宽肛道类　euryproct　02.0142
* 宽脚龙类　eurypods　03.0296
* 宽臼齿兽　*Eurymylus*　03.0424
* 宽芽式　platycalycal type　02.1106
* 矿化化石　permineralization　01.0134
眶后片　postorbital plate　03.0097
眶后缩窄　postorbital constriction　03.0642
眶前窗　antorbital fenestra　03.0251
* 眶前孔　antorbital fenestra　03.0251
眶前片　preorbital plate　03.0096
眶前窝　antorbital vacuity　03.0442
眶上沟　supraorbital sulcus　03.0636
眶上突　superorbital notch　03.0643
眶上圆枕　supraorbital torus　03.0635
* 眶下窗　suborbital fenestra　03.0252
眶下孔　infraorbital foramen　03.0252
眶下片　suborbital plate　03.0100
盔甲鱼类　galeaspids　03.0013
盔籽目　Corystospermales　04.0379
魁人　*Meganthropus*　03.0603
昆虫　insect　02.0422
* 昆明鱼　*Myllokunmingia*　03.0001
扩展适应　exaptation　01.0214

L

拉长叠层石　elongate stromatolite　04.0010
* 拉蒂迈鱼　*Latimeria*　03.0040
喇叭角石式壳　lituiticone，lituicone　02.0686
* 喇叭角石属　*Lituites*　02.0686
莱尼蕨类　rhyniophytes　04.0347
* 篮蚬　*Corbicula*　02.0621

肋　costa　02.0591
肋部　pleural region　02.0332
肋刺　pleural spine　02.0346
肋脊　costa　02.1165
* 肋间切迹　costal incisure　03.0362
肋节　pleural segment　02.0333

* 肋叶　pleural region　02.0332
* 类贝荚蛤　Bakevelloides　02.0625
类沙蚕迹遗迹相　Nereites ichnofacies　05.0142
棱　carina　02.0592, carina, keel　02.0737
* 棱　crista　03.0583
棱菊石式缝合线　goniatitic suture　02.0765
棱柱亚类　prismatomorphs　04.0126
离龙类　choristoderes　03.0220
离片椎类　temnospondyls　03.0163
* 离异　divergence　01.0064
犁骨　vomer　03.0142
犁骨齿列　vomerine tooth row　03.0177
李氏叶肢介类　leaiids　02.0396
* 里腔　atrum　02.0137
* 丽蟾　Callobatrachus　03.0167
丽齿兽类　gorgonopsians　03.0241
丽足介目　Myodocopida　02.0352
利培壳目　Ribeirioida　02.0666
* 笠头螈　Diplocaulus　03.0165
* 粒痕　pit　02.0382
粒状装饰　granular sculpture　02.0406
连唇型气孔　syndetocheilic type stomata　04.0455
连接　junction　04.0155
连接层　articulamentum　02.0529
连接环　connecting ring　02.0700
连接孔　connecting pore　02.0223
联合背椎　notarium　03.0357
联桁　copula　02.1256
* 联通孔　communication pore　02.0786
镰木目　Drepanophycales　04.0350
链状装饰　chain-like sculpture　02.0413
两侧对称　bilateral symmetry　02.0513
两侧收缩旋环　compressed whorl　02.0727
两栖类　amphibians　03.0159
* 量子式进化　quantum evolution　01.0190
列孔　foramen, foramina　02.0061
裂齿　slit　02.0533, carnassial　03.0492
裂齿凹　carnassial notch　03.0493
* 裂齿蛤　Schizodus　02.0623
裂齿类　tillodonts　03.0428
* 裂齿类　Tillodonta　03.0425
裂齿型　schizodont　02.0361, 02.0623
裂带　selenizone　02.0577
裂口　slit　02.0579

* 裂口鲨　Cladoselache　03.0021
裂口鲨类　cladoselachids　03.0021
* 鬣齿兽科　Hyaenodontidae　03.0430
邻接法　neighbor-joining method　06.0032
邻域成种　parapatric speciation　01.0056
磷酸盐质壳　phosphatic-shell　02.0899
鳞板　dissepiment　02.0226
鳞板带　dissepimentarium　02.0231
鳞板内墙　sclerotheca　02.0235
* 鳞骨　squamosal　03.0175
* 鳞甲类　Pholidota　03.0425
鳞龙型类　lepidosauromorphs　03.0221
鳞木孢类　Lycospora-group　04.0313
鳞木目　Lepidodendrales　04.0352
鳞皮网膜孢　Retispora lepidophyta　04.0312
* 鳞皮羊齿　Lepidopteris　04.0380
鳞片　scale　02.0535, 02.1013
* 鳞杉　Ullmannia　04.0403
* 鳞质鳍条　lepidotrichia　03.0070
鳞状装饰　scaled sculpture　02.0412
* 菱白齿兽　Rhombomylus　03.0424
* 羚角蛤科　Caprinidae　02.0661
领　collarette, collar　02.1239
瘤　bump　04.0026
瘤齿　node　02.1187
瘤囊粉类　Verrusaccus　04.0300
瘤泡　tumula　02.0122
* 瘤枝状骨针　desma　02.0130
瘤状饰纹　pustule　02.0594
六分子[骨骼]器官　seximembrate [skeletal] apparatus 02.1224
六射海绵类　hexactinellids　02.0095
龙骨板　carinal　02.1002
龙骨突　carina, keel　03.0360
龙脊　keel　02.1177
* 隆脊　carina　02.1159
* 隆脊侧沟　adcarinal groove　02.1143
漏斗板　funnel plate　02.0662
漏斗腔　lumen　02.1183
* 漏斗湾　hyponomic sinus　02.0674
* 芦茎羊齿　Calamopitys　04.0377
芦茎羊齿目　Calamopityales　04.0377
* 颅顶　vertex　02.0426
颅顶甲　skull roof　03.0085

颅缝　cranial suture　03.0631

颅骨变形　cranial deformation　03.0664

颅骨测量　craniometry　03.0615

* 颅 – 颌关节　craniomandibular joint，CMJ　03.0437

颅间关节　intracranial joint　03.0137

颅接型　craniostyly　03.0153

颅容量　cranial capacity　03.0660

颅弯曲　basekyphosis　03.0440

颅像重合　facial image imposition　03.0663

颅型　cranial form　03.0621

颅指数　cranial index　03.0620

陆上叠层石　subaerial stromatolite　04.0014

滤食生物　filter feeder　05.0054

卵胞　ovicell　02.0821

* 卵室　ooecium　02.0800

* 卵叶　*Yuania*　04.0372

轮旋缝　trochospiral suture　04.0142

轮藻植物　charophyte　04.0029

罗斯粉类　Rousea　04.0297

螺卷状壳　helicoid　02.0689

螺旋式壳　trochospiral test　02.0023

螺旋纹　spiral thread　02.1071

螺旋细胞　spiral cell　04.0046

螺旋状口器　spirotreme，spiraperturate　04.0213

* 裸蛇超目　Gymnophiona　03.0169

裸羽片　sterile pinna　04.0437

M

* 麻雀　*Passer domesticus*　03.0273

马刺　pli caballine　03.0579

马蹄型鳞板　horseshoe dissepiment　02.0229

* 马尾蛤目　Hippuritoida　02.0664

埋藏反馈　taphonomic feedback　05.0103

埋藏群落　taphocoenosis　05.0073

埋藏相　taphofacies　05.0108

埋藏学　taphonomy　05.0091

埋藏植物群　taphoflora　04.0470

麦氏软骨　Meckelian cartilage　03.0154

* 脉管痕　vascular marking　02.0898

脉弧　chevron　03.0196

* 脉相　venation　02.0476

脉序　venation　02.0476

* 脉羊齿　*Neuropteris*　04.0385

脉羊齿类　neuropterids　04.0385

* 满月蛤　*Lucina*　02.0621

* 满洲鳄类　monjurosuchids　03.0220

盲管　caecum　02.0695

盲鳗类　hagfishes　03.0003

* 盲壳　caecum　02.0695

* 矛羊齿　*Lonchopteris*　04.0388

锚板　anchor plate　02.1017

锚臂　anchor arms　02.1020

锚柄　anchor stock　02.1018

* 锚颚刺　*Ancyrognathus*　02.1179

锚干　shaft，shank　02.1019

锚形体　anchor　02.1016

锚状构造　ancora　02.1115

帽　cappa　04.0237

帽檐　peak　04.0024

眉脊　brow ridge　03.0634

眉枝　brow tine　03.0457

煤核　coal ball　04.0410

* 美羊齿　*Callipteris*　04.0391

美羊齿类　callipterids　04.0391

门类古生态学　palaeoautecology　05.0078

萌发孔　germ pore　04.0251

萌发口器　germinal aperture　04.0212

蒙古人种　Mongoloid　03.0612

* 蒙古褶　Mongoloid fold　03.0628

迷齿类　labyrinthodontians　03.0161

迷路齿　labyrinthodont tooth　03.0180

* 觅食率　feeding rate　05.0060

密木型木质部　pycnoxylic xylem　04.0451

面貌复原　facial reconstruction　03.0662

面三角　facial triangle　03.0657

面线　facial suture　02.0307

面线后支　posterior branch of facial suture　02.0309

面线前支　anterior branch of facial suture　02.0308

面型　facial form　03.0623

灭绝　extinction　01.0197

明暗分析　LO-analysis　04.0278

模糊效应　Signor-Lipps effect　01.0199

模式标本　type specimen　01.0101
模式属　type genus　01.0099
模式种　type species　01.0100
* 模鼠　*Mimomys*　03.0567
模鼠角　*Mimomys*-kante，*Mimomys*-ridge　03.0567
模鼠兔类　mimotonids　03.0423
* 模鼠兔目　Mimotonida　03.0422
膜壁　phrenotheca　02.0055
膜成骨　membrane bone　03.0063
膜翅　membranous wing　02.0468
膜管　bulb，siphon　02.1257
膜痕　pallial marking　02.0898
膜颅　dermatocranium　03.0133

膜颅间关节　dermal intracranial joint　03.0139
膜壳　vesicle　04.0135
膜壳腔　vesicle cavity　04.0136
摩根齿兽类　morganucodontans　03.0406
磨坑　wear crater　03.0496
磨面　abrasion　03.0488
磨楔式齿　tribosphenic tooth　03.0486
末端　distal end　02.1129
* 漠胞石　*Eremochitina*　02.1256
* 貘头兽类　tapinocephalians　03.0240
木化石　fossil wood　01.0133
木贼目　Equisetales　04.0360
牧食迹　grazing trace，pasichnia（拉）　05.0156

N

南方古猿　*Australopithecus*　03.0598
* 南方有蹄目　Notoungulata　03.0433
南美有蹄类　meridiungulates　03.0434
南楔齿兽类　australosphenids　03.0415
* 南亚蒙古人种　southern Mongoloid　03.0612
南洋杉型纹孔　araucarioid pitting　04.0461
囊孢　cyst　04.0117
* 脑量商　encephalization quotient　03.0661
内鼻孔　choanal　03.0138
内壁　inner wall　02.0110，04.0156，intine　04.0210
内边缘　preglabellar field　02.0301
内薄板　inner lamella　02.0371
* 内侧胫脊　medial cnemial crest　03.0394
内层　endoderm　04.0164
内唇　inner lip　02.0564
内刺　endospine　02.0841
内底板　infrabasal　02.0947
内缝合线　internal suture　02.0746
内附尖　entostyle　03.0527
内腹弯　endogastric　02.0692
内腹旋　endogastric　02.0508
内肛动物　Endoprocta　02.0778
内隔壁　entosepta　02.0256
内鼓骨　entotympanic bone　03.0444
内核　core，steinkern　01.0131
内迹　endochnia（拉），dochnion（拉）　05.0169
内脊　entoloph　03.0534

* 内铰板　inner hinge plate　02.0873
内铰窝脊　inner socket ridge　02.0869
内茎管　interior pedicle tube　02.0911
* 内髁孔　entepicondylar foramen　03.0266
* 内颅　endocranium　03.0131
内颅腹裂　ventral cranial fissure　03.0141
内模　internal mould　01.0132
内模相　knorria　04.0425
* 内囊　endocyst　04.0096
* 内栖动物　infauna，endofauna　05.0043
内栖生物　endobiont　05.0042
内墙　endowall　02.0160，endotheca　02.0233
内墙孔　endopore　02.0161
内韧带　internal ligament　02.0636
内韧托　chondrophore　02.0638
内室海绵　thalamid sponges　02.0145
内体　capsule，endocorpus，inner body　04.0096
内体　inner body　04.0157
内体房　endosiphocone　02.0713
内体管　endosiphuncle，endosiphon　02.0697
内纹饰　endosculpture　04.0280
* 内稳态盖亚　homeostatic GAIA　06.0006
内旋壳　involute　02.0550
* 内疹　endopunctae　02.0893
内锥　endocone　02.0711
内锥管　endosiphuncular tube，endosiphotube　02.0712
能人　*Homo habilis*　03.0600

* 能育羽片　fertile pinna　04.0436

尼安德特人　Neanderthal　03.0604

* 尼安德特种　*Homo neanderthalensis*　03.0604

* 尼罗鳄　*Crocodylus niloticus*　03.0273

* 尼亚巴鱼属　*Neeyambaspis*　03.0012

* 拟刺葵　*Phenicopsis*　04.0400

* 拟颚齿刺　*Paragnathodus*　02.1169

* 拟节柏　*Frenelopsis*　04.0404

* 拟蕨植物　fern-like plant　04.0365

拟苏铁纲　Cycadeoidopsida　04.0399

* 拟苏铁科　Cycadeoidaceae　04.0399

拟胎管　parasicula　02.1077

拟外壁　paratheca　02.0260

拟旋脊　parachomata　02.0047

逆沟粉类　Anticapipollis　04.0306

黏结叠层石　agglutinated stromatolite　04.0011

捻螺类　actaeonellids　02.0546

鸟脚类　ornithopods　03.0298

鸟类　birds，Aves　03.0344

鸟兽脚类　avetheropods　03.0279

* 鸟头器　avicularium　02.0801

鸟头体　avicularium　02.0801

* 鸟头体室　aviculoecium　02.0800

鸟臀类　ornithischians　03.0293

* 啮齿目　Rodentia　03.0422

啮型类　glires　03.0422

* 颞–颌关节　temporomandibular joint，TMJ　03.0436

凝块石　thrombolite　06.0012

牛齿型　taurodont　03.0655

牛鬣兽科　Oxyaenidae　03.0430

扭旋式壳　streptospiral，plectogyral　02.0021

* 扭月贝目　Strophomenida　02.0917

纽齿类　taeniodonts　03.0427

* 纽齿类　Taeniodonta　03.0425

* 农艺革命　agronomic revolution　01.0181

O

欧美植物群　Euramerian flora，Euramerican flora　04.0396

偶生叶　adventitious lobe　02.0753

P

* 爬兽　*Repanomamus*　03.0408

爬行迹　crawling trace，repichnia（拉）　05.0149

爬行类　reptiles　03.0211

* 潘德尔刺　*Panderodus*　02.1181

潘德尔刺目　Panderodontida　02.1137

盘龙类　pelycosaurians　03.0237

* 盘穗　*Discinites*　04.0372

盘星藻类　discoasterids　04.0067

旁乳突隆起　juxtamastoid eminance　03.0645

旁矢状凹陷　parasagittal depression　03.0640

胖边形齿　exodaenodont　03.0481

* 泡孔　cystopore　02.0815

* 泡孔板　cystiphragm　02.0814

泡孔目　Cystoporida　02.0787

泡沫板　vesicle　02.0123

* 泡沫板　cystose dissepiment，cystosepiment　02.0230

泡沫状鳞板　cystose dissepiment，cystosepiment　02.0230

泡状板　cystiphragm　02.0814

* 泡状体　vesicle　02.0815

* 泡状型　bulliform　04.0326，04.0327

泡状组织　vesicular tissue　02.0815

胚壳　embryonic chamber　02.0038，protegulum shell　02.0904

配子　gamete　02.0029

配子母体　gamont　02.0030

配子囊　gametangia　04.0043

喷口构造　naotic structure　02.0232

皮层　cortex　04.0041

* 皮齿　dermal denticle　03.0060

* 皮壳　cortical shell　02.0066

皮鳃骨　papura　02.1003

皮褶厚度　skinfold thickness　03.0629

匹配剪面　matching shearing surfaces（1-6）　03.0491

片状齿　lamellar tooth　02.0613

偏腔式　camocavate　04.0107

* 瓢叶　*Neoggerathia*　04.0372

瓢叶目　Noeggerathiales　04.0372

贫齿型　desmodont　02.0627

平凹型椎体　platycoelous centrum　03.0192

平底群落　level bottom community　05.0064

* 平顶帽型　hat-shaped　04.0336

平衡棒　halter　02.0472

平列型气孔　paracytic type stomata　04.0456

平伸式　horizontal　02.1039

平行分叉　parallel branching　04.0021

平行管形泡状细胞型　parallepipedal bulliform cell 04.0327

平行群落　parallel community　05.0081

平行演化　parallel evolution　01.0193

平旋　planispiral　02.0511

平旋式壳　planispiral test　02.0022

* 平圆贝类　discinids　02.0915

* 平足介亚目　Platycopina　02.0351

破碎　fragmentation　05.0098

破相遗迹　facies breaking trace　05.0144

* 普萨雷索克莱纳蕨科　Psalixochlaenaceae　04.0364

普通海绵类　demospongians　02.0094

* 谱系发育年代学　phylogenetic chronology, phylochronology　06.0028

谱系年代学　phylogenetic chronology, phylochronology　06.0028

Q

七分子[骨骼]器官　septimembrate [skeletal] apparatus 02.1225

七鳃鳗类　lampreys　03.0004

* 栖息地　habitat　05.0006

* 桤木属　*Alnus*　04.0228

* 奇异鱼　*Diabolepis*　03.0041

歧叶目　Hyeniales　04.0357

歧域成种　dichopatric speciation　01.0057

脐　umbilicus　02.0009

脐壁　umbilical wall　02.0736

脐孔　umbilical perforation　02.0733

脐塞　umbilical plug　02.0010

脐线　umbilical seam　02.0734

脐叶　umbilical lobe　02.0749

脐缘　umbilical shoulder　02.0735

鳍基骨　basal　03.0071

鳍棘　fin spine　03.0069

鳍龙类　sauropterygians　03.0228

鳍条　fin ray　03.0070

气候诺漠图　climatic nomogram　04.0468

气囊　saccus, vesicle, bladder　04.0239

气囊背基　dorsal root of sac　04.0247

气囊腹基　ventral root of sac　04.0246

* 气囊近极基　dorsal root of sac　04.0247

* 气囊远极基　ventral root of sac　04.0246

气室　camera, air chamber, gas chamber　02.0673

气室沉积　cameral deposits　02.0719

气室膜　cameral mantle　02.0725

器官　apparatus　02.1216

器官属　organ genus　01.0117

髂坐骨间孔　ilioischial foramen　03.0389

千僖人　Millennium Man　03.0597

* 前凹　parafossette　03.0550

前凹型椎体　procoelous centrum　03.0187

前孢粉　prepollen　04.0175

前背侧片　anterior dorsolateral plate　03.0113

前被子植物　proangiosperm　04.0406

* 前壁　oral face　02.0017

前边尖　anterocone　03.0516

前边缘　anterior border　02.0299

前槽缘　anterior trough margin　02.1145

前侧片　prelateral plate　03.0103, anterolateral plate 03.0115

前齿骨　predentary bone　03.0309

前翅　fore wing　02.0466

前刺　crochet　03.0584

前跗节　pretarsus　02.0464

前附尖　parastyle　03.0524

前腹侧片　anterior ventrolateral plate　03.0119

前腹片　anterior ventral plate　03.0118

前沟　anterior canal　02.0575，parastria　03.0558

前关节突　prezygapophysis　03.0263

前后咬合　propalinal occlusion　03.0484

前寰椎　proatlas　03.0259

前基角　anterobasal corner　02.1146

前脊角　angle of the anterior carina　02.0417

前颊类面线　proparian suture　02.0313

前甲　proostracum　02.0772

前尖　paracone　03.0503

前尖后棱　postparacrista　03.0540

前尖前棱　preparacrista　03.0539

前剪面　prevallum　03.0489

前接合缘　anterior commissure　02.0834

前进式潜穴　protrusive burrow　05.0133

前进演化　anagenesis　01.0058

前颈式　prochoanitic　02.0768

前臼齿　premolar　03.0462

前坑　anterior pit，fossula　02.0285

前口式　prognathous type　02.0435

前棱蜥类　procolophonids　03.0216

前裸子植物　progymnosperm　04.0368

前帽　anterior cap　03.0568

前膜　propatagium　03.0339

前倾型　procline　02.0855

前区　frontal area　02.0297

前上颌骨　premaxillary bone　03.0147

前适应　preadaptation　01.0215

前体　prosome　02.1253

前体目　Prosomatifera　02.1236

* 前跳蟾　*Prosalirus*　03.0167

前厅　vestibules　02.0373

前维管植物　protracheophyte　04.0344

前乌喙突　procoracoidal process　03.0365

前小尖　paraconule　03.0520

前小尖后棱　postparaconule crista　03.0544

前小尖前棱　preparaconule crista　03.0543

前囟区隆起　bregmatic eminance　03.0639

前胸　prothorax　02.0447

前移　pre-displacement　01.0158

前翼　anterior wing　02.0298

前缘脉　costa　02.0477

前褶　paraflexus　03.0550

前中背片　anterior median dorsal plate　03.0111

前中片　premedian plate　03.0091

前足　fore leg　02.0455

* 潜龙类　hyphalosaurs　03.0220

潜穴　burrow，domichnia　05.0128

潜穴系统　burrow system　05.0129

* 浅层咬肌　*m. lateralis*　03.0447

嵌入片　insertion-plate　02.0532

腔壁出水口　parietal oscules　02.0166

腔齿刺纲　Cavidonti　02.1141

腔区　alveolar region　02.0773

腔式　cavate　04.0104

强盖亚　strong GAIA　06.0006

强壮壳目　Ischyrinioida　02.0667

壳　test　02.0003，carapace　02.0353

壳瓣　carapace　02.0397

壳瓣构造　valve structure　02.0369

壳壁　wall　02.1238

* 壳层　concentric lamella　02.0845

壳刺　spine　02.0839

壳底层　hypostracum　02.0530

壳顶　apex　02.0500，umbo　02.0602，02.0831

壳顶角　umbonal angle　02.0604

壳顶腔　umbonal cavity　02.0603

壳顶褶曲　umbonal fold　02.0605

壳喙　beak　02.0832

壳口　aperture　02.0501，02.0585

壳框　frame　02.0067

* 壳莱蛤　*Mytilus*　02.0625

壳肋　carapace costa　02.0419

壳饰　ornamentation　02.0376

壳体　vesicle　02.1237，tract，test，shell　04.0102

壳纹　costellae　02.0837

壳线　costae　02.0838

壳腺　shell gland，maxillary gland　02.0398

壳相　shelly facies　05.0027

壳褶　plication　02.0842

壳皱　ruga，concentric wrinkle　02.0843

壳状脊椎　lepospondylous vertebra　03.0193

壳椎类　lepospondyls　03.0165

壳嘴　beak　02.0601

鞘　guard，rostrum　02.0771

* 鞘　mantle　04.0027

鞘翅　elytron　02.0470

茄甲鱼类　pituriaspids　03.0012

* 茄甲鱼属　*Pituriaspis*　03.0012

窃蛋龙类　oviraptorosaurs　03.0287
亲缘同形种　sibling species　01.0059
禽龙类　iguanodontians　03.0299
* 穹隆兽目　Uranotheria　03.0435
丘形齿　bunodont　03.0471
丘月形齿　bunoselenodont　03.0475
球粒型　globular granulate　04.0330
球形亚类　sphaeromorphs　04.0120
球状突起　knob　02.0385
曲板　taenia　02.0120
* 曲板古杯类　taenioidea　02.0102
曲带鸟　*Phorusrhacus*　03.0352
曲面　proparea　02.0906
曲柱状　scolecoid　02.0200
躯甲　trunk shield　03.0109
趋同　convergence　01.0065
趋异　divergence　01.0064
* 鼩鼱科　Soricidae　03.0463
* 取食器　feeding apparatus　02.0429
全壁　holotheca　02.0186
全齿类　pantodonts　03.0429
* 全齿类　Pantodonta　03.0425
* 全刺　holoconodont　02.1176
* 全浮雕　full relief　05.0165
全浮游生物　holoplankton　05.0052
全骨鱼类　holosteans　03.0035
全迹　full relief　05.0165

全颈式　holochoanitic　02.0706
全口螺形　holostomatous　02.0556
全腔式　holocavate　04.0112
全兽类　holotherians　03.0413
全头类　holocephalans　03.0023
全形态对称　holomorphic symmentry　04.0158
* 全牙形刺　holoconodont　02.1176
全缘型壳　holoperipheral shell　02.0915
* 全椎类　stereospondyls　03.0163
犬齿兽类　cynodontians　03.0244
犬齿型　cynodont　03.0654
缺凹　sinus　02.0578
缺甲鱼类　anaspids　03.0009
缺刻　notch　02.1188
* 雀鳝　*Lepisosteus*　03.0037
雀鳝类　lepisosteiforms　03.0037
裙边　carina　02.1255
群集　association　01.0225
群聚　aggregation　05.0067
群落成分　community composition　05.0066
群落集　community group　05.0084
* 群落型　community type　05.0084
群落演替　community succession　05.0079
* 群囊蕨科　Botryopteridaceae　04.0364
群囊蕨目　Botryopteridales　04.0364
群体　colony　02.0789

R

桡腕骨　radiale　03.0376
绕旋式壳　streptospiral test　02.0024
热变指数　thermal alteration index，TAI　04.0181
热河生物群　Jehol biota　01.0185
人工拔牙　intentional tooth, extraction　03.0666
人工牙齿修饰　intentional tooth modification, artificial modification　03.0665
人工凿齿　intentional dental, mutilations　03.0667
人类测量仪器　anthropometric instrument　03.0617
* 人类古生物学　human palaeontology　01.0009
人体测量学　anthropometry　03.0614
人种　race　03.0611
人字型鳞板　herringbone dissepiment　02.0228

韧带　ligament　02.0634
韧带肩　bourrelet　02.0639
* 韧枝骨针　desma　02.0130
* 蝾螺　*Turbo*　02.0563
蝾螺型　turbiniform　02.0563
融合　coalescing　04.0018
* 肉齿类　creodonts　03.0430
肉茎　pedicle　02.0846
肉茎沟　pedicle groove　02.0909
肉茎领　pedicle collar　02.0848
肉茎腔　pedicle cavity，pedicle lumen　02.0913
肉茎神经　pedicle nerve　02.0912
肉鳍鱼类　sarcopterygians　03.0039

肉食龙类 carnosaurs 03.0280

蠕形动物 vermes 02.0262

* 蠕形迹 *Helminthoida* 05.0142，05.0156

* 乳齿鲵超科 Mastodonsauroidea 03.0164

乳胶复型 latex replica 01.0137

* 乳孔贝类 acrotretids 02.0911

乳突型 papillae 04.0335

入水管道区 prosochete 02.0150

入水孔 prosopore 02.0149

* 入水前庭区 prosochete 02.0150

软底质 softground 05.0034

软骨内成骨 endochondral bone 03.0064

软骨外成骨 perichondral bone 03.0065

软骨硬磷鱼类 chondrosteans 03.0030

软骨鱼类 chondrichthyans 03.0019

软颅 chondrocranium 03.0131

软体动物门 Mollusca 02.0492

弱齿型 dysodont 02.0625

弱盖亚 weak GAIA 06.0005

S

* 萨尔塔龙 *Saltasaurus* 03.0290

塞 plug 04.0149

* 塞迈蕨科 Sermayaceae 04.0364

鳃迹 branchitellum, branchitella 02.0652

鳃孔 phyllode 02.0983

三叉沟 trichotomocolpate, trichotomosulcate 04.0265

三带型 trizonal 02.0253

三对型 trizygoid 04.0432

三分岔式 triad 02.1104

三分结合 tricomposite 02.0287

三分子[骨骼]器官 trimembrate [skeletal] apparatus 02.1220

三缝孢 trilete spore 04.0223

三沟 tricolpate 04.0262

三骨孔 triosseal canal 03.0364

三级隔壁 tertiary septum 02.0210

三尖齿理论 tritubercular theory 03.0482

三角齿兽类 deltatheroidans 03.0417

* 三角蛤 *Trigonia* 02.0623

* 三角龙 *Triceratops* 03.0274

三角台形分子 anguliplanate element 02.1209

三角形分子 angulate element 02.1208

三角舟形分子 anguliscaphite element 02.1210

三角座 trigon 03.0497

三脚状分子 tertiopedate element 02.1226

三玦虫式 triloculine 02.0026

三孔沟 tricolporate 04.0273

三棱板 deltoid plate 02.0956

* 三列齿兽类 tritylodontids 03.0401

* 三裂羊齿 *Triphyllopteris* 04.0384

三裂羊齿类 triphyllopterids 04.0384

* 三歧槽 trichotomocolpate, trichotomosulcate 04.0265

* 三乳突齿兽类 trithelodontids 03.0401

三射线 trilete rays 04.0222

三射型腰带 triradiate pelvis 03.0303

三突分子 pastinate element 02.1203

三突台分子 pastiniplanate element 02.1204

三叶虫 trilobite 02.0274

三叶式 trefoil 03.0578

三枝蕨类 trimerophytes 04.0348

三轴式骨针 triaxons 02.0134

三柱匙形台 spondylium triplex 02.0892

散布 dispersal 01.0051

* 散沟 pericolpate, pantocolpate 04.0268

* 散孔 periporate, pantoporate 04.0255

* 散孔沟 pericolporate, pantocolporate, pantoaperturate 04.0276

散系釉质 pauciserial enamel 03.0592

僧帽环 mitral ring 02.0077

沙栖生物 amnicolous 05.0046

* 砂质壳 arenaceous test 02.0004

筛板 sieve plate 02.0073, madreporite 02.0944

筛蝶区 ethmosphenoid 03.0135

筛状出水口 cribriform oscules 02.0167

杉型纹孔 taxodioid pitting 04.0463

珊瑚个体 corallite 02.0190

* 闪光质 ganoine 03.0053

* 闪兽目 Astrapotheria 03.0434

扇鳍鱼类 rhipidistians 03.0045

* 扇型　fan-shaped　04.0326
扇型齿　sectorial tooth　03.0466
伤齿龙类　troodontids　03.0289
上半隔板　superior hemiseptum　02.0812
上层浮游生物　epiplankton　05.0051
上唇　labrum　02.0430
上颚　mandible　02.0431
上颌骨　maxillary bone　03.0148
上颌骨的齿状突　tooth-like process of maxilla　03.0307
上颌片　superognathal plate　03.0105
上横脊　anachomata　02.0650
* 上喙骨　upper beak　02.0801
* 上龙类　pliosauroids　03.0231
上攀式　scandent　02.1036
上腔式　epicavate　04.0110
上曲式　reflexed　02.1038
上突　epipophysis　03.0312
上斜面　ramp　02.0582
上斜式　reclined　02.1037
上旋壳　hyperstrophic　02.0549
上缘板　superomarginal　02.1000
上猿三角　pliopithecine triangle　03.0575
* 勺形侧垂　spatulate lappet　02.0744
勺形齿　spoon-shaped tooth　03.0311
勺形耳垂　spatulate lappet　02.0744
少肋粉类　Raristriatiti　04.0308
少旋壳　paucispira　02.0552
少枝笔石体　pauciramous rhabdosome　02.1032
舌笔石类　glossograptids　02.1028
舌颌骨　hyomandibular bone　03.0155
舌接型　hyostylic　03.0150
舌菌迹遗迹相　Glossifungites ichnofacies　05.0140
* 舌孔贝类　lingulellotretids　02.0911
舌鳃盖　hyoidean gill-cover　03.0128
* 舌羊齿　Glossopteris　04.0394
舌羊齿目　Glossopteridales　04.0381
舌羊齿植物群　Glossopteris flora　04.0395
* 舌叶蕨　Phylloglossum　04.0353
* 蛇齿龙类　opiacodontians　03.0237
蛇颈龙类　plesiosaurians　03.0231
蛇卷壳　serpenticone　02.0685
蛇曲形遗迹　meandering trace　05.0155
蛇尾[类]　ophiuroids　02.0925
* 射齿蛤　Actinodonta　02.0624

射齿型　actinodont　02.0624
射线　laesura　04.0219
* 深层咬肌　m. profunundus　03.0447
深海底栖带　abyssal-benthic zone　05.0039
神经棘平台　neural spine platform　03.0315
神龙翼龙类　azhdarchids　03.0332
神螺类　bellerophontids　02.0547
渗矿化化石　permineralization　01.0134
* 生标　molecular fossil　06.0024
生境　habitat　05.0006
生境区　ecotope　05.0008
生境因素　habitat factor　05.0009
生态地层学　ecostratigraphy　06.0017
生态更替　ecological displacement　05.0012
生态进化单元　Ecologic Evolutionary Unit，EEU　05.0085
生态区　biome　01.0212
生态群　ecogroup　05.0080
生态生物地理　ecological biogeography　05.0087
生态时间　ecological time　01.0168
生态位　niche，biotope　05.0013
生态系　ecosystem　05.0010
生态演替　ecological succession　05.0011
* 生物标志化合物　molecular fossil　06.0024
生物层　biostrome　05.0029
生物层积学　biostratinomy　01.0019
生物沉积构造　biogenic sedimentary structure　05.0114
生物成岩作用　biodiagenesis　06.0018
生物地层学　biostratigraphy　06.0016
生物地球化学　biogeochemistry　06.0020
生物地质学　biogeology　06.0021
生物递变层理　biogenic graded bedding　05.0112
生物发生律　biogenetic law　01.0030
生物改造作用　biogenic reworking　05.0113
生物礁　organic reef　05.0030
生物矿化作用　biomineralization　01.0021
生物矿物学　biomineralogy　01.0020
生物量　biomass　01.0213
生物膜　biofilm　04.0007
生物侵蚀　bioerosion　05.0117
生物群　biota　01.0220
生物群落　biocommunity　05.0062
生物群落学　biocoenology　05.0061
生物群省　biotic province　05.0086

生物扰动革命　bioturbation revolution　01.0181

生物扰动结构　bioturbated texture　05.0115

生物尸体群落　thanatocoenosis　05.0099

生物相　biofacies　05.0031

生长线　growth line　02.0589

* 生长线　growth line　02.0844

生长线瘤　tubercles on growth line　02.0404

生长轴　growth axis　02.1175

生长皱　growth rugae　02.0590

生殖板　genital plate　02.0988

* 生殖虫室　gonozooecium　02.0800

* 生殖个虫　gonozooid　02.0800

生殖孔　genital pore　02.0989

* 生殖羽片　fertile pinna　04.0436

笙状　phacelloid　02.0194

尸腐学　necrology　05.0096

* 施雷格明暗带　Hunter-Schreger band　03.0591

施雷格釉柱带　Hunter-Schreger band　03.0591

* 十字蕨　Stauropteris　04.0367

十字蕨目　Stauropteridales　04.0367

十字型　cross　04.0333

石带片　lithodesma　02.0640

石底质　rockground　05.0035

石化筛选作用　fossilization barrier　05.0095

* 石松　Lycopodium　04.0353

石松目　Lycopodiales　04.0353

石炭蜥类　anthracosaurians　03.0171

石燕贝型　spiriferoid　02.0887

石针迹遗迹相　Skolithos ichnofacies　05.0137

时错相　anachronistic facies　01.0169

实体化石　body fossil　01.0127

实羽片　fertile pinna　04.0436

食粪动物　coprophaga　05.0058

食泥生物　deposit feeder　05.0056

食尸动物　necrophaga　05.0059

食碎屑动物　detritivore　05.0057

食藻生物　algophagous　05.0055

矢环　sagittal ring　02.0076

* 矢状脊　sagittal crest，sagittal keel　03.0637

矢状隆起　sagittal ridge　03.0637

始端　proximal end　02.1128

始鳄类　eosuchians　03.0222

* 始尖　eocene　03.0503

始巨鳄类　eotitanosuchians　03.0239

始啮型头骨　protrogomorphous skull　03.0447

始鳍龙类　eosauropterygians　03.0230

始芽　initial bud　02.1082

始祖鸟　Archaeopteryx　03.0350

* 始祖兽　Eomaia　03.0419

世代交替　alternation of generation　01.0154

* 试验埋藏学　experimental taphonomy　05.0092

室孔　foramen　02.0179

室口　aperture　02.0802

适应辐射　adaptive radiation　01.0211

螯针　sting　02.0491

收缩式　chorate　04.0113

手盗龙类　maniraptorans　03.0285

手盗龙形类　maniraptoriforms　03.0283

兽脚类　theropods　03.0276

兽孔类　therapsids　03.0238

兽类　therians　03.0403

兽头类　therocephalians　03.0243

* 梳齿蛤　Ctenodonta　02.0620

* 梳冠孢属　Cristatisporites　04.0233

梳颌翼龙类　ctenochasmatids　03.0329

梳状分子　carminate element　02.1211

梳状台形分子　carminiplanate element　02.1212

梳状舟形分子　carminiscaphite element　02.1213

疏木型木质部　manoxylic xylem　04.0450

疏松层　tectorium　02.0052

鼠型头骨　myomorphous skull　03.0450

鼠亚科齿尖　tubercles 1-9　03.0572

鼠亚科小附尖　bis　03.0573

* 蜀兽　Shuotherium　03.0404

蜀兽类　shuotheriidans　03.0404

* 束痕　vascular bundle scar　04.0420

束式腔　fascicolates　02.0168

树形笔石类　dendroids　02.1024

树形石　dendrolite　06.0013

* 树枝石　dendrolite　06.0013

树枝状装饰　dendritic sculpture　02.0415

刷形分子　pectiniform element　02.1205

双凹型椎体　amphicoelous centrum　03.0186

双笔石类　diplograptids　02.1029

* 双鞭藻类　dinoflagellates　04.0090

双带型　bizonal　02.0252

双房室壳　bilocular test　02.0034

双分结合　bicomposite　02.0286

双分子器官　bimembrate apparatus　02.1219

双沟　dicolpate　04.0261

双沟型　sycon　02.0139

双环式　dicyclic　02.0974

双脊形齿　bilophodont　03.0474

双接型　amphistylic　03.0151

双玦虫式　biloculine　02.0025

双孔　diporate　04.0253

双孔沟　dicolporate　04.0272

双孔类　diapsids　03.0219

双孔型头骨　diapsid skull　03.0246

双口盖　diaptychus　02.0731

双肋式　dipleural type　02.1047

双棱亚类　dinetromorphs　04.0129

双列　biserial　02.1044

双裂短细胞型　bilobate short cell　04.0321

* 双裂型　bilobate　04.0321

双龙脊　double keel　02.1172

* 双门齿类　Duplicidentata　03.0422

双名法　binominal nomenclature　01.0097

双平型椎体　amphiplatyan centrum　03.0191

双[气]囊　bisaccate，disaccate　04.0241

双腔式　bicavate　04.0106

双壳类　bivalves　02.0600

双头肋　bicapitate rib，dichocephalous rib　03.0201

双维管束双囊粉型　diploxylonoid　04.0249

双形现象　dimorphism　01.0094

双芽胞管　dicalycal theca　02.1087

双叶　double-knot　03.0581

双叶颈　isthmus　03.0582

双褶形齿　dilambdodont　03.0478

双柱匙形台　spondylium duplex　02.0891

双柱类　dimyarian　02.0642

* 水谷精草　Eriocaulon aquaticum　04.0213

水管板　siphonoplax　02.0658

水管沟　siphonal canal　02.0587

* 水茴香　charophyte　04.0029

水韭目　Isoëtales　04.0355

* 水韭属　Isoëtes　04.0355

水孔　spiracle　02.0936

* 水龙兽类　lystrosaurids　03.0242

* 水泥质　cement　03.0590

丝梳　ctenolium　02.0633

斯考因迹遗迹相　Scoyenia ichnofacies　05.0138

撕片法　peel method　04.0465

死支漫步　dead clade walking　01.0208

四分体　tetrad　04.0217

四分体痕　tetrad scar，tetrad mark　04.0227

* 四分体痕　laesura　04.0219

四分枝分子　quadriramate element　02.1222

四分子[骨骼]器官　quadrimembrate [skeletal] apparatus　02.1221

四沟　tetracolpate　04.0263

* 四肋粉　Taeniaesporites，Lunatisporites　04.0308

四列　quadriserial　02.1043

四囊粉类　Tetrasaccus　04.0298

四射型腰带　tetraradiate pelvis　03.0304

四轴式骨针　tetraxons　02.0135

四字粉类　Quadraeculina　04.0301

* 四足动物　tetrapods　03.0158

四足类　tetrapods　03.0158

四足形类　tetrapodomorphs　03.0042

似瓷质壳　porcellaneous test　02.0005

* 似珐琅质　enameloid　03.0046

似功群落　analogous community　05.0082

* 似栗蛤　Nuculana　02.0620

* 似盲鳗　Myxinikela　03.0003

* 似鸟龙　Ornithomimus　03.0285

似鸟龙类　ornithomimosaurs　03.0284

* 似三角齿兽类　Deltatherioida　03.0416

似釉质　enameloid　03.0046

* 似针刺　Belodina　02.1181

松果孔　pineal foramen　03.0080

松果片　pineal plate　03.0088

* 松鼠　Sciurus　03.0448

松鼠型头骨　sciuromorpous skull　03.0448

松鼠型下颌　sciurognathous mandible　03.0451

* 松属　Pinus　04.0241

* 苏铁式气孔　haplocheilic type stomata　04.0454

速足介目　Podocopida　02.0351

* 速足介亚目　Podocopina　02.0351

髓壳　medullary shell　02.0068

髓模　pith-cast　04.0426

* 髓木　Medullosa　04.0375

髓木目　Medullosales　04.0375

* 索齿兽类　desmostylan　03.0435

* 索旁软骨　parachordal cartilage　03.0136

* 索前软骨　prechordal cartilage　03.0135

T

* 塔飞角石式壳　tarphyceracone　02.0684
* 塔螺　Turritella　02.0553
塔螺式壳　torticone　02.0682
塔螺型　turriculate, turrestes　02.0553
* 塔型　tower-shaped　04.0336
胎顶　apex of sicula　02.1073
胎管　sicula　02.1065
胎管刺　virgella　02.1068
胎管口刺　sicular apertural spine　02.1069
胎管口尖　rutellum　02.1076
* 胎管幼枝　sicular cladium　02.1056
* 胎壳　proloculus　02.0007
胎锥　conus　02.1074
台形分子　planate element　02.1197
* 苔虫　Bryozoa　02.0777
* 苔纲　Hepaticae　04.0341
* 苔藓虫　Bryozoa　02.0777
苔藓动物　Bryozoa　02.0777
弹体窝　resilifer　02.0637
逃逸构造　escape structure　05.0158
套球亚类　disphaeromorphs　04.0127
* 特迪勒蕨科　Tedeleaceae　04.0364
特异保存化石库　Konservat-Lagerstätten(德)　05.0107
特征镶嵌现象　heterobathmy of character　01.0093
* 蹄兔类　hyracoida　03.0435
体管　siphuncle　02.0694
体管沉积　endosiphuncular deposits　02.0710
* 体管叶　siphonal lobe　02.0747
* 体盘　body disc　02.0997
体腔　visceral cavity　02.0828
体腔区　visceral disc　02.0829
体室　chamber　02.1241
体隙　blade, endosiphoblade, endosiphuncular blade　02.0714
体型　body shape　03.0624
天冬氨酸年龄　aspartic acid age　06.0038
天冬氨酸外消旋作用　racemization of aspartic acid　06.0036
* 田鼠　Microtus　03.0469
条纹　striate　02.0380

* 调整肌痕　adjustor scar　02.0897
* 跳行超目　Salientia　03.0167
* 听骨环　tympanic ring　03.0443
停息迹　resting trace, cubichnia(拉)　05.0154
䗴　fusulinid　02.0040
通道　tunnel　02.0060, tunnel gallery　05.0131
通道构造　fucoid　05.0127
通气痕　parichnos cicatricule　04.0421
* 同胞种　sibling species　01.0059
同功　analogy　01.0066
同功器官　analogous organ　05.0075
* 同进化盖亚　coevolutionary GAIA　06.0005
同塑　homoplasy　01.0067
同位素年龄　isotopic age　01.0170
同物异名　synonym　01.0118
[同物]异名录　synonymia　01.0119
同心层　concentric lamella　02.0845
* 同心层底膜　coenelasma　02.0806
同心壳饰　concentric sculpture　02.0597
同心线　concentric line　02.0844
同心型鳞板　concentric dissepiment　02.0227
同型齿　homodont　03.0465
同型颗石　holococcolith　04.0066
* 同义名录　synonymia　01.0119
同域成种　sympatric speciation　01.0054
同源器官　homologous organ　05.0074
同源群落　homologous community　05.0083
同源特征　homologue　01.0080
同源[性]　homology　01.0079
同源学说　homologous theory　04.0443
* 同源异形　homeotic　01.0219
* 同源异形框　homeobox, hox　01.0095
统领兽类　archontans　03.0426
头　head　02.0424
头鞍　glabella　02.0277
头鞍侧沟　lateral glabellar furrow　02.0279
头鞍侧叶　lateral glabellar lobe　02.0283
头鞍沟　glabellar furrow　02.0278
头鞍横沟　transglabellar furrow　02.0280
头鞍基叶　basal glabellar lobe　02.0284

头鞍前沟　preglabellar furrow　02.0281

头鞍前叶　frontal glabellar lobe　02.0282

头板　cephalic plate　02.0523

头部　cephalon　02.0275

头顶　vertex　02.0426

头盖　cranidium　02.0276

头骨测量标志点　craniometric landmarks　03.0619

头切迹　capital incisure　03.0369

头 – 躯甲关节　cranio-thoracic joint　03.0126

头室　cephalis　02.0082

头型　head form　03.0622

头足类　cephalopods　02.0669

透镜状壳　oxycone　02.0690

透明层　diaphanotheca　02.0051

凸棱　flange　02.1173

* 凸缘　flange　02.1173

突起　processes　04.0137

* 突起　macula　02.0809

突起角度接触　angular process contact　04.0167

突起腔　process cavity　04.0148

* 土根原初人　*Orrorin tugenensis*　03.0597

土著种　endemic species，indigenous species，native species　01.0060

* 兔形目　Lagomorpha　03.0422

* 腿节　femur　02.0460

* 豚齿兽　*Hyopsodon*　03.0432

* 豚鼠　*Cavia*　03.0449

臀脉　anal vein　02.0482

托麦人　Toumai　03.0595

拖鞋状　calceoloid　02.0199

拖曳部　trail　02.0830

脱囊　excyst　04.0101

脱囊缝　excystment suture　04.0161

脱囊结构　excystment structure　04.0138

脱囊开口　excystment opening　04.0160

W

蛙嘴龙类　anurognathids　03.0327

歪型尾　heterocercal tail　03.0076

外胞管组织　extrathecal tissue　02.1121

外壁　outer wall　02.0114，04.0153，epitheca　02.0185，exine　04.0204

* 外壁　spirotheca　02.0049

外壁内层　nexine　04.0208

外壁内下层　endexine　04.0209

外壁外部层　ectexine，ektexine　04.0202

外壁外层　sexine，exoexine　04.0205

外薄板　outer lamella　02.0370

* 外侧胫脊　lateral cnemial crest　03.0394

外层　ectoderm　04.0163

外唇　outer lip　02.0567

外缝合线　external suture　02.0745

外腹弯　exogastric　02.0693

外腹旋　exogastric　02.0507

外肛动物　Ectoprocta　02.0779

外隔壁　exosepta　02.0257

外鼓骨　ectotympanic bone　03.0443

外脊　ectoloph　03.0533

* 外架　stylar shelf　03.0523

* 外铰板　outer hinge plate　02.0873

外铰窝脊　outer socket ridge　02.0868

外茎管　exterior pedicle tube　02.0910

* 外髁孔　ectepicondylar foramen　03.0267

外模　external mould　01.0146

外皮条带　cortical bandage　02.1120

外皮组织　cortical tissue　02.1119

外墙　exowall　02.0158

外墙孔　exopore　02.0159

外壳　utricle　04.0060

外群比较　out-group comparison　01.0078

外韧带　external ligament　02.0635

* 外鳃　external gill　03.0173

外生迹　exichnia（拉），ichnion（拉）　05.0168

* 外套管道　pallial canals　02.0661

外套渠　pallial canals　02.0661

外套湾　pallial sinus　02.0648

外套线　pallial line　02.0647

外体管　ectosiphuncle，ectosiphon　02.0696

外围式　exsert　02.0996

* 外叶　outer lobe　02.0747

* 外疹　exopunctae　02.0893

外质内网　sarcoplegma　02.0089

弯颈式　cyrtochoanitic　02.0705

晚期智人　Late *Homo sapiens*　03.0607

腕　arm　02.0998

腕板　brachial　02.0958

腕棒　crura　02.0874

腕骨　brachidium　02.0882

腕骨滑车　carpal trochlea　03.0379

腕痕　brachial scar　02.0876

腕环　loop　02.0883

腕基　brachiophore　02.0879

腕基支板　brachiophore plate　02.0880

腕螺　spiralium　02.0884

* 腕器官　brachial apparatus　02.0879

* 腕壳　brachial valve　02.0824

腕锁　jugum　02.0881

腕掌骨　carpometacarpus　03.0374

腕栉　arm comb　02.1014

腕足动物门　Brachiopoda　02.0822

网胞　brochus　04.0243

网格　reticulate　02.0182

网脊　muri　04.0245

网索　list　02.1114

网纹　reticulation　02.0379, reticulum　04.0283

网眼　lumen　04.0244

* 网羊齿　*Linopteris*　04.0385

网状骨针　desma　02.0130

网状饰纹　reticulate，cancellate　02.0596

网状装饰　reticulate sculpture　02.0408

危机先驱种　crisis progenitor species　01.0061

* 威廉姆逊科　Williamsoniaceae　04.0399

* 微观进化　microevolution　01.0189

微囊粉类　Parvisaccites　04.0302

微球型壳　microspheric test　02.0019

微生物钙华　microbial tufa　06.0010

微生物骨架岩　microbial framestone　06.0011

微生物黏结岩　microbial boundstone　06.0009

微生物碳酸盐　microbial carbonate　06.0007

微生物席　microbial mat　04.0006

微生物席成因构造　microbially induced sedimentary structures，MISS　05.0116

微生物岩　microbolite　04.0004

微体古生物学　micropalaeontology　01.0013

微体化石　microfossil　01.0141

微小叠层石　ministromatolite　04.0008

微演化　microevolution　01.0189

韦氏线　Westoll-line　03.0061

围肛部　periproct　02.0992

围脊　marginal ridge　02.0875

围尖　pericone　03.0515

围口部　peristome　02.0993

围芽式　pericalycal type　02.1105

维管束痕　vascular bundle scar　04.0420

维曼规律　Wiman rule　02.1103

* 伟齿蛤　*Megalodon*　02.0626

尾板　tail plate　02.0525

* 尾胞石　*Urochitina*　02.1258

尾部　pygidium　02.0339

尾锤　tail-club　03.0319

* 尾帆　tail vane　03.0342

尾附器　caudal appendage　02.0272

尾杆骨　urostyle　03.0197

尾荐椎　caudosacral vertebra　03.0317

尾肋　pygopleura　02.0341

尾膜　uropatagium，tail membrane　03.0341

尾壳顶　mucro　02.0540

* 尾上叶　epichordal lobe　03.0073

* 尾下叶　hypochordal lobe　03.0073

尾翼　tail vane　03.0342

尾轴　pygorachis　02.0340

尾轴末节　terminal axial piece　02.0345

尾综骨　pygostyle　03.0359

尾综骨状结构　pygostyle-like structure　03.0318

M 位置　M position　02.1232

P 位置　P position　02.1231

S 位置　S position　02.1233

纹饰　sculpture　04.0279

吻　proboscis　02.0268

吻部　rostrum　02.1193

* 吻肛距　snout-vent length　03.0210

吻骨　rostral bone　03.0308

吻脊　rostral ridge　02.1192

吻孔　oscule　02.0660

吻片　rostral plate　03.0086

吻臀距　snout-pelvis length　03.0210

瓮安动物群　Weng'an fauna　01.0182

沃氏粉类　Wodehouseia　04.0288

乌喙骨肩臼　scapular cotyla of coracoid　03.0366

* 乌鲁木齐鲵 *Urumqia* 03.0171

无齿型 adont 02.0356

无齿翼龙类 pteranodontids 03.0331

无窗贝型 athyroid 02.0885

无刺 glabrous 02.1262

无洞贝型 atrypoid 02.0886

无缝 alete 04.0220

无沟 acolpate 04.0258

无颌类 agnathans 03.0001

无颈式 achoanitic, aneuchoanitic 02.0701

无孔类 aporatids 02.0146, anapsids 03.0213

无孔型头骨 anapsid skull 03.0245

* 无孔亚纲 Anapsida 03.0213

无口器的 inaperturate 04.0211

无口器粉类 Aletes 04.0289

无棱菊石式缝合线 agoniatitic suture 02.0766

无脉树目 Aneurophytales 04.0369

无饰环腰式 akrate 04.0103

* 无头类 acephala 02.0600

* 无突肋纹孢 *Cicatricosisporites* 04.0230

无尾类 anurans 03.0167

无细胞骨 aspidine 03.0051

无疹壳 impunctate shell 02.0895

无中隔壁 aseptate 02.1050

无足类 apodans 03.0169

五边石藻类 braarudosphaerids 04.0068

五分子[骨骼]器官 quinmembrate [skeletal] apparatus 02.1223

五玦虫式 quinqueloculine 02.0027

* 五柱木 *Pentaxylon* 04.0382

五柱木目 Pentaxylales 04.0382

* 伍氏鸟鳄 *Ornithosuchus woodwardi* 03.0273

物种形成 speciation 01.0039

物种选择 species selection 01.0216

X

* 西蒙螈 *Seymouria* 03.0171

* 希望怪物 hopeful monster 01.0219

希望畸形 hopeful monster 01.0219

稀底质 soupground 05.0036

蜥脚类 sauropods 03.0292

蜥脚型类 sauropodomorphs 03.0290

蜥臀类 saurischians 03.0275

膝刺 genicular spine 02.1094

膝角 geniculum 02.1093

膝上腹缘 supragenicular wall 02.1095

膝下腹缘 infragenicular wall 02.1096

* 习性学 ethology 05.0004

席基底 matground 01.0179

系统发育 phylogeny 01.0068

细胞沟 cellular furrow 04.0053

细胞脊 cellular ridge 04.0052

细胞间沟 intercellular furrow 04.0055

细胞间脊 intercellular ridge 04.0056

细层 lamina 02.0175

细齿 denticle 02.1171

细齿型 entomodont 02.0359

细网 reticula 02.1063

峡部 isthmus 04.0168

狭唇纲 Stenolaemata 02.0784

狭肛道类 stenoproct 02.0143

狭温性 stenothermal 05.0020

狭盐性 stenohaline 05.0019

* 狭轴羊齿 *Stenomylon* 04.0377

下半隔板 inferior hemiseptum 02.0813

下垂式 pendent 02.1042

下唇 labium 02.0433

下次沟 hypostriid 03.0565

下次脊 hypolophid 03.0536

下次尖 hypoconid 03.0510

下次小尖 hypoconulid 03.0511

下次褶 hypoflexid 03.0557

下颚 maxilla 02.0432

* 下颚骨 lower mandible 02.0801

* 下浮雕 hyporelief 05.0166

下附突 hypotarsus 03.0398

下跟座 talonid 03.0500

下颌垂直支 ascending ramus 03.0453

下颌角 mandibular angle 03.0656

下颌片 inferognathal plate 03.0106

下横脊 catachomata 02.0651

* 下后凹 metafossettid 03.0555

下后沟　metastriid　03.0563

下后脊　metalophid　03.0532

下后尖　metaconid　03.0506

* 下后剪面　postvallid　03.0490

下后褶　metaflexid　03.0555

* 下剑板　under lancet plate　02.0939

下孔类　synapsids　03.0236

下孔型头骨　synapsid skull　03.0247

下口式　hypognathous type　02.0434

下马刺　pli caballinid　03.0580

下内尖　entoconid　03.0512

* 下前凹　parafossettid　03.0551

下前边尖　anteroconid　03.0517

下前沟　parastriid　03.0559

* 下前脊　paralophid　03.0531

下前尖　paraconid　03.0504

* 下前剪面　prevallid　03.0489

下前褶　paraflexid　03.0551

下腔式　hypocavate　04.0111

下倾型　catacline　02.0854

下曲式　deflexed　02.1040

下三角座　trigonid　03.0498

下外附尖　ectostylid　03.0528

下外脊　ectolophid　03.0535

下斜脊　oblique cristid　03.0549

下斜式　declined　02.1041

* 下咽齿　pharyngeal tooth　03.0157

下原脊　protolophid　03.0531

下原尖　protoconid　03.0508

下缘板　inferomarginal　02.1001

下缘片　submarginal plate　03.0102

* 下中凹　mesofossettid　03.0553

下中沟　mesostriid　03.0561

下中尖　mesoconid　03.0519

下中褶　mesoflexid　03.0553

下椎弓突 – 下椎弓凹辅助关节　hyposphene-hypantrum
auxillary articulation　03.0313

下足迹　undertrack　05.0151

先驱　forerunner　01.0204

* 纤猴　Nannopithex　03.0574

纤猴褶　Nannopithex-fold　03.0574

纤毛环　lophophore　02.0878

显脐型　phaneromphalous　02.0560

显球型壳　megalospheric test　02.0020

现代人起源　modern human origin　03.0613

现代演化动物群　Modern Evolutionary Fauna　01.0178

现代遗迹学　neoichnology　05.0110

现代综合论　Modern Synthesis　01.0033

现实埋藏学　actuotaphonomy　05.0092

* 线胞石　Linochitin　02.1256

* 线笔石　Nemagraptus　02.1055

线管　nema　02.1070

* 线银杏目　Czekanowskiales　04.0400

线状亚类　nematomorphs　04.0133

相对时代　relative age　01.0167

相对速率检验　relative-rate test　06.0027

* 相同群落　parallel community　05.0081

* 箱蚶　Arca　02.0630

镶边　fringe margin　02.0366

镶嵌片　tesserae　03.0082

象鸟　elephant bird, Aepyornis　03.0354

小鞍　foliole　02.0760

小刺　crista　03.0583

* 小腭腺　shell gland, maxillary gland　02.0398

小盖　tegillum　02.0012

小骨针　microsclere　02.0132

小棘　mucro　02.0537

小壳化石　small shelly fossil　01.0140

* 小生境　niche, biotope　05.0013

小手指　minor digit　03.0387

小尾型三叶虫　micropygous　02.0342

小型叶　microphyll　04.0439

小叶　lobule　02.0751

小翼掌骨　alular metacarpal　03.0384

小翼掌骨伸突　extensor process of alular metacarpal
03.0381

小翼指　alular digit　03.0388

小羽片　pinnule　04.0434

小月面　lunule　02.0628

小掌骨　minor metacarpal　03.0383

小枝　branchlet　04.0042

小柱　pillar　02.0659

* 楔齿龙类　sphenacotontians　03.0237

楔齿蜥类　sphenodontids　03.0224

楔形泡状细胞型　cuneiform bulliform cell　04.0326

* 楔羊齿　Sphenopteris　04.0374，04.0387

楔羊齿类　sphenopterids　04.0387

楔叶目　Sphenophyllales　04.0359

协同演化　coevolution　01.0191

斜板　tabella　02.0241

斜床板　clinotabula　02.0245

* 斜厚蛤　*Plagioptychus*　02.0626

斜颈式　loxochoanitic　02.0702

斜棱　oblique crist　03.0548

斜倾型　apsacline　02.0853

泄殖腔　cloaca　02.0137

辛氏粉类　Singhipollis　04.0294

新达尔文学说　neo-Darwinism　01.0024

* 新达尔文主义　neo-Darwinism　01.0024

新碟贝　*Neopilina galathea*　02.0494

新模　neotype　01.0104

新鸟类　neornithine　03.0347

* 新潘德尔刺　*Neopanderodus*　02.1181

新鳍鱼类　neopterygians　03.0034

新有甲目　Neoloricata　02.0522

新月形齿　selenodont　03.0472

新月形曲线　lunula　02.0580

新灾变论　neocatastrophism　01.0029

新栉齿型　neotaxodont　02.0622

* 新舟刺　*Neogondolella*　02.1182

星粉类　Asteropollis　04.0291

星根　astrorhiza　02.0174

星根沟　astrorhizal canal　02.0170

星甲鱼类　astraspids　03.0007

* 星甲鱼属　*Astraspis*　03.0007

星节状沉积　actinosiphonate deposits　02.0718

星射状　astreoid　02.0197

星状分子　stellate element　02.1227

* 星状沟　astrorhiza　02.0174

星状台形分子　stelliplanate element　02.1228

星状舟形分子　stelliscaphite element　02.1229

行迹　trackway　05.0152

行为学　ethology　05.0004

* 形迹　trail　05.0153

形态属　form genus　01.0116

形体构型　body plan, Bauplan（德）　01.0095

G 型管胞　G-type tracheid　04.0414

P 型管胞　P-type tracheid　04.0415

S 型管胞　S-type tracheid　04.0413

U 型潜穴　U-shaped burrow　05.0130

幸存先驱种　survivor-progenitor species　01.0205

幸存者　survivor　01.0206

性早熟　progenesis　01.0161

性状替代　character displacement　01.0196

* 胸板　plastron, sternum　02.0985

胸部　thorax　02.0328，02.0445

胸窗　pectoral fenestra　03.0125

胸骨侧前突　craniolateral process of sternum　03.0363

胸骨侧突　lateral trabecula of sternum　03.0361

胸骨肋突　costal process of sternum　03.0362

胸节　thoracic segment　02.0329

胸膜　brachiopatagium　03.0340

胸室　thorax　02.0083

胸足　thoracic leg　02.0454

* 袖口　orifice　02.1097

虚骨龙类　coelurosaurs　03.0281

悬挂式唇瓣　natant hypostome　02.0323

* 悬鳃痕　suspensary scar　02.0646

* 悬食生物　suspension feeder　05.0054

悬叶　suspensive lobe　02.0755

旋壁　spirotheca　02.0049

旋齿鲨类　edestids　03.0022

旋脊　chomata　02.0046

旋涡状缝　circinate suture　04.0143

旋向副隔壁　spiral septulum　02.0058

选模　lectotype　01.0105

K 选择　*K*-selection　01.0218

r 选择　*r*-selection　01.0217

* 薛氏沟　Sylvian sulcus　03.0653

薛氏脊　Sylvian crest　03.0653

雪球假说　snowball Earth hypothesis　01.0173

* 鳕鳞鱼　*Cheirolepis*　03.0031

鲟形类　acipenseriforms　03.0033

* 鲟鱼　*Acipenser*　03.0030

Y

压扁状　compressed　02.0514

压型化石　compression　01.0128

鸭嘴龙类　hadrosaurids　03.0300

牙形刺　conodonts　02.1162

异个虫　heterozooid　02.0797

异极　heteropolar　04.0199

异甲鱼类　heterostracans　03.0008

异亮氨酸差向异构作用　epimerization of isoleucine
　06.0037

异列型气孔　anisocytic type stomata　04.0457

* 异龙　*Allosaurus*　03.0280

异时发育　heterochrony　01.0164

* 异兽类　Allotheria　03.0409

* 异蹄目　Xenugulata　03.0434

异物同名　homonym　01.0120

异物同形　homeomorph　01.0121

异型齿　heterodont　03.0464

异型颗石　heterococcolith　04.0065

异旋壳　heterostrophic　02.0548

异域成种　allopatric speciation　01.0055

异源学说　antithetic theory　04.0444

异柱类　anisomyarian，heteromyarian　02.0644

缢　stricture　02.0088

* 翼骨　pteroid　03.0337

翼环亚类　pteromorphs　04.0132

翼龙　pterosaurs　03.0324

翼膜　wing membrane　03.0338

翼壳　patagium　02.0065

* 翼鳃纲　Pterobranchia　02.1021

* 翼手龙　pterodactyl　03.0324

翼手龙类　pterodactyloids　03.0326

翼掌骨　wing metacarpal　03.0334

翼指骨　wing digit　03.0335

翼指节　wing phalanx　03.0336

翼状分子　alate element　02.1207

翼状突出　aliform apophysis　02.0403

翼状突起　alar process　02.0389

* 蚓螈类　apodans　03.0169

隐孢子　cryptospore　04.0441

隐藏岩内生物　cryptoendolith　05.0047

隐缝　cryptosuture　04.0165

隐口目　Cryptostomida　02.0788

隐脐型　anomphalous　02.0558

隐中隔壁　cryptoseptate　02.1049

印痕化石　impression　01.0129

印加骨　Inca bone　03.0633

樱蛤形　telliniform　02.0401

鹦鹉螺类　nautiloids　02.0670

鹦鹉螺式壳　nautilicone　02.0683

* 鹦鹉螺属　*Nautilus*　02.0670

鹰粉类　Aquilapolles　04.0286

* 营养羽片　sterile pinna　04.0437

* 影响盖亚　influential GAIA　06.0005

应用孢粉学　applied palynology　04.0170

应用古生物学　applied palaeontology　01.0004

硬底质　hardground　05.0033

硬骨鱼类　osteichthyans　03.0028

硬海绵类　sclerospongians　02.0097

硬鳞　ganoid scale　03.0055

硬鳞质　ganoine　03.0053

硬体　zoarium　02.0790

慉夹板骨　angulosplenial bone　03.0181

永高冠齿　hypselodont　03.0469

优先律　law of priority　01.0098

疣饰　verruca　04.0144

疣突　boss　02.0980

游移　vagile　05.0037

游泳底栖生物　nekton-benthos　05.0053

游泳生物　nekton　05.0048

有袋类　marsupials　03.0418

有颌类　gnathostomes　03.0014

有孔虫　foraminifera　02.0002

有孔带　poriferous zone　02.0982

有孔类　poratids　02.0147

有鳞类　squamates　03.0223

有腔型　cloacates　02.0148

有胎盘类　placentals　03.0420

* 有尾超目　Caudata　03.0168

有尾类　urodeles　03.0168

右旋叠瓦状　dextral imbrication　04.0081

右旋轮藻目　Trochiliscales　04.0031

幼态延续　neoteny　01.0160

幼型　pedomorphosis，paedomorphosis　03.0173

幼型形成　paedomorphosis　01.0159

幼枝　cladium　02.1056

釉质　enamel　03.0588

鱼龙类　ichthyosaurians　03.0225

鱼鸟类　ichthyornithiform　03.0348

鱼石螈类　ichthyostegids　03.0162

* 鱼网叶　*Sagenopteris*　04.0378

渔乡蚌虫形　limnadiform　02.0399

* 隅骨　angular　03.0443

Z

早期维管植物　early vascular plant　04.0346
早期智人　Archaic *Homo sapiens*　03.0606
藻类　algae　04.0089
* 乍得撒海尔人　*Sahelanthropus tchadensis*　03.0595
栅壁亚类　herkomorphs　04.0131
* 栅棘鱼　*Climatius*　03.0025
栅棘鱼类　climatiforms　03.0025
* 窄唇纲　Stenolaemata　02.0784
* 窄颚齿刺　*Spathognathodus*　02.1179
粘连亚类　synaplomorphs　04.0134
* 展齿蛤　*Tanaodon*　02.0613, 02.0624
* 张和兽　*Zhangheotherium*　03.0410
长老会鸟　*Presbyornis*　03.0356
长者智人　*Homo sapiens idaltu*　03.0608
掌骨间孔　intermetacarpal space　03.0385
掌骨切迹　metacarpal incisure　03.0378
掌间突　intermetacarpal process　03.0380
* 掌鳞刺　*Palmatolepis*　02.1179
掌鳞杉科　Cheirolepidiaceae　04.0404
掌状分枝　palmate branching　04.0152
* 沼泽龙　*Telmatosaurus*　03.0300
罩螺目　Tryblidioidea　02.0496
褶　ridge　02.1260
褶沟　reentrant angle　03.0571
褶角　salient angle　03.0570
针刺目　Bellodellida　02.1135
针孔状装饰　punctate sculpture　02.0407
针束　spiculose fringe　02.0538
针状毛细胞型　acicular hair cell　04.0328
* 珍珠胞石　*Margachitina*　02.1258
* 真高冠齿　euhypsodont　03.0469
真古兽类　eupantotherians　03.0411
真骨鱼类　teleosts　03.0038
真角质层　cuticle proper　04.0452
真三尖齿兽类　eutriconodontans　03.0408
真兽类　eutherians　03.0419
真双子叶植物　eudicot plant　04.0407
真维管植物　eutracheophyte　04.0345
真叶植物　euphyllophyte　04.0356
* 真掌鳍鱼　*Eusthenopteron*　03.0042
枕骨隆突　occipital bunning　03.0638
枕乳脊　occipitomastoid crest　03.0646
* 枕软骨　occipital cartilage　03.0136
枕圆枕　occipital torus　03.0648

疹质壳　punctate shell　02.0893
整列鳞　cosmoid scale　03.0059
整列质　cosmine　03.0052
正胞管　autotheca　02.1084
正笔石类　graptoloids　02.1025
正常灭绝　normal extinction　01.0198
正齿质　orthodentine　03.0048
正面　obverse view　02.1125
正模　holotype　01.0102
正倾型　anacline　02.0851
正型粉类　Normapolles　04.0285
正型尾　Homocercal tail　03.0074
* 正中咬合　centric occlusion　03.0483
支序图　cladogram　01.0071
* 支序系统学　cladistics　01.0069
支柱　pillar　02.0177
枝蕨纲　Cladoxylopsida　04.0361
* 枝脉蕨　*Cladophlebis*　04.0386
枝形分子　ramiform element　02.1198
枝状　dendroid　02.0193
* 直发　straight-haired　03.0626
直角石式壳　orthoceracone　02.0675
直颈式　orthochoanitic　02.0703
直壳　orthocone　02.0676
直立轮藻目　Sycidiales　04.0030
直立人　*Homo erectus*　03.0601
直立行走　bipedalism　03.0671
直倾型　orthocline　02.0852
直向演化　orthogenesis　01.0192
* 植硅石　phytolith　04.0317
植硅体　phytolith　04.0317
植硅体分析　phytolith analysis　04.0318
* 植龙类　phytosaurians　03.0232
植物大化石　megafossil plant　01.0139
植物大化石群　megaflora　01.0186
* 植物硅酸体　phytolith　04.0317
植物群　flora　01.0222
植物中型化石　mesofossil plant　04.0412
指关节着地走　knuckle-walking　03.0670
指式　phalangeal formula　03.0205
EQ 指数　encephalization quotient　03.0661
指相化石　facies fossil　01.0151
指掌状分子　digyrate element　02.1195
指状突起　digitation　02.0568

趾式　phalangeal formula　03.0206

栉齿型　merodont　02.0358

* 栉棘　comb-papillae　02.1014

栉孔菱　pectinirhomb　02.0938

栉口目　Ctenostomida　02.0782

栉鳞　ctenoid scale　03.0058

* 栉羊齿　*Pecopteris*　04.0374，04.0386

栉羊齿类　pecopterids　04.0386

致密层　tectum　02.0050

滞域成种　stasipatric speciation　01.0040

* 中凹　mesofossette　03.0552

中板　median plate　02.0240，mesoplax　02.0655

* 中板　mesotheca　02.0804

中背板　centrodorsal plate　02.1004

中背片　median dorsal plate　03.0110

中壁　medial wall　02.0804

中部　central area　02.0542

中槽　sulcus　02.0836

中齿质　mesodentine　03.0049

* 中垫　arolium　02.0464

中附尖　mesostyle　03.0525

中腹片　median ventral plate　03.0121

中隔板　median septum　02.0864

中隔壁　median septum　02.1048

中隔脊　median ridge　02.0865

中沟　mesostria　03.0560

* 中沟　median sulcus　03.0576

* 中国笔石　*Sinograptus*　02.1091

* 中华袋兽　*Sinodelphys*　03.0416

* 中华弓鳍鱼　*Sinamia*　03.0036

中华尖齿兽　sinoconodonts　03.0405

中脊　medium line　04.0422

中尖　mesocone　03.0518

中间板　intermediate plate　02.0524

* 中间缝合线　median suture　02.1048

中棱　carina　02.0807

中裂　median split　04.0140

中瘤刺　median rod　02.0805

中龙类　mesosaurians　03.0217

中隆　fold　02.0835

中脉　media　02.0480

* 中盘　central disc　02.1112

中皮相　aspidiaria　04.0424

中腔　central cavity　02.0107

中切面　median section　02.0032，sagittal section，median section　02.0043

中区　median field　03.0083

中躯　mesosoma　02.0446

* 中生鳗　*Mesomyzon*　03.0004

* 中体刺面孢　*Grandispora spinosa*　04.0238

* 中细片层　median lamina　02.0804

中心管　central tube　04.0076

中心囊　central capsule　02.0081

* 中心囊外果浆状物　calymma　02.0090

中心体　central body　04.0236

* 中型化石　mesofossil plant　04.0412

中胸　mesothorax　02.0448

中央棒　central bar　04.0088

中央刺　central spine　04.0087

中央孔　central opening　04.0078

中央棱　centrocrista　03.0547

中央盘　central disc　02.0997，02.1112

中央片　central plate　03.0099

* 中央腔　central cavity　02.0107，central oscule　02.0137

中央桥　central bridge　04.0085

中央十字构造　central cross structure　04.0086

中央体　central body　04.0166

中央网状构造　central net structure　04.0083

中央细胞　central cell　04.0038

中央小齿　median denticle　02.0609

* 中原板　primary plate　02.1004

中源型气孔　mesogenous type stomata　04.0458

中褶　mesoflexus　03.0552

中周源型气孔　mesoperigenous type stomata　04.0459

中轴　axis　02.0041，columella　02.0243，virgula　02.1079

中足　median leg　02.0456

* 钟健兽　*Chungchienia*　03.0428

肿头龙类　pachycephalosaurs　03.0302

种鳞复合体　seed-scale complex　04.0449

* 种群　population　01.0048

种系渐变论　phyletic gradualism　01.0026

种子蕨植物　pteridospermophyte，seed fern　04.0373

* 舟刺　*Gondolella*　02.1182

舟形分子　scaphite element　02.1206

舟形亚类　netromorphs　04.0122

周壁　perisporium，perineum，perine　04.0201

周壁粉类　Perinopollenites　04.0293

周面沟　pericolpate, pantocolpate　04.0268

周面孔　periporate, pantoporate　04.0255

周面孔沟　pericolporate, pantocolporate, pantoaperturate　04.0276

周皮相　bergeria　04.0423

周腔式　circumcavate　04.0108

周围细胞　peripheral cell　04.0039

周缘　periphery　02.0584

周源型气孔　perigenous type stomata　04.0460

* 轴　axis　04.0035

轴部构造　axial structure　02.0237

轴唇　columellar lip　02.0566

轴带　crestal zone, axial zone　04.0019

轴沟　axial furrow　02.0331

轴管　aulos　02.0242

轴环节　axial ring　02.0330

轴积　axial fillings　02.0045

轴角　axial angle　02.1122

轴率　axial ratio, form ratio　02.0044

轴囊　virgular sac　02.1110

轴切面　axial section　02.0042

轴向粗脊　varix　02.0588

轴向副隔壁　axial septulum　02.0059

轴旋褶　columellar fold　02.0570

肘脉　cubitus　02.0481

皱边　crimp　02.1167

* 皱球型　spherical rugose　04.0330

* 皱羊齿　Lyginopteris　04.0374

皱羊齿目　Lyginopteridales　04.0374

皱状纹饰　regulate　04.0284

* 珠蚌　Unio　02.0610

主部　cardinal quadrant　02.0211

主齿　cardinal tooth　02.0608, cusp　02.1170

主齿柱　pretrite　03.0576

主动充填　active fill　05.0163

主端　cardinal extremities　02.0826

主隔壁　cardinal septum　02.0204

主脊　cardinal ridge　02.0870

主内沟　cardinal fossula　02.0213

主壳刺　cardinal spine　02.0840

主突起　cardinal process　02.0872

主腕板　main axil　02.0963

主穴　alveolus　02.0871

主枝　main stipe　02.1055, main beam　03.0456

住室　living chamber, body chamber　02.0671

助鞍　auxiliary saddle　02.0762

助线系　auxiliary series　02.0756

助叶　auxiliary lobe　02.0754

柱齿兽类　docodontans　03.0407

柱尖　stylocone　03.0522

柱尖架　stylar shelf　03.0523

柱突　style, stylet　02.0817

柱状层　columella　04.0206

柱状文石结构　prismatic aragonite structure　02.0519

铸型　cast　01.0130

转节　trochanter　02.0459

* 壮鼠　Ischyromys　03.0447

椎板　vertebral laminae　03.0314

椎体下突　hypapophysis　03.0265

* 锥齿　conodonts　02.1162

* 锥齿类　conodonts　02.1162

锥角石式壳　trochoceroid conch　02.0681

锥鸟壳目　Conocardioida　02.0668

* 准板式　penetabular　04.0116

准噶尔翼龙类　dsungaripterids　03.0328

* 准美羊齿　Callipteridium　04.0391

* 准心羊齿　Cardiopteridium　04.0384

准原地埋藏　hypautochthonous burial　05.0101

* 准织羊齿　Emplectopteridium　04.0391

字母形　ipsiloform　02.0402

自虫室　autozooecium　02.0794

自虫室界壁　autozooecial wall boundary　02.0820

自个虫　autozooid　02.0793

自接型　autostylic　03.0152

自然集群　natural assemblage　02.1194

自由边缘　free margin　02.0377

自由肋　free rib　03.0198

综合古生态学　palaeosynecology　05.0002

* 综合论　synthetic theory　01.0033

总鳍鱼类　crossopterygians　03.0044

纵脊　longitudinal ridge　02.1180

* 纵脊　longitudinal line　02.1072

纵脊沟　longitudinal furrow　02.1181

纵棱　strigation, longitudinal ridge　02.0738

纵瘤　clavus　02.0741

纵脉　longitudinal vein　02.0474

纵线　longitudinal line　02.1072

纵旋纹　lira　02.0739

足迹　track　05.0150

足丝　byssus　02.0630

足丝凹口　byssus notch　02.0631

足丝凹曲　byssus sinus　02.0632

组合　assemblage　01.0226

* 组合　assemblage　02.1149

祖虫室　ancestrula　02.0796

祖征　plesiomorphy　01.0081

* 钻迹　boring, drill hole　05.0160

钻孔　boring, drill hole　05.0160

钻孔迹遗迹相　*Trypanites* ichnofacies　05.0143

嘴状管　exaulos　02.0172

最大简约法　maximum parsimony method　06.0029

最大似然法　maximum likelihood method　06.0030

最近似现代种　nearest living relatives，NLRs　04.0464

最适度　optimum　05.0015

最小进化法　minimum evolution method　06.0031

* 最优化盖亚　optimizing GAIA　06.0006

左旋叠瓦状　sinistral imbrication　04.0082

左旋轮藻目　Charales　04.0032

坐耻骨间窝　ischiopubic fenestra　03.0390

坐骨背突　dorsal process of ischium　03.0391

* 座延羊齿　*Alethopteris*　04.0388

座延羊齿类　alethopterids　04.0388